# 新疆高温

## （1961—2020年）

杨　霞　许婷婷　张林梅
周雅蔓　周鸿奎　等编著

气象出版社
China Meteorological Press

## 内容简介

本书共分为 5 章：第 1 章给出了新疆高温天气过程的定义和等级划分标准；第 2 章至第 4 章分别给出了新疆高温天气、新疆单站高温天气过程和新疆区域性高温天气过程的时空分布特征及变化趋势；第 5 章为新疆区域性高温天气过程档案，简要描述了 1961—2020 年新疆 114 次中等强度及以上区域性高温天气过程的实况和大尺度环流背景，列出了 102 次新疆弱区域性高温天气过程的实况及影响区域。

本书较为全面地反映和记录了 1961—2020 年新疆高温天气过程的状况，既可为新疆气象部分开展高温天气的监测、预报及灾害评估、预报技术交流等提供基础检索，也可供新疆和其他省（自治区、直辖市）从事气象、水文、农业、生态、环境等方面的科研业务、教育培训、决策管理及相关人员参考。

图书在版编目（CIP）数据

新疆高温 ：1961—2020年 / 杨霞等编著. -- 北京 ：气象出版社，2022.8
ISBN 978-7-5029-7764-1

Ⅰ. ①新… Ⅱ. ①杨… Ⅲ. ①异常天气—新疆—1961-2020 Ⅳ. ①P44

中国版本图书馆CIP数据核字(2022)第128206号

**新疆高温(1961—2020 年)**

Xinjiang Gaowen (1961—2020 Nian)

---

**出版发行**：气象出版社
**地　　址**：北京市海淀区中关村南大街 46 号　　**邮政编码**：100081
**电　　话**：010-68407112(总编室)　010-68408042(发行部)
**网　　址**：http://www.qxcbs.com　　**E-mail**：qxcbs@cma.gov.cn
**责任编辑**：陈　红　　**终　　审**：吴晓鹏
**责任校对**：张硕杰　　**责任技编**：赵相宁
**封面设计**：楠竹文化
**印　　刷**：北京中石油彩色印刷有限责任公司
**开　　本**：787 mm×1092 mm　1/16　　**印　　张**：12.75
**字　　数**：323 千字
**版　　次**：2022 年 8 月第 1 版　　**印　　次**：2022 年 8 月第 1 次印刷
**定　　价**：90.00 元

---

本书如存在文字不清、漏印以及缺页、倒页、脱页等，请与本社发行部联系调换

# 《新疆高温(1961—2020年)》
## 编委会


**主　　编:**杨　霞　许婷婷　张林梅　周雅蔓　周鸿奎

**编写人员:**马　禹　张　旭　热汗古丽·巴吾东　杨智敏

李雪洮　邵伟玲　潘　宁　安雅涵

# 前　　言

新疆维吾尔自治区位于亚欧大陆腹地，属典型的大陆性温带干旱气候，是中国光热资源最丰富的地区之一。在全球变暖的背景下，新疆的升温速率明显高于全国及西部地区的平均升温速率。近年来，新疆极端高温天气过程频发、重发，对国民经济、农业生产、人民生活等都造成了诸多的不利影响。随着"一带一路"建设的推进，提高"丝绸之路经济带"应对气象灾害预警能力已成为社会共识，因此，掌握新疆高温天气发生发展的规律、提高极端高温天气过程的预报能力和气象服务水平，是推动"一带一路"建设气象保障的重要方向。

多年来，新疆气象科研及业务人员针对新疆高温天气开展了大量的研究工作，并取得一定的成果。为更加系统和全面地认识过去 60 年新疆高温天气过程的特点，本书编写人员梳理了 1961—2020 年新疆的高温天气过程，并给出了适用于新疆本地预报和服务的新疆区域性高温天气过程的客观定义。

《新疆高温(1961—2020 年)》共分为 5 章。

第 1 章为高温术语及定义，给出了高温天气的定义，单站高温天气过程的定义，在行业标准《区域性高温天气过程等级划分》(QX/T 228—2014)的基础上，结合新疆高温天气特征和预报服务需求给出了新疆区域性高温天气过程等级的划分标准。

第 2 章为新疆高温特征，给出了新疆高温日数和高温站次在不同时间尺度上的特征和空间分布，分析了新疆高温日数和高温站次的气候变化趋势、突变和周期特征及新疆高温天气初日和终日的变化特征。

第 3 章为新疆单站高温天气过程特征，给出了新疆单站高温天气过程频次在不同时间尺度上的特征和空间分布，分析了新疆单站高温天气过程持续时间的变化特征和新疆单站高温天气过程开始及结束时间的变化特征。

第 4 章为新疆区域性高温天气过程特征，给出了新疆区域性高温天气过程频次和新疆区域性高温天气过程持续日数在不同时间尺度上的特征，分析了新疆区域性高温天气过程开始及结束时间的变化特征，给出了新疆区域性天气过程的典型环流特征。

第 5 章为新疆区域性高温天气过程档案，整理了 1961—2020 年新疆 216 次区域性高温天气过程。

本书由新疆维吾尔自治区气象台负责编写，得到新疆维吾尔自治区气象局科技创新发展基金项目“新疆高温天气过程强度标准及档案自动化生成系统研发(MS202208)”和新疆维吾尔自治区气象局气象灾害综合风险普查项目的资助。本书在撰写过程中得到了新疆维吾尔自治区气象台江远安、秦贺、赵克明、张俊兰、陈春艳、张云惠等同事的指导和帮助,在此深表感谢。

由于我们水平有限,虽几经易稿,但不足之处在所难免,敬请读者批评指正。

作　者

2022 年 2 月 19 日

# 目　　录

# 第 1 章
# 高温术语及定义

## 1.1 高温天气

日最高气温≥35 ℃的天气。

## 1.2 单站高温

### 1.2.1 单站高温天气日

某站某日出现日最高气温≥35 ℃的天气。

### 1.2.2 单站高温天气日数

某站日最高气温≥35 ℃的日数。

### 1.2.3 单站高温天气过程

将某站连续 3 d 及以上日最高气温≥35 ℃定义为一个单站高温过程。

## 1.3 区域性高温

### 1.3.1 区域性高温天气日

新疆某天有 2 成或以上的面积范围出现高温天气。

### 1.3.2 区域性高温天气日数

新疆出现区域性高温天气的日数。

### 1.3.3 区域性高温天气过程

新疆出现连续 3 d 或以上的区域性高温天气。

## 1.4 新疆区域性高温天气过程的判识

### 1.4.1 判识标准

根据国家级气象观测站资料,从满足一个高温日标准开始,至不满足高温日标准的前一天结束,且须持续 3 d 或以上,期间至少有 1 d 高温天气范围达到新疆面积的 5 成或以上的,可判定出现一次区域性高温天气过程。

### 1.4.2 等级划分

新疆高温天气过程划分为四个等级,分别为特强、强、中等、弱。

### 1.4.3 划分方法

#### 1.4.3.1 划分指标

新疆区域性高温天气过程等级根据区域性高温天气过程等级指标($I$)进行划分,详见表 1.1。

**表 1.1 新疆区域性高温天气过程等级划分方法**

| 高温天气过程等级 | 高温天气过程等级指标 |
|---|---|
| 特强 | $1 \leqslant I < 2$ |
| 强 | $2 \leqslant I < 3$ |
| 中等 | $3 \leqslant I < 4$ |
| 弱 | $I \geqslant 4$ |

#### 1.4.3.2 *I* 的计算方法

$I$ 计算公式如下:

$$I = \sum_{k=1}^{5} G_k \times W_k \tag{1.1}$$

式中,$I$ 为高温天气过程等级指标;$G_k$ 为单站高温天气综合强度等级值,等级值的确定见表 1.2;$W_k$ 为 $G_k$ 对应的站点数占总站点数的比。

#### 1.4.3.3 $G_k$ 的计算方法

单站的高温天气综合强度指标(SI)确定。

$$\mathrm{SI} = \sum_{k=1}^{3} I_j \times T_j \tag{1.2}$$

式中,SI 为单站高温天气综合强度指标;$I_j$ 为日最高气温分级,取值分别为 1,2,3,对应[35 ℃,37 ℃)、[37 ℃,40 ℃)、[40 ℃,+∞),吐鲁番盆地对应[37 ℃,40 ℃)、[40 ℃,45 ℃)、[45 ℃,+∞),三个温度区间;$T_j$ 为与 $I_j$ 相应的高温日数。

利用式(1.2)计算新疆区域历史上(可取 1981—2020 年或者更长时段)所有高温过程中每个站点的 SI,并统计每个 SI 所出现的频次,然后对 SI 作升序排列,采用百分位数法将 SI 进行划分，确定每个等级 SI 的取值区间，由此确定单站高温天气综合强度等级值 ($G_k$)，见表 1.2。

**表 1.2　单站高温天气综合强度等级值判别方法**

| 单站高温天气综合强度等级值($G_k$) | 取值条件 |
|---|---|
| $G_1=1$ | SI 所对应的百分位数达 95%以上 |
| $G_2=2$ | SI 所对应的百分位数达[85%,95%) |
| $G_3=3$ | SI 所对应的百分位数达[60%,85%) |
| $G_4=4$ | SI 所对应的百分位数在 60%以下 |
| $G_5=5$ | 无高温 |

# 第 2 章 新疆高温特征

## 2.1 时间分布

### 2.1.1 年际特征

从新疆高温日数和高温站次的时间变化来看(图 2.1),1961—2020 年,新疆共出现 6770 个高温日和 97303 站次高温,年平均高温日数为 118.3 d,其中 1979 年最少,为 95 d;2000 年最多,为 131 d;进入 21 世纪,新疆逐年的高温日数都超过 110 d(图 2.1a)。新疆的年平均高温站次数为 1621.7,其中 1993 年最少,为 786 站次;2008 年最多,为 2458 站次。过去 60 a,新疆高温日数和站次均呈现明显的上升趋势,上升速率分别为 2.87 d/10a 和 113.3 站次/10a(图 2.1b)。

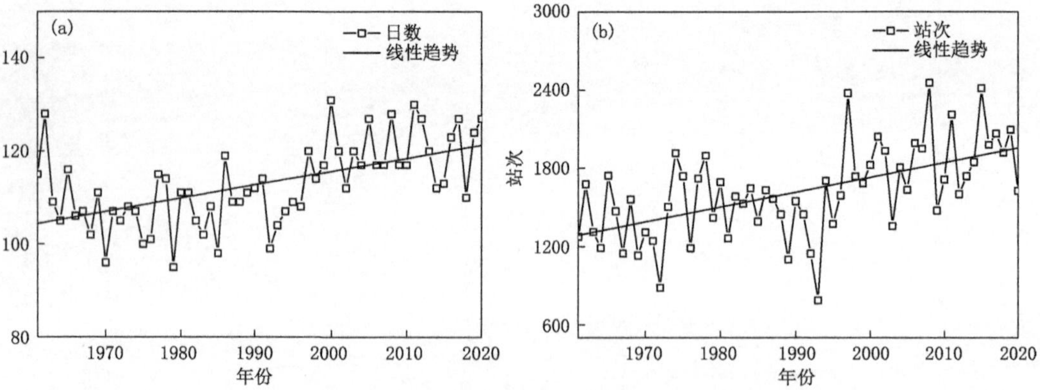


图 2.1　1961—2020 年新疆高温日数(a)和站次(b)的变化

### 2.1.2 月特征

新疆的高温主要出现在 4—10 月,其中 7 月最多,占总高温日数的 30%;8 月次之;6 月第三;10 月最少,过去 60 a 仅出现 3 d(图 2.2a)。新疆高温站次的月分布特征与高温日数一致,也是 7 月最多(占总高温站次的 40.1%),8 月次之,6 月第三,10 月最少(图 2.2b)。

由表 2.1 可以看出,1961—2020 年,新疆 4—10 月的高温日数均呈增加趋势,但仅 4 月、8

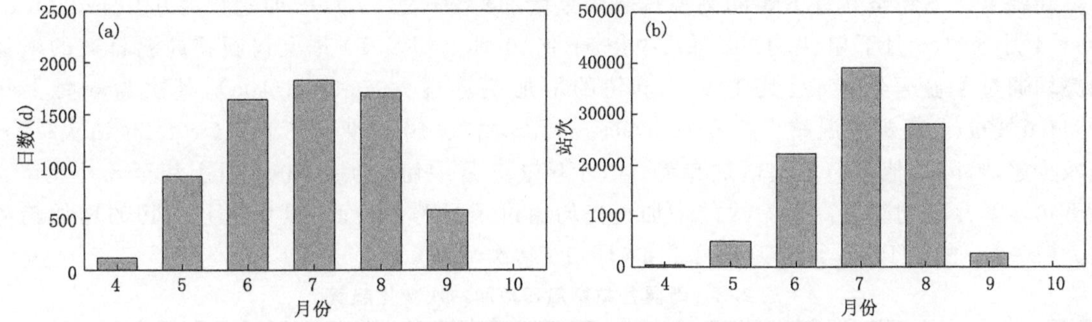


图 2.2　新疆高温日数(a)和站次(b)的逐月变化

月、9 月和 10 月的增加趋势通过了显著性检验，其中，9 月的增加趋势最显著(1.06 d/10a)，8 月次之(0.59 d/10a)，4 月第三(0.49 d/10a)，7 月和 10 月的增加趋势最小，均不足 0.1 d/10a。过去 60 a，新疆各月高温站次的变化趋势与高温日数不同，4—10 月高温站次均呈显著增加趋势，其中，7 月的增加趋势最显著(48.29 站次/10a)，6 月次之(25.74 站次/10a)；8 月第三(22.03 站次/10a)，10 月最小(0.03 站次/10a)。综上可知，新疆高温日数和站次的增加趋势并不一致，即高温站次在夏季三个月的增加趋势最显著，而高温日数在初夏至盛夏的增加趋势并不显著，5—7 月高温日数的增加趋势均未通过显著性检验。新疆高温站次在秋季的增加趋势虽然不如夏季强，但其高温日数的增加趋势却远大于夏季。

**表 2.1　新疆各月高温日数和站次变化趋势表**

| | 4 月 | 5 月 | 6 月 | 7 月 | 8 月 | 9 月 | 10 月 |
|---|---|---|---|---|---|---|---|
| 高温日数(d/10a) | 0.49*** | 0.39 | 0.22 | 0.08 | 0.59*** | 1.06*** | 0.03* |
| 高温站次(站次/10a) | 2.88*** | 7.54** | 25.74*** | 48.29*** | 22.03* | 6.83*** | 0.03* |

注：***，**，* 分别表示通过 $\alpha=0.01$，$\alpha=0.05$，$\alpha=0.1$ 的显著性检验。

### 2.1.3　旬特征

新疆高温从 4 月上旬开始出现，持续至 10 月上旬结束，主要集中在 5 月下旬至 8 月下旬，其中 7 月下旬最多，4 月上旬和 10 月上旬最少(图 2.3a)。新疆高温站次的逐旬分布特征与高温日数略有差异，7 月中旬最多，4 月中旬最少，各旬之间的差异大于高温日数(图 2.3b)。

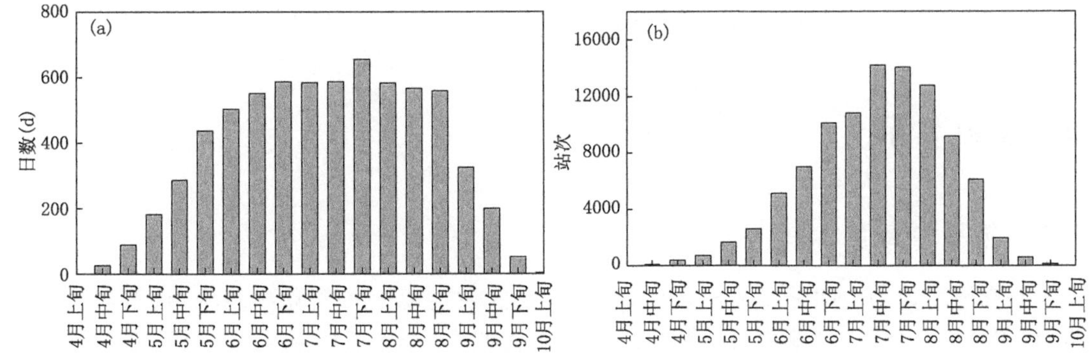


图 2.3　新疆高温日数(a)和站次(b)的逐旬变化

新疆 4 月下旬至 9 月下旬的高温日数均呈增加趋势(表 2.2),增加趋势为 0.02～0.56 d/10a。4 月下旬、6 月下旬、8 月的上旬、中旬、下旬、9 月上旬及 10 月上旬新疆高温日数的增加趋势均通过了显著性检验,其中 9 月上旬的增加趋势最大(0.56 d/10a),其次为 5 月上旬(0.41 d/10a)。新疆高温站次除 6 月上旬(−0.25 站次/10a)和 8 月下旬(−4.25 站次/10a)呈减少趋势外,其他各旬均呈增加趋势。4 月下旬、5 月中旬、6 月中旬、7 月上旬至 8 月上旬、8 月下旬至 9 月下旬新疆高温站次的增加趋势均通过了显著性检验,其中 7 月上旬的增加趋势最大(16.73 站次/10a),其次为 8 月上旬(16.10 站次/10a)。

**表 2.2　新疆各旬高温日数和站次变化趋势**

| | 4 月下旬 | 5 月上旬 | 5 月中旬 | 5 月下旬 | 6 月上旬 | 6 月中旬 | 6 月下旬 | 7 月上旬 |
|---|---|---|---|---|---|---|---|---|
| 高温日数(d/10a) | 0.41*** | 0.08 | 0.25 | 0.06 | 0.15 | 0.00 | 0.07** | 0.03 |
| 高温站次(站次/10a) | 2.72*** | 1.62 | 6.17*** | −0.25 | 5.40 | 11.13* | 9.21 | 15.45*** |

| | 7 月中旬 | 7 月下旬 | 8 月上旬 | 8 月中旬 | 8 月下旬 | 9 月上旬 | 9 月中旬 | 9 月下旬 |
|---|---|---|---|---|---|---|---|---|
| 高温日数(d/10a) | 0.04 | 0.02 | 0.10** | 0.13** | 0.36*** | 0.56 | 0.30 | 0.2 |
| 高温站次(站次/10a) | 16.73** | 16.10** | 14.07** | −4.25 | 12.21** | 4.56* | 1.62** | 0.65* |

注:***,**,* 分别表示通过 $\alpha=0.01$,$\alpha=0.05$,$\alpha=0.1$ 的显著性检验。

### 2.1.4　年代际特征

新疆年代际高温日数总体呈增加趋势(图 2.4a),特别是 20 世纪 90 年代至 21 世纪最初 10 年高温日数增加得最多。新疆高温站次的年代际变化整体也呈增加趋势(图 2.4b),与高温日数类似,也是在 20 世纪 90 年代至 21 世纪最初 10 年增加得最多。

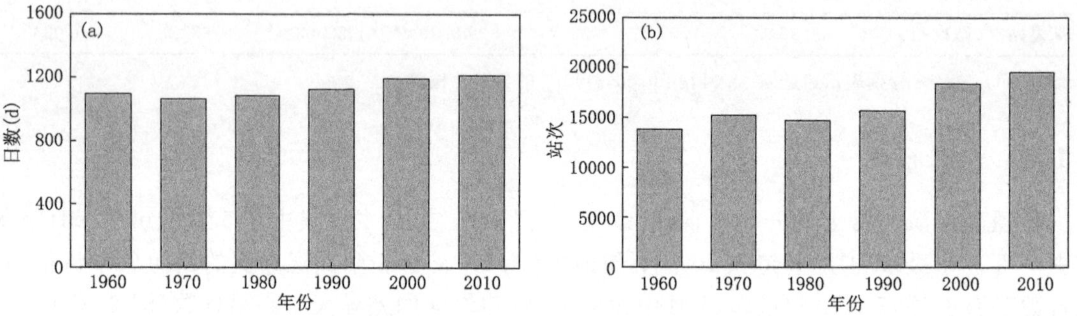


图 2.4　新疆高温日数(a)和站次(b)的年代际变化

## 2.2　空间分布

### 2.2.1　年平均高温日数

新疆高温日数的空间分布差异较大,高温高发区域主要分布在克拉玛依市、石河子市、昌吉州、和田地区、巴音郭楞蒙古自治州(以下简称"巴州")、吐鲁番市和哈密市(图 2.5a)。新疆高温日数最大中心位于吐鲁番市东坎站(年平均高温日数为 109.7 d),其次是吐鲁番市(103.2 d)。

伊犁州特克斯站，博尔塔拉蒙古自治州（以下简称“博州”）温泉站，塔城地区和布克赛尔站，阿勒泰地区吉木乃站、青河站，昌吉州木垒站，克孜勒苏柯尔克孜自治州（以下简称克州）乌恰站、阿合奇站，阿克苏地区乌什站和哈密市巴里坤站的年平均高温日数不足1.0 d。从新疆年平均高温日数变化趋势的空间分布来看（图 2.5b），除了伊犁州特克斯站、博州阿拉山口站、温泉站，塔城地区沙湾站，克拉玛依市，石河子莫索湾站，乌鲁木齐市，喀什地区莎车站，克州阿图什站，阿克苏地区库车站、柯坪站、阿瓦提站、阿拉尔站，巴州尉犁站的气候趋势为负值外，其余 80 个站的气候趋势均为正值，呈增加趋势。整体来看，新疆年平均高温日数变化趋势通过 $\alpha=0.05$ 的显著性检验的区域和高温高发区域一致，主要位于石河子市、昌吉州、和田地区、巴州、吐鲁番市和哈密市。

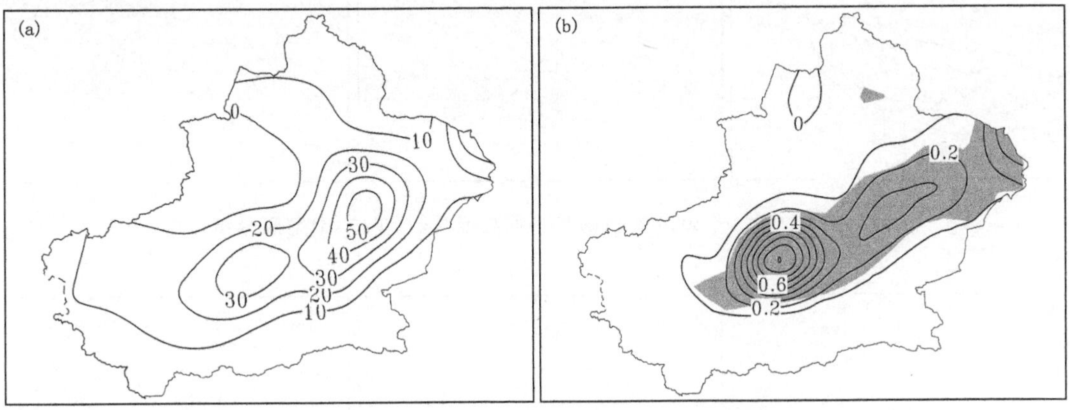


图 2.5　1961—2020 年新疆年平均高温日数（a，单位：d）和变化趋势（b，单位：d/a）的空间分布
（灰色阴影区表示通过 $\alpha=0.05$ 的显著性检验）

### 2.2.2　月平均高温日数

从 1961—2020 年新疆月平均高温日数的空间分布来看（图 2.6），4 月，新疆有 53 站出现高温，其中吐鲁番市东坎站的平均高温日数最多，为 1.7 d。5 月，新疆有 75 站出现高温，其中 17 站的平均日数大于 1.0 d，吐鲁番市 4 站的平均日数均大于 5.0 d（东坎站最多，为 14.2 d）。6 月，新疆平均高温日数大于 10.0 d 的区域主要位于巴州南部、吐鲁番市和哈密市东部，最大值为吐鲁番市东坎站（26.6 d）。7 月，新疆平均高温日数大于 10.0 d 的区域主要位于博州、克拉玛依市、石河子市、昌吉州东部、喀什地区东部、克州、和田地区、阿克苏地区南部、吐鲁番市和哈密市，最大值仍出现在吐鲁番市东坎站（29.9 d）。8 月，新疆平均高温日数大于 10.0 d 的区域主要位于巴州南部、吐鲁番市和哈密市，最大值为 27.9 d，也是吐鲁番市东坎站。9 月，新疆出现高温的站数明显减小，仅 3 站大于 5.0 d，主要出现在吐鲁番市，最大值为东坎站（9.2 d）。10 月，新疆仅两站出现高温。综上可知，新疆 6—8 月出现高温的站数最多，分布最广，特别是 7 月，新疆 1/4 以上站点的平均高温日数都大于 10.0 d。吐鲁番市是新疆出现高温最多的区域，东坎站是新疆高温日数最多的站。

从 1961—2020 年新疆月平均高温日数变化趋势的空间分布来看（图 2.7），4 月、5 月和 9 月新疆平均高温日数的变化趋势不显著，均未通过 $\alpha=0.05$ 的显著性检验。6 月，平均高温日数显著增加的区域主要位于巴州南部和哈密市；7 月和 8 月主要位于和田地区东部、巴州、吐

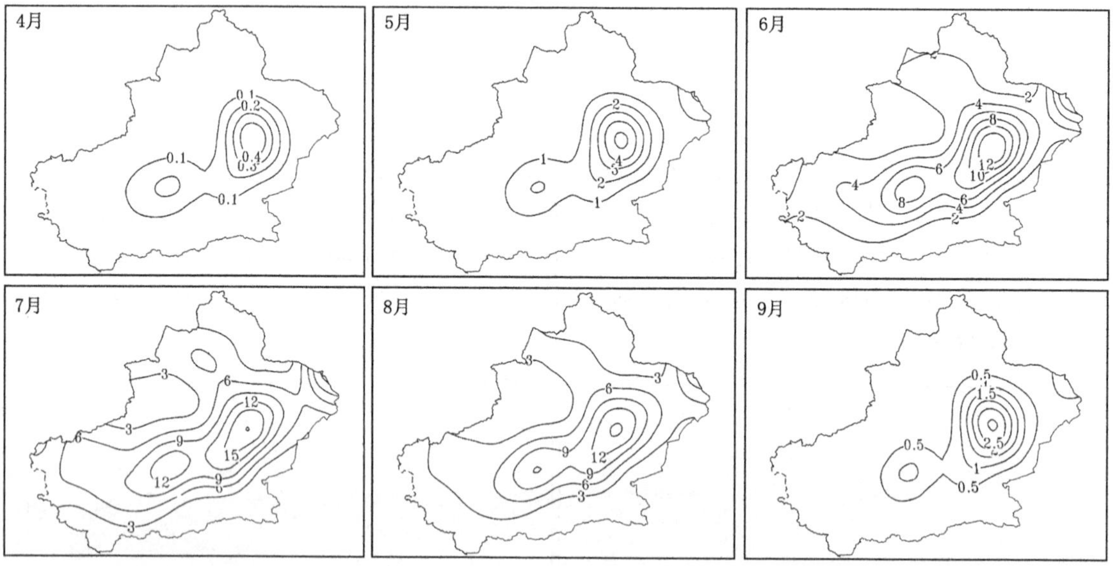


图 2.6　1961—2020 年新疆月平均高温日数(单位:d)空间分布

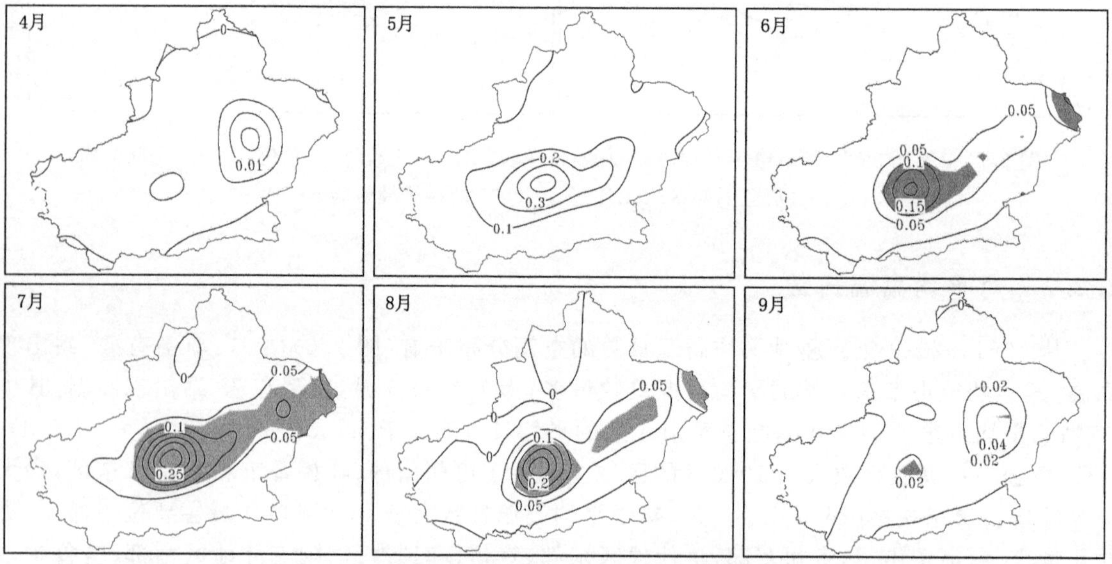


图 2.7　1961—2020 年新疆月平均高温日数变化趋势(单位:d/a)空间分布

(灰色阴影区表示通过 $\alpha=0.05$ 的显著性检验)

鲁番市和哈密市;9 月主要位于巴州南部地区。

### 2.2.3　旬平均高温日数

从 1961—2020 年新疆旬平均高温日数的空间分布来看(图 2.8),吐鲁番市是新疆出现高温日数最多、持续时间最长的区域,从 4 月中旬至 9 月下旬,吐鲁番盆地均可出现高温。4 月中旬至 5 月中旬,新疆最大旬平均高温日数为 0.4～4.5 d,且均位于吐鲁番市东坎站。5 月下旬至 7 月上旬，旬平均高温日数超过 5.0 d 的范围逐渐扩大，由 3 站增加至 6 站；7 月中旬增加至 9 站，7 月下旬至 8 月上旬增加至 10 站。8 月中旬至 9 月上旬，旬平均高温日数超过 5.0 d 的站数由 6 站减少至 1 站；9 月中旬至 9 月下旬，旬平均高温日数均小于 5.0 d。综上，新疆夏季(6—8 月)出现高温日数的站数最多、分布最广，旬平均高温日数超过 5.0 d 的站数均在 4 站以上，尤其是 7 月下旬和 8 月上旬，10.6%的站点旬平均高温日数大于 5.0 d。

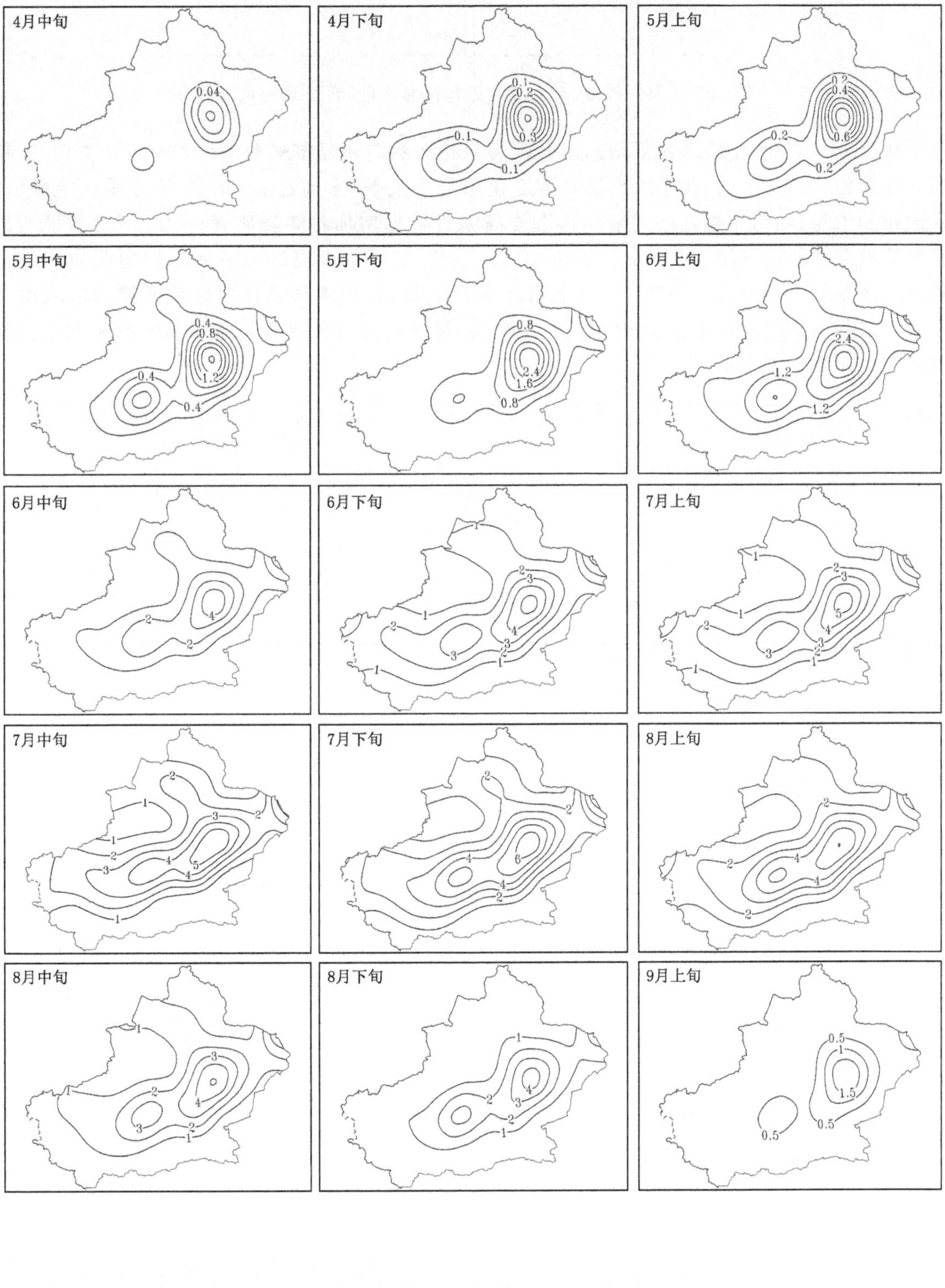

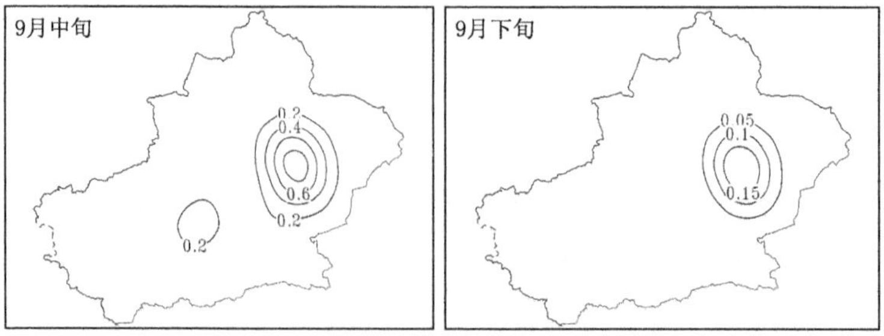


图 2.8　1961—2020 年新疆旬平均高温日数(单位:d)空间分布

从 1961—2020 年新疆旬平均高温日数变化趋势的空间分布来看(图 2.9),4 月中旬、下旬和 9 月上旬、中旬、下旬,旬平均高温日数变化趋势不显著,未通过 $\alpha=0.05$ 的显著性检验。5 月上旬和中旬,和田东部至巴州南部旬平均高温日数的增加趋势较显著;5 月下旬,旬平均高温日数显著增加的区域减小。6 月上旬、中旬、下旬,旬平均高温日数显著增加的区域均位于和田地区东部至巴州南部地区。7 月上旬和 8 月下旬,旬平均高温日数显著增加的区域由和田地区东部东扩至哈密市;7 月中旬至 8 月中旬,旬平均高温日数显著增加的区域又缩小为和田地区东部至巴州南部地区。

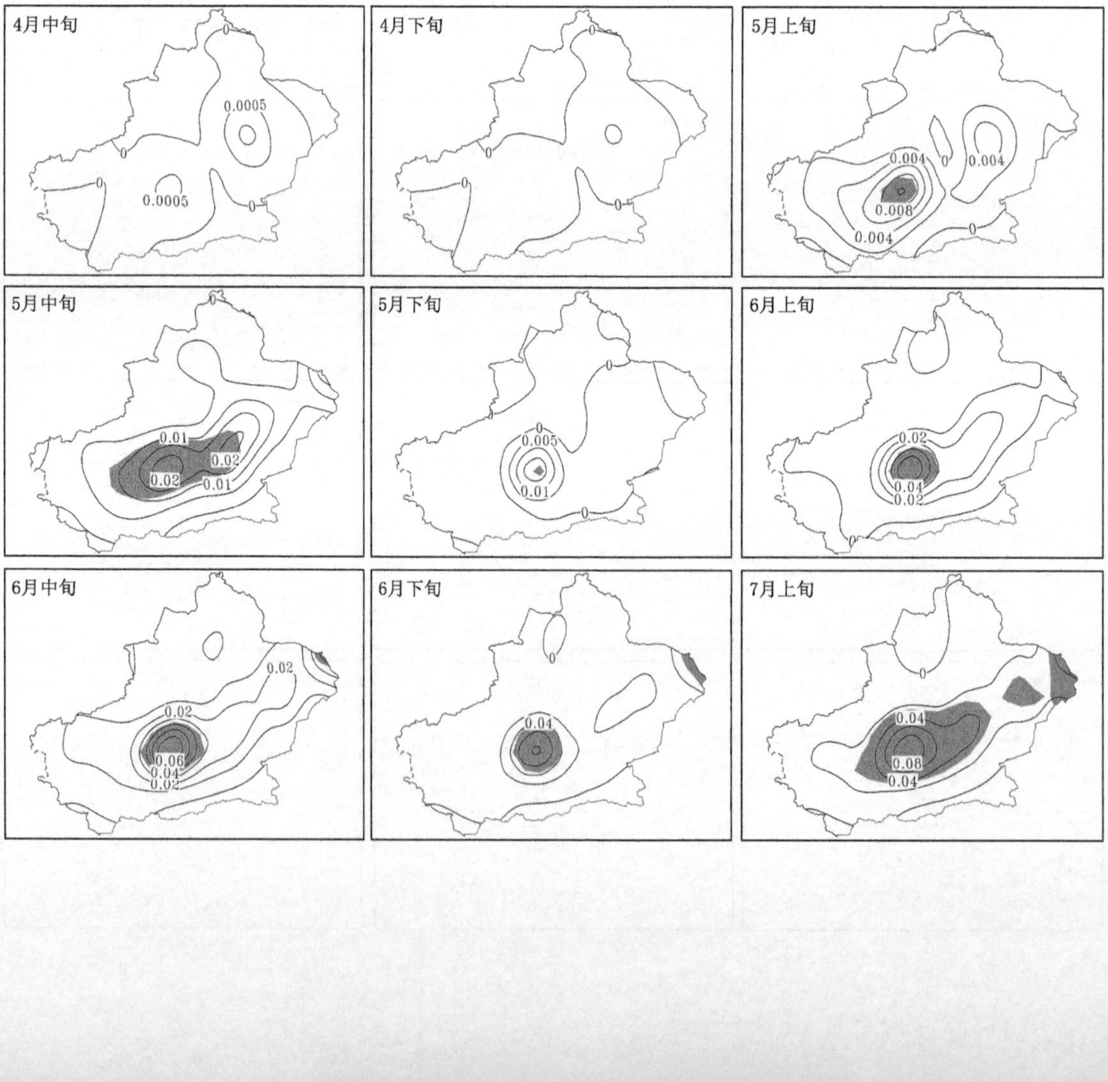

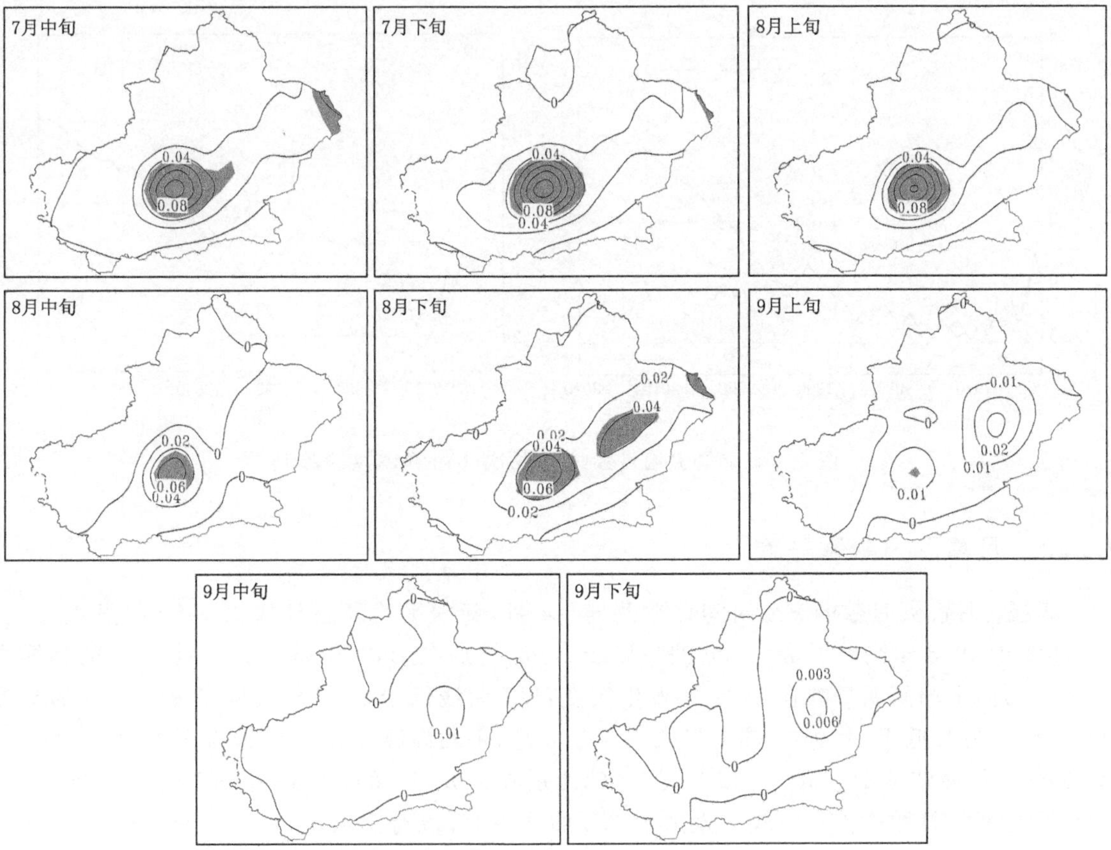


图 2.9　1961—2020 年新疆旬平均高温日数变化趋势(单位:d/a)空间分布
(灰色阴影区表示通过 $\alpha=0.05$ 的显著性检验)

## 2.3　突变

### 2.3.1　年高温日数和站次

采用 Mann-Kendall(简称 MK)方法对新疆高温日数和站次做突变检验(图 2.10),可以看出,新疆高温日数在 1997 年发生突变,UF 曲线与 UB 曲线在 1997 年有一个明显的交点,随后 UF 曲线表现为持续快速上升的趋势,UF 曲线于 2002 年突破了 $\alpha=0.05$ 的临界线 1.96,之后在 2004 年超过了 $\alpha=0.001$ 的临界线 2.56,表明新疆高温日数的增加趋势十分显著(图 2.10a)。从新疆高温站次的 MK 突变检验来看(图 2.10b),UF 曲线与 UB 曲线在 2000 年出现一个明显的交点,发生突变的年份为 2000 年,UF 曲线也于 2002 年第一次突破了 $\alpha=0.05$ 的临界线 1.96,于 2004 第二次突破了 $\alpha=0.05$ 的临界线 1.96,之后 UF 曲线表现为持续快速上升趋势,在 2007 年超过了 $\alpha=0.001$ 的临界线 2.56,可见新疆高温站次的增加趋势也十分显著。综上,新疆高温日数和站次分别在 1997 年和 2000 年发生突变,均于 2002 年突破了 $\alpha=0.05$ 的临界线 1.96,新疆高温日数和站次均在进入 21 世纪呈现显著增加趋势。

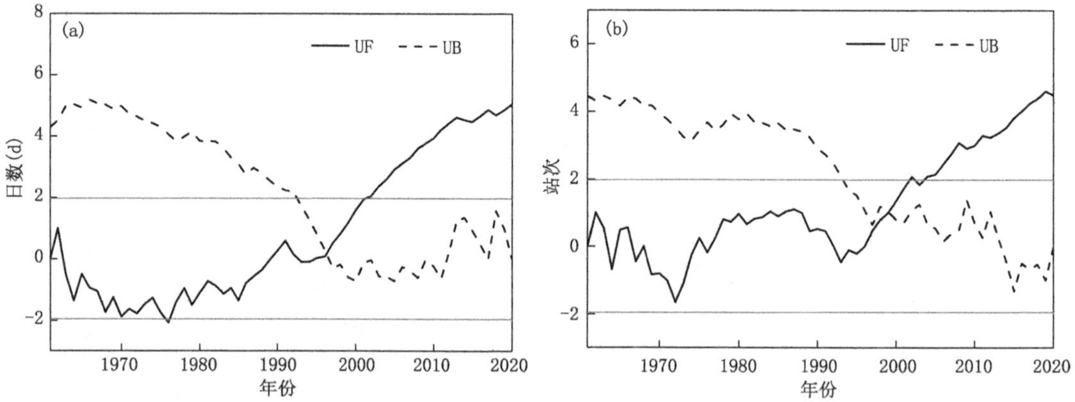


图 2.10　新疆高温日数(a)和站次(b)的 MK 突变检验

## 2.3.2　月高温日数和站次

新疆各月高温日数的突变时间存在差异。4 月,新疆平均高温日数在 1969 年发生突变,UF 曲线于 1978 年突破了 $\alpha$=0.05 的临界线 1.96,之后在 1987 年超过了 $\alpha$=0.001 的临界线 2.56。5 月,平均高温日数在 1999 年发生突变,UF 曲线仅于 2017 年突破了 $\alpha$=0.05 的临界线 1.96,之后又低于 $\alpha$=0.05 的临界线 1.96。6 月,平均高温日数在 1989 年发生突变,UF 曲线在 2004 年突破了 $\alpha$=0.05 的临界线 1.96,之后在 2008 年超过了 $\alpha$=0.001 的临界线 2.56。7 月,平均高温日数的 UF 曲线一直大于 UB 曲线,两者没有交点,未发生突变。8 月,平均高温日数的 UF 曲线与 UB 曲线在 1977 年和 1980 年存在两个交点,UF 曲线在 1987 年突破了 $\alpha$=0.05 的临界线 1.96,之后在 2001 年超过了 $\alpha$=0.001 的临界线 2.56。9 月,平均高温日数在 1987 年发生突变,UF 曲线在 1991 年首次突破了 $\alpha$=0.05 的临界线 1.96,在 1999 年再次突破了 $\alpha$=0.05 的临界线 1.96,之后在 2005 年超过了 $\alpha$=0.001 的临界线 2.56(图略)。

从新疆各月高温站次的突变检验来看(图略),4 月,高温站次在 1971 年发生突变,UF 曲线于 1981 年突破了 $\alpha$=0.05 的临界线 1.96,之后在 1988 年超过了 $\alpha$=0.001 的临界线 2.56。5 月,UF 曲线与 UB 曲线在 1991 年和 1994 年存在两个交点,UF 曲线仅在 2017 年、2018 年突破了 $\alpha$=0.05 的临界线 1.96。6 月,高温站次在 1996 年发生突变,UF 曲线于 2005 年突破了 $\alpha$=0.05 的临界线 1.96,之后在 2008 年超过了 $\alpha$=0.001 的临界线 2.56。7 月,高温站次在 2004 年发生突变,UF 曲线于 2007 年突破了 $\alpha$=0.05 的临界线 1.96,之后在 2015 年超过了 $\alpha$=0.001 的临界线 2.56。8 月,UF 曲线与 UB 曲线存在多个交点,UF 曲线未突破 $\alpha$=0.05 的临界线 1.96。9 月,UF 曲线与 UB 曲线分别在 1991 年、1993 年、1995 年存在交点,UF 曲线于 2005 年突破了 $\alpha$=0.05 的临界线 1.96,之后在 2010 年超过了 $\alpha$=0.001 的临界线 2.56。

## 2.3.3　旬高温日数和站次

新疆各旬的高温日数和高温站次的突变特征均不明显(图略)。

## 2.4 周期

### 2.4.1 年高温日数和站次

从新疆年平均高温日数的小波分析来看(图 2.11a),1961—2020 年新疆年平均高温日数断续存在 2～5 a 的变化周期,具有全域性,其中在 1974—1982 年变化周期明显,通过了 $\alpha$=0.05 的显著性检验,1988—1998 年相对较弱。此外,新疆年平均高温日数在 1982—2004 年还存在一个 9～15 a 的变化周期,但未通过 $\alpha$=0.05 的显著性检验。新疆年平均高温站次的变化周期特征与高温日数类似(图 2.11b),也存在 2～5 a 的变化周期,在 1972—1978 年、1990—2000 和 2006—2012 年的变化周期均通过 $\alpha$=0.05 的显著性检验。此外,新疆年平均高温站次在 1988—2002 年也存在一个 9～16 a 的变化周期,但变化周期不显著,未通过 $\alpha$=0.05 的显著性检验。

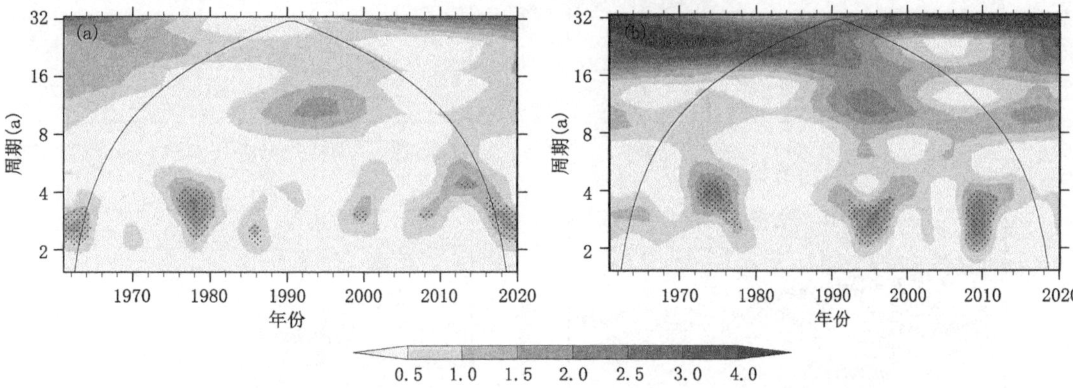


图 2.11　1961—2020 年新疆年平均高温日数(a)和站次(b)的小波分析
(黑点区表示通过 $\alpha$=0.05 的显著性检验)

### 2.4.2 月高温日数和站次

从新疆月平均高温日数的小波分析来看(图 2.12),4 月,在 1994—2000 年、2008—2012 年存在 2～6 a 的变化周期,在 2014—2018 年存在 3 a 左右的变化周期,均通过了 $\alpha$=0.05 的显著性检验,此外,在 1998—2014 年存在 6～10 a 的变化周期,通过了 $\alpha$=0.05 的显著性检验。5 月,新疆月平均高温日数在 1970—1976 年、1984—1990 年、1996—2002 年、2008—2016 年分别存在 2～3 a、2～5 a、2～5 a、2～5 a 的变化周期,前三者均通过了 $\alpha$=0.05 的显著性检验,此外,在 1994—2006 年存在 8～14 a 的变化周期,未通过 $\alpha$=0.05 的显著性检验。6 月,新疆月平均高温日数在 1968—1976 年分别存在 3 a 左右、7～10 a 两个变化周期,均通过了 $\alpha$=0.05 的显著性检验,在 1976—1990 年分别存在 2～6 a、10～16 a 两个变化周期,前者通过了 $\alpha$=0.05 的显著性检验,此外,在 1990—2012 年存在 7～14 a 的变化周期,在 1990—1996 年通过了 $\alpha$=0.05 的显著性检验。7 月,新疆月平均高温日数在 1961—2020 年断续存在 1～4 a 的变化周期,具有全域性,在 1990—1994 年、2006—2010 年通过了 $\alpha$=0.05 的显著性检验,在

1976—1990年断续存在2～5 a和10～16 a两个变化周期，前者通过了$\alpha$=0.05的显著性检验。此外，在1968—1994年存在4～10 a的变化周期，且1978—1994年通过了$\alpha$=0.05的显著性检验，在1980—2004年存在12～24 a的变化周期，通过了$\alpha$=0.05的显著性检验。8月，新疆月平均高温日数在1964—1974年存在1～8 a的变化周期，通过了$\alpha$=0.05的显著性检验，在1974—1984年、1986—1992年和2006—2012年存在2～4 a的变化周期，其中1974—1984年通过了$\alpha$=0.05的显著性检验，在1980—2004年存在8～20 a的变化周期，未通过$\alpha$=0.05的显著性检验。9月，新疆月平均高温日数在1972—1978年、1990—2020年断续存在1～6 a的变化周期，其中在2014—2020年通过了$\alpha$=0.05的显著性检验，此外，在1982—1998年存在8～14 a的变化周期，其中在1986—1994年通过了$\alpha$=0.05的显著性检验。

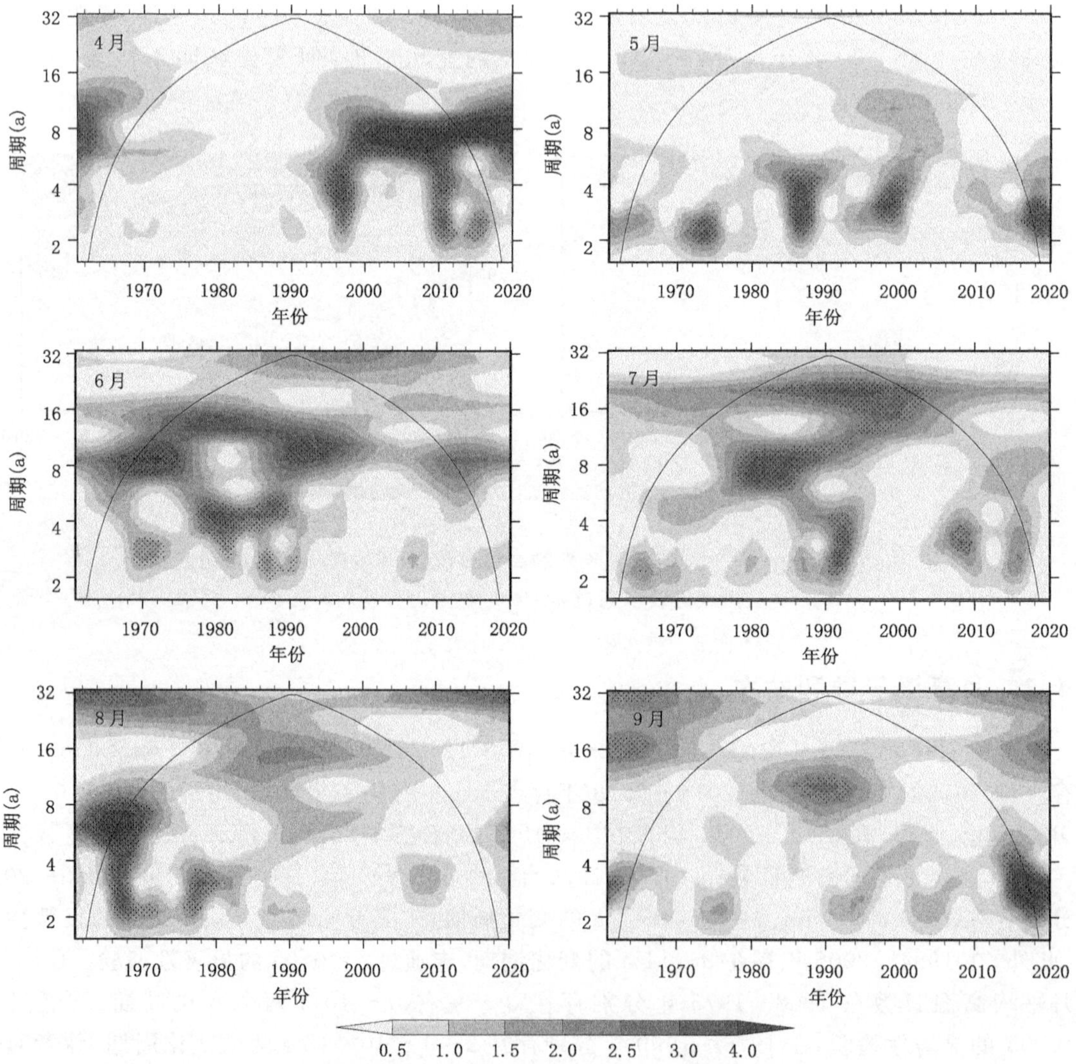


图2.12　1961—2020年新疆月平均高温日数的小波分析
(黑点区表示通过$\alpha$=0.05的显著性检验)

从新疆月平均高温站次的小波分析来看(图 2.13),4 月,新疆月平均高温站次在 1988—1992 年、1994—2000 年、2008—2014 年存在 2～8 a 的变化周期,在 2008—2014 年通过了 $\alpha$=0.05 的显著性检验,变化周期显著。5 月,新疆月平均高温站次在 1968—1976 年、1990—2004 年、2004—2012 年、2016—2020 年分别存在 1～6 a、2～6 a、2～5 a、2～4 a 的变化周期,均通过了 $\alpha$=0.05 的显著性检验。6 月,新疆月平均高温站次在 1961—2020 年断续存在 2～6 a 的变化周期,部分通过了 $\alpha$=0.05 的显著性检验,在 1974—1992 年、2004—2020 年分别存在 7～14 a、6～12 a 的变化周期,未通过 $\alpha$=0.05 的显著性检验。7 月,新疆月平均高温站次在 1970—1976 年、1992—1998 年和 2010—2018 年分别存在 2～8 a、2～4 a、2～5 a 的变化周期,均通过了 $\alpha$=0.05 的显著性检验;此外,在 1980—1996 年存在 6～12 a 的变化周期,但未通过 $\alpha$=0.05 的显著性检验。8 月,新疆月平均高温站次在 1961—2020 年断续存在 2～6 a 的变化周期,其中在 1978—1992 年通过了 $\alpha$=0.05 的显著性检验,在 1978—2012 年存在 8～16 a 的变化周期,在 1988—2004 年通过了 $\alpha$=0.05 的显著性检验。9 月,新疆月平均高温站次在

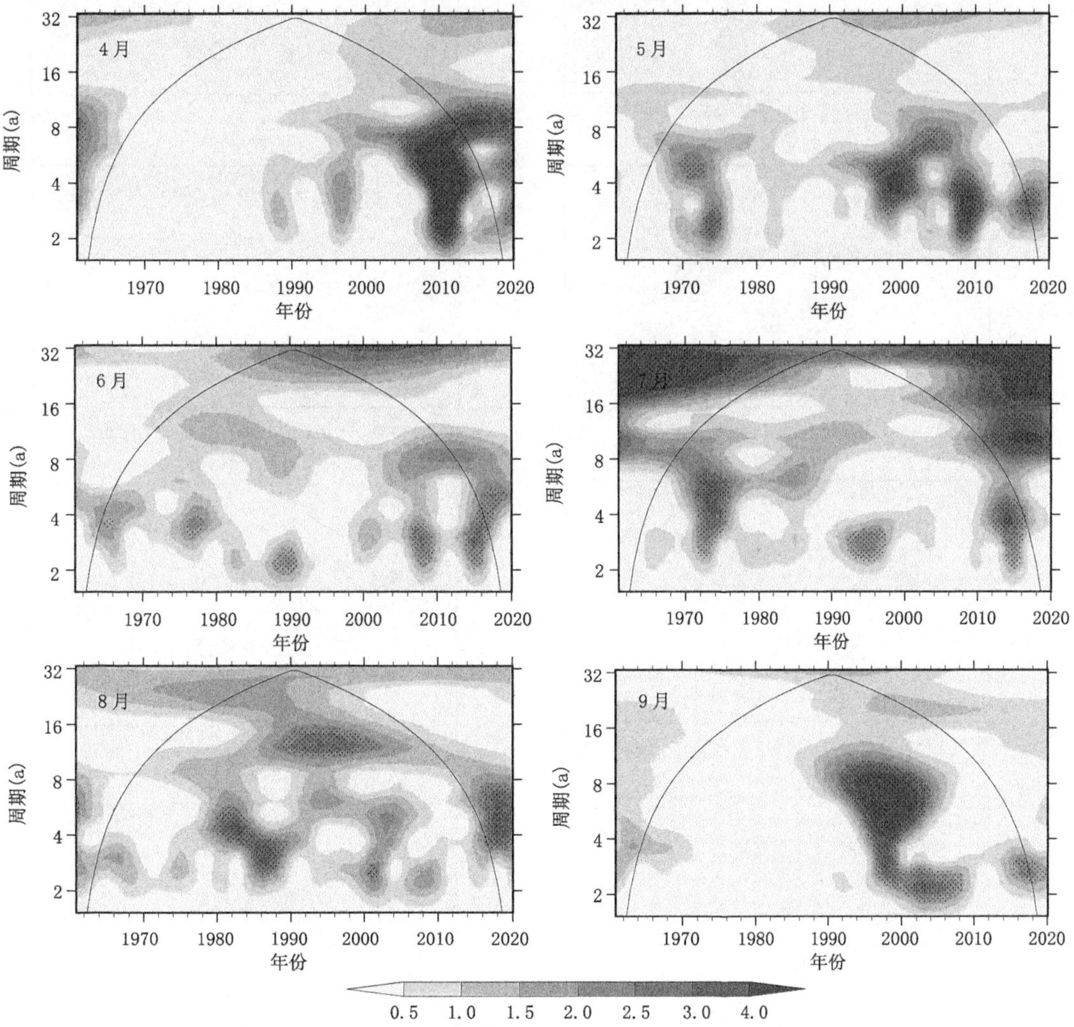


图 2.13　1961—2020 年新疆月平均高温站次的小波分析
(黑点区表示通过 $\alpha$=0.05 的显著性检验)

1996—2010 年、2016—2020 年存在 1～3 a 的变化周期，均通过了 $\alpha=0.05$ 的显著性检验；此外，在 1992—2004 年存在 4～12 a 的变化周期，明显通过了 $\alpha=0.05$ 的显著性检验，变化周期显著。

### 2.4.3　旬高温日数和站次

从新疆旬平均高温日数的小波分析来看(图 2.14)，4 月下旬，新疆旬平均高温日数在 1966—1974 年、1990—2000 年、2000—2012 和 2014—2020 年分别存在 4～8 a、2～6 a、6～10 a、2～4 a 的变化周期，在 1994—2020 年通过了 $\alpha=0.05$ 的显著性检验。5 月上旬，新疆旬平均

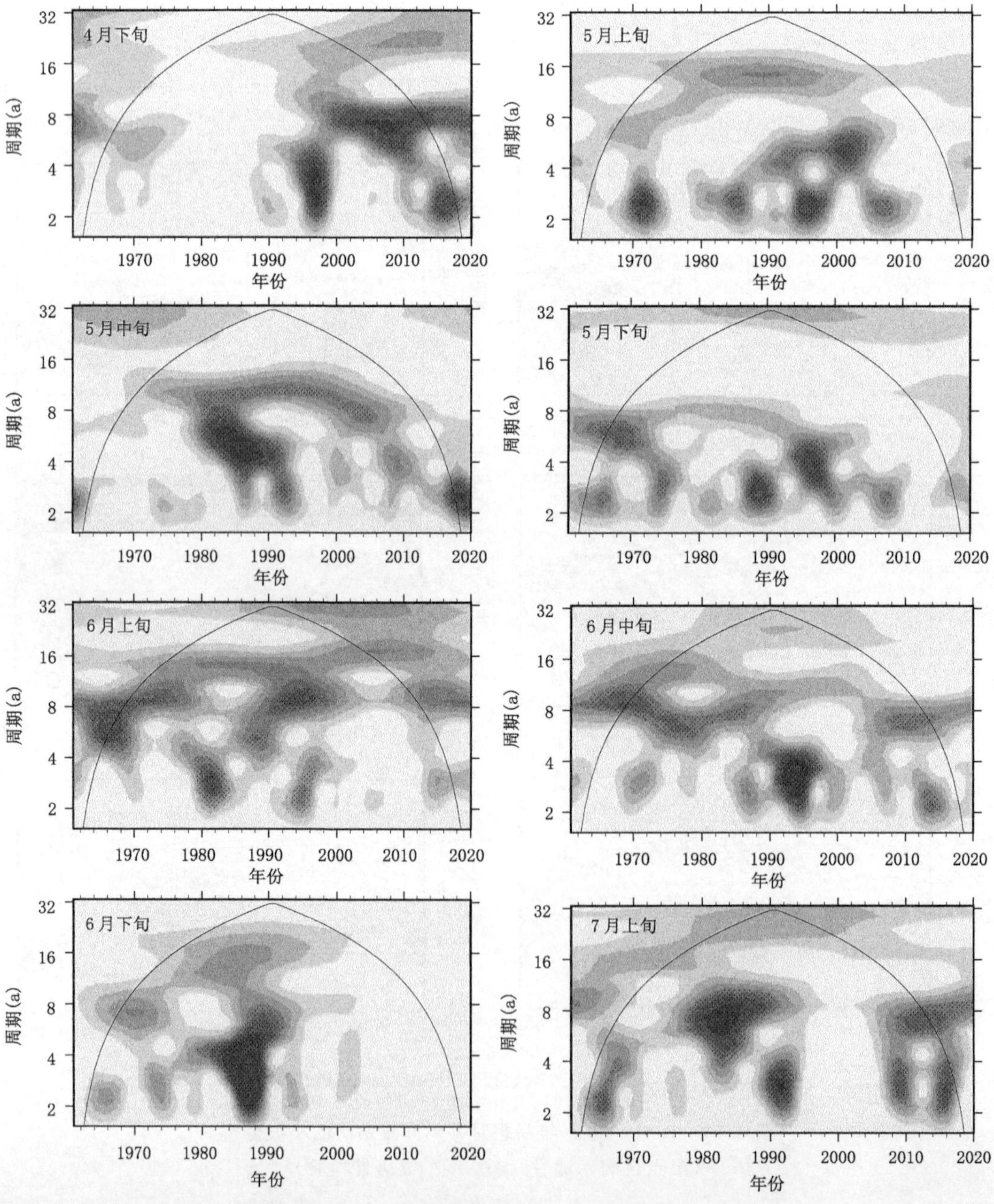

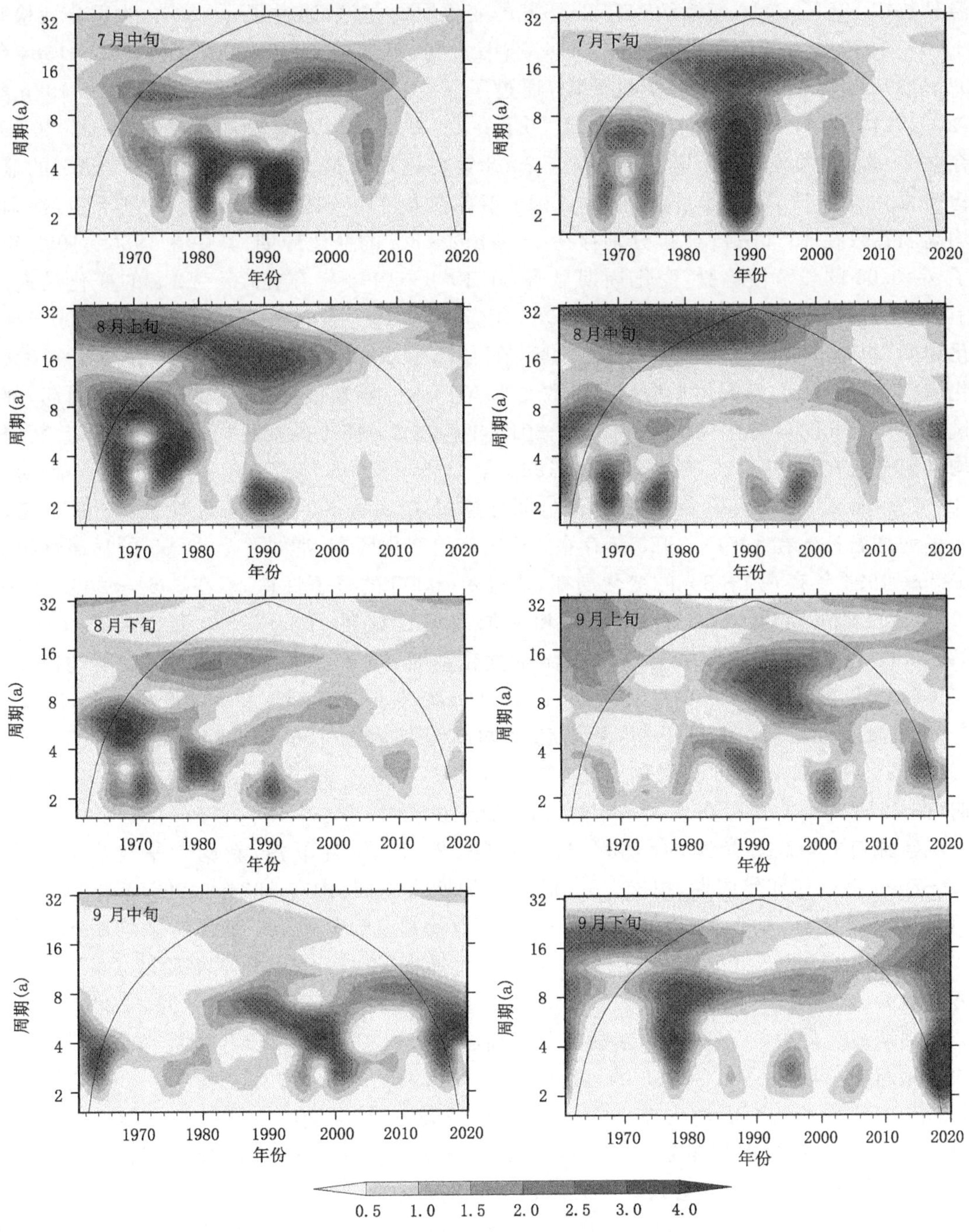


图 2.14　1961—2020 年新疆旬平均高温日数的小波分析

(黑点区表示通过 $\alpha=0.05$ 的显著性检验)

高温日数在 1968—2012 年断续存在 1～6 a 的变化周期，均通过了 $\alpha=0.05$ 的显著性检验，此外，在 1976—2004 年还存在 12～17 a 的变化周期，未通过 $\alpha=0.05$ 的显著性检验。5 月中旬，新疆旬平均高温日数在 1972—2020 年断续存在 2～6 a 和 6～12 a 的变化周期，部分通过了 $\alpha=0.05$ 的显著性检验，在 1980—1990 年 4～8 a 的变化周期最为显著。5 月下旬，新疆旬平均高温日数在 1961—2010 年断续存在 2～5 a 的变化周期，多数通过了 $\alpha$=0.05 的显著性检验，在 1962—1972 年存在 4～8 a 的变化周期。6 月上旬，新疆旬平均高温日数在 1978—1984 年、1992—1998 年存在 2～4 a 的变化周期，通过了 $\alpha$=0.05 的显著性检验，在 1961—1976 年、1972—2014 年存在 8～16 a 的变化周期。6 月中旬，新疆旬平均高温日数在 1968—2020 年断续存在 2～4 a 的变化周期，其中在 1990—2008 年变化周期最为显著，通过了$\alpha$=0.05 的显著性检验，此外，在 1961—1988 年、2006—2016 年存在 6～12 a 的变化周期。6 月下旬，新疆旬平均高温日数在 1961—2002 年分别存在 2～4 a、2～8 a 的变化周期，其中在 1980—1992 年通过了 $\alpha$=0.05 的显著性检验，变化周期显著，在 1976—1998 年存在 10～18 a 的变化周期。7 月上旬，新疆旬平均高温日数在 1961—1968 年、1986—1994 年、2006—2018 年存在 1～5 a 的变化周期，均通过了 $\alpha$=0.05 的显著性检验，在 1976—1992 年、2004—2020 年存在 6～10 a 的变化周期。7 月中旬，新疆旬平均高温日数在 1970—1996 年断续存在 2～6 a 的变化周期，部分通过了 $\alpha$=0.05 的显著性检验，在 1964—2012 年存在 8～18 a 的变化周期。7 月下旬，新疆旬平均高温日数在 1964—1976 年、1984—1992 年、2000—2006 年存在 2～8 a 的变化周期，在 1972—2004 年存在 10～20 a 的变化周期，部分通过了 $\alpha$=0.05 的显著性检验。8 月上旬，新疆旬平均高温日数在 1961—1980 年存在 2～10 a 的变化周期，通过了$\alpha$=0.05 的显著性检验，在 1986—1994 年存在 1～3 a 的变化周期，通过 $\alpha$=0.05 的显著性检验，在 1961—2000 年存在 12～28 a 的变化周期。8 月中旬，新疆旬平均高温日数在 1966—1970 年、1972—1978 年、1988—2000 年、2006—2012 年存在 1～4 a 的变化周期，部分通过了$\alpha$=0.05 的显著性检验，在 1964—2014 年存在 4～10 a 的变化周期，在 1976—2000 年存在16～32 a 的变化周期，通过了 $\alpha$=0.05 的显著性检验。8 月下旬，新疆旬平均高温日数在 1964—1974 年、1976—1984 年、1986—1996 年存在 1～4 a 的变化周期，在 1964—1976 年、1986—2004 年存在 4～8 a 的变化周期，在 1972—2000 年存在 8～16 年的变化周期。

从新疆旬平均高温站次的小波分析来看(图 2.15)，4 月下旬，新疆旬平均高温站次在 1986—2000 年存在变化周期，以 2～8 a 的变化周期为主，其中在 1994—1998 年、2006—2016 年的变化周期显著，均通过了 $\alpha$=0.05 的显著性检验。5 月上旬，新疆旬平均高温站次在 1970—1974 年、1980—2000 年存在 1～4 a 的变化周期，在 1982—2000 年通过了 $\alpha$=0.05 的显著性检验，周期显著，在 1992—2016 年断续存在 3～6 a 的变化周期，在 1980—2006 年 10～16 a 的周期最为显著。5 月中旬，新疆旬平均高温站次在 1988—2012 年断续存在以 2～6 a 为主的变化周期，均通过了 $\alpha$=0.05 的显著性检验，在 1990—2008 年存在 6～10 a 的变化周期。5 月下旬，新疆旬平均高温站次在 1966—1976 年、1980—1984 年、1994—2000 年、2006—2010 年和 2014—2018 年分别存在 2～8 a、2～4 a、3～6 a、2～4 a 和 2～4 a 的变化周期，部分通过了 $\alpha$=0.05 的显著性检验，其中 1966—1976 年的变化周期最为显著。6 月上旬，新疆旬平均高温站次在 1980—1986 年存在 2～4 a 的周期，未通过 $\alpha$=0.05 的显著性检验，在 2002—2010 年、2012—2018 年分别存在 2～8 a、2～4 a 的变化周期，通过了 $\alpha$=0.05 的显著性检验。6 月中旬，新疆旬平均高温站次在 1964—1970 年、1972—1976 年、1986—1990 年、1998—2004 年、2006—2010 年、2014—2018 年存在以 2～5 a 为主的变化周期，部分通过了 $\alpha$=0.05 的显著性检验。6 月下旬，新疆旬平均高温站次在 1966—1982 年存在 3～10 a 的显著变化周期，在 1986—1992 年存在 1～3 a 的变化周期，在 2000—2012 年存在 4～8 a 的变化周期，通过了 $\alpha$=0.05 的显著性检验。7 月上旬，新疆旬平均高温站次在 1964—1968 年、1970—1978 年、

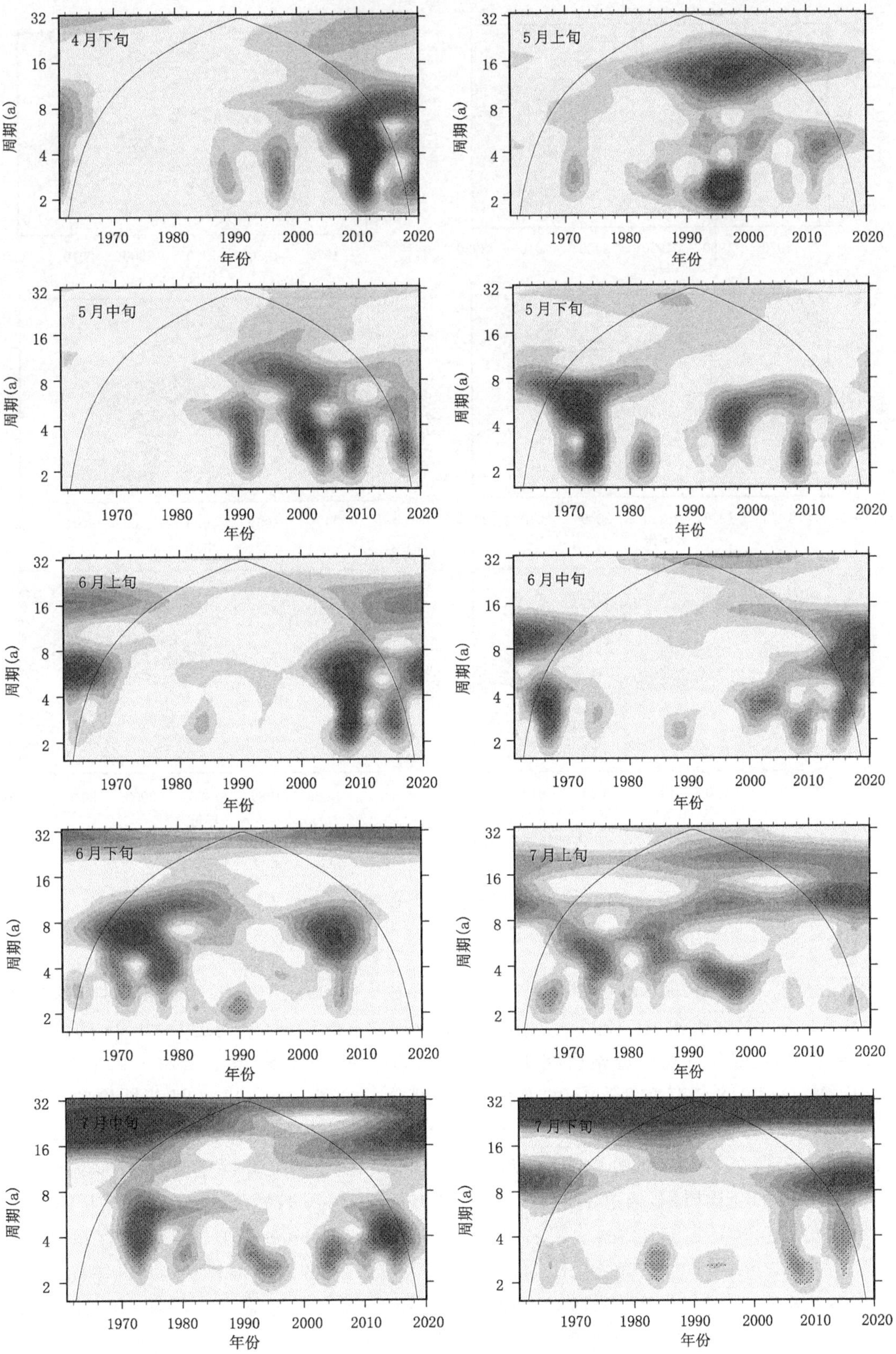

4月下旬
5月上旬
5月中旬
5月下旬
6月上旬
6月中旬
6月下旬
7月上旬
7月中旬
7月下旬
周期(a)
32
16
8
4
2
1970
1980
1990
2000
2010
2020
年份

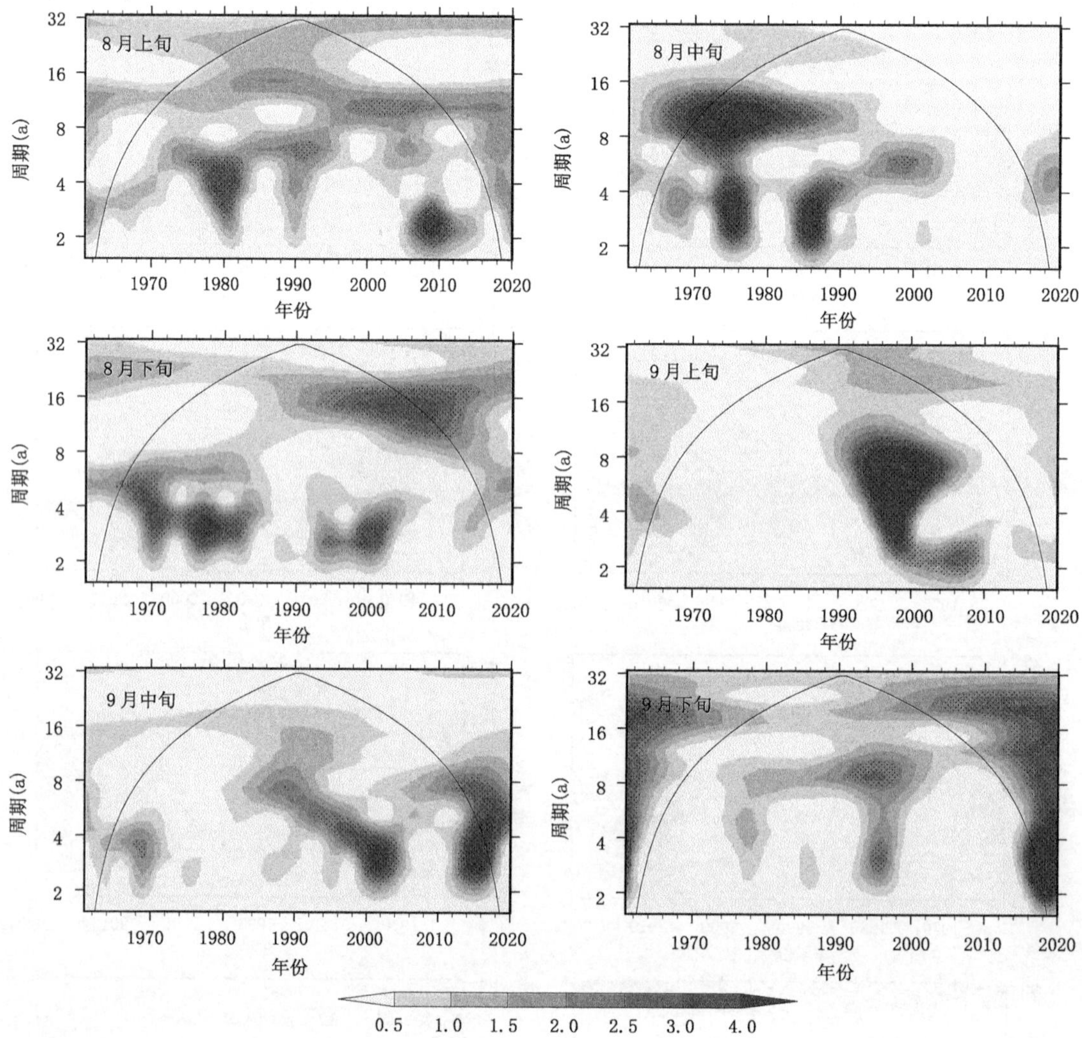


图 2.15　1961—2020 年新疆旬平均高温站次的小波分析
(黑点区表示通过 $\alpha$=0.05 的显著性检验)

1980—1986 年、1990—2000 年分别存在 2～4 a、3～6 a、4～8 a、2～4 a 的变化周期，部分通过了 $\alpha$=0.05 的显著性检验，在 1990—2010 年存在 8～12 a 的周期，未通过 $\alpha$=0.05 的显著性检验。7 月中旬，新疆旬平均高温站次在 1970—1976 年、1978—1982 年、1988—1996 年、2002—2006 年、2010—2018 年存在 2～6 a 的变化周期，部分通过了 $\alpha$=0.05 的显著性检验。7 月下旬，新疆旬平均高温站次在 1964—1972 年、1980—1986 年、1990—1996 年、2008—2010 年、2014—2018 年存在 2～4 a 的变化周期，部分通过了 $\alpha$=0.05 的显著性检验，在 1976—1998 年存在 20～32 a 的变化周期，通过了 $\alpha$=0.05 的显著性检验，周期显著。8 月上旬，新疆旬平均高温站次在 1974—1982 年、1984—1994 年、1998—2008 年、2006—2012 年分别存在 2～6 a、6～8 a、8～12 a、1～4 a 的显著变化周期，均通过了 $\alpha$=0.05 的显著性检验。8 月中旬，新疆旬平均高温站次在 1972—1978 年、1982—1990 年存在 2～5 a 的显著变化周期，在 1966—1990 年存在 6～15 a 的变化周期，均通过了 $\alpha$=0.05 的显著性检验。8 月下旬，新疆旬平均高温站

次在 1966—1984 年、1992—2002 年存在 2～6 a 的显著变化周期，在 1990—2010 年存在 10～20 a 的变化周期，通过了 $\alpha$＝0.05 的显著性检验。9 月上旬，新疆旬平均高温站次在 1998—2010 年存在 1～3 a 的显著变化周期，在 1992—2006 年存在 3～10 a 的变化周期，通过了 $\alpha$＝0.05 的显著性检验。9 月中旬，新疆旬平均高温站次在 1966—1972 年、1986—206 年和 2012—2020 年分别存在 2～4 a、2～8 a、2～8 a 的变化周期，部分通过了 $\alpha$＝0.05 的显著性检验。9 月下旬，新疆旬平均高温站次在 1974—1980 年、1992—1998 年存在以 3～6 a 为主的变化周期，1974—2004 年存在 6～12 a 的变化周期，部分通过了 $\alpha$＝0.05 的显著性检验。

## 2.5　高温初日和终日的变化

从新疆高温初日的时间变化来看(图 2.16a)，1961—2020 年，新疆高温初日主要集中在 4 月上旬至 5 月中旬，其中高温初日出现在 4 月下旬和 5 月上旬的最多，分别为 22 a 和 20 a，1970 年、1975 年、1979 年和 1996 年高温初日出现时间最晚，均在 5 月中旬，2020 年高温初日出现时间最早，在 4 月上旬。从 1961—2020 年新疆高温初日的变化趋势来看，高温初日的出现时间呈波动提前趋势，提前速率为 0.14 d/10a。

从新疆高温终日的时间变化可以看出(图 2.16b)，过去 60 a 新疆高温终日主要集中在 9 月上旬至 10 月上旬，其中高温终日在 9 月中旬出现得最多，共 32 a；1964 年、1974 年、1976 年、1979 年、1980 年、1985 年、1992 年、1997 年、2001 年和 2018 年高温终日出现的时间最早，均在 9 月上旬，2008 和 2013 年高温终日出现的时间最晚，均在 10 月上旬。从新疆高温终日出现日期的变化趋势来看，新疆高温终日的出现时间呈波动推后趋势，推后速率为 0.11 d/10a。

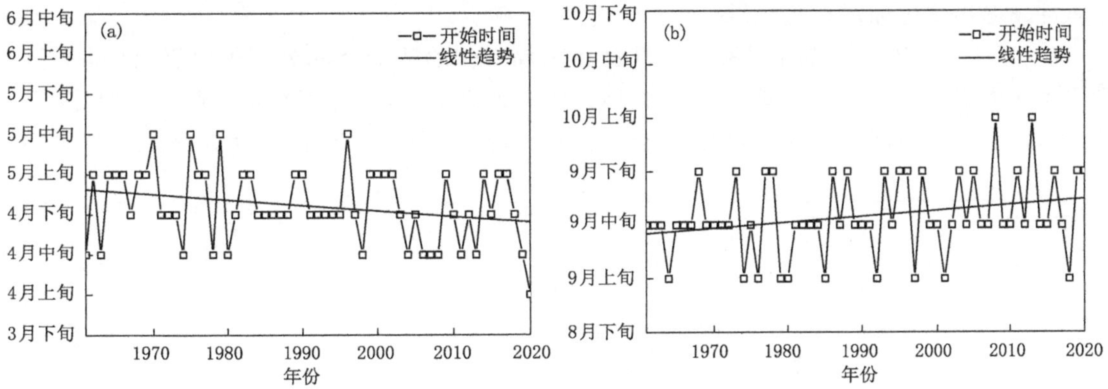


图 2.16　新疆高温初日(a)和终日(b)的变化趋势

# 第 3 章

# 新疆单站高温天气过程特征

## 3.1　空间分布

### 3.1.1　年平均次数

图 3.1 给出 1961—2020 年新疆单站年平均高温天气过程次数和变化趋势的空间分布，可以看出，新疆单站高温天气过程次数的空间差异较大，单站年平均高温天气过程次数大于 4 的高发区主要集中在克拉玛依市、石河子市、喀什地区、和田地区、巴州、吐鲁番市和哈密市(图 3.1a)，其中喀什地区岳普湖站，巴州铁干里克站、若羌站，吐鲁番市鄯善站、托克逊站、吐鲁番站、东坎站和哈密市淖毛湖站的单站高温天气过程次数较多，年平均超过 6.0 次。新疆单站高温天气过程次数最多的是吐鲁番市鄯善站，年均高温天气过程为 8.7 次，其次是喀什地区岳普湖站(8.0 次)。过去 60 a，博州温泉站，阿勒泰地区吉木乃站，克州乌恰站、阿合奇站和哈密市巴里坤站未出现过高温天气过程。

从 1961—2020 年新疆单站高温天气过程次数变化趋势的空间分布可以看出(图 3.1b)，除伊犁州的伊宁县、新源站，博州阿拉山口站，塔城地区的沙湾站、额敏站，阿勒泰地区哈巴河站，克拉玛依站，石河子市莫索湾站，乌鲁木齐站，昌吉州的玛纳斯站、奇台站，喀什地区的喀什

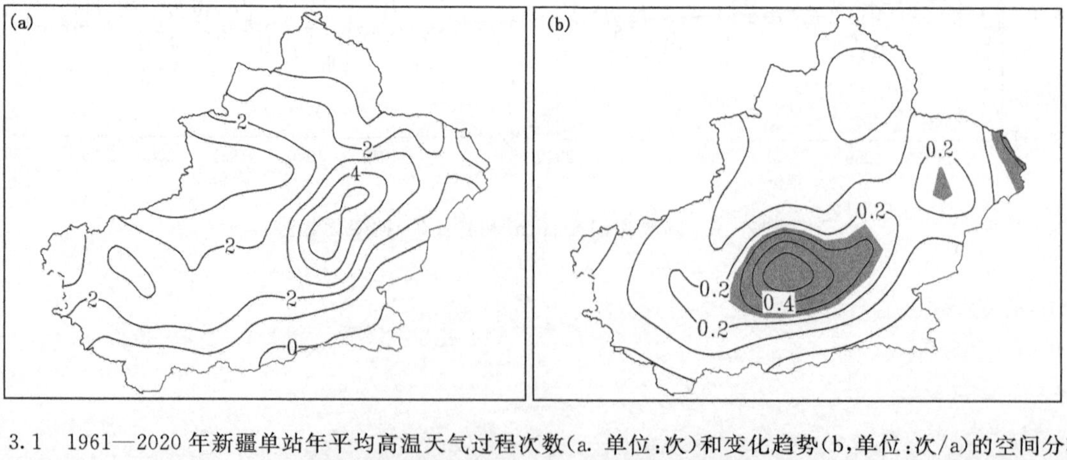


图 3.1　1961—2020 年新疆单站年平均高温天气过程次数(a. 单位:次)和变化趋势(b,单位:次/a)的空间分布(灰色阴影区表示通过 $\alpha=0.05$ 的显著性检验)

站、莎车站，克州的阿图什站、阿克陶站，和田地区的墨玉站，阿克苏地区的阿拉尔站、阿瓦提站、库车站、柯坪站，巴州尉犁站和吐鲁番站的气候趋势为负值外，其余站点的气候趋势均正值，其中，巴州铁干里克站、塔中站、且末站，吐鲁番市东坎站，哈密市十三间房站的单站高温天气过程的增加趋势通过了 $\alpha=0.05$ 的显著性检验。

### 3.1.2　月平均次数

从 1961—2020 年新疆单站月平均高温天气过程次数的空间分布来看(图 3.2)，4 月，新疆共 21 站出现过高温天气过程，其中大值区主要位于吐鲁番市。5 月，有 59 站出现过高温天气过程，最大值位于吐鲁番市，为 2.1 次。夏季 6—8 月出现单站高温天气过程的站数最多，超过 76%的站点都出现过高温天气过程，其中 6 月为 72 站、7 月为 89 站、8 月为 82 站。6 月，单站平均高温天气过程次数大于 2.0 的区域主要位于吐鲁番市鄯善站、托克逊站和哈密市淖毛湖站，最大值出现在吐鲁番市鄯善站(2.4 次)。7 月，共 9 站平均高温天气过程次数大于 2.0，主要位于博州阿拉山口站，昌吉州蔡家湖站，巴州若羌站、铁干里克站，吐鲁番市鄯善站、库米什站，哈密市淖毛湖站、哈密市、十三间房站，最大值出现在巴州若羌站(2.8 次)。8 月，两站的平均高温天气过程次数大于 2.0 次，分别为吐鲁番市鄯善站和巴州若羌站，最大值为吐鲁番市鄯善站(2.2 次)。9 月，新疆单站高温天气过程次数明显减少，仅 3 站大于 0.5 次，且均位于吐鲁番市，最大值为吐鲁番站(0.8 次)。整体来看，吐鲁番市是新疆单站高温天气过程出现次数最多的区域。

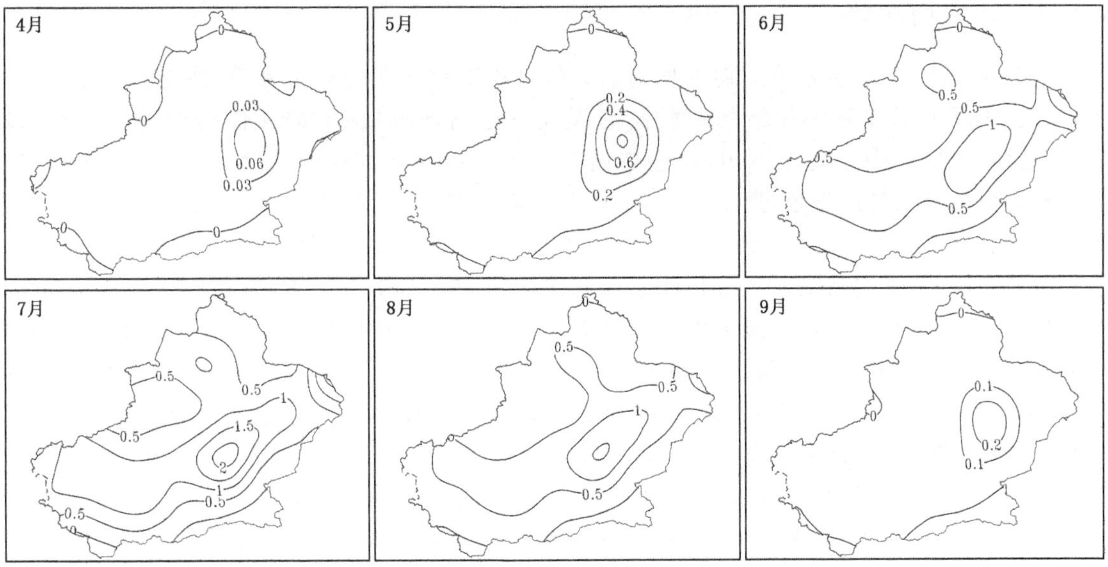


图 3.2　1961—2020 年新疆单站月平均高温天气过程次数(单位:次)空间分布

从 1961—2020 年新疆单站月平均高温天气过程次数变化趋势的空间分布来看(图 3.3)，4 月和 9 月的变化趋势不显著，均未通过 $\alpha=0.05$ 的显著性检验。5 月，新疆有 40 站呈增加趋势，19 站为减少趋势；6 月，有 64 站为增加趋势，12 站为减少趋势；7 月，有 68 站为增加趋势，21 站为减少趋势，8 月，有 41 站为增加趋势，41 站为减少趋势，其中和田地区东部至巴州南部在 6—8 月的增加趋势均较为显著,通过了 $\alpha=0.05$ 的显著性检验。

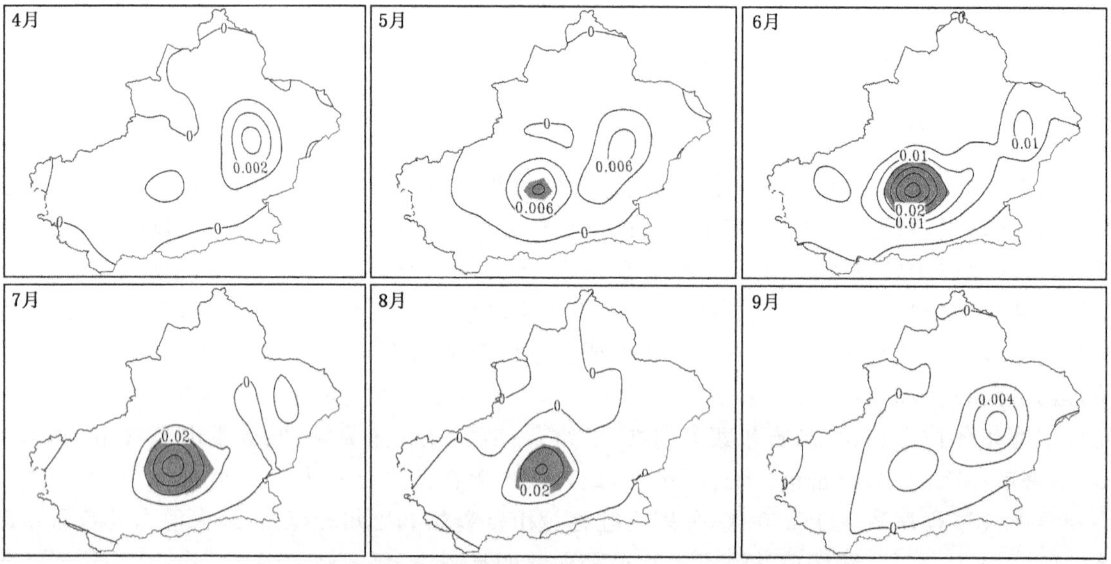


图 3.3　1961—2020 年新疆单站月平均高温天气过程次数变化趋势的空间分布(单位:次/a)
(灰色阴影区表示通过 $\alpha=0.05$ 的显著性检验)

### 3.1.3　旬平均次数

从 1961—2020 年新疆单站旬平均高温天气过程次数的空间分布来看(图略),4 月下旬、5 月上旬、9 月上旬和 9 月中旬新疆单站高温天气过程出现得较少,最大值均位于吐鲁番东坎站,不足 0.5 次。5 月中旬至下旬,新疆单站高温天气过程站数逐渐增多,最大值吐鲁番市东坎站的平均高温天气过程超过 1.0 次。6 月上旬至 8 月下旬,新疆出现单站高温天气过程的站数进一步增多,其中 7 月上旬至 8 月上旬出现高温天气过程的站数最多,均超过 80 站。6 月上旬至下旬,旬平均高温天气过程超过 1.0 次的站均为巴州塔中站,分别为 1.1 次、1.4 次、1.6 次。7 月上旬两站平均高温天气过程超过 1.0 次,为巴州塔中站和哈密市巴里坤站;7 月中旬仅巴州塔中站的平均高温天气过程为 2.0 次,7 月下旬两站平均高温天气过程次数超过 1.0 次,为巴州塔中站(2.2 次)和铁干里克站(1.1 次)。8 月上旬至下旬,巴州塔中站的平均高温天气过程次数最多,分别为 2.1 次、1.3 次、0.9 次。

从 1961—2020 年新疆单站旬平均高温天气过程次数变化趋势的空间分布来看(图略),4 月下旬,5 月上旬、中旬、下旬,9 月上旬、中旬,新疆单站旬平均高温天气过程次数呈增多趋势的区域主要分布在石河子市、和田地区、巴州、吐鲁番市和哈密市,但均未通过 $\alpha=0.05$ 的显著性检验。6 月上旬至 8 月下旬,新疆单站旬平均高温天气过程次数呈显著增加趋势的区域主要分布在和田地区东部至巴州南部,均通过了 $\alpha=0.05$ 的显著性检验。

## 3.2　单站高温天气过程持续日数

### 3.2.1　平均持续日数

从图 3.4 可以看出，新疆单站高温天气过程持续时间的空间差异较大，有 68 站的高温天气过程平均持续日数超过 4 d，主要集中在博州、克拉玛依市、石河子市、乌鲁木齐市、昌吉州、喀什地区、克州、和田地区、阿克苏地区、巴州、吐鲁番市和哈密市，其中巴州塔中站、哈密市淖毛湖站的高温天气过程平均持续时间超过 6 d，吐鲁番市托克逊站、吐鲁番站、东坎站的高温天气过程平均持续时间超过 12 d，吐鲁番市东坎站的高温天气过程平均持续日数最长，为 14.6 d。

### 3.2.2　最大持续日数

从图 3.5 可以看出，1961—2020 年新疆单站高温天气过程最大持续日数的空间分布和平均持续日数的空间分布较为一致，有 61 站的高温天气过程最大持续日数超过 10 d，其中 32 站超过 15 d，主要位于博州、克拉玛依市、石河子市、喀什地区、克州、和田地区、巴州、吐鲁番市和哈密市；巴州塔中站、且末站、若羌站，吐鲁番市东坎站、吐鲁番站、托克逊站、鄯善站、库米什站，哈密市淖毛湖站、哈密站共 10 站的高温天气过程最大持续日数超过 20 d，吐鲁番市东坎站和吐鲁番站的高温天气过程最大持续日数最多，均为 100 d。

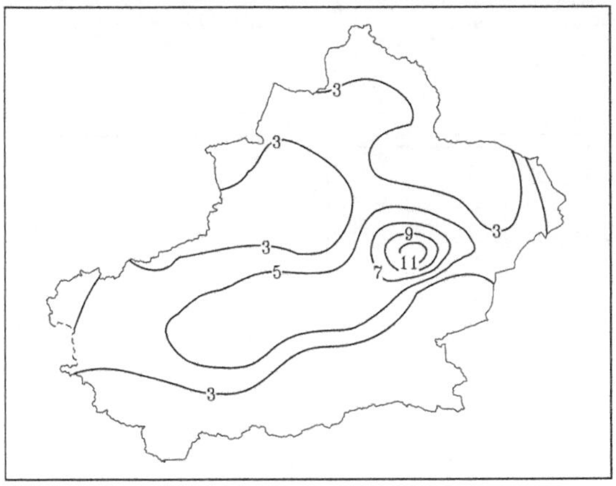

图 3.4　1961—2020 年新疆单站高温天气过程平均持续日数的空间分布（单位：d）

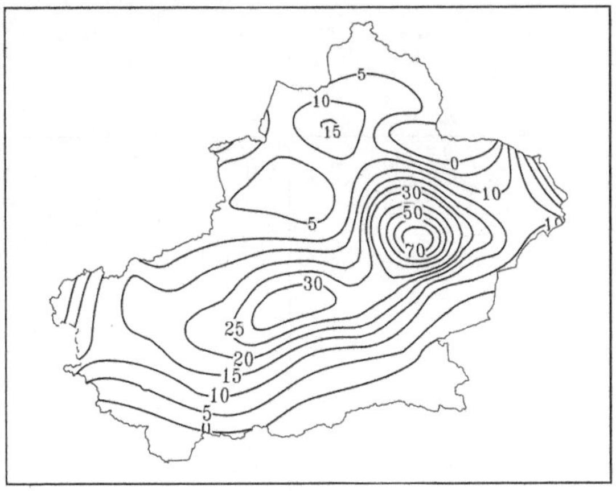

图 3.5　1961—2020 年新疆单站高温天气过程最大持续日数的空间分布（单位：d）

## 3.3　单站高温天气过程开始和结束时间

### 3.3.1　开始时间

图 3.6 给出的 1961—2020 年新疆高温天气过程平均开始时间的空间分布，可以看出，新疆单站高温天气过程平均开始时间主要集中在 6 月或 7 月。吐鲁番市东坎站是新疆单站高温

天气过程最早开始的站点(5 月上旬),其次是吐鲁番站和托克逊站(5 月中旬)。5 月下旬,新疆单站高温天气过程主要出现吐鲁番市鄯善站和巴州塔中站;6 月上旬,主要在巴州铁干里克站、若羌站和哈密市淖毛湖站;6 月中旬,主要在博州阿拉山口站,克拉玛依站,石河子市炮台站、莫索湾站,昌吉州蔡家湖站,和田地区策勒站,巴州尉犁站,吐鲁番市库米什站和哈密站;6 月下旬,主要在博州(1 站)、塔城地区南部(2 站)、石河子市(2 站)、乌鲁木齐市(1 站)、昌吉州(4 站)、喀什地区(4 站)、和田地区东部(5 站)、阿克苏地区(4 站)和哈密市(1 站);7 月上旬,主要在博州(1 站)、阿勒泰地区(1 站)、乌鲁木齐市(1 站)、昌吉州东部(1 站)、喀什地区(5 站)、克州(2 站)、和田地区(1 站)、阿克苏地区北部(3 站)、巴州(2 站),7 月中旬,主要在伊犁州西部(5 站)、塔城地区(3 站)、阿勒泰地区(5 站)、乌鲁木齐市(1 站)、昌吉州山区(2 站)、阿克苏地区(3 站)、巴州北部(3 站);7 月下旬,主要在伊犁州山区(4 站)、塔城地区北部(2 站)、阿勒泰地区(1 站)、阿克苏地区山区(1 站)和哈密市(1 站)。

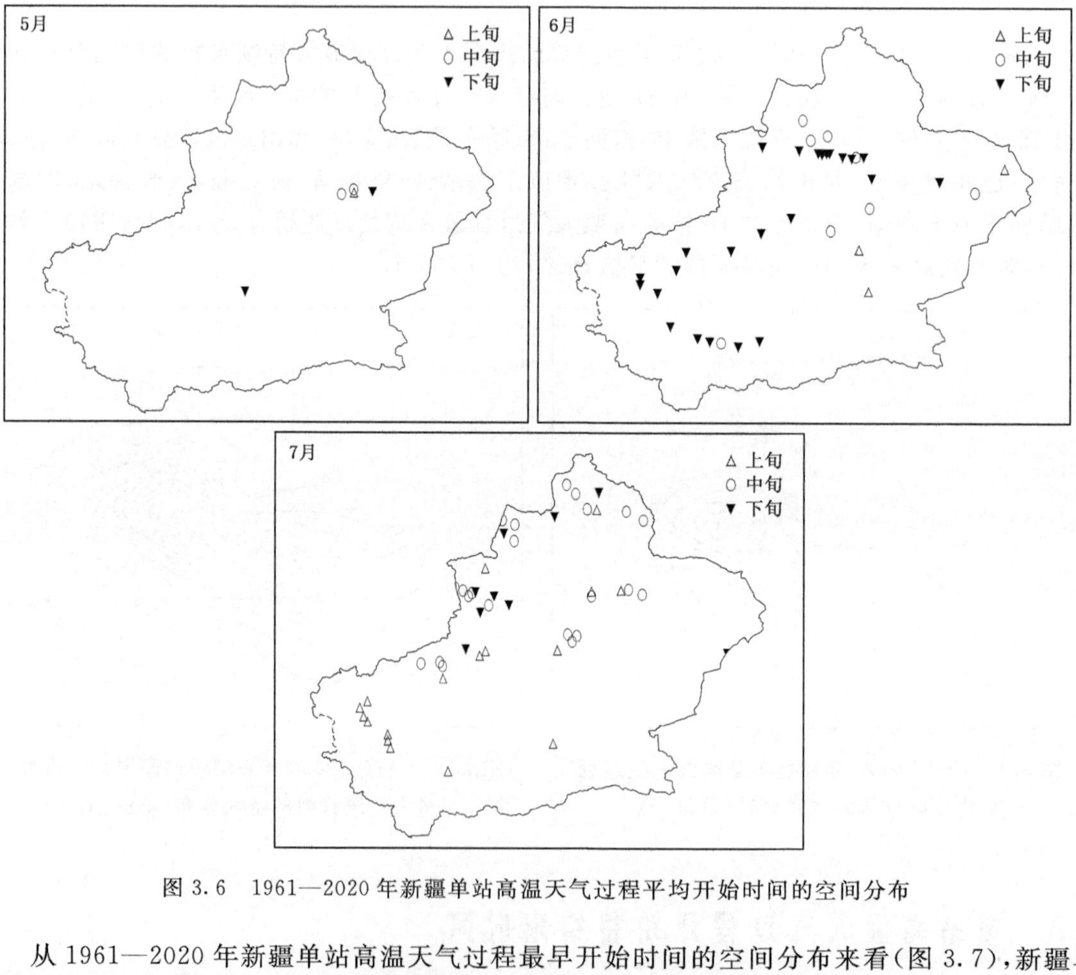


图 3.6　1961—2020 年新疆单站高温天气过程平均开始时间的空间分布

从 1961—2020 年新疆单站高温天气过程最早开始时间的空间分布来看(图 3.7),新疆单站高温天气过程最早在 4 月中旬就开始出现,主要为吐鲁番市东坎站和吐鲁番站;石河子市炮台站、莫索湾站,昌吉州蔡家湖站,喀什地区巴楚站、岳普湖站、麦盖提站,和田地区策勒站、墨玉站、洛浦站,阿克苏地区柯坪站、阿拉尔站、巴州轮台站、塔中站、铁干里克站、若羌站,吐鲁番市库米什站、托克逊站、鄯善站和哈密市淖毛湖站的高温天气过程最早在 4 月下旬开始;喀什地区伽师站，和田地区皮山站，和田站、民丰站、于田站，阿克苏地区沙雅站和巴州尉犁站的高温天气过程最早在 5 月上旬开始；高温天气过程最早开始时间在 5 月中旬的站数最多，共 20 站，主要集中在伊犁州西部、博州、克拉玛依市、石河子市、昌吉州、哈密市等地；5 月下旬共 12 站最早开始出现高温天气过程，主要位于塔城地区北部、喀什地区、克州和巴州北部；乌鲁木齐市、昌吉州东部山区、克州山区、阿克苏地区、巴州北部共 10 站高温天气过程最早在 6 月上旬开始；阿勒泰地区阿克达拉站、福海站、富蕴站和阿克苏地区拜城站高温天气过程最早在 6 月中旬开始；塔城地区裕民站和哈密市红柳河站最早在 6 月下旬；高温天气过程最早开始时间在 7 月上旬的站点主要分布在伊犁州东南部(4 站)、塔城地区北部山区(1 站)、阿勒泰地区(4 站)和阿克苏地区北部山区(1 站)，共 10 站；昌吉州木垒站高温天气过程最早在 7 月中旬开始；伊犁州特克斯站和塔城地区和布克赛尔站高温天气过程最早在 7 月下旬。由此可见，新疆单站高温天气过程最早开始时间集中在 4 月下旬和 5 月中旬，分别为 19 站和 20 站。

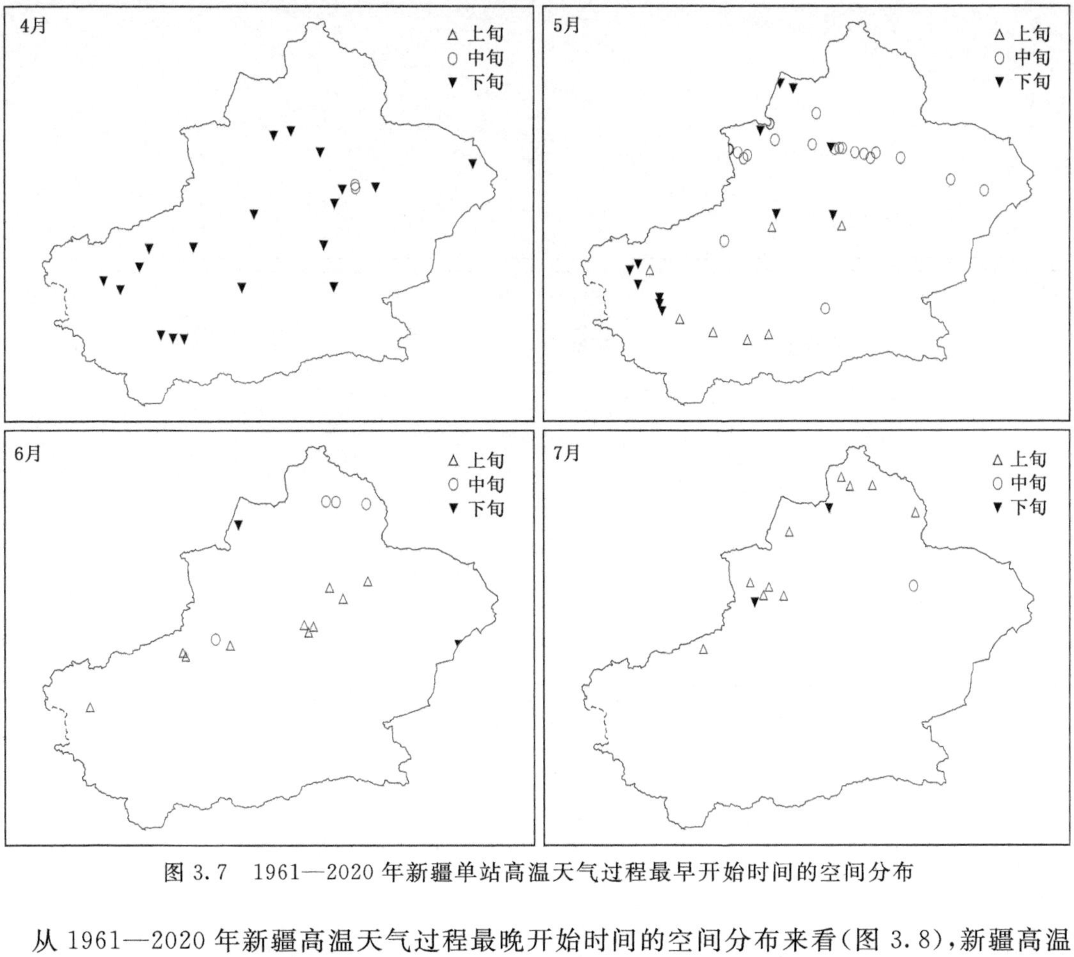


图 3.7　1961—2020 年新疆单站高温天气过程最早开始时间的空间分布

从 1961—2020 年新疆高温天气过程最晚开始时间的空间分布来看(图 3.8)，新疆高温天气过程最晚开始时间主要集中在 8 月上旬和 8 月中旬。吐鲁番市东坎站高温天气过程最晚的出现时间为 5 月下旬；吐鲁番市托克逊站为 6 月上旬，巴州塔中站为 6 月中旬，吐鲁番市鄯善站为 6 月下旬；吐鲁番站为 7 月上旬，塔城地区托里站、阿勒泰地区青河站、乌鲁木齐市达坂城站和巴州若羌站在 7 月中旬，伊犁州尼勒克站、特克斯站，塔城地区和布克赛尔站，昌吉州木垒站，喀什地区麦盖提站，阿克苏地区沙雅站，巴州尉犁站、铁干里克站，吐鲁番市库米什站和哈密市淖毛湖站在 7 月下旬；阿勒泰地区(4 站)、石河子市(1 站)、喀什地区(5 站)、克州(1 站)、和田地区(1 站)、阿克苏地区(3 站)和哈密市(1 站)在 8 月上旬，伊犁州(5 站)、博州(2 站)、塔城地区南部(2 站)、阿勒泰地区(1 站)、克拉玛依市(1 站)、石河子市(3 站)、昌吉州(5 站)、乌鲁木齐市(1 站)、喀什地区(3 站)、克州(1 站)、和田地区(2 站)、阿克苏地区(6 站)、巴州(6 站)和哈密市(2 站)在 8 月中旬，伊犁州霍城站、伊宁站，塔城地区塔城站，和田地区墨玉站、和田站、洛浦站、于田站在 8 月下旬；博州精河站，塔城地区裕民站、额敏站，乌鲁木齐市，昌吉州蔡家湖站、奇台站在 9 月上旬。

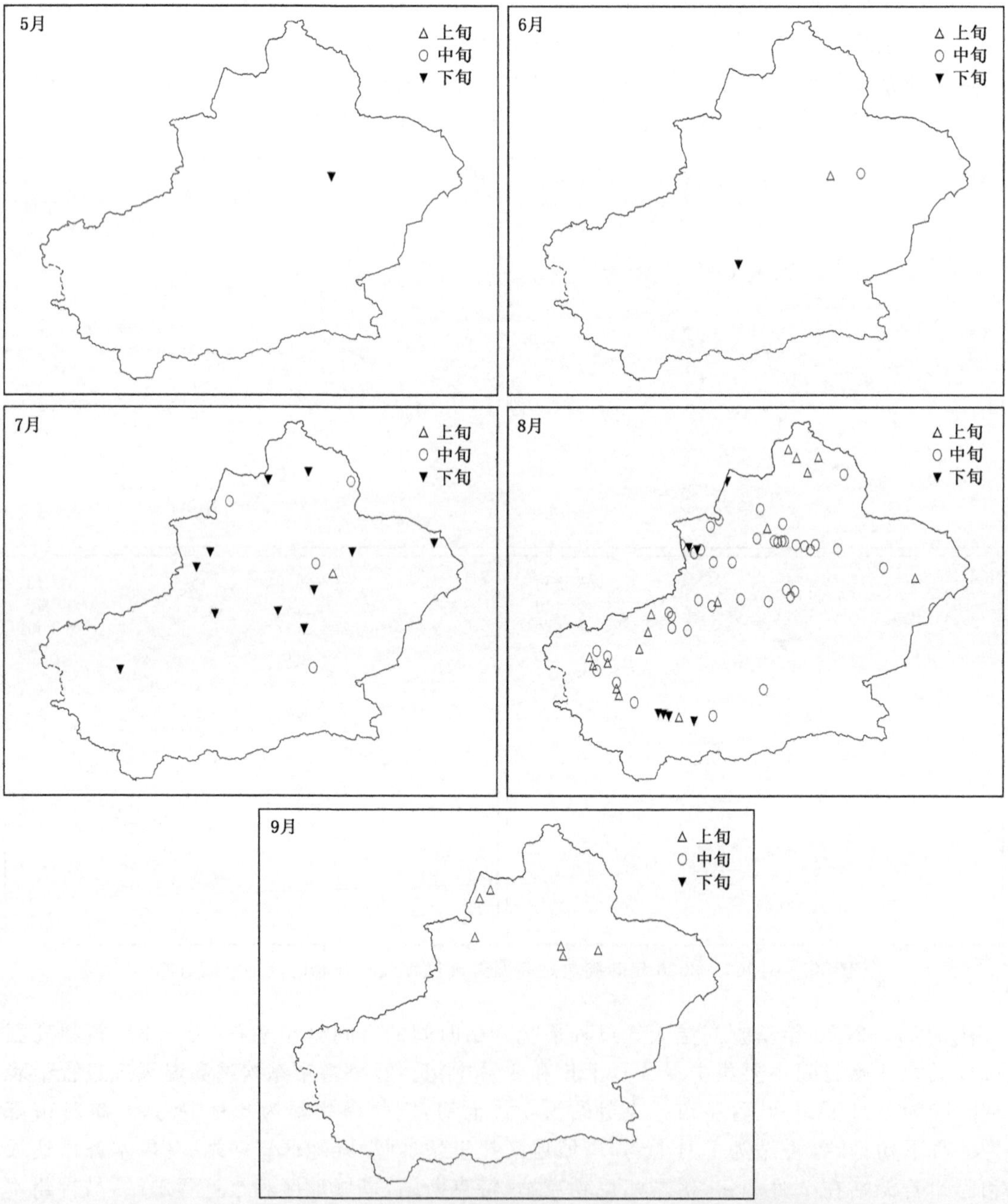


图 3.8　1961—2020 年新疆单站高温天气过程最晚开始时间的空间分布

图 3.9 给出了 1961—2020 年新疆高温天气过程开始时间的变化趋势的空间分布，可以看出，除和田地区于田站，巴州且末站，哈密市巴里坤站、淖毛湖站、哈密站无高温天气过程外，其余 88 个站中有 67 个站的高温天气过程开始时间均呈提前趋势，21 个站的高温天气过程开始时间呈推后趋势（主要分布在伊犁州南部山区、博州、塔城地区北部、乌鲁木齐市、昌吉州东部山区、喀什地区、克州、和田地区西部、阿克苏地区北部和巴州北部）。

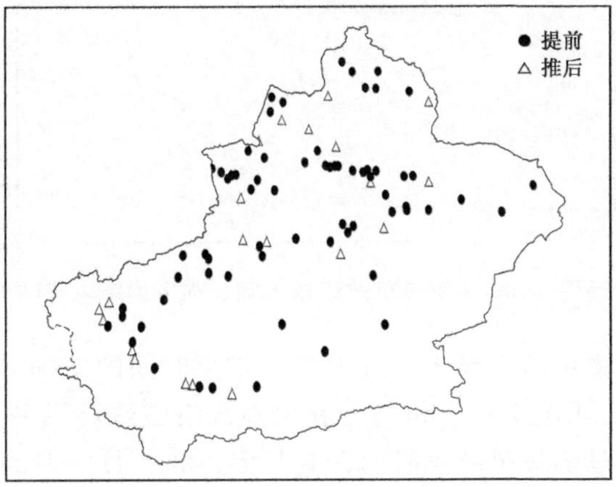


图 3.9　1961—2020 年新疆高温天气过程开始时间变化趋势的空间分布

### 3.3.2　结束时间

从 1961—2020 年新疆单站高温天气过程平均结束时间的空间分布来看（图 3.10），新疆单站高温天气过程的平均结束时间主要集中在 7 月下旬和 8 月上旬。塔城地区托里站、阿勒泰地区青河站、昌吉州木垒站和喀什地区叶城站的高温天气过程平均结束时间最早，在 7 月中旬，伊犁州、博州、塔城地区北部、阿勒泰地区、乌鲁木齐市、阿克苏地区、喀什地区和巴州北部在 7 月下旬；伊犁州、博州东部、石河子市、昌吉州、喀什地区、和田地区和巴州北部在 8 月上旬，克拉玛依市、石河子市、和田地区东部、哈密市在 8 月中旬，巴州塔中站、铁干里克站、若羌站和哈密市淖毛湖站在 8 月下旬；吐鲁番市托克逊站、吐鲁番站、鄯善站在 9 月上旬，吐鲁番市东坎站最晚，在 9 月中旬。

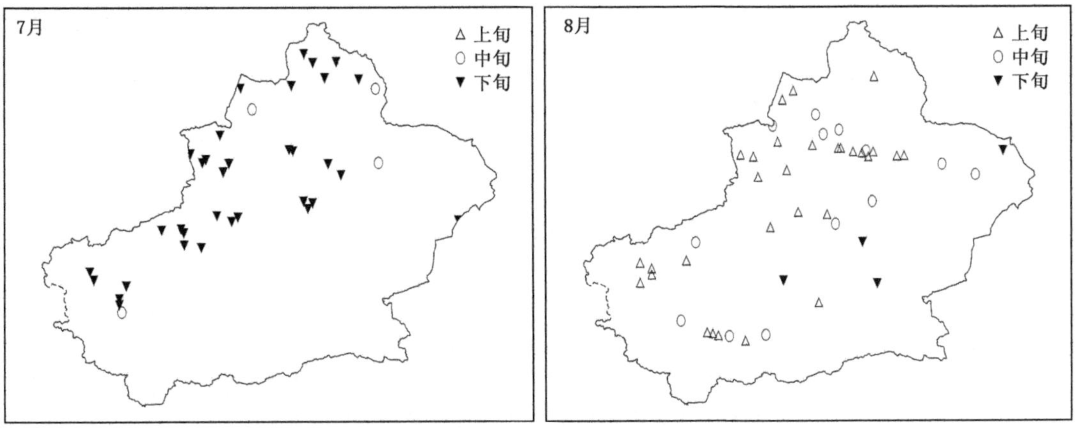

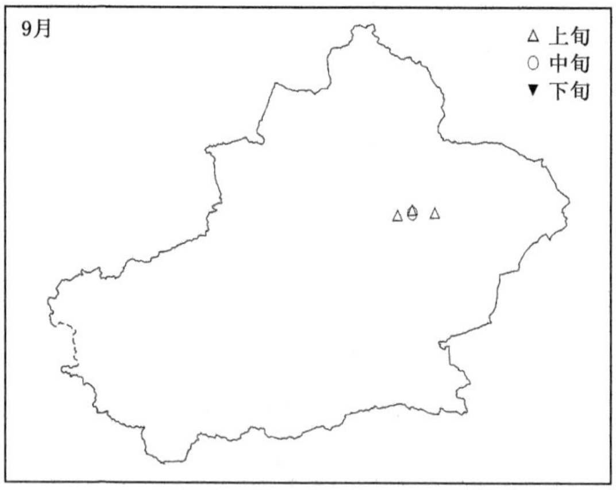


图 3.10　1961—2020 年新疆单站高温天气过程平均结束时间的空间分布

从 1961—2020 年新疆单站高温天气过程最早结束时间的空间分布来看(图 3.11),高温天气过程最早结束时间出现在 5 月上旬的为和田地区洛浦站,5 月中旬的是阿克苏地区阿瓦提站;新疆单站高温天气过程最早结束时间在 6 月上旬和 6 月中旬的站点最多,分别有 19 站

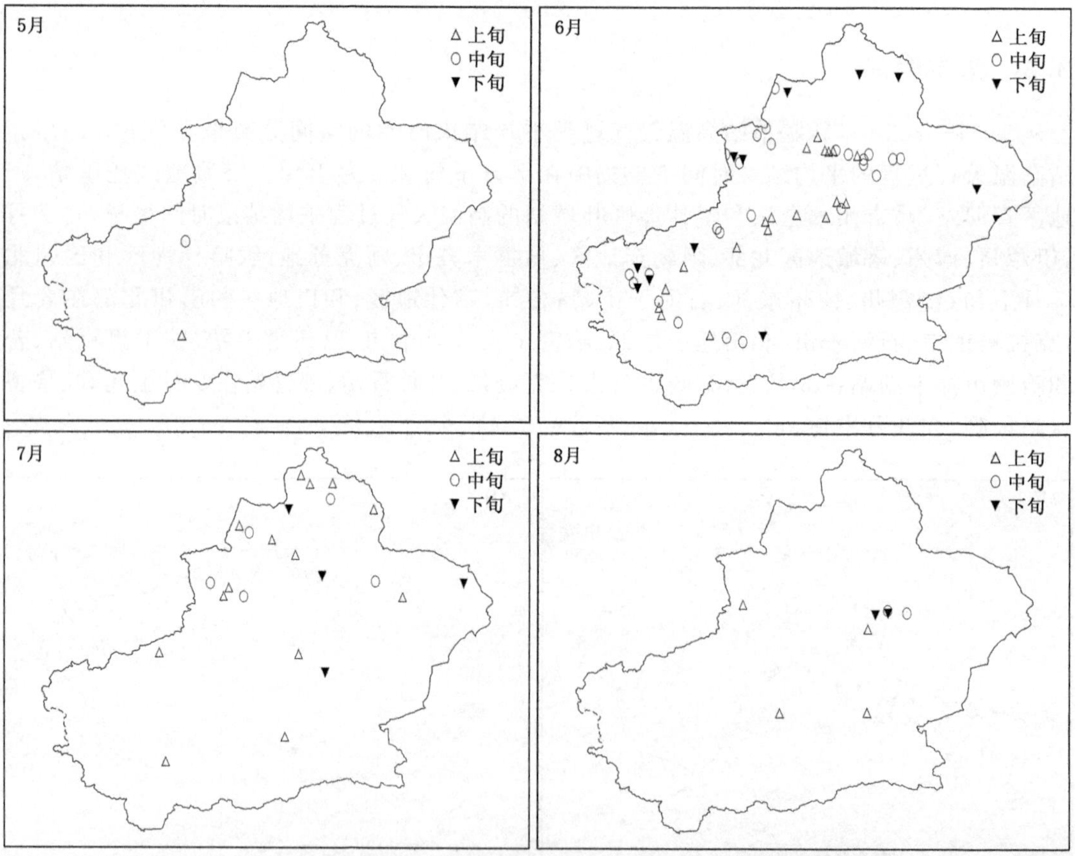


图 3.11　1961—2020 年新疆单站高温天气过程最早结束时间的空间分布

和 26 站，其中高温天气过程最早结束时间在 6 月上旬的站主要集中在塔城地区南部（2 站）、石河子市（3 站）、昌吉州（1 站）、喀什地区东部（4 站）、和田地区（1 站）、阿克苏地区（3 站）和巴州北部（5 站），在 6 月中旬的站点主要位于伊犁州西部（2 站）、博州（3 站）、塔城地区（1 站）、乌鲁木齐市（3 站）、昌吉州（5 站）、喀什地区（3 站）、克州山区（1 站）、和田地区西部（3 站）、阿克苏地区（3 站）和巴州北部（1 站），在 6 月下旬的主要位于伊犁州西部（2 站）、塔城地区北部（1 站）、阿勒泰地区（2 站）、喀什地区（2 站）、克州（1 站）、阿克苏地区北部（1 站）、和田地区东部（1 站）和哈密市（2 站）；在 7 月上旬的主要位于伊犁州山区（2 站）、塔城地区北部山区（1 站）、阿勒泰地区北部东部（4 站）、克拉玛依市（1 站）、石河子市（1 站）、和田地区西部（1 站）、阿克苏地区西部山区（1 站）、巴州（2 站）和哈密市（1 站），在 7 月中旬的主要位于伊犁州伊宁县、新源县，塔城地区托里站，阿勒泰地区阿克达拉站和昌吉州木垒站，在 7 月下旬的主要位于塔城地区和布克赛尔站、昌吉州蔡家湖站、巴州铁干里克站和哈密市淖毛湖站；高温天气过程最早结束时间在 8 月的站数较少，8 月上旬有 4 站，分别是伊犁州特克斯站，巴州塔中站、若羌站和吐鲁番市库米什站，8 月中旬有 2 站，分别是吐鲁番市和鄯善站，8 月下旬也有 2 站，分别为吐鲁番市东坎站和托克逊站。

从 1961—2020 年新疆单站高温天气过程最晚结束时间的空间分布来看（图 3.12），高温天气过程最晚结束时间出现在 7 月下旬的站点为塔城地区和布克赛尔站、托里站，阿勒泰地区青河站，昌吉州木垒站；在 8 月上旬的为伊犁州尼勒克站、特克斯站和阿克苏地区乌什站；伊犁州（3 站）、博州（1 站）、阿勒泰地区北部（2 站）、乌鲁木齐市（1 站）、喀什地区（3 站）、克州山区（1 站）、阿克苏地区北部（4 站）、巴州（3 站）和哈密市（1 站）共 19 个站的高温天气过程最晚结束时间在 8 月中旬；伊犁州西部（4 站）、塔城地区南部（1 站）、阿勒泰地区（4 站）、石河子市（1 站）、喀什地区东部（2 站）、和田地区（3 站）、阿克苏地区（1 站）在 8 月下旬；新疆单站高温天气过程最晚结束时间在 9 月的站点最多，其中 9 月上旬有 37 个站，主要集中在博州（2 站）、塔城地区北部（2 站）、克拉玛依市（1 站）、石河子市（2 站）、乌鲁木齐市（2 站）、昌吉州（7 站）、喀什地区（4 站）、克州（1 站）、和田地区（4 站）、阿克苏地区（3 站）、巴州（5 站）、吐鲁番市（1 站）和哈密市（1 站），9 月中旬有 6 个站，分别是石河子市炮台站，巴州塔中站、铁干里克站、若羌站，哈密市十三间房站和淖毛湖站，9 月下旬有 4 个站，分别为吐鲁番市东坎站、托克逊站、鄯善站和吐鲁番市。

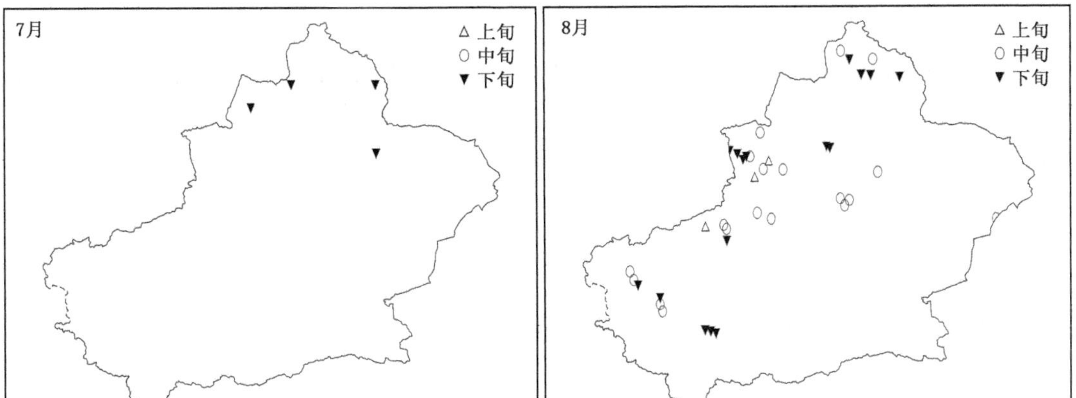

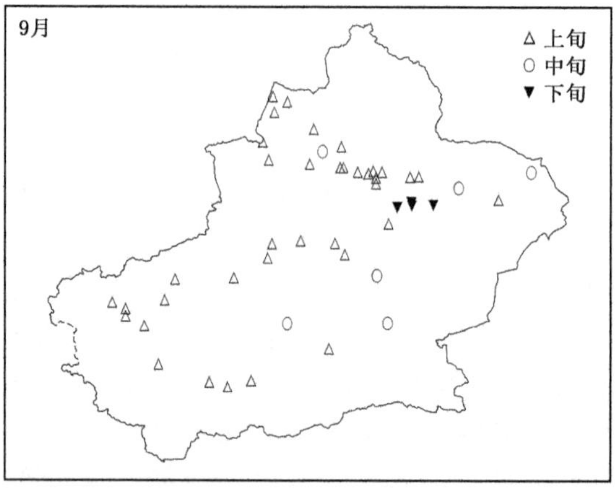


图 3.12　1961—2020 年新疆单站高温天气过程最晚结束时间的空间分布

图 3.13 给出了 1961—2020 年新疆高温天气过程结束时间的变化趋势的空间分布，可以看出，除和田地区于田站，巴州且末站，哈密市巴里坤站、淖毛湖站、哈密站无高温天气过程外，其余 88 个站中有 49 个站的高温天气过程结束时间均呈提前趋势，38 个站的高温天气过程结束时间呈推后趋势，呈推后趋势的站主要分布在阿勒泰地区东部山区、乌鲁木齐市、昌吉州东部、喀什地区东部、和田地区、巴州南部、吐鲁番市和哈密市。

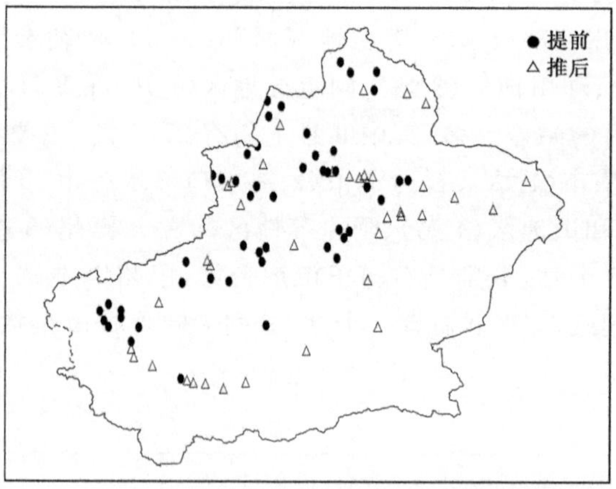


图 3.13　1961—2020 年新疆单站高温天气过程结束时间变化趋势的空间分布

# 第 4 章
# 新疆区域性高温天气过程特征

## 4.1　新疆区域性高温天气过程次数

### 4.1.1　年际变化

1961—2020 年，新疆共出现 216 次高温天气过程，平均每年出现 3.6 次，其中有 5 a 仅出现 1 次，分别为 1969 年、1972 年、1991 年、1992 年和 1993 年；2008 年的高温天气过程最多为 8 次。过去 60 a，新疆高温天气过程的年际变化较大，总体呈增多趋势(0.37 次/10a)，通过了 $\alpha=0.01$ 的显著性检验(图 4.1a)。

新疆不同强度的高温天气过程的年际变化差别较大，变化趋势也不一致。新疆弱高温天气过程数占总高温天气过程数的 47.2%，中等强度高温天气过程占 40.7%，强高温天气过程占 10.6%。新疆高温天气弱过程次数最多，1961—2020 年共出现 102 次，平均每年 1.7 次，弱高温天气过程集中出现在 1977—1990 年、1999—2006 年和 2008—2014 年的三个时段中。1966 年、1981 年、1984 年、2001 年、2012 年、2014 年和 2020 年，是过去 60 a 中每年出现弱高温天气过程最多的年份，均为 4 次。1961—2020 年，新疆弱高温天气过程总体呈增多趋势(0.13 次/10a)，但未通过 $\alpha=0.1$ 的显著性检验(图 4.1b)。新疆中等强度高温天气过程的增多趋势与弱天气过程一致，也未通过 $\alpha=0.1$ 的显著性检验(图 4.1c)。1961—2020 年，新疆共出现中等强度高温天气过程 88 次，平均每年出现 1.5 次，其中，1975—1978 年、1994 至 2004 年及 2014 年后过程的出现频次较多。新疆中等强度过程的年平均次数最多，为 4 次，分别出现在 2002 年、2007 年和 2008 年。新疆强高温天气过程也呈现增加趋势(图 4.1d)，以 0.01 次/a 的速率增加，通过了 $\alpha=0.1$ 的显著性检验，近 60 a 出现 23 次，平均每年出现 0.4 次，在 2011 年和 2016 年这两年每年出现 2 次强过程，其余年份每年最多只有一次强过程，且其中有 39 a 未出现强过程(较集中未出现强过程的年份为 1961—1967 年、1969—1972 年和 1989—1993 年)。特强高温天气过程(图略)最少(仅 3 次)，出现在 2006 年、2015 年和 2019 年。综上，新疆不同强度高温天气过程虽均呈增多趋势，但仅有强高温天气过程的增多趋势通过了 $\alpha=0.1$ 的显著性检验。

### 4.1.2　月变化特征

新疆的高温天气过程主要发生在 6—8 月(图 4.2a)，其中 7 月最多，占总过程数的

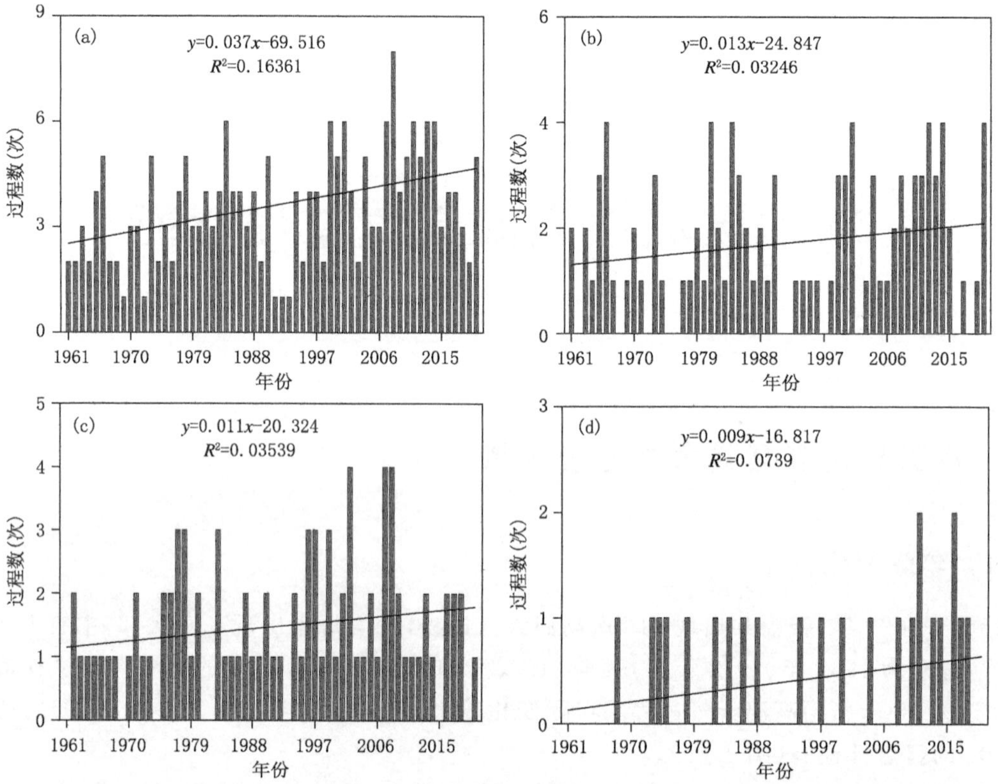


图 4.1　1961—2020 年新疆高温天气过程次数的年际变化(黑色细实线为线性趋势线)
(a. 高温天气过程,b. 弱高温天气过程,c. 中等高温天气过程,d. 强高温天气过程)

45.8%;6 月、8 月次之,分别占 26.4%、25.9%;5 月、9 月最少,所占比例均不到 1%。从新疆高温天气过程强度的逐月分布(图 4.2b)来看,5 月和 9 月出现的高温天气过程最少,且均为弱天气过程;7 月的高温天气过程最多,弱高温天气过程也最多;6 月的弱高温天气过程次之,8 月第三。新疆中等强度和强高温天气过程都只出现在 6—8 月,其中均为 7 月最多、8 月次之、6 月最少。1961—2020 年,新疆仅出现 3 次特强高温天气过程,其中 7 月 1 次,8 月 2 次。综

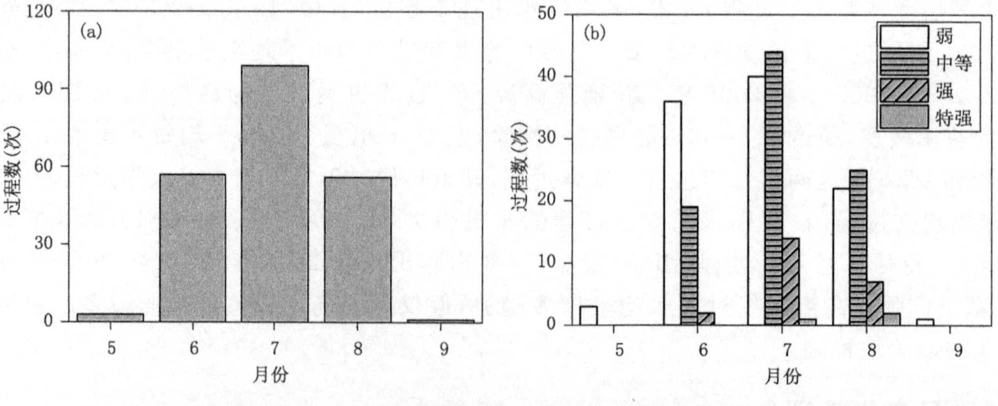


图 4.2　1961—2020 年新疆高温天气过程次数的月变化
(a. 数量分布,b. 强度分布)

上可知，新疆弱和中等强度的高温天气过程在 7 月最多，强和特强高温天气过程在盛夏的 7 月和 8 月最多。

### 4.1.3　年代际变化

从新疆高温天气过程的年代际分布(表 4.1)可以看出，20 世纪 60—80 年代，新疆高温过程呈增多趋势，平均每 10 a 约增加 6.5 次；20 世纪 90 年代新疆高温天气过程略有减少；进入 21 世纪后，新疆高温天气过程又呈明显的增多趋势，平均每 10 a 约增加 7.0 次，该结论与已有的研究结果一致，即在 20 世纪 90 年代后期新疆气温发生突变，变暖趋势明显，高温天气过程也随之增多。由表 4.1 还可以看出，新疆高温天气过程强度也呈明显增强的趋势，其中，中等强度以上高温天气过程增幅较大，平均每 10 a 约增加 2.4 次。特别值得一提的是，在进入 21 世纪之前，新疆未出现过特强高温天气过程，1961—2020 年，新疆出现的 3 次特强高温天气过程均出现在 21 世纪。2015 年 7 月 8 日至 8 月 10 日新疆出现了有气象记录以来最强的大范围高温天气过程，此次高温天气过程共持续了 34 d，有 105 个国家级气象站中共 85 站出现高温天气，23 站极端最高气温位居历史第 1 位。WMO(世界气象组织)发布的《2018 年全球气候状况声明》中指出，2015—2018 年是有记录以来 4 个最热的年份，全球变暖在加速，从新疆高温天气过程的年代际变化可以看出，新疆的变暖趋势与全球快速升温的趋势一致。

**表 4.1　新疆高温天气过程年代际分布**

| 过程强度 | 特强 | 强 | 中等 | 弱 | 合计 |
|---|---|---|---|---|---|
| 总数 | 3 | 23 | 88 | 102 | 216 |
| 20 世纪 60 年代 | 0 | 1 | 9 | 16 | 26 |
| 20 世纪 70 年代 | 0 | 4 | 17 | 10 | 31 |
| 20 世纪 80 年代 | 0 | 4 | 12 | 23 | 39 |
| 20 世纪 90 年代 | 0 | 3 | 16 | 11 | 30 |
| 21 世纪最初 10 年 | 1 | 3 | 22 | 20 | 46 |
| 21 世纪 10 年代 | 2 | 8 | 12 | 22 | 44 |

## 4.2　新疆区域性高温天气过程持续日数

### 4.2.1　年际变化

1961—2020 年新疆高温天气过程持续日数平均为 7.8 d，其中最多可达 34 d(2015 年)，最少为 3 d。如图 4.3 所示，新疆年高温天气过程持续日数(即当年高温天气过程持续日数的累加)的年际变化较大，总体呈显著增多趋势，增加速率为 4 d/10a，通过了 $\alpha=0.05$ 的显著性检验。进一步分析新疆年高温天气过程持续日数的年际变化可以看出，新疆年高温天气过程持续日数还具有明显的阶段性特征，1961—1987 年新疆年高温天气过程持续日数平均为 23.2 d，这一阶段新疆年高温天气过程持续日数呈增加趋势，增加速率为 7 d/10a；1988—1993 年新疆年高温天气过程持续日数平均为 15.3 d，呈减少趋势；1994—2020 年，新疆年高温天气过程持续日数增次呈增多趋势，增加速率为 5 d/10a，这一阶段新疆年高温天气过程的平均持续时间显著增长至 35.6 d,较 1961—1987 年增长了 12.4 d。

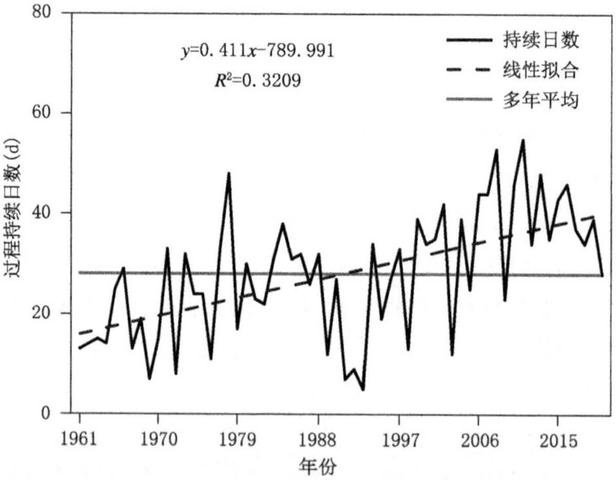


图 4.3　1961—2020 年新疆高温天气过程持续日数年际变化

### 4.2.2　月变化特征

1961—2020 年,新疆高温天气过程持续日数在月分布上表现为 7 月平均持续天数最多(8.4 d),8 月(7.6 d)次之,6 月(7.2 d)第三,9 月(4.0 d)第四,5 月(3.3 d)最少。从新疆不同强度高温天气过程持续日数的月分布来看(表 4.2),新疆特强高温天气过程在过去 60 a 仅出现 3 次,平均持续日数为 31.0 d;强高温天气过程的平均持续日数为 14.1 d,其中在 6 月的平均持续日数最多,为 19.5 d,7 月次之(8～20 d),平均为 14.1 d,8 月最少,为 12.6 d。新疆中等强度高温天气过程的平均持续天数为 8.6 d,其中在 6 月的平均持续日数最多,为 9.4 d,8 月次之,为 8.4 d,7 月最少,为 8.3 d。新疆弱高温天气过程的平均持续天数为 5.0 d,其中在 5 月的平均持续日数为 3.3 d,6 月为 4.9 d,7 月为 4.9 d,8 月为 5.4 d,9 月仅有 1 次弱高温天气过程,持续日数为 4 d。从表 4.2 还可以看出,新疆高温天气过程的平均持续日数与过程强度的关系密切,高温天气过程的强度越强,其持续日数越多。

表 4.2　新疆不同强度高温天气过程持续日数的月分布

| 过程强度 | 过程数(次) | 5 月平均持续日数(d) | 6 月平均持续日数(d) | 7 月平均持续日数(d) | 8 月平均持续日数(d) | 9 月平均持续日数(d) | 平均持续日数(d) |
|---|---|---|---|---|---|---|---|
| 特强 | 3 | 0 | 0 | 34.0 | 29.5 | 0 | 31.0 |
| 强 | 23 | 0 | 19.5 | 14.1 | 12.6 | 0 | 14.1 |
| 中等 | 88 | 0 | 9.5 | 8.3 | 8.4 | 0 | 8.6 |
| 弱 | 102 | 3.3 | 4.9 | 4.9 | 5.4 | 4.0 | 5.0 |

### 4.2.3　年代际变化特征

从新疆高温天气过程持续日数年代际变化可以看出(表 4.3),在 20 世纪 60 年代,新疆高温天气过程的平均持续日数为 6.3 d,其中,过程持续日数在 5 d 以上的高温天气过程有 21

次，10 d 以上的 2 次。20 世纪 70 年，新疆高温天气过程的平均持续日数为 8.4 d，其中，过程持续日数在 5 d 以上的高温天气过程有 26 次，10 d 以上的 10 次，15 d 以上的 3 次。20 世纪 80 年代，新疆高温天气过程的平均持续日数为 7.0 d，其中，过程持续日数在 5 d 以上的有 21 次，10 d 以上的有 2 次，15 d 以上的有 3 次。20 世纪 90 年代，新疆高温天气过程的平均持续日数为 7.3 d，其中，过程持续日数在 5 d 以上的有 26 次，10 d 以上的有 4 次，15 d 以上的有 1 次。21 世纪最初 10 年，新疆高温天气过程的平均持续日数为 7.9 d，其中 5 d 以上的 37 次，10 d 以上的 11 次，15 d 以上的 2 次。21 世纪 10 年代，新疆高温天气过程的平均持续日数为 9.1 d，其中 5 d 以上的 35 次，10 d 以上的 14 次，15 d 以上的 7 次。综上可知，进入 21 世纪后，新疆高温天气过程的平均持续日数增多，特别是 21 世纪 10 年代，高温天气过程的持续时间增加显著；此外，进入 21 世纪后新疆持续时间在 5 d 以上的高温天气过程的数量增多，特别是持续时间在 10 d 和 15d 以上的高温天气过程的数量显著增多。

**表 4.3　新疆高温天气过程持续日数的年代际分布**

| 过程强度 | 过程数 | 过程平均持续日数 | ≥15 d 过程次数 | ≥10 d 过程次数 | ≥5 d 过程次数 |
|---|---|---|---|---|---|
| 总数 | 216 | 7.7 | 16 | 49 | 171 |
| 20 世纪 60 年代 | 26 | 6.3 | 0 | 2 | 21 |
| 20 世纪 70 年代 | 31 | 8.4 | 3 | 10 | 26 |
| 20 世纪 80 年代 | 39 | 7.0 | 3 | 8 | 26 |
| 20 世纪 90 年代 | 30 | 7.3 | 1 | 4 | 26 |
| 21 世纪最初 10 年 | 46 | 7.9 | 2 | 11 | 37 |
| 21 世纪 10 年代 | 44 | 9.1 | 7 | 14 | 35 |

## 4.3　新疆区域性高温天气过程开始和结束时间

### 4.3.1　开始时间

新疆高温天气过程开始时间的差异较大(图 4.4a)，1961—2020 年新疆高温天气过程的最早开始时间为 5 月 16 日(2011 年)，最晚开始时间为 8 月 1 日(1972 年)。总体来看，新疆高温天气过程的开始时间有略微提前的趋势，但未通过 $\alpha=0.1$ 的显著性检验。新疆高温天气过程

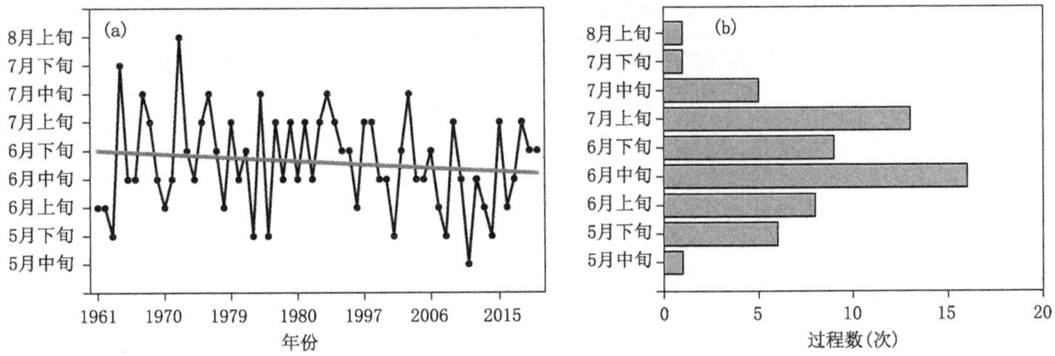


图 4.4　1961—2020 年新疆高温天气过程开始时间(a，灰色直线为线性趋势)和分布(b)的变化

的开始时间以 6 月中旬最多，为 16 次；其次为 7 月上旬，为 13 次；在 5 月中旬、7 月下旬和 8 月上旬最少，均为 1 次(图 4.4b)。

### 4.3.2 结束时间

由图 4.5a 可知，1961—2020 年，新疆高温天气过程最早的结束时间为 8 月 17 日(1964 年)，最晚结束时间为 9 月 8 日(2005 年)。总体来看，近 60 a 新疆高温天气过程的结束日期有推后的趋势，但与开始时间同样均未通过 $\alpha=0.1$ 的显著性检验。从新疆高温天气过程结束时间的分布来看(图 4.5b)，高温天气过程的结束日期在 8 月下旬最多，为 17 次；8 月中旬次之，为 16 次；之后为 8 月上旬，12 次；6 月下旬和 7 月上旬最少，仅为 1 次。

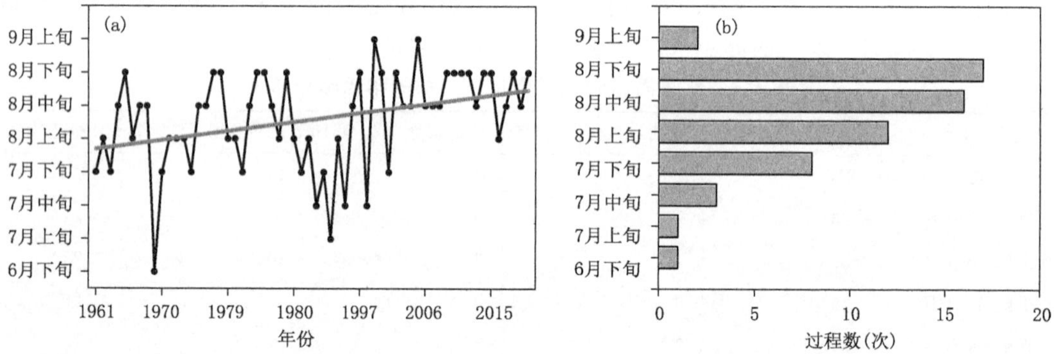


图 4.5　1961—2020 年新疆高温天气过程结束时间(a，灰色实线为线性趋势)和分布(b)的变化

## 4.4 新疆区域性高温天气过程的环流分型

下文重点针对 1961—2020 年新疆 216 次高温天气过程的 500 hPa 环流形势进行分类，并做合成分析。新疆高温天气过程的 500 hPa 环流形势主要分为 4 类(表 4.4)，即伊朗副热带高压(以下简称伊朗副高)东伸型、叠加型、新疆脊型和西太平洋副热带高压(以下简称西太副高)西伸型，其中伊朗副高东伸型最多，占 53.7%；叠加型次之，占 23.6%；新疆脊型第三，占 17.6%；西太副高西伸型最少，占 5.1%。进一步分析发现，伊朗副高东伸型高温天气在 20 世纪 60—80 年代呈增多趋势，20 世纪 90 年代减少，21 世纪最初 10 年增加，21 世纪 10 年代减少；

表 4.4　新疆高温天气过程影响系统分类

| 环流类型 | 伊朗副高东伸型(次) | 叠加型(次) | 新疆脊(次) | 西太副高西伸型(次) | 合计(次) |
|---|---|---|---|---|---|
| 总数 | 116 | 51 | 38 | 11 | 216 |
| 20 世纪 60 年代 | 12 | 3 | 7 | 4 | 26 |
| 20 世纪 70 年代 | 16 | 11 | 1 | 3 | 31 |
| 20 世纪 80 年代 | 23 | 8 | 6 | 2 | 39 |
| 20 世纪 90 年代 | 18 | 3 | 9 | 0 | 30 |
| 21 世纪最初 10 年 | 25 | 10 | 9 | 2 | 46 |
| 21 世纪 10 年代 | 22 | 16 | 6 | 0 | 44 |

叠加型高温天气在 21 世纪最初 10 年前减少，21 世纪 10 年代增多；新疆脊型高温在 20 世纪 80 年代至 21 世纪最初 10 年增多，在 21 世纪 10 年代减少；西太副高西伸型高温总体呈现减少趋势。可见，进入 21 世纪 10 年代后，伊朗副高东伸型及新疆脊型高温天气过程减少，而叠加型高温天气过程增多。由前文分析可知，21 世纪 10 年代以后，新疆高温过程的平均持续时间显著增长，一个高温天气过程中常常受到几个高压系统的影响，因此叠加型高温天气过程增多。

### 4.4.1　伊朗副高东伸型

伊朗副高东伸型是造成新疆高温天气过程最多的一种天气形势，在此类高温天气过程中（图 4.6），欧亚范围内多呈“两槽一脊”的形势，环流经向度较大，原来位于伊朗高原上空的高压主体向东移动，高压中心强度基本在 588 dagpm，伊朗副高东移发展的同时略有北抬，造成高压脊控制北疆地区，584 dagpm 等值线控制南疆大部分地区。

此类天气形势下造成的高温天气过程中，弱高温天气过程占 50.0%，中等强度高温天气过程占 40.5%，强高温天气过程占 9.5%。在弱高温天气过程中，伊朗副高东伸位置偏西，584 dagpm 等值线控制南疆偏西地区，此类天气形势易造成南疆塔里木盆地、吐鄯托盆地的高温天气。在中等强度高温过程中，伊朗副高东伸北抬，环流经向度增大，高压脊强烈发展，584 dagpm 等值线控制伊犁河谷、南疆大部分地区，此类天气形势易造成北疆沿天山一带部分地区、南疆塔里木盆地、吐鲁番盆地的高温天气。在强高温天气过程中，伊朗副高强烈发展，584 dagpm 等值线移入北疆，北疆沿天山一带、东疆、南疆均被 584 dagpm 等值线控制，有时还会在南疆上空形成闭合的高压中心，此类天气形势易造成伊犁河谷、阿勒泰地区南部、北疆沿天山一带、东疆、南疆的高温天气，且此类高温天气多发生在 8 月，高温天气过程持续时间一般在 10 d 以上。

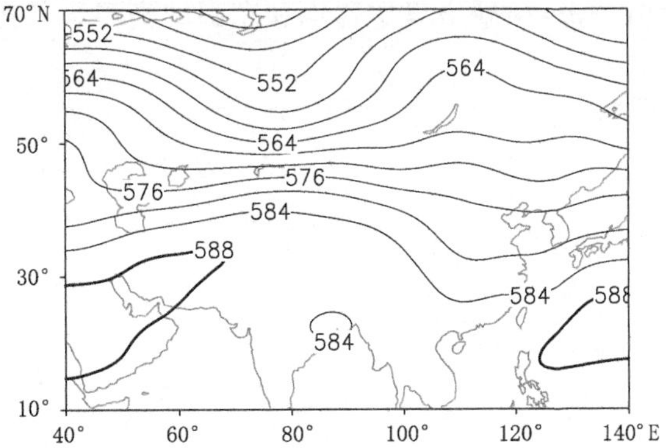


图 4.6　伊朗副高东伸型高温天气过程 500 hPa 环流形势

### 4.4.2　叠加型

叠加型高温天气过程中（图 4.7），西西伯利亚地区至中亚地区为低值系统控制，北疆地区为浅高压脊控制，伊朗副高发展东伸北抬，与北支的高压脊同位相叠加，西太副高向西发展，与伊朗副高及高压脊打通，在南疆地区到长江中下游地区形成宽广的高压带，584 dagpm 等值线控制北疆沿天山一带、东疆、南疆地区。此类天气形势是造成新疆特强高温天气过程的典型形势,在此形势下新疆出现中等及以上强度高温天气过程的概率高达 87.5%。此类天气形势易造成阿勒泰地区南部、伊犁河谷、北疆沿天山一带、南疆、东疆的高温天气,从而形成大范围的高温天气过程。

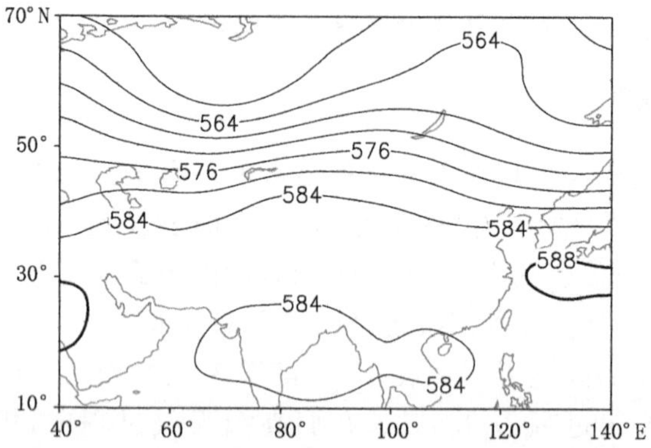


图 4.7　叠加型高温天气过程 500 hPa 环流形势

### 4.4.3　新疆脊型

新疆脊型高温天气过程中(图 4.8),乌拉尔山至里海、咸海地区为深厚的低槽控制,巴尔喀什湖至新疆上空为高压脊控制,受高压脊控制,新疆大部分地区出现高温天气。此类天气形势主要造成新疆中等和弱高温天气过程。此类高温天气过程的强度主要取决于新疆脊在新疆上空的维持时间和脊线的南北经向幅度,当高压脊在新疆上空维持的时间较长、脊线南北经向幅度大时,新疆可出现中等强度高温天气过程;反之,则为弱高温天气过程。此类天气形势易造成伊犁河谷、北疆沿天山一带、南疆塔里木盆地和东疆的高温天气过程。

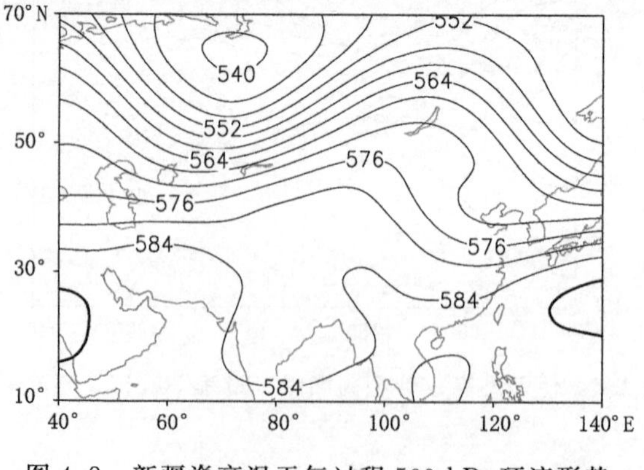


图 4.8　新疆脊高温天气过程 500 hPa 环流形势

### 4.4.4　西太副高西伸型

西太副高西伸型是造成新疆高温天气过程最少的一种天气形势,过去 60 a 仅出现 11 例,此类高温天气过程的平均持续时间短,且高温天气以弱过程为主,中等强度的高温天气过程仅

1 例，无强和特强高温天气过程。西太副高西伸型高温天气过程中(图 4.9)，中高纬度环流经向度大，西西伯利亚地区为低值系统控制，北疆上空为较平直的西风带，西太副高西伸北挺，584 dagpm 等值线控制南疆大部，西太副高减弱西退后过程结束。此类天气形势易造成塔城地区、北疆沿天山一带、南疆塔里木盆地、东疆地区的高温天气。

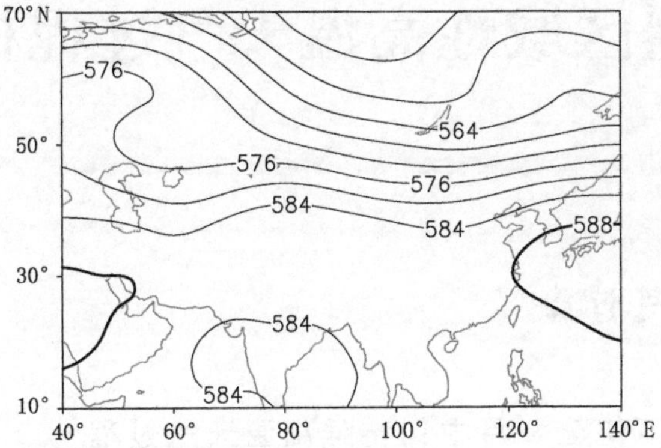


图 4.9　西太副高西伸型高温天气过程 500 hPa 环流形势

# 第 5 章 新疆区域性高温天气过程档案

## 5.1 特强高温天气过程

### 5.1.1 2006 年 7 月下旬至 8 月中旬特强高温天气过程

【高温实况】2006 年 7 月 22 日至 8 月 17 日，新疆出现一次特强高温天气过程，此次高温天气过程共持续 27 d。新疆 86 个国家级气象站的日最高气温≥35 ℃，其中 78 站的日最高气温≥37 ℃，32 站≥40 ℃，4 站≥45 ℃(图 5.1a)。此次特强高温天气过程中，以 7 月 31 日的高温范围最大，当日新疆 85 个国家级气象站的日最高气温≥35 ℃，其中 62 站的日最高气温≥37 ℃，19 站≥40 ℃，1 站≥45 ℃。本次特强高温天气过程中，日最高气温极值出现在吐鲁番站(8 月 1 日)，为 47.7 ℃(图 5.1b)。

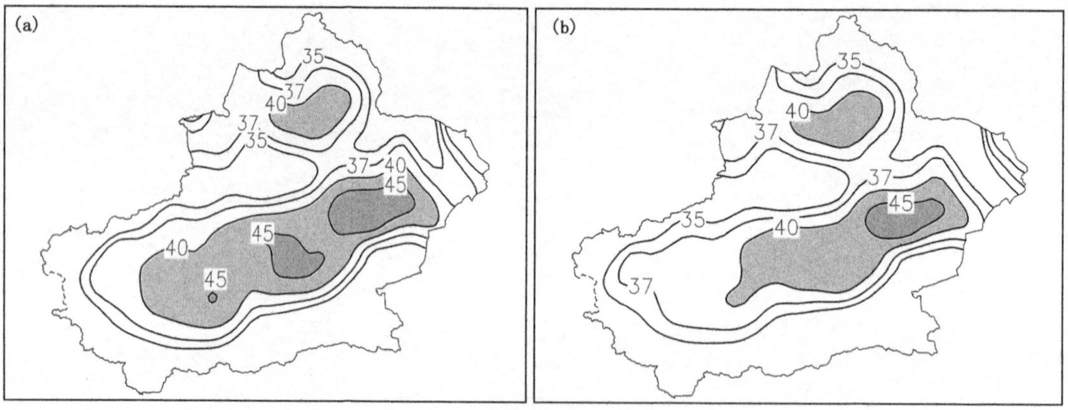


图 5.1 (a)2006 年 7 月 22 日至 8 月 17 日过程最高气温极值分布(单位:℃)，(b)过程最强高温日(7 月 31 日)最高气温分布(单位:℃)

【天气形势】100 hPa 上，7 月下旬，南亚高压中心位于伊朗高原附近，中心强度超过 1692 dagpm，8 月上旬南亚高压中心迅速东移至青藏高原，短暂维持后减弱，伊朗高原上空高压中心再次发展，脊线北扩至 55°N 附近，8 月下旬南亚高压脊线南退至 50°N 附近。100 hPa 平均高度场上，南亚高压中心位于 35°N 附近，呈带状分布(图 5.2a)。500 hPa 上，7 月下旬伊朗副高强烈发展并东伸至 100°E 附近，中心强度超过 592 dagpm，8 月上旬伊朗副高稳定维持，

8 月中旬西太副高西伸与伊朗副高打通共同影响 40°N 以南区域。500 hPa 平均高度场上，40°N 以南，30°～110°E 的区域均为 584 dagpm 等值线控制，伊朗副高主体位于 50°E 附近，588 dagpm 等值线控制南疆东部地区，新疆上空 850 hPa 的温度为24～28 ℃(图 5.2b)。

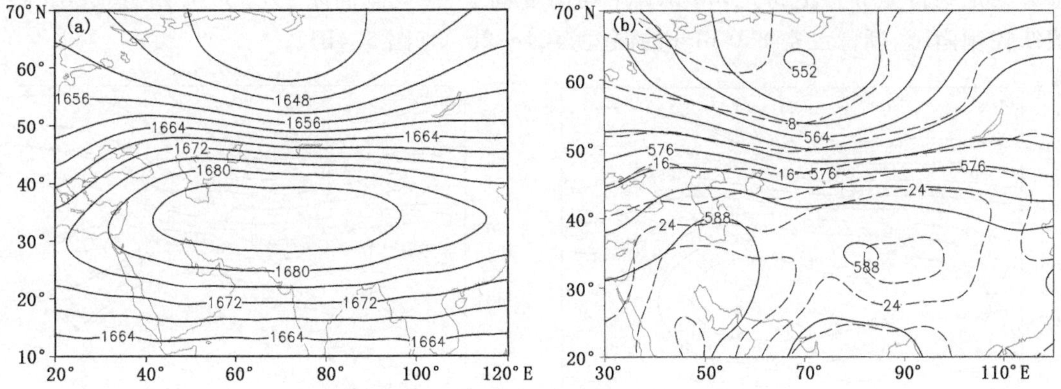


图 5.2　(a)100 hPa 平均高度场(单位:dagpm),(b)500 hPa 平均高度场(实线,单位:dagpm)和 850 hPa 平均温度场(虚线,单位:℃)

## 5.1.2　2015 年 7 月上旬至 8 月上旬特强高温天气过程

【高温实况】2015 年 7 月 8 日至 8 月 10 日，新疆出现一次特强高温天气过程，此次高温天气过程共持续 34 d。新疆 89 个国家级气象站的日最高气温≥35 ℃，其中 83 站的日最高气温≥37 ℃，50 站≥40 ℃，4 站≥45 ℃(图 5.3a)。此次特强高温天气过程中，以 7 月 22 日的高温范围最大，当日新疆 82 个国家级气象站的日最高气温≥35 ℃，其中 70 站的日最高气温≥37 ℃，26 站≥40 ℃，2 站≥45 ℃。本次特强高温天气过程中，日最高气温极值出现在吐鲁番东坎站(7 月 24 日)，为 47.7 ℃(图 5.3b)。

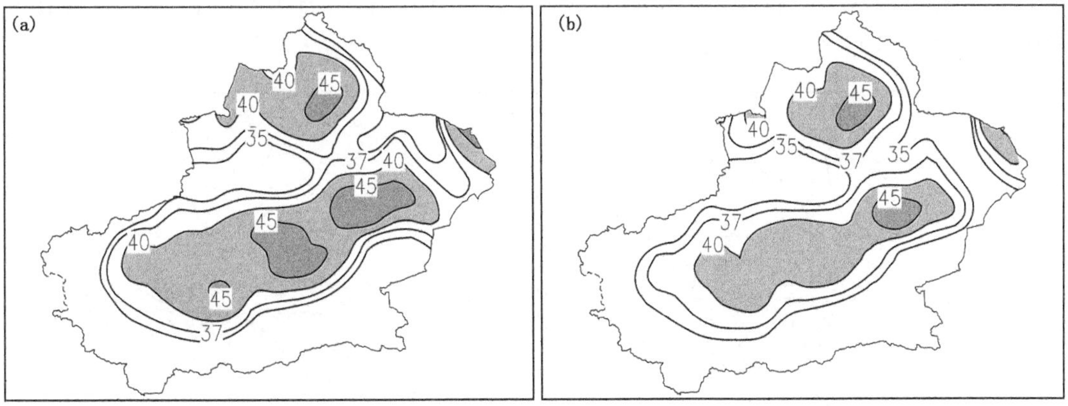


图 5.3　(a)2015 年 7 月 8 日至 8 月 10 日过程最高气温极值分布(单位:℃),(b)过程最强高温日(7 月 22 日)最高气温分布(单位:℃)

【天气形势】100 hPa 上，7 月上旬，南亚高压中心及其北侧的高压脊位于伊朗高原一带，中心强度超过 1690 dagpm，7 月中旬南亚高压中心开始东移，7 月下旬移动至青藏高原西北部，并在该区域稳定维持至 8 月上旬。100 hPa 平均高度场上,南亚高压中心位于青藏高原,中心强度为 1688 dagpm(图 5.4a)。500 hPa 上,7 月上旬伊朗副高强烈发展,中心强度超过 594 dagpm,7 月中旬伊朗副高主体移动至帕米尔高原上空,7 月下旬伊朗副高继续东移进入南疆并稳定维持至 8 月上旬。500 hPa 平均高度场上,伊朗副高东扩至 90°E 附近,588 dagpm 等值线控制南疆,新疆上空 850 hPa 的温度为24～28 ℃(图 5.4b)。

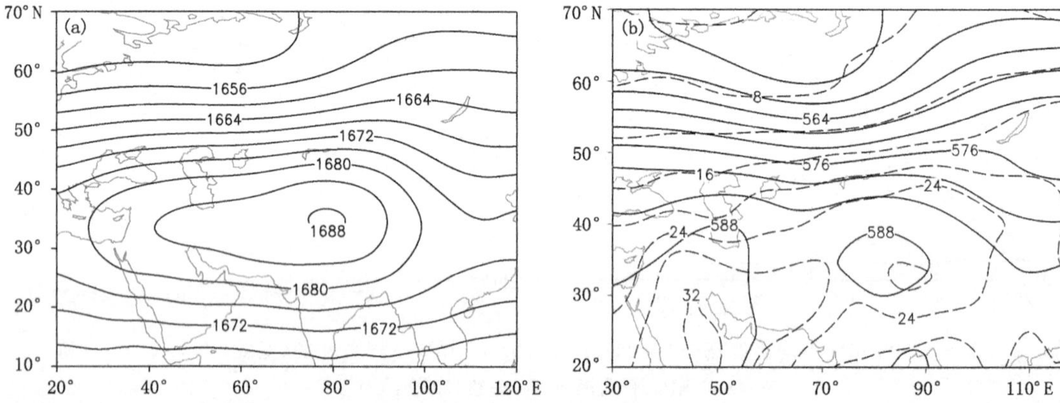


图 5.4 (a)100 hPa 平均高度场(单位:dagpm),(b)500 hPa 平均高度场(实线,单位:dagpm)和 850 hPa 平均温度场(虚线,单位:℃)

### 5.1.3 2019 年 7 月中旬至 8 月中旬特强高温天气过程

【高温实况】2019 年 7 月 17 日至 8 月 17 日,新疆出现一次特强高温天气过程,此次高温天气过程共持续 32 d。新疆 82 个国家级气象站的日最高气温≥35 ℃,其中 61 站的日最高气温≥37 ℃,20 站≥40 ℃,3 站≥45 ℃(图 5.5a)。此次特强高温天气过程中,以 8 月 9 日的高温范围最大,当日新疆 82 个国家级气象站的日最高气温≥35 ℃,其中 50 站的日最高气温≥37 ℃,11 站≥40 ℃,3 站≥45 ℃。本次特强高温天气过程中,日最高气温极值出现在吐鲁番东坎站(8 月 4 日),为 46 ℃(图 5.5b)。

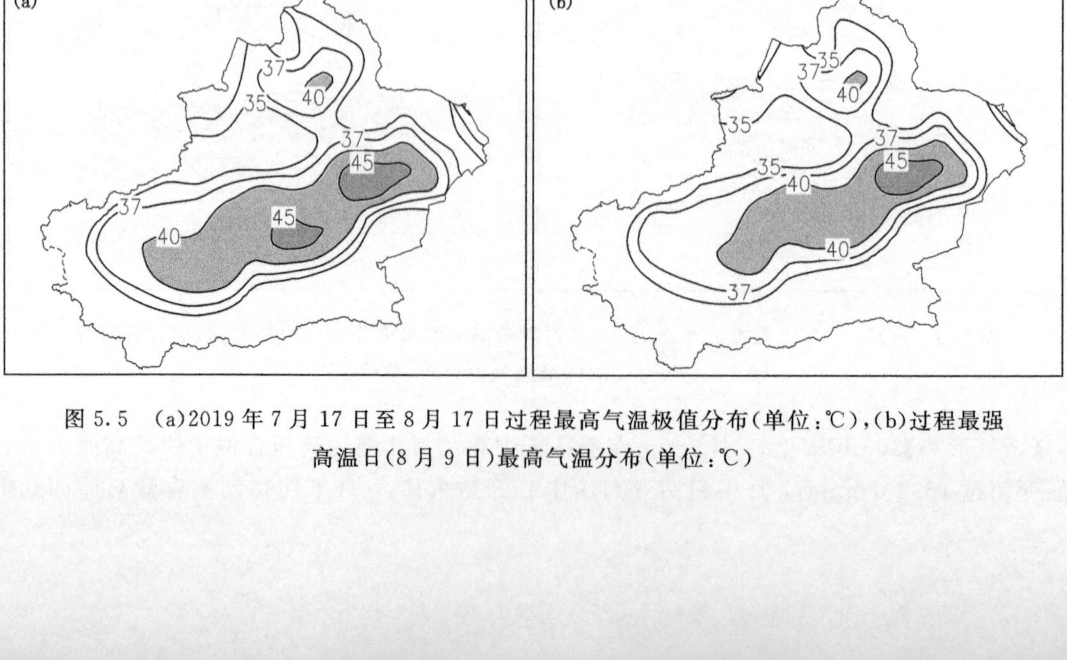


图 5.5 (a)2019 年 7 月 17 日至 8 月 17 日过程最高气温极值分布(单位:℃),(b)过程最强高温日(8 月 9 日)最高气温分布(单位:℃)

【天气形势】100 hPa 上，7 月下旬，南亚高压中心位于伊朗高原附近，中心强度超过 1696 dagpm，8 月上旬南亚高压中心逐渐东移，其脊顶向东北方向伸展，8 月中旬南亚高压调整为双体型。100 hPa 平均高度场上，南亚高压呈带状分布，中心位于 35°N 附近(图 5.6a)。500 hPa 上，7 月下旬伊朗副高强烈发展并东伸至 90°E 附近，中心强度超过 592 dagpm，8 月上旬伊朗副高主体位于 55°E 附近，584 dagpm 等值线控制中国大部分地区，8 月中旬西太副高西伸与伊朗副高打通共同影响 40°N 以南区域。500 hPa 平均高度场上，40°N 以南，30°～110°E 的区域均为 584 dagpm 等值线控制，伊朗副高主体位于 50°E 附近，新疆上空 850 hPa 的温度为 24～28 ℃(图 5.6b)。

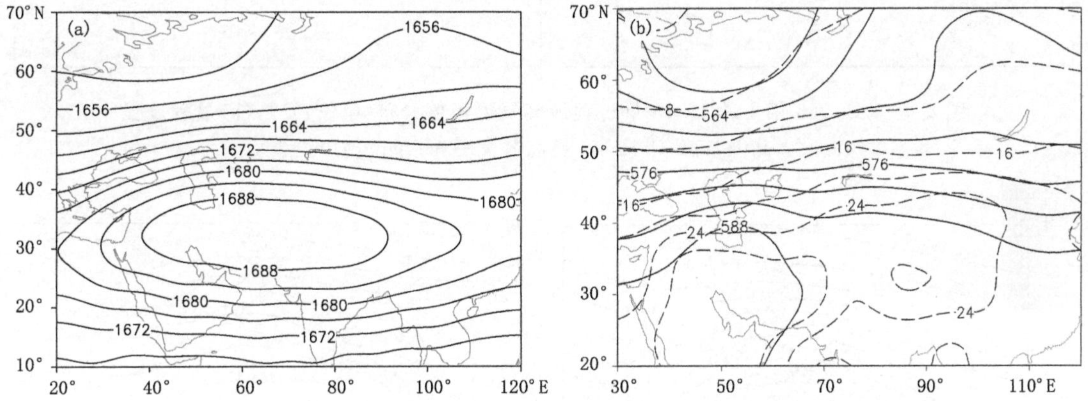


图 5.6　(a)100 hPa 平均高度场(单位：dagpm)，(b)500 hPa 平均高度场(实线，单位：dagpm)和 850 hPa 平均温度场(虚线，单位：℃)

## 5.2　强高温天气过程

### 5.2.1　1968 年 8 月上旬至 8 月中旬强高温天气过程

【高温实况】1968 年 8 月 5—18 日，新疆出现一次强高温天气过程，此次高温天气过程共持续 14 d。新疆 80 个国家级气象站的日最高气温≥35 ℃，其中 61 站的日最高气温≥37 ℃，13 站≥40 ℃(图 5.7a)。此次强高温天气过程中，以 8 月 12 日的高温范围最大，当日新疆 78 个国家级气象站的日最高气温≥35 ℃，其中 46 站的日最高气温≥37 ℃，10 站≥40 ℃。本次特强高温天气过程中，日最高气温极值出现在阿拉山口站(8 月 12 日)，为 44.2 ℃(图 5.7b)。

【天气形势】100 hPa 上，8 月上旬，南亚高压中心位于青藏高原附近，中心强度 1688 dagpm，南亚高压北部高压脊伸展至 60°N 附近，8 月中旬南亚高压主体逐渐南退，中心强度降至 1684 dagpm，南亚高压北部高压脊南落至 50°N 附近。100 hPa 平均高度场上，南亚高压中心位于(75°E，35°N)附近，中心强度 1684 dagpm(图 5.8a)。500 hPa 上，8 月 5 日伊朗副高东伸至 75°E 附近，维持 2 d 后伊朗副高于 8 月 7 日西退至伊朗高原附近，584 dagpm 等值线控制新疆直至高温过程结束。500 hPa 平均高度场上，40°N 以南，30°～110°E 均为 584 dagpm 等值线区域，伊朗副高主体位于 50°E 附近，850 hPa 上 24 ℃等温线控制伊朗高原至中国东部地区(图 5.8b)。

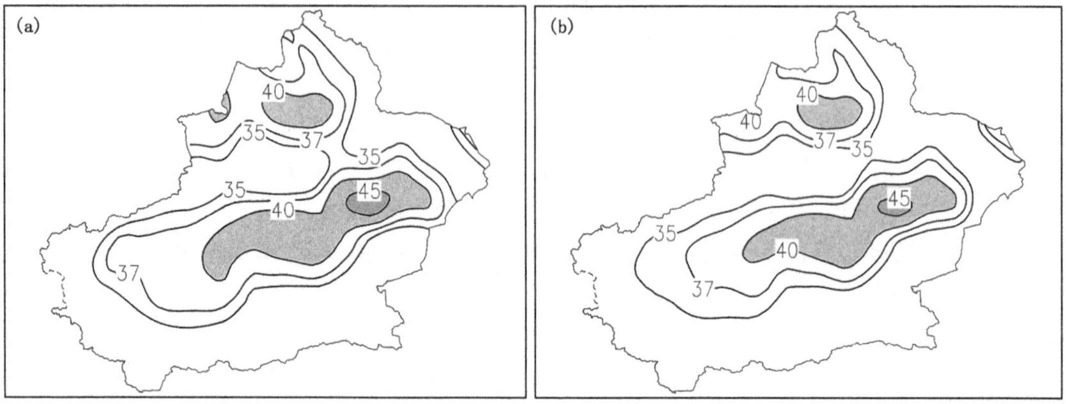


图 5.7　(a)1968 年 8 月 5—18 日过程最高气温极值分布(单位:℃),(b)过程最强高温日(8 月 12 日)最高气温分布(单位:℃)

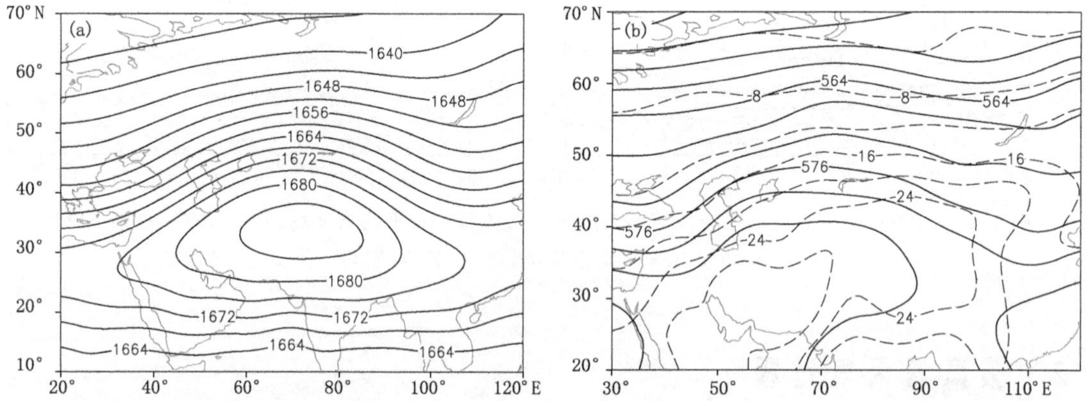


图 5.8　(a)100 hPa 平均高度场(单位:dagpm),(b)500 hPa 平均高度场(实线,单位:dagpm)和850 hPa 平均温度场(虚线,单位:℃)

### 5.2.2　1973 年 7 月中旬至 7 月下旬强高温天气过程

【高温实况】1973 年 7 月 11—21 日,新疆出现一次强高温天气过程,此次高温天气过程共持续 11 d。新疆 74 个国家级气象站的日最高气温≥35 ℃,其中 60 站的日最高气温≥37 ℃,26 站≥40 ℃,2 站≥45 ℃(图 5.9a)。此次强高温天气过程中,以 7 月 13 日的高温范围最大,当日新疆 69 个国家级气象站的日最高气温≥35 ℃,其中 51 站的日最高气温≥37 ℃,5 站≥40 ℃,1 站≥45 ℃。本次强高温天气过程中,日最高气温极值出现在托克逊站(7 月 13 日)、吐鲁番站(7 月 14 日),均为 45.2 ℃(图 5.9b)。

【天气形势】100 hPa 上,7 月 11 日,南亚高压位于青藏高原附近,中心强度 1692 dagpm,12—13 日,南亚高压主体北扩,脊线向东北方向伸展,14—17 日南亚高压中心逐渐西退至伊朗高原附近,中心强度降至 1684 dagpm,18—21 日,南亚高压中心由伊朗高原移动至青藏高原附近,中心强度增强至 1688 dagpm。100 hPa 平均高度场上,南亚高压中心位于(75°E,35°N)附近,中心强度 1688 dagpm(图 5.10a)。500 hPa 上,7 月 11 日伊朗副高东伸至 85°E 附近,维

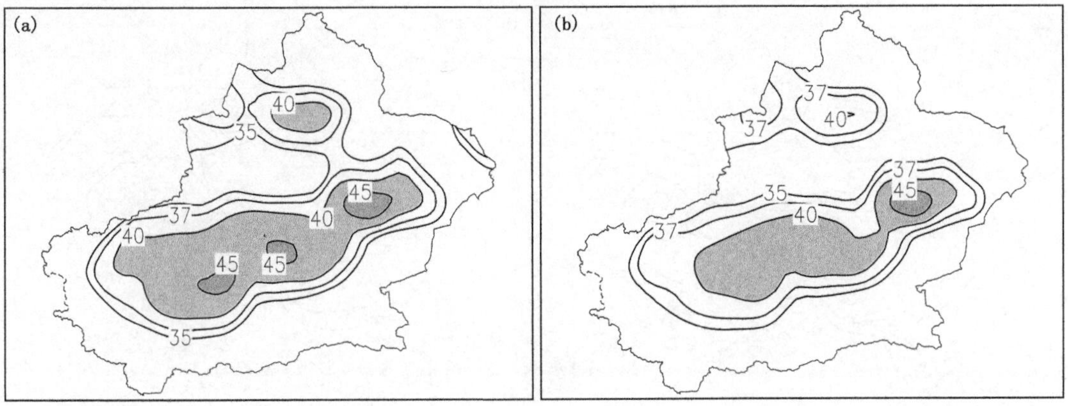


图 5.9　(a)1973 年 7 月 11—21 日过程最高气温极值分布(单位:℃),(b)过程最强高温日(7 月 13 日)最高气温分布(单位:℃)

持 2 d 后伊朗副高于 7 月 14 日西退至伊朗高原附近,584 dagpm 等值线控制新疆直至高温天气过程结束。500 hPa 平均高度场上,584 dagpm 等值线控制伊朗高原至中国东部地区,850 hPa 上 24 ℃等温线控制伊朗高原至中国东部地区,28 ℃等温线控制南疆东部地区(图 5.10b)。

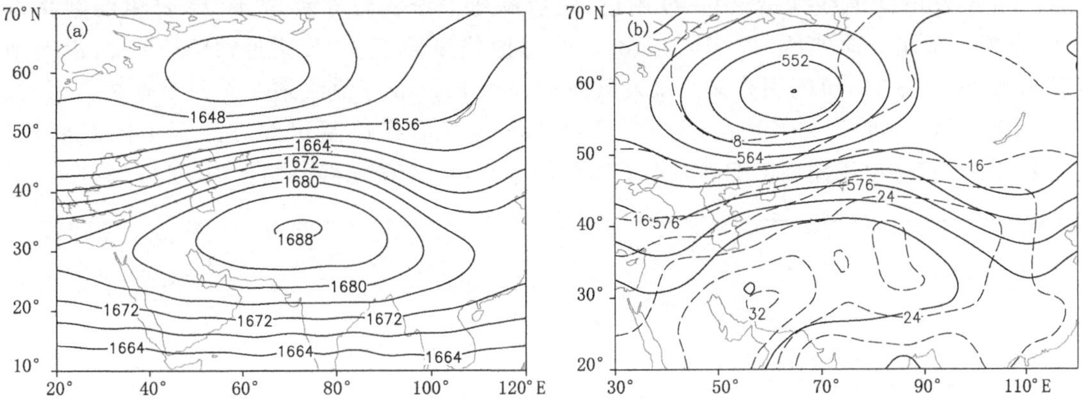


图 5.10　(a)100 hPa 平均高度场(单位:dagpm),(b)500 hPa 平均高度场(实线,单位:dagpm)和 850 hPa 平均温度场(虚线,单位:℃)

## 5.2.3　1974 年 7 月上旬至 7 月下旬强高温天气过程

【高温实况】1974 年 7 月 6—23 日,新疆出现一次强高温天气过程,此次高温天气过程共持续 18 d。新疆 84 个国家级气象站的日最高气温≥35 ℃,其中 63 站的日最高气温≥37 ℃,26 站≥40 ℃,3 站≥45 ℃(图 5.11a)。此次强高温天气过程中,以 7 月 16 日的高温范围最大,当日新疆 74 个国家级气象站的日最高气温≥35 ℃,其中 56 站的日最高气温≥37 ℃,18 站≥40 ℃,2 站≥45 ℃。本次强高温天气过程中,日最高气温极值出现在吐鲁番东坎站(7 月 17 日),为 46.2 ℃(图 5.11b)。

【天气形势】100 hPa 上,7 月 6—10 日,南亚高压中心位于(90°E,30°N),中心强度为 1680 dagpm,11 日开始,伊朗高原上空的高压中心开始发展,南亚高压脊线北抬,12—20 日,

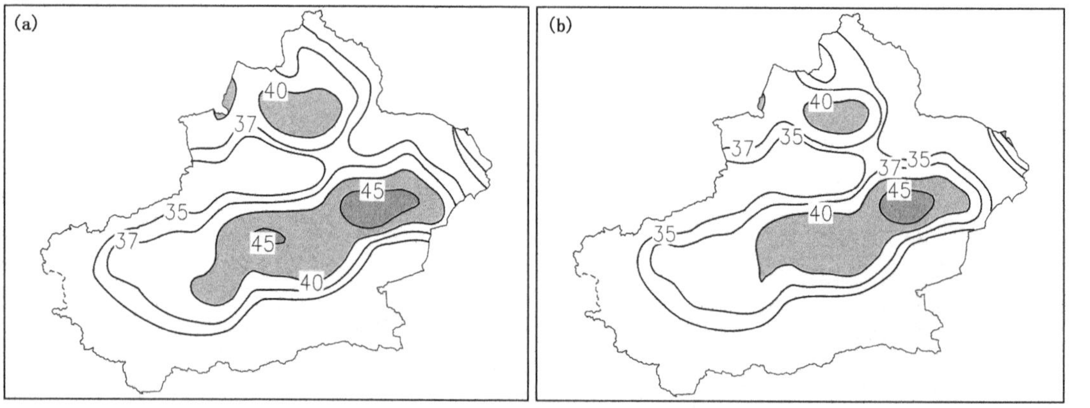


图 5.11 (a)1974 年 7 月 6—23 日过程最高气温极值分布(单位:℃),(b)过程最强高温日(7 月 16 日)最高气温分布(单位:℃)

伊朗高原上空的高压中心逐渐东移,脊顶向东北方向伸展,强度增强至 1684 dagpm,21—23 日,南亚高压中心西退至伊朗高原。100 hPa 平均高度场上,南亚高压中心位于(85°E,35°N)附近,中心强度为 1680 dagpm(图 5.12a)。500 hPa 上,7 月 6 日伊朗副高与乌拉尔山高压脊叠加,580 dagpm 等值线北抬至 65°N 附近,之后高压系统缓慢东移;7 月 11 日伊朗副高再次发展,脊顶向东北方向伸展;17 日,584 dagpm 等值线东伸至 90°E 附近;18—19 日,伊朗副高西退减弱;20—23 日,伊朗副高又一次发展东伸,584 dagpm 等值线东伸与西太副高打通,控制 40°N 以南区域。500 hPa 平均高度场上,580 dagpm 等值线控制伊朗高原至中国东部地区,850 hPa上 20 ℃等温线控制伊朗高原至中国东部地区,24 ℃等温线控制新疆(图 5.12b)。

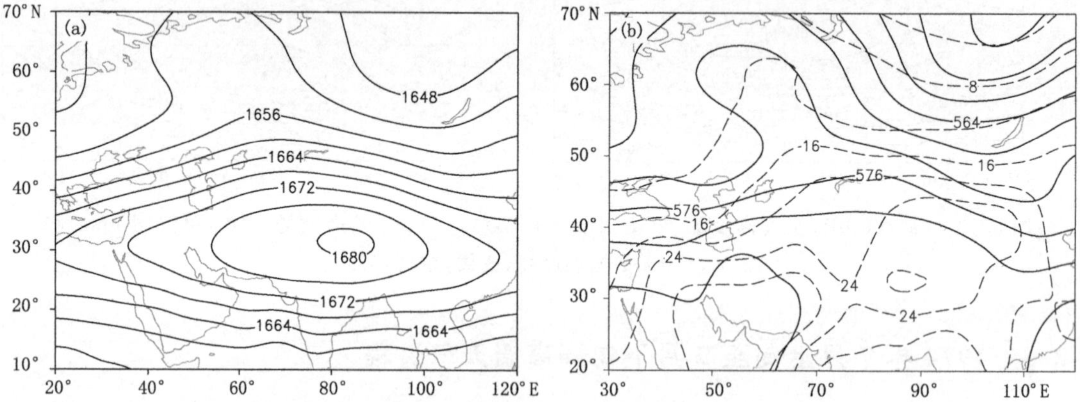


图 5.12 (a)100 hPa 平均高度场(单位:dagpm),(b)500 hPa 平均高度场(实线,单位:dagpm)和850 hPa 平均温度场(虚线,单位:℃)

## 5.2.4 1975 年 8 月中旬强高温天气过程

【高温实况】1975 年 8 月 11—19 日,新疆出现一次强高温天气过程,此次高温天气过程共持续 9 d。新疆 84 个国家级气象站的日最高气温≥35 ℃,其中 66 站的日最高气温≥37 ℃,34 站≥40 ℃,3 站≥45 ℃(图 5.13a)。此次强高温天气过程中,以 8 月 18 日的高温范围最大,当日新疆 74 个国家级气象站的日最高气温≥35 ℃，其中 44 站的日最高气温≥37 ℃，12 站≥40 ℃，1 站≥45 ℃。本次强高温天气过程中，日最高气温极值出现在托克逊站（8 月 15 日），为 46.4 ℃（图 5.13b）。

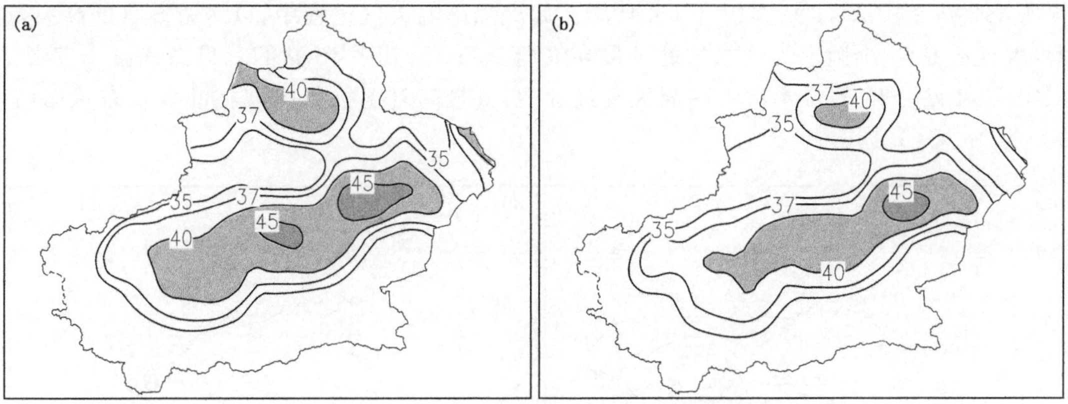


图 5.13　(a)1975 年 8 月 11—19 日过程最高气温极值分布（单位：℃），(b)过程最强高温日（8 月 18 日）最高气温分布（单位：℃）

【天气形势】100 hPa 上，8 月 11—14 日，南亚高压中心由青藏高原东部逐渐西退且强度略有减弱；15 日开始，伊朗高原上空的高压中心开始发展，南亚高压脊线北抬，16—18 日，伊朗高原上空的高压中心逐渐东移，脊顶向东北方向伸展，强度增强至 1688 dagpm。100 hPa 平均高度场上，南亚高压中心位于（80°E，35°N）附近，中心强度 1684 dagpm（图 5.14a）。500 hPa 上，8 月 11 日伊朗副高与西太副高打通，588 dagpm 等值线北抬至 40°N 附近；12—15 日，高压系统略有减弱，584 dagpm 等值线控制伊朗高原到中国东部地区；16—18 日，伊朗副高再次发展东伸，588 dagpm 等值线控制伊朗高原到中国东部地区，19 日，伊朗副高迅速减弱西退。500 hPa 平均高度场上，584 dagpm 等值线控制伊朗高原至中国东部地区，850 hPa 上 24 ℃等温线控制伊朗高原至中国东部地区，28 ℃等温线控制新疆（图 5.14b）。

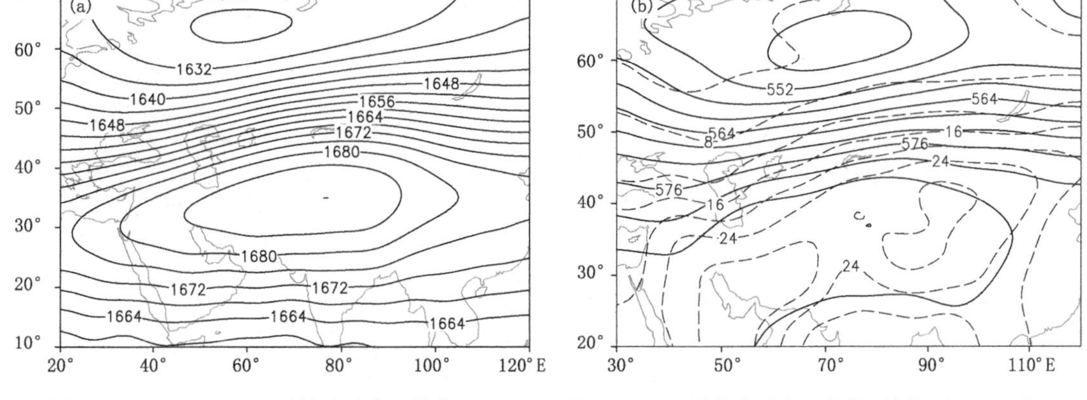


图 5.14　(a)100 hPa 平均高度场（单位：dagpm），(b)500 hPa 平均高度场（实线，单位：dagpm）和 850 hPa 平均温度场（虚线，单位：℃）

### 5.2.5　1978 年 6 月中旬至 7 月上旬强高温天气过程

【高温实况】1978 年 6 月 16 日至 7 月 7 日，新疆出现一次强高温天气过程，此次高温天气过程共持续 22 d。新疆 71 个国家级气象站的日最高气温≥35 ℃，其中 52 站的日最高气温≥37 ℃，12 站≥40 ℃，1 站≥45 ℃(5.15a)。此次强高温天气过程中，以 7 月 5 日的高温范围最大，当日新疆 64 个国家级气象站的日最高气温≥35 ℃，其中 46 站的日最高气温≥37 ℃，10 站≥40 ℃，1 站≥45 ℃。本次强高温天气过程中，日最高气温极值出现在吐鲁番东坎站(7 月 5 日)，为 45 ℃(5.15b)。

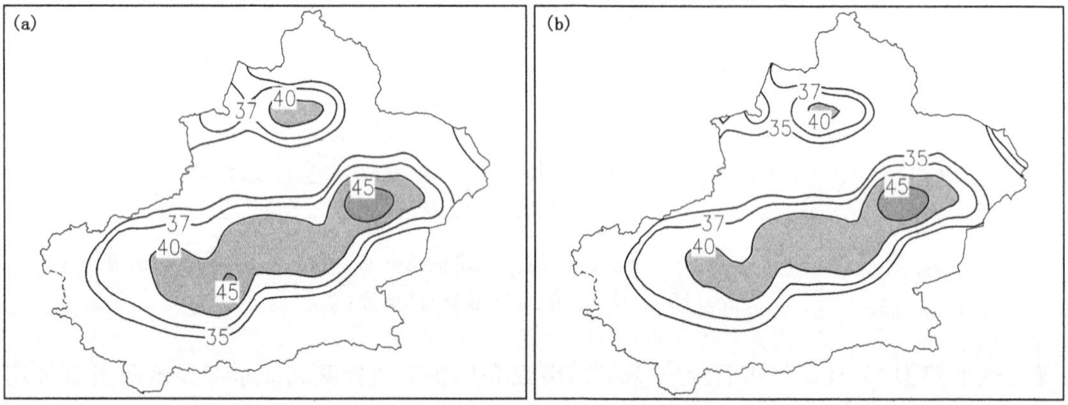


图 5.15　(a)1978 年 6 月 16 日至 7 月 7 日过程最高气温极值分布(单位:℃)，(b)过程最强高温日(7 月 5 日)最高气温分布(单位:℃)

【天气形势】100 hPa 上，6 月 16—20 日，南亚高压中心由(85°E,30°N)西退北抬至(80°E,35°N)，中心强度由 1680 dagpm 增强至 1684 dagpm；21—25 日，南亚高压的脊顶向北强烈发展(23 日脊顶升至 65°N 附近)；26—29 日，南亚高压脊顶南落至 50°N 附近；6 月 30 日至 7 月 7 日，南亚高压脊顶再次向北发展，并逐渐东移减弱。100 hPa 平均高度场上，南亚高压中心位于(75°E,35°N)附近，中心强度 1684 dagpm(图 5.16a)。500 hPa 上，6 月 16—23 日，乌拉尔山

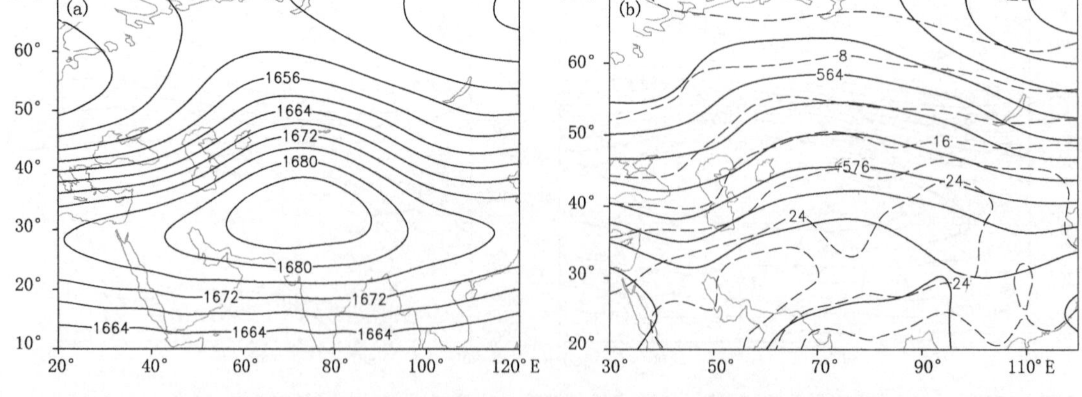


图 5.16　(a)100 hPa 平均高度场(单位:dagpm)，(b)500 hPa 平均高度场(实线，单位:dagpm)和 850 hPa 平均温度场(虚线，单位:℃)

至贝加尔湖地区的高压脊强烈发展，并稳定维持；24 日，受北支冷空气影响，该区域高压脊减弱；6 月 25 日至 7 月 7 日，中纬度高压脊发展，并稳定控制 50°N 以南区域。500 hPa 平均高度场上，584 dagpm 等值线控制伊朗高原至中国东部地区，850 hPa 上 24℃等温线控制伊朗高原至中国东部地区(图 5.16b)。

### 5.2.6　1982 年 7 月下旬至 8 月中旬强高温天气过程

【高温实况】1982 年 7 月 28 日至 8 月 12 日，新疆出现一次强高温天气过程，此次高温天气过程共持续 16 d。新疆 78 个国家级气象站的日最高气温≥35 ℃，其中 54 站的日最高气温≥37 ℃，15 站≥40 ℃(5.17a)。此次强高温天气过程中，以 8 月 10 日的高温范围最大，当日新疆 69 个国家级气象站的日最高气温≥35 ℃，其中 40 站的日最高气温≥37 ℃，11 站≥40 ℃。本次强高温天气过程中，日最高气温极值出现在吐鲁番东坎站(8 月 11 日)，为 44.4 ℃(5.17b)。

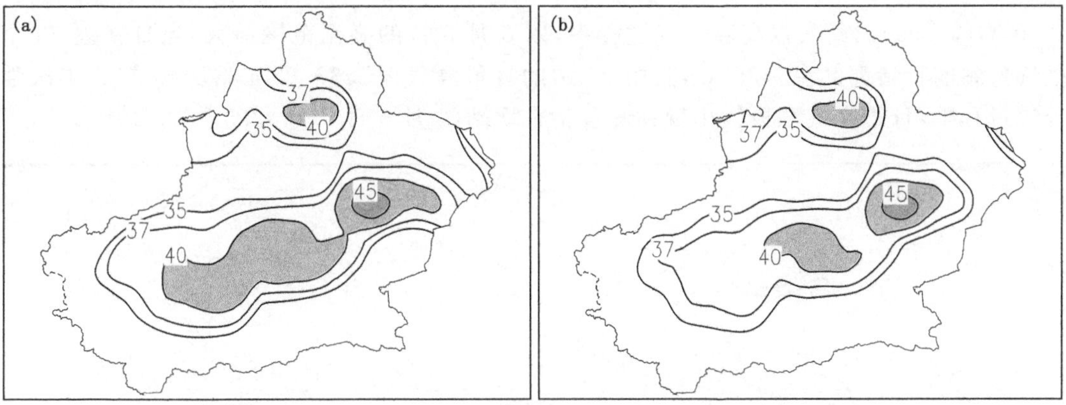


图 5.17　(a)1982 年 7 月 28 日至 8 月 12 日过程最高气温极值分布(单位:℃)，(b)过程最强高温日(8 月 10 日)最高气温分布(单位:℃)

【天气形势】100 hPa 上，7 月 28—31 日，南亚高压中心由 80°E 西退至 75°E，中心强度由 1688 dagpm 增强至 1692 dagpm；8 月 1 日，南亚高压脊顶向北发展，2 日，南亚高压中心强度增强至 1696 dagpm，该强度维持至 4 日；5—7 日，南亚高压中心强度减弱至 1688 dagpm；8—10 日，南亚高压中心强度再次增强至 1692 dagpm。100 hPa 平均高度场上，南亚高压中心位于(75°E，35°N)附近，中心强度 1692 dagpm(图 5.18a)。500 hPa 上，7 月 28 日至 8 月 1 日，584 dagpm 等值线控制伊朗高原到中国东部地区；2—5 日，伊朗副高发展，588 dagpm 等值线东扩至 100°E 附近；6—7 日，伊朗副高西退至 65°E 附近；8—11 日，伊朗副高再次发展东伸，588 dagpm 等值线东扩至 90°E 附近。500 hPa 平均高度场上，584 dagpm 等值线控制伊朗高原至中国东部地区，850 hPa 上 24 ℃等温线控制伊朗高原至中国东部地区，28 ℃等温线控制南疆东部地区(图 5.18b)。

### 5.2.7　1984 年 8 月上旬至 8 月中旬强高温天气过程

【高温实况】1984 年 8 月 3—14 日，新疆出现一次强高温天气过程，此次高温天气过程共持续 12 d。新疆 76 个国家级气象站的日最高气温≥35 ℃，其中 62 站的日最高气温≥37 ℃，9

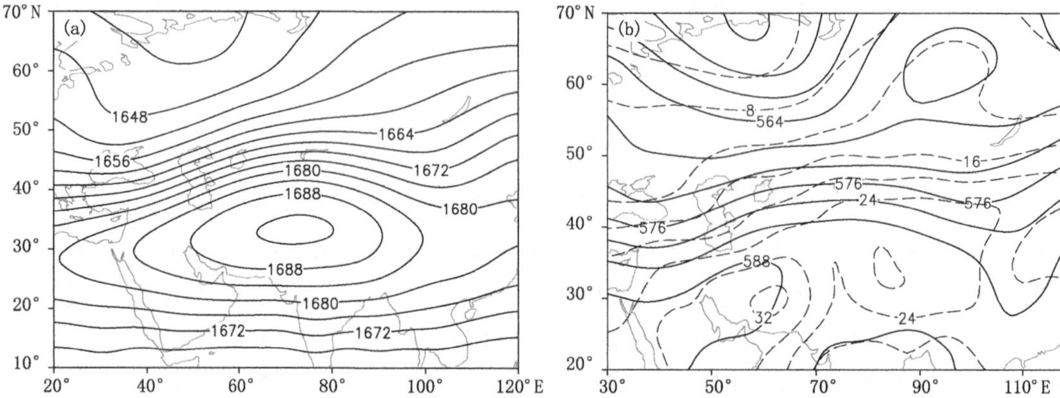


图 5.18　(a)100 hPa 平均高度场(单位:dagpm),(b)500 hPa 平均高度场(实线,单位:dagpm)和 850 hPa 平均温度场(虚线,单位:℃)

站≥40 ℃(5.19a)。此次强高温天气过程中,以 8 月 5 日的高温范围最大,当日新疆 63 个国家级气象站的日最高气温≥35 ℃,其中 28 站的日最高气温≥37 ℃,4 站≥40 ℃。本次强高温天气过程中,日最高气温极值出现在吐鲁番东坎站(8 月 5 日),为 43.3 ℃(5.19b)。

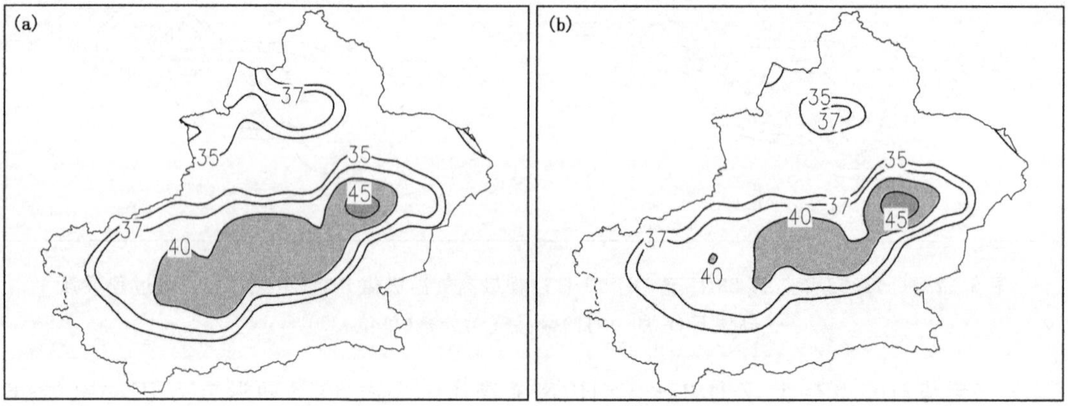


图 5.19　(a)1984 年 8 月 3—14 日过程最高气温极值分布(单位:℃),(b)过程最强高温日(8 月 5 日)最高气温分布(单位:℃)

【天气形势】100 hPa 上,8 月 3—6 日,南亚高压中心由 70°E 东移至 80°E,中心强度维持在 1688 dagpm;7—8 日,南亚高压中心西退至 60°E 附近;10 日,南亚高压中心再次东移;12 日,南亚高压中心移动至 80°E 附近,高压脊顶伸展至 60°N 附近;13—14 日,南亚高压中心略微西退,脊顶南落至 50°N 附近。100 hPa 平均高度场上,南亚高压中心位于(75°E,35°N)附近,中心强度 1688 dagpm(图 5.20a)。500 hPa 上,8 月 3—6 日,伊朗副高发展东移,588 dagpm 等值线东扩至 100°E 附近;7—8 日,伊朗副高西退至 70°E 附近,584 dagpm 等值线控制 40°N 以南区域;9—14 日,伊朗副高再次东扩,588 dagpm 等值线控制伊朗高原至新疆。500 hPa 平均高度场上,588 dagpm 等值线控制伊朗高原至南疆,850 hPa 上 24 ℃等温线控制伊朗高原至中国东部地区(图 5.20b)。

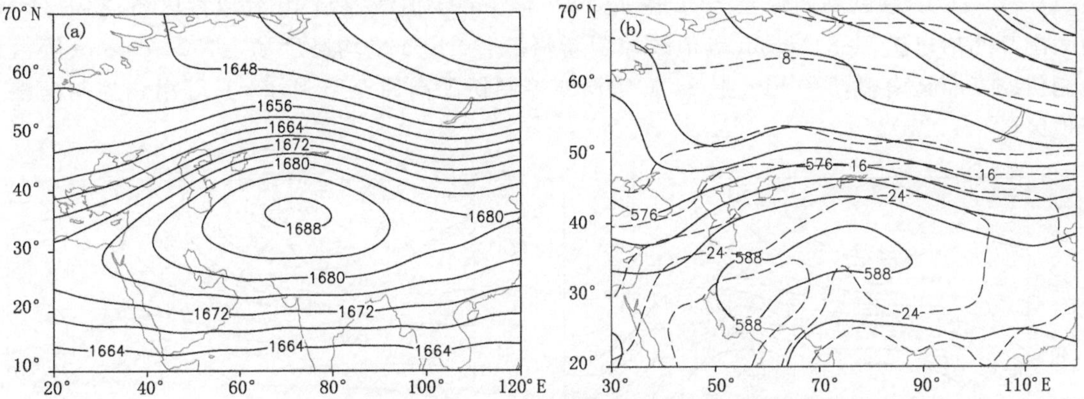


图 5.20　(a)100 hPa 平均高度场(单位:dagpm),(b)500 hPa 平均高度场(实线,单位:dagpm)和 850 hPa 平均温度场(虚线,单位:℃)

## 5.2.8　1986 年 7 月中旬至 7 月下旬强高温天气过程

【高温实况】1986 年 7 月 13—27 日,新疆出现一次强高温天气过程,此次高温天气过程共持续 15 d。新疆 72 个国家级气象站的日最高气温≥35 ℃,其中 50 站的日最高气温≥37 ℃,13 站≥40 ℃,4 站≥45 ℃(5.21a)。此次强高温天气过程中,以 7 月 20 日的高温范围最大,当日新疆 48 个国家级气象站的日最高气温≥35 ℃,其中 16 站的日最高气温≥37 ℃,5 站≥40 ℃,1 站≥45 ℃。本次强高温天气过程中,日最高气温极值出现在吐鲁番站(7 月 23 日),为 47.7 ℃(5.21b)。

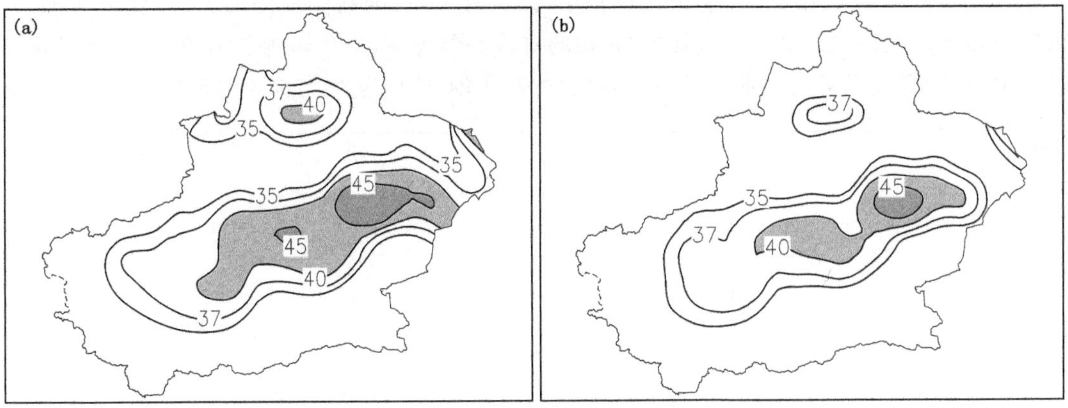


图 5.21　(a)1986 年 7 月 13—27 日过程最高气温极值分布(单位:℃),(b)过程最强高温日(7 月 20 日)最高气温分布(单位:℃)

【天气形势】100 hPa 上,7 月 13—16 日,南亚高压由双体型调整为伊朗高压型,中心位于 60°E,中心强度维持在 1692 dagpm;17—19 日,南亚高压由伊朗高压型向双体型调整,在 80°E 重新出现一个强度为 1688 dagpm 的高压中心,该高压中心于 20 日开始向东移动,脊顶不断向东北方向延伸,21—24 日,南亚高压双体型强烈发展,新疆受青藏高原的高压中心控制(图 5.22a)。500 hPa 上,7 月 13—16 日,伊朗副高发展东移,588 dagpm 等值线东扩至 70°E 附近;17—21 日,伊朗副高西退至 70°E 附近,584 dagpm 等值线控制 40°N 以南区域;23—24 日,西太副高北抬东扩,588 dagpm 等值线控制新疆。500 hPa 平均高度场上,584 dagpm 等值线控制伊朗高原至南疆,850 hPa 上 24 ℃等温线控制伊朗高原至新疆,28 ℃等温线控制南疆东部地区(图 5.22b)。

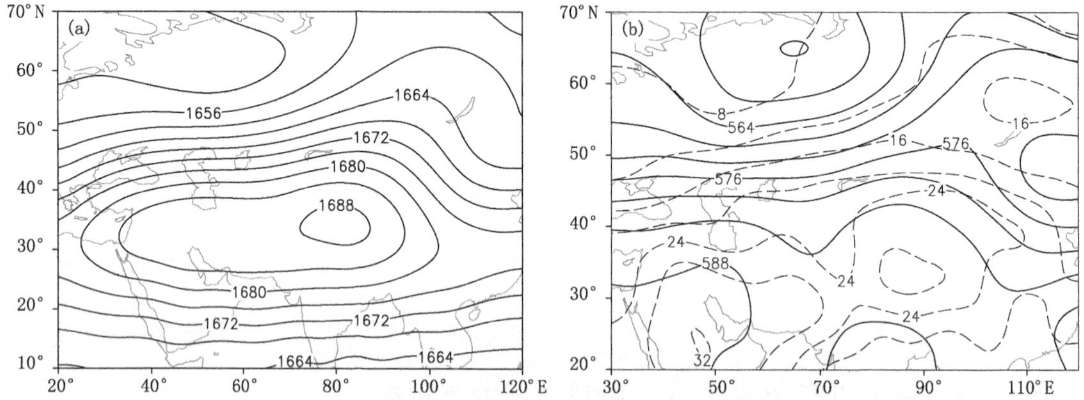


图 5.22　(a)100 hPa 平均高度场(单位:dagpm),(b)500 hPa 平均高度场(实线,单位:dagpm)和 850 hPa 平均温度场(虚线,单位:℃)

## 5.2.9　1988 年 7 月上旬至 7 月下旬强高温天气过程

【高温实况】1988 年 7 月 9—23 日,新疆出现一次强高温天气过程,此次高温天气过程共持续 15 d。新疆 55 个国家级气象站的日最高气温≥35 ℃,其中 38 站的日最高气温≥37 ℃,6 站≥40 ℃(图 5.23a)。此次强高温天气过程中,以 7 月 11 日的高温范围最大,当日新疆 47 个国家级气象站的日最高气温≥35 ℃,其中 28 站的日最高气温≥37 ℃,5 站≥40 ℃。本次强高温天气过程中,日最高气温极值出现在吐鲁番东坎站(7 月 21 日),为 44.1 ℃(图 5.23b)。

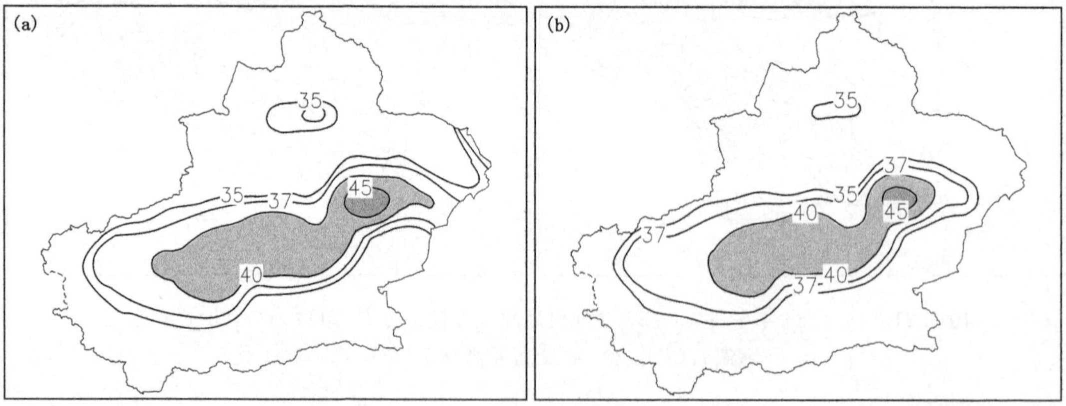


图 5.23　(a)1988 年 7 月 9—23 日过程最高气温极值分布(单位:℃),(b)过程最强高温日(7 月 11 日)最高气温分布(单位:℃)

【天气形势】100 hPa 上,7 月 9—15 日,南亚高压位于伊朗高原的高压中心强烈发展,中心强度由 1688 dagpm 增强至 1696 dagpm;16 日,南亚高压中心开始东移,18 日,东移至(90°E,

35°N)；19—21 日，1696 dagpm 等值线位于 55°～100°E，28°～38°N；22—23 日，南亚高压中心西退至(55°E，35°N)附近。100 hPa 平均高度场上，南亚高压中心位于(70°E，35°N)附近，中心强度 1692 dagpm(图 5.24a)。500 hPa 上，7 月 9—12 日，伊朗副高强烈发展东移，588 dagpm 等值线东扩至 100°E 附近，中心强度达 592 dagpm；13—18 日，伊朗副高西退至70°E附近，584 dagpm 等值线控制 40°N 以南区域；19—21 日，伊朗副高再次东扩，588 dagpm 等值线再次东扩至 100°E 附近；22—23 日，伊朗副高西退减弱。500 hPa 平均高度场上，584 dagpm 等值线控制 40°N 以南区域，850 hPa 上 24 ℃等温线控制伊朗高原至新疆，28 ℃等温线控制南疆(图 5.24b)。

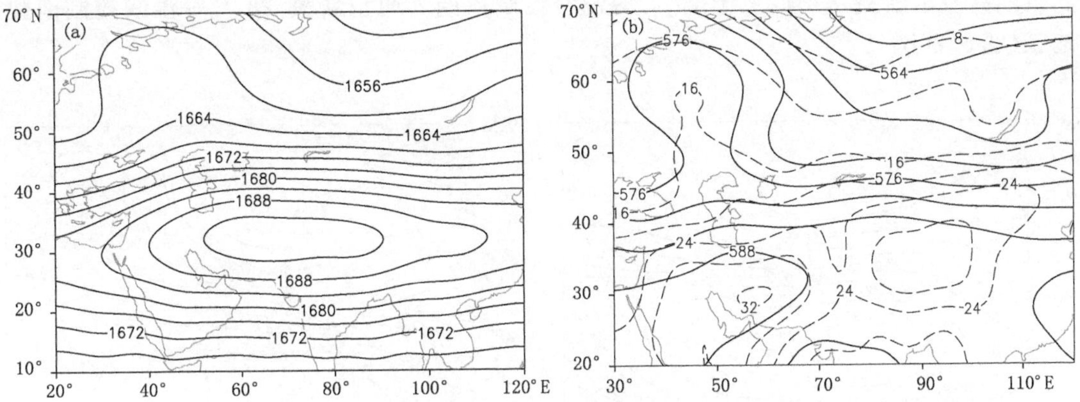


图 5.24　(a)100 hPa 平均高度场(单位：dagpm)，(b)500 hPa 平均高度场(实线，单位：dagpm)和 850 hPa 平均温度场(虚线，单位：℃)

## 5.2.10　1994 年 7 月上旬至 7 月下旬强高温天气过程

【高温实况】1994 年 7 月 7—23 日，新疆出现一次强高温天气过程，此次高温天气过程共持续 17 d。新疆 65 个国家级气象站的日最高气温≥35 ℃，其中 50 站的日最高气温≥37 ℃，11 站≥40 ℃(图 5.25a)。此次强高温天气过程中，以 7 月 18 日的高温范围最大，当日新疆 47 个国家级气象站的日最高气温≥35 ℃，其中 36 站的日最高气温≥37 ℃，8 站≥40 ℃。本次

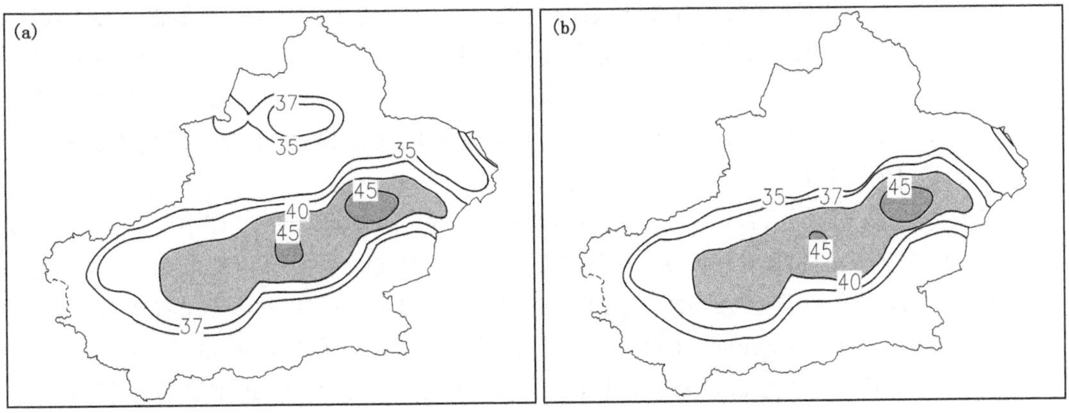


图 5.25　(a)1994 年 7 月 7—23 日过程最高气温极值分布(单位：℃)，(b)过程最强高温日(7 月 18 日)最高气温分布(单位：℃)

强高温天气过程中，日最高气温极值出现在吐鲁番东坎站(7 月 17 日)，为 44.9 ℃(图 5.25b)。

【天气形势】100 hPa 上，7 月 7—15 日，南亚高压中心位于伊朗高原附近，脊顶向东北方向伸展，中心强度维持在 1688 dagpm；16—17 日，南亚高压东部高压中心迅速发展，高压中心强度增强至 1692 dagpm，高压脊线伸展至 60°N 附近；18—23 日，南亚高压东部高压中心逐渐西退至伊朗高原附近，高压脊线也逐渐南退。100 hPa 平均高度场上，南亚高压中心位于(55°E，35°N)附近，中心强度 1688 dagpm(图 5.26a)。500 hPa 上，7 月 9—14 日，伊朗副高位于伊朗高原附近，584 dagpm 等值线东扩至 100°E 附近；15—18 日，伊朗副高发展，588 dagpm 等值线东扩至 100°E 附近；19—23 日，伊朗副高西退减弱。500 hPa 平均高度场上，584 dagpm 等值线控制伊朗高原至南疆，850 hPa 上 24 ℃等温线控制伊朗高原至新疆，28 ℃等温线控制南疆东部地区(图 5.26b)。

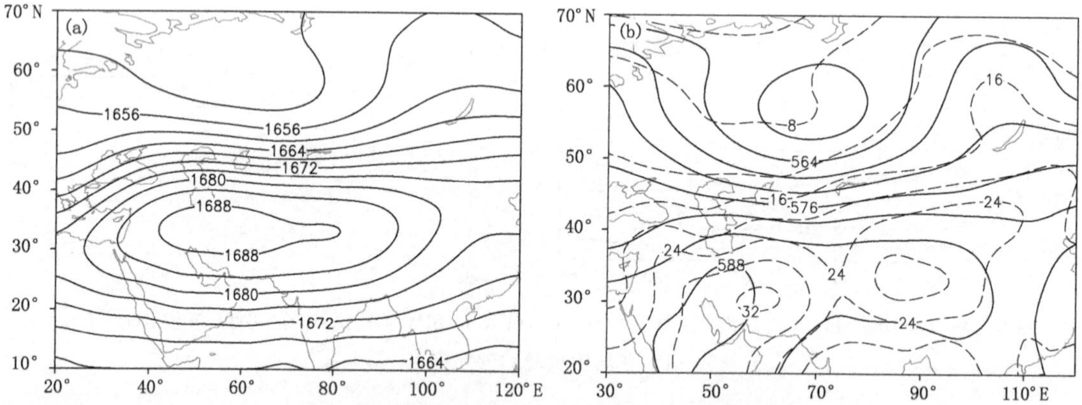


图 5.26　(a)100 hPa 平均高度场(单位：dagpm)，(b)500 hPa 平均高度场(实线，单位：dagpm)和 850 hPa 平均温度场(虚线，单位：℃)

## 5.2.11　1997 年 7 月中旬至 7 月下旬强高温天气过程

【高温实况】1997 年 7 月 13—22 日，新疆出现一次强高温天气过程，此次高温天气过程共持续 10 d。新疆 76 个国家级气象站的日最高气温≥35 ℃，其中 66 站的日最高气温≥37 ℃，28 站≥40 ℃，3 站≥45 ℃(图 5.27a)。此次强高温天气过程中，以 7 月 19 日的高温范围最大，当日新疆 72 个国家级气象站的日最高气温≥35 ℃，其中 63 站的日最高气温≥37 ℃，21 站≥40 ℃，3 站≥45 ℃。本次强高温天气过程中，日最高气温极值出现在托克逊站(7 月 19 日)，为 46.3 ℃(图 5.27b)。

【天气形势】100 hPa 上，7 月 13 日，南亚高压中心位于伊朗高原东部，中心强度为 1688 dagpm；16—17 日，南亚高压向北发展，脊顶伸展至 55°N 附近，中心强度维持在 1688 dagpm；18—19 日，南亚高压进一步加强，中心强度增强至 1692 dagpm；20—22 日，南亚高压主体南退，中心强度减弱至 1684 dagpm。100 hPa 平均高度场上，南亚高压中心位于(70°E，35°N)附近，中心强度 1688 dagpm(图 5.28a)。500 hPa 上，7 月 13—15 日，伊朗副高位于伊朗高原附近，584 dagpm 等值线东扩至 90°E 附近；16—20 日，伊朗副高发展东扩，中心强度增强至 592 dagpm，588 dagpm 等值线东扩至 100°E 附近；21—22 日，伊朗副高西退减弱。500 hPa 平

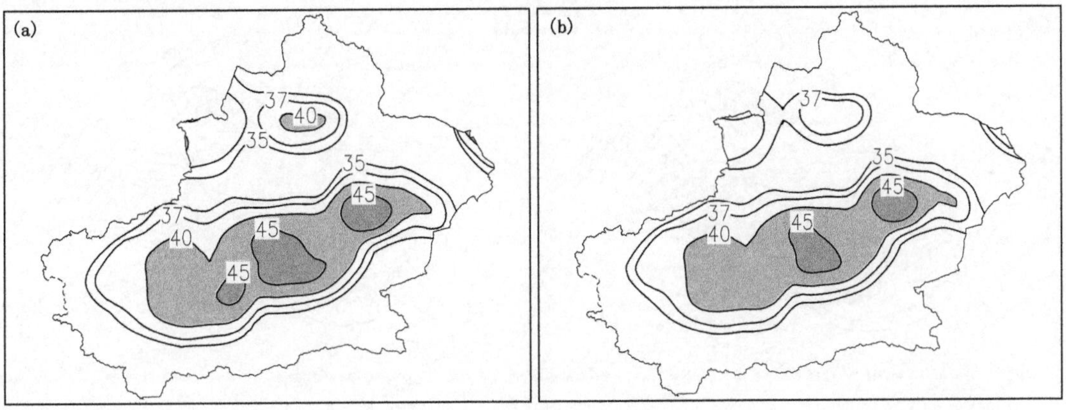


图 5.27　(a)1997 年 7 月 13—22 日过程最高气温极值分布(单位:℃),(b)过程最强高温日(7 月 19 日)最高气温分布(单位:℃)

均高度场上,588 dagpm 等值线控制伊朗高原至南疆,850 hPa 上 24 ℃等温线控制伊朗高原至中国东部地区,32 ℃等温线控制伊朗高原(图 5.28b)。

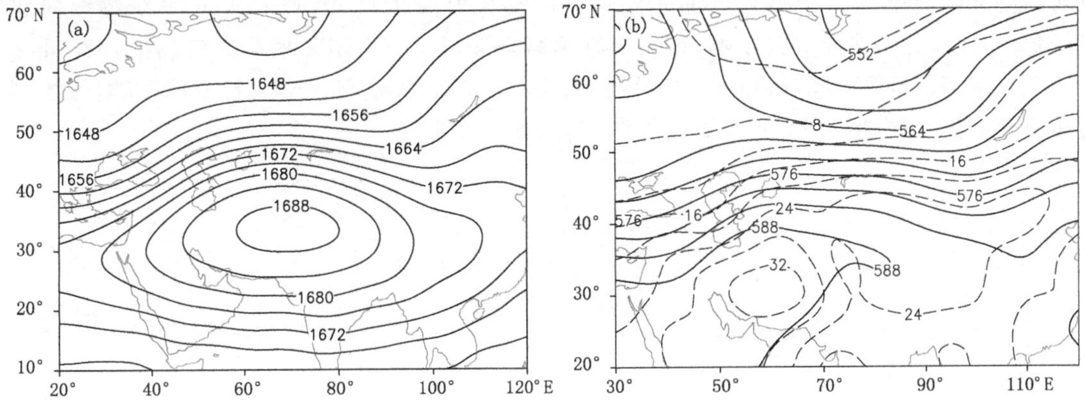


图 5.28　(a)100 hPa 平均高度场(单位:dagpm),(b)500 hPa 平均高度场(实线,单位:dagpm)和 850 hPa 平均温度场(虚线,单位:℃)

## 5.2.12　2000 年 7 月上旬至 7 月中旬强高温天气过程

【高温实况】2000 年 7 月 6—17 日,新疆出现一次强高温天气过程,此次高温天气过程共持续 12 d。新疆 85 个国家级气象站的日最高气温≥35 ℃,其中 70 站的日最高气温≥37 ℃,26 站≥40 ℃,4 站≥45 ℃(图 5.29a)。此次强高温天气过程中,以 7 月 10 日的高温范围最大,当日新疆 79 个国家级气象站的日最高气温≥35 ℃,其中 49 站的日最高气温≥37 ℃,20 站≥40 ℃,2 站≥45 ℃。本次强高温天气过程中,日最高气温极值出现在吐鲁番、吐鲁番东坎站(7 月 11 日),均为 46.3 ℃(图 5.29b)。

【天气形势】100 hPa 上,7 月 6 日,南亚高压中心位于(90°E,30°N),中心强度为 1676 dagpm;7—11 日,南亚高压东部高压脊向北发展,脊顶伸展至 50°N 附近,中心强度增强至 1684 dagpm;12—13 日,南亚高压主体南退,高压中心西退至 70°E 附近,强度降低至 1680 dagpm;14—17

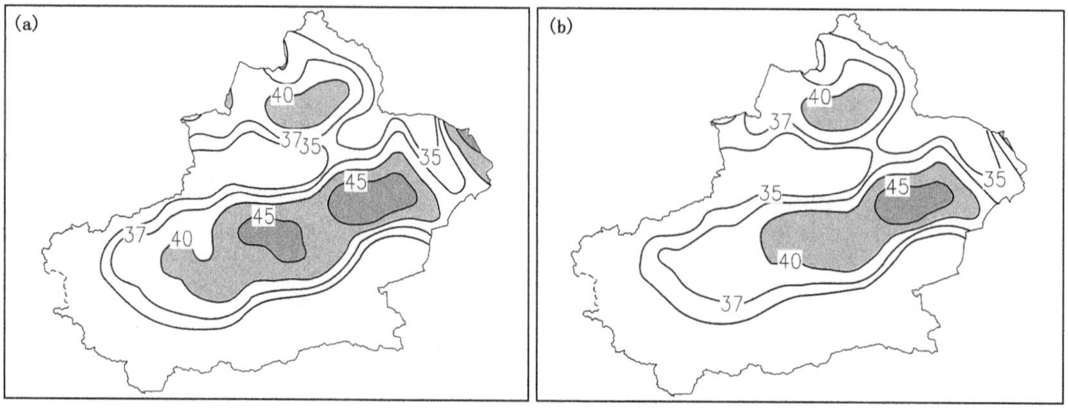


图 5.29　(a)2000 年 7 月 6—17 日过程最高气温极值分布(单位:℃),(b)过程最强高温日(7 月 10 日)最高气温分布(单位:℃)

日,南亚高压再次北抬,中心强度维持在 1680 dagpm,脊顶伸展至 50°N 附近。100 hPa 平均高度场上,南亚高压呈带状分布,中心强度为 1680 dagpm(图 5.30a)。500 hPa 上,7 月 6—8 日,伊朗副高北抬与巴尔喀什湖至贝加尔湖地区的高压脊叠加;9—13 日,高压系统继续向北发展;14—17 日,受北支冷空气影响,该高压继续减弱东移。500 hPa 平均高度场上,588 dagpm 等值线控制伊朗高原,580 dagpm 等值线控制 40°N 以南区域;850 hPa 上 24 ℃等温线控制伊朗高原至中国东部地区,28 ℃等温线控制南疆(图 5.30b)。

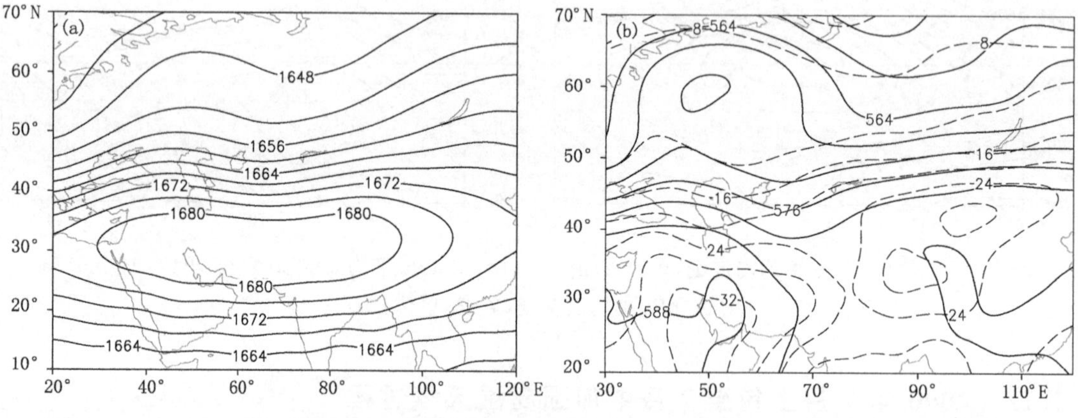


图 5.30　(a)100 hPa 平均高度场(单位:dagpm),(b)500 hPa 平均高度场(实线,单位:dagpm)和 850 hPa 平均温度场(虚线,单位:℃)

## 5.2.13　2004 年 7 月中旬强高温天气过程

【高温实况】2004 年 7 月 11—18 日,新疆出现一次强高温天气过程,此次高温天气过程共持续 8 d。新疆 87 个国家级气象站的日最高气温≥35 ℃,其中 58 站的日最高气温≥37 ℃,28 站≥40 ℃,4 站≥45 ℃(图 5.31a)。此次强高温天气过程中,以 7 月 13 日的高温范围最大,当日新疆 84 个国家级气象站的日最高气温≥35 ℃,其中 49 站的日最高气温≥37 ℃,22 站≥40 ℃,3 站≥45 ℃。本次强高温天气过程中,日最高气温极值出现在吐鲁番东坎站(7 月 13

日)，为 48.2 ℃(图 5.31b)。

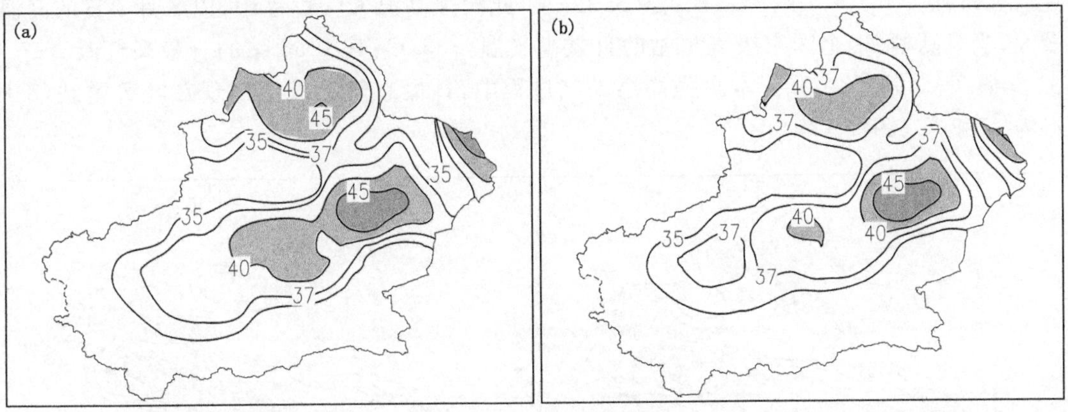


图 5.31　(a)2004 年 7 月 11—18 日过程最高气温极值分布(单位:℃)，(b)过程最强高温日(7 月 13 日)最高气温分布(单位:℃)

【天气形势】100 hPa 上，7 月 11—12 日，南亚高压中心位于(85°E，32°N)，中心强度为 1676 dagpm；13—17 日，南亚高压东部高压脊向北发展，脊顶伸展至 52°N 附近，中心强度增强至 1680 dagpm。100 hPa 平均高度场上，南亚高压呈带状分布，中心强度 1676 dagpm，东部高压脊顶向北伸展至 50°N 附近(图 5.32a)。500 hPa 上，7 月 11 日，(70°～110°E，20°～45°N)附近为 580 dagpm 等值线控制；12 日，上述区域出现一个强度为 584 dagpm 的闭合等值线；13—15 日，584 dagpm 等值线逐渐北抬至 55°N 附近，850 hPa 上 28 ℃等温线控制新疆大部分地区；16—17 日，584 dagpm 等值线南落至 45°N 附近。500 hPa 平均高度场上，巴尔喀什湖至贝加尔湖地区的高压脊强烈发展，高压脊顶伸展至 50°N 附近，850 hPa 上 24 ℃等温线控制新疆大部分地区，28 ℃等温线控制南疆(图 5.32b)。

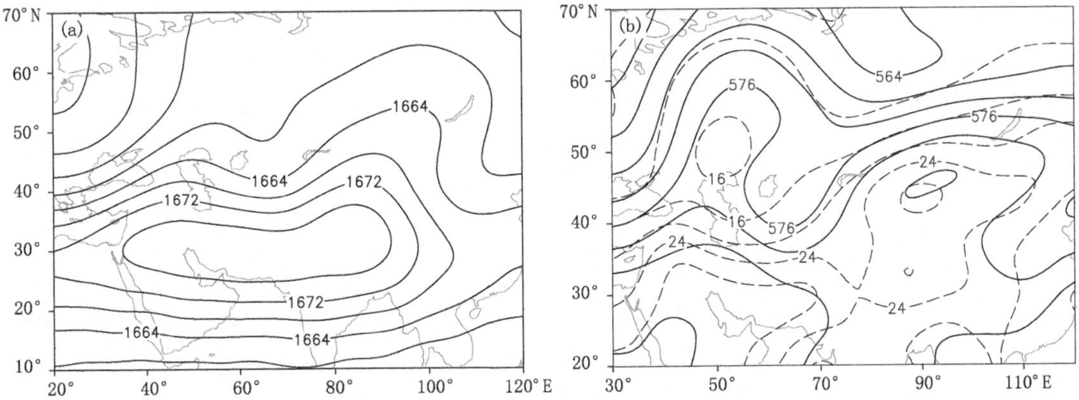


图 5.32　(a)100 hPa 平均高度场(单位:dagpm)，(b)500 hPa 平均高度场(实线，单位:dagpm)和 850 hPa 平均温度场(虚线，单位:℃)

## 5.2.14　2008 年 7 月下旬至 8 月上旬强高温天气过程

【高温实况】2008 年 7 月 30 日至 8 月 5 日，新疆出现一次强高温天气过程，此次高温天气过程共持续 7 d。新疆 88 个国家级气象站的日最高气温≥35 ℃,其中 76 站的日最高气温≥37 ℃,25 站≥40 ℃,4 站≥45 ℃(图 5.33a)。此次强高温天气过程中,以 8 月 3 日的高温范围最大,当日新疆 77 个国家级气象站的日最高气温≥35 ℃,其中 56 站的日最高气温≥37 ℃,12 站≥40 ℃,3 站≥45 ℃。本次强高温天气过程中,日最高气温极值出现在吐鲁番站(8 月 4 日),为 47.8 ℃(图 5.33b)。

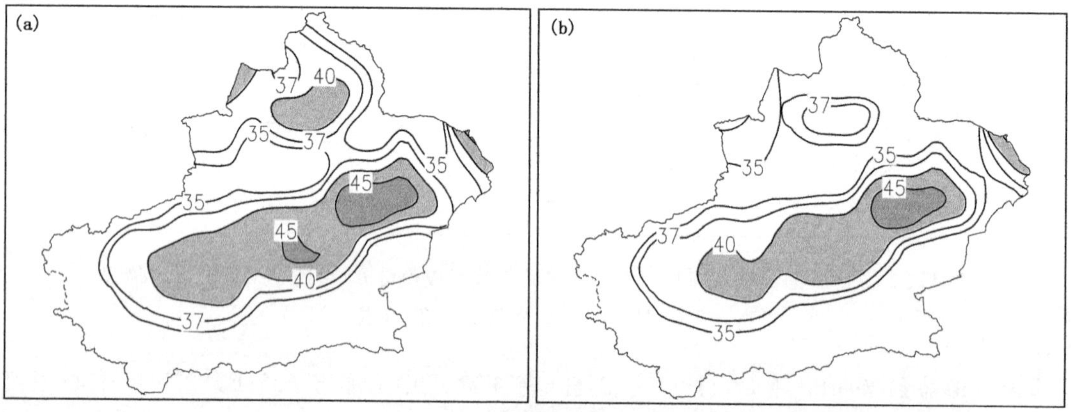


图 5.33　(a)2008 年 7 月 30 日至 8 月 5 日过程最高气温极值分布(单位:℃),(b)过程最强高温日(8 月 3 日)最高气温分布(单位:℃)

【天气形势】100 hPa 上,7 月 30 日,南亚高压中心位于(70°E,42°N),中心强度为 1692 dagpm,南亚高压脊顶向北伸展至 60°N 附近;7 月 31 日至 8 月 1 日,南亚高压强度增强至 1696 dagpm,脊顶继续向东北方向伸展;8 月 2—5 日,南亚高压减弱南落西退,高压中心西退至(55°E,35°N),中心强度由 1696 dagpm 减弱至 1676 dagpm。100 hPa 平均高度场上,南亚高压中心位于(65°E,35°N),中心强度 1688 dagpm(图 5.34a)。500 hPa 上,7 月 30 日至 8 月 3 日,伊朗副高强烈发展,中心强度达 592 dagpm,588 dagpm 等值线北抬至(90°E,50°N)附近;8 月 4—5 日,伊朗副高南掉西退,588 dagpm 等值线西退至 70°E 附近。500 hPa 平均高度场上,588 dagpm 等值线控制伊朗高原至新疆偏西地区,850 hPa 上 24 ℃等温线控制新疆(图 5.34b)。

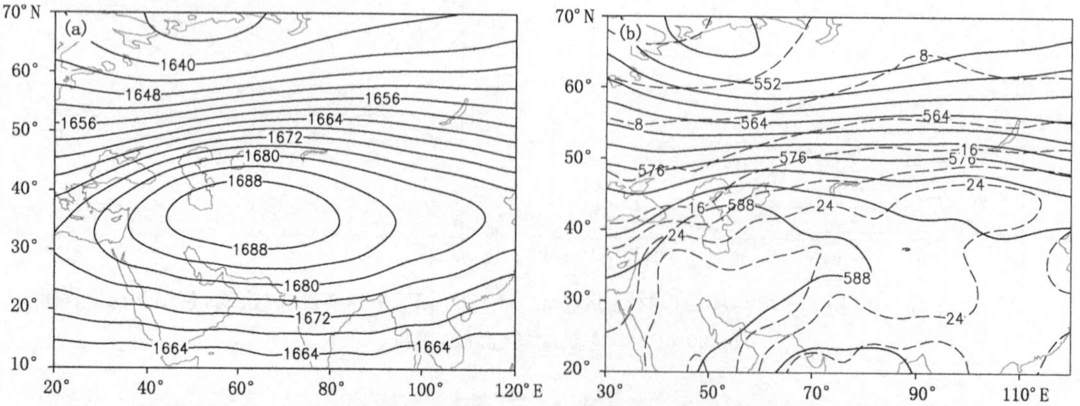


图 5.34　(a)100 hPa 平均高度场(单位:dagpm),(b)500 hPa 平均高度场(实线,单位:dagpm)和 850 hPa 平均温度场(虚线,单位:℃)

## 5.2.15　2010 年 7 月中旬至 7 月下旬强高温天气过程

【高温实况】2010 年 7 月 14—31 日，新疆出现一次强高温天气过程，此次高温天气过程共持续 18 d。新疆 84 个国家级气象站的日最高气温≥35 ℃，其中 65 站的日最高气温≥37 ℃，20 站≥40 ℃，3 站≥45 ℃（图 5.35a）。此次强高温天气过程中，以 7 月 17 日的高温范围最大，当日新疆 81 个国家级气象站的日最高气温≥35 ℃，其中 61 站的日最高气温≥37 ℃，12 站≥40 ℃，2 站≥45 ℃。本次强高温天气过程中，日最高气温极值出现在托克逊站（7 月 18 日），为 47.4 ℃（图 5.35b）。

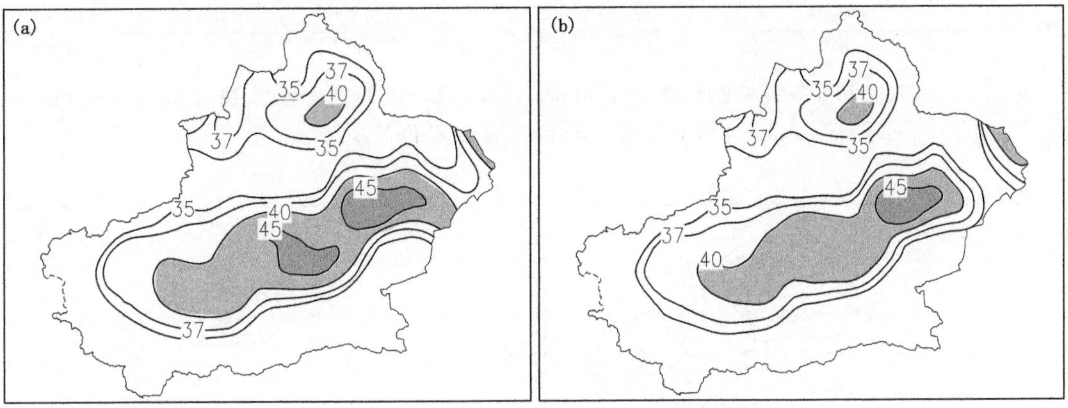


图 5.35　(a)2010 年 7 月 14—31 日过程最高气温极值分布（单位：℃），(b)过程最强高温日（7 月 17 日）最高气温分布（单位：℃）

【天气形势】100 hPa 上，7 月 14 日，南亚高压呈双体型分布，两个高压中心分别位于伊朗高原和青藏高原东部，东部高压脊略强于西部；15—19 日，南亚高压由双体型调整为带状型，中心强度维持在 1692 dagpm；20—24 日，南亚高压再次演变为双体型，东部高压中心的强度明显强于西部；25—26 日，南亚高压西部高压中心消失，东部高压中心强度达 1696 dagpm；脊顶伸至 60°N 附近；27—31 日，南亚高压西部高压发展，东部高压中心减弱南落。100 hPa 平均高度场上，南亚高压中心位于（85°E，35°N），中心强度 1692 dagpm（图 5.36a）。500 hPa 上，7 月 14—18 日，伊朗副高强烈发展，中心强度达 592 dagpm，588 dagpm 等值线东扩至 100°E 附近；19 日，伊朗副高减弱西退；20—31 日，西太副高强烈发展，588 dagpm 等值线北抬至 50°N 附近，中心强度达 592 dagpm。500 hPa 平均高度场上，584 dagpm 等值线控制中国大部分地区，850 hPa 上 24 ℃等温线控制新疆，28 ℃等温线控制南疆（图 5.36b）。

## 5.2.16　2011 年 7 月中旬至 7 月下旬强高温天气过程

【高温实况】2011 年 7 月 11—26 日，新疆出现一次强高温天气过程，此次高温天气过程共持续 16 d。新疆 87 个国家级气象站的日最高气温≥35 ℃，其中 72 站的日最高气温≥37 ℃，24 站≥40 ℃，5 站≥45 ℃（图 5.37a）。此次强高温天气过程中，以 7 月 14 日的高温范围最大，当日新疆 76 个国家级气象站的日最高气温≥35 ℃，其中 49 站的日最高气温≥37 ℃，13 站≥40 ℃，5 站≥45 ℃。本次强高温天气过程中，日最高气温极值出现在吐鲁番东坎站（7 月 14 日），为 48.1 ℃（图 5.37b）。

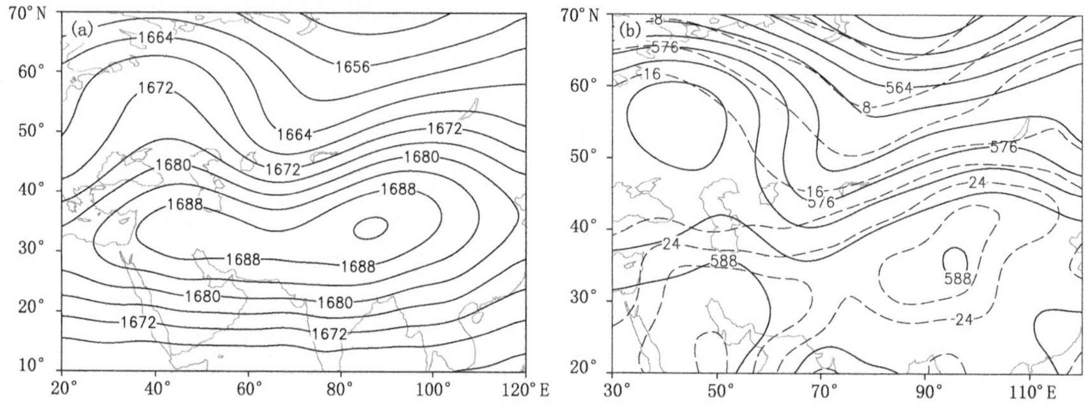


图 5.36 (a)100 hPa 平均高度场(单位:dagpm),(b)500 hPa 平均高度场(实线,单位:dagpm)和 850 hPa 平均温度场(虚线,单位:℃)

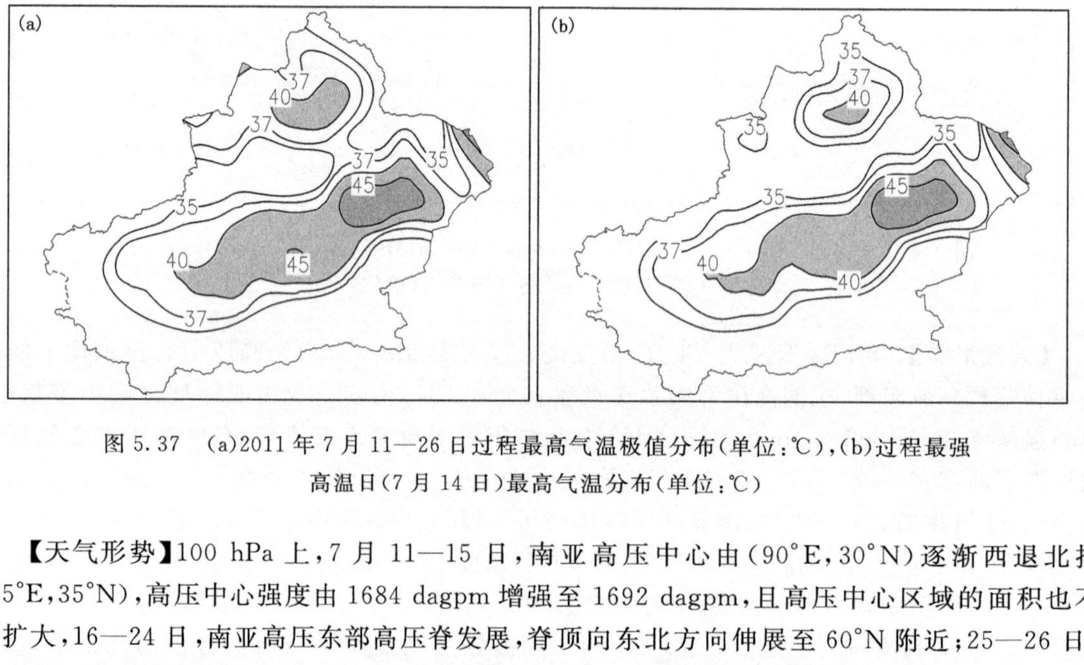


图 5.37 (a)2011 年 7 月 11—26 日过程最高气温极值分布(单位:℃),(b)过程最强高温日(7 月 14 日)最高气温分布(单位:℃)

【天气形势】100 hPa 上,7 月 11—15 日,南亚高压中心由(90°E,30°N)逐渐西退北抬(55°E,35°N),高压中心强度由 1684 dagpm 增强至 1692 dagpm,且高压中心区域的面积也不断扩大,16—24 日,南亚高压东部高压脊发展,脊顶向东北方向伸展至 60°N 附近;25—26 日,南亚高压东部高压脊南落。100 hPa 平均高度场上,南亚高压中心位于(85°E,35°N),中心强度 1692 dagpm(图 5.38a)。500 hPa 上,7 月 11—20 日,西太副高向北发展,584 dagpm 等值线北抬至 50°N 附近;21—26 日,伊朗副高减弱西退;20—26 日,伊朗副高强烈发展,588 dagpm 等值线北抬至 40°N 附近,592 dagpm 等值线东扩至 80°E 附近。500 hPa 平均高度场上,乌拉尔山西部高压脊强烈发展,584 dagpm 等值线控制 40°N 以南区域,850 hPa 上 24 ℃等温线控制中国大部分地区,28 ℃等温线控制南疆(图 5.38b)。

### 5.2.17 2011 年 7 月下旬至 8 月上旬强高温天气过程

【高温实况】2011 年 7 月 30 日至 8 月 9 日,新疆出现一次强高温天气过程,此次高温天气过程共持续 11 d。新疆 75 个国家级气象站的日最高气温≥35 ℃,其中 55 站的日最高气温

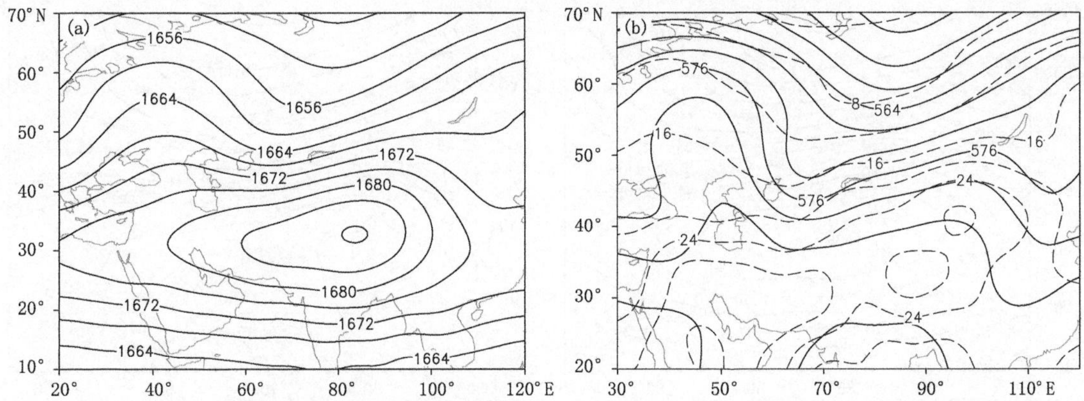


图 5.38　(a)100 hPa 平均高度场(单位:dagpm),(b)500 hPa 平均高度场(实线,单位:dagpm)和 850 hPa 平均温度场(虚线,单位:℃)

≥37 ℃,14 站≥40 ℃,3 站≥45 ℃(图 5.39a)。此次强高温天气过程中,以 8 月 5 日的高温范围最大,当日新疆 64 个国家级气象站的日最高气温≥35 ℃,其中 42 站的日最高气温≥37 ℃,7 站≥40 ℃。本次强高温天气过程中,日最高气温极值出现在吐鲁番站(7 月 31 日)、托克逊站(8 月 8 日),均为 45.2 ℃(图 5.39b)。

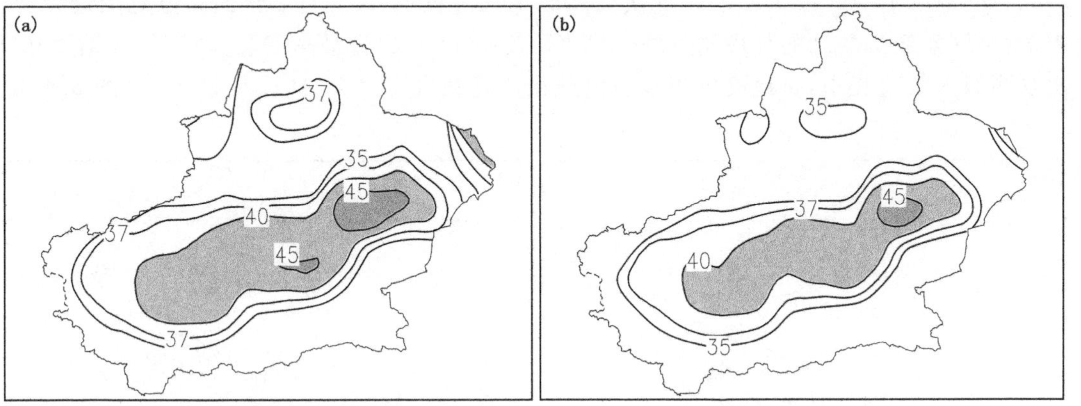


图 5.39　(a)2011 年 7 月 30 日至 8 月 9 日过程最高气温极值分布(单位:℃),(b)过程最强高温日(8 月 5 日)最高气温分布(单位:℃)

【天气形势】100 hPa 上,7 月 30—31 日,南亚高压由带状型调整为双体型,西部高压中心位于(50°E,40°N),东部高压中位于(85°E,30°N);8 月 1—2 日,南亚高压东西两个高压中心在(65°E,35°N)附近合并,3—6 日,南亚高压中心稳定维持在(65°E,35°N)附近;7—9 日,南亚高压中心逐渐南落西退。100 hPa 平均高度场上,南亚高压中心位于(75°E,35°N),中心强度 1688 dagpm(图 5.40a)。500 hPa 上,7 月 30—31 日,伊朗副高北抬东移;8 月 1—6 日,伊朗副高继续北抬东扩,588 dagpm 等值线东扩至 90°E 附近;7—9 日,伊朗副高南掉西退,588 dagpm 等值线西退至 70°E 附近。500 hPa 平均高度场上,伊朗副高位于 50°E 附近,584 dagpm 等值线控制 40°N 以南区域,850 hPa 上 24 ℃等温线控制中国大部分地区,28 ℃等温线控制南疆(图 5.40b)。

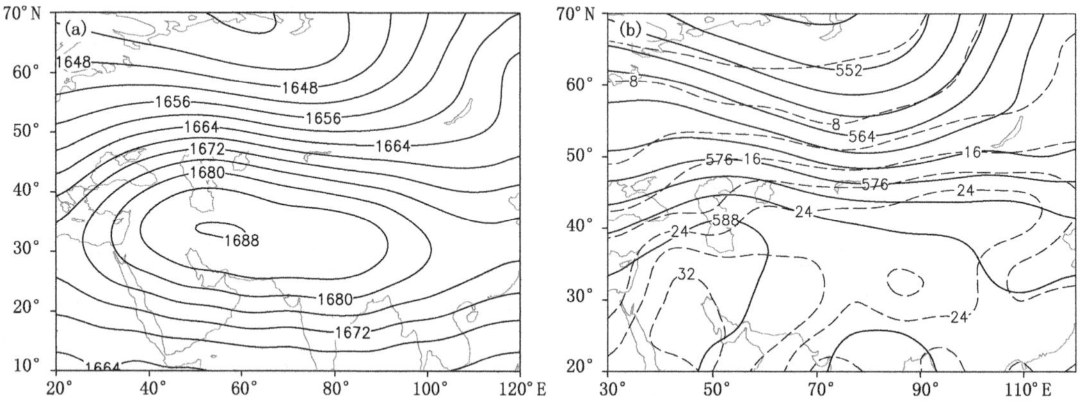


图 5.40　(a)100 hPa 平均高度场(单位:dagpm),(b)500 hPa 平均高度场(实线,单位:dagpm)和 850 hPa 平均温度场(虚线,单位:℃)

## 5.2.18　2013 年 7 月下旬至 8 月中旬强高温天气过程

【高温实况】2013 年 7 月 26 日至 8 月 13 日,新疆出现一次强高温天气过程,此次高温天气过程共持续 19 d。新疆 76 个国家级气象站的日最高气温≥35 ℃,其中 56 站的日最高气温≥37 ℃,21 站≥40 ℃(图 5.41a)。此次强高温天气过程中,以 8 月 2 日的高温范围最大,当日新疆 71 个国家级气象站的日最高气温≥35 ℃,其中 47 站的日最高气温≥37 ℃,8 站≥40 ℃。本次强高温天气过程中,日最高气温极值出现在托克逊站(7 月 28 日),为 44.5 ℃(图 5.41b)。

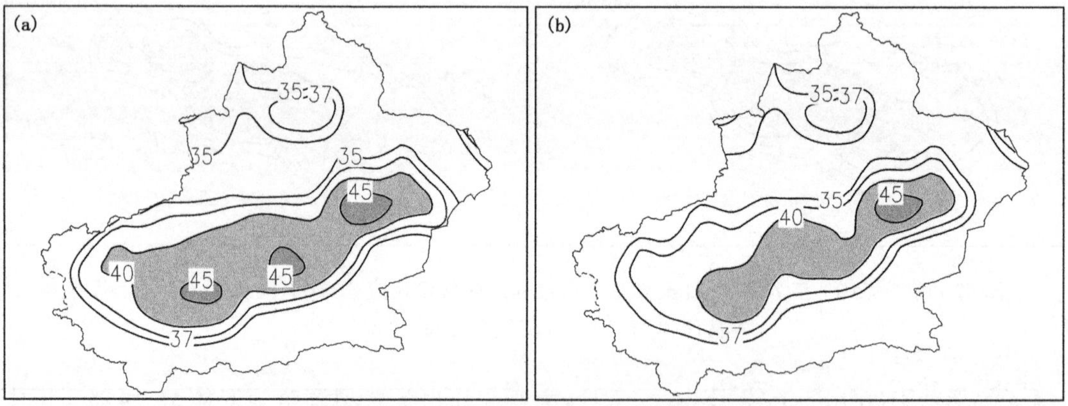


图 5.41　(a)2013 年 7 月 26 日至 8 月 13 日过程最高气温极值分布(单位:℃),(b)过程最强高温日(8 月 2 日)最高气温分布(单位:℃)

【天气形势】100 hPa 上,7 月 26 日,南亚高压中心位于(60°E,35°N)附近,中心强度为 1692 dagpm;27 日至 8 月 1 日,南亚高压中心逐渐东移至(75°E,35°N)附近;8 月 2—8 日,南亚高压中心西退至(60°E,35°N)附近;8 月 9—13 日,南亚高压调整为带状分布。100 hPa 平均高度场上,南亚高压中心位于(70°E,35°N),中心强度 1688 dagpm(图 5.42a)。500 hPa 上,7 月 26—29 日,伊朗副高强烈发展东扩,中心强度达 592 dagpm,588 dagpm 等值线东扩至

110°E 附近；30—31 日，伊朗副高略微西退，588 dagpm 等值线西退至 90°E 附近；8 月 1—4 日，伊朗副高再次东扩，588 dagpm 等值线再次东扩至 110°E 附近；8 月 5—9 日，伊朗副高西退，588 dagpm 等值线西退至 90°E 附近；8 月 10—13 日，伊朗副高再次东扩，588 dagpm 等值线再次东扩至 100°E 附近。500 hPa 平均高度场上，伊朗副高控制伊朗高原至南疆，850 hPa 上 24 ℃等温线控制中国大部分地区(图 5.42b)。

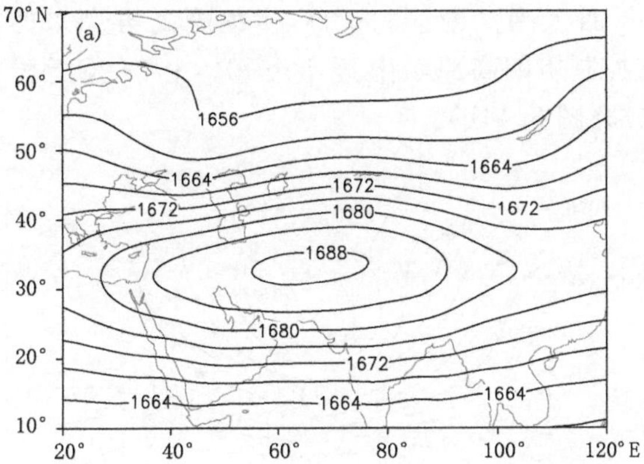


图 5.42　(a)100 hPa 平均高度场(单位：dagpm)，(b)500 hPa 平均高度场(实线，单位：dagpm)和 850 hPa 平均温度场(虚线，单位：℃)

## 5.2.19　2014 年 7 月下旬强高温天气过程

【高温实况】2014 年 7 月 21—30 日，新疆出现一次强高温天气过程，此次高温天气过程共持续 10 d。新疆 78 个国家级气象站的日最高气温≥35 ℃，其中 51 站的日最高气温≥37 ℃，11 站≥40 ℃(图 5.43a)。此次强高温天气过程中，以 7 月 23 日的高温范围最大，当日新疆 64 个国家级气象站的日最高气温≥35 ℃，其中 34 站的日最高气温≥37 ℃，7 站≥40 ℃。本次强高温天气过程中，日最高气温极值出现在吐鲁番站(7 月 28 日)，为 44.3 ℃(图 5.43b)。

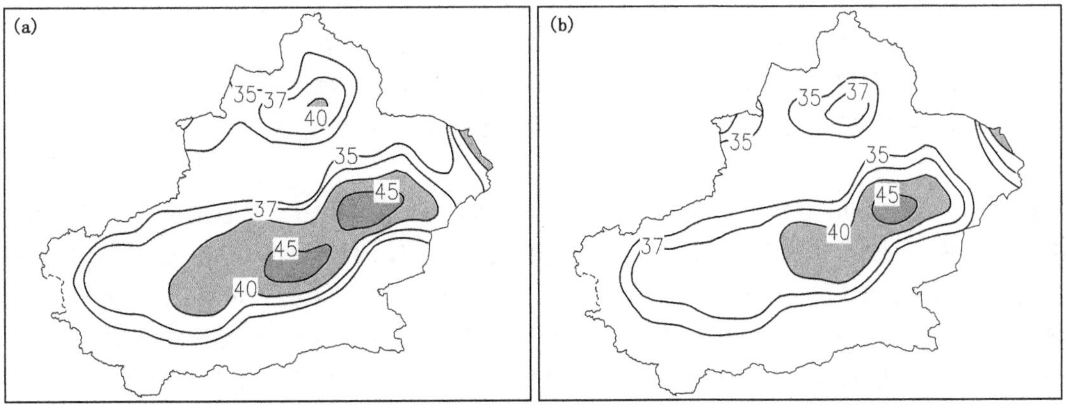


图 5.43　(a)2014 年 7 月 21—30 日过程最高气温极值分布(单位：℃)，(b)过程最强高温日(7 月 23 日)最高气温分布(单位：℃)

【天气形势】100 hPa上,7月21日,南亚高压中心位于(90°E,35°N)附近,中心强度为1692 dagpm;22—28日,南亚高压中心逐渐西退至(55°E,35°N)附近,高压中心强度减弱至1688 dagpm;29—30日,南亚高压中心快速东移至(90°E,35°N)附近,高压中心强度维持在1688 dagpm。100 hPa平均高度场上,南亚高压中心位于(60°E,35°N),中心强度1688 dagpm(图5.44a)。500 hPa上,7月21—25日,伊朗副高强烈发展东扩,中心强度达592 dagpm,588 dagpm等值线东扩至110°E附近;26—27日,伊朗副高与西太副高打通,588 dagpm等值线控制35°N以南区域;28—29日,伊朗副高与西太副高断裂;30日,伊朗副高再次东伸至100°E附近。500 hPa平均高度场上,伊朗副高控制伊朗高原至南疆,850 hPa上24 ℃等温线控制中国大部分地区,28 ℃等温线控制南疆东部(图5.44b)。

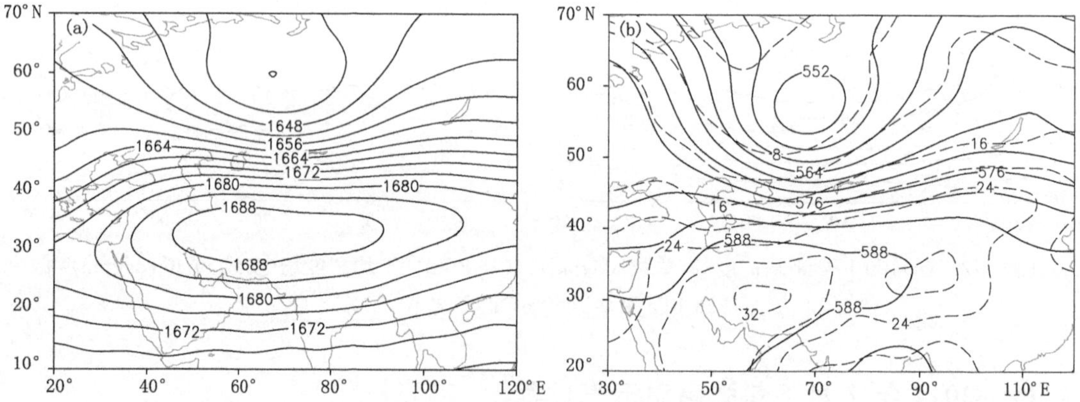


图5.44 (a)100 hPa平均高度场(单位:dagpm),(b)500 hPa平均高度场(实线,单位:dagpm)和850 hPa平均温度场(虚线,单位:℃)

## 5.2.20 2016年6月上旬至6月中旬强高温天气过程

【高温实况】2016年6月2—18日,新疆出现一次强高温天气过程,此次高温天气过程共持续17 d。新疆74个国家级气象站的日最高气温≥35 ℃,其中41站的日最高气温≥37 ℃,7站≥40 ℃,3站≥45 ℃(图5.45a)。此次强高温天气过程中,以6月15日的高温范围最大,当日新疆50个国家级气象站的日最高气温≥35 ℃,其中29站的日最高气温≥37 ℃,6站≥40 ℃。本次强高温天气过程中,日最高气温极值出现在托克逊站(6月16日),为45.5 ℃(图5.45b)。

【天气形势】100 hPa上,6月2日,南亚高压主体位于30°N以南,中心强度为1676 dagpm,西部高压脊向北伸展至45°N附近;3—14日,南亚高压主体北抬至35°N附近,高压中心强度增强至1684 dagpm,脊顶向北伸展至55°N附近;15—18日,受北支长波槽挤压,南亚高压主体向南收缩,脊顶南掉至50°N附近。100 hPa平均高度场上,南亚高压中心位于(80°E,25°N),中心强度为1680 dagpm(图5.46a)。500 hPa上,6月2—5日,伊朗副高发展北抬东扩,588 dagpm等值线北抬至35°N附近,东扩至110°E附近;6—14日,伊朗副高逐渐西退至伊朗高原,584 dagpm等值线控制45°N以南区域;15—18日,584 dagpm等值线持续控制40°N以南区域。500 hPa平均高度场上,伊朗副高位于伊朗高原,584 dagpm等值线持续控

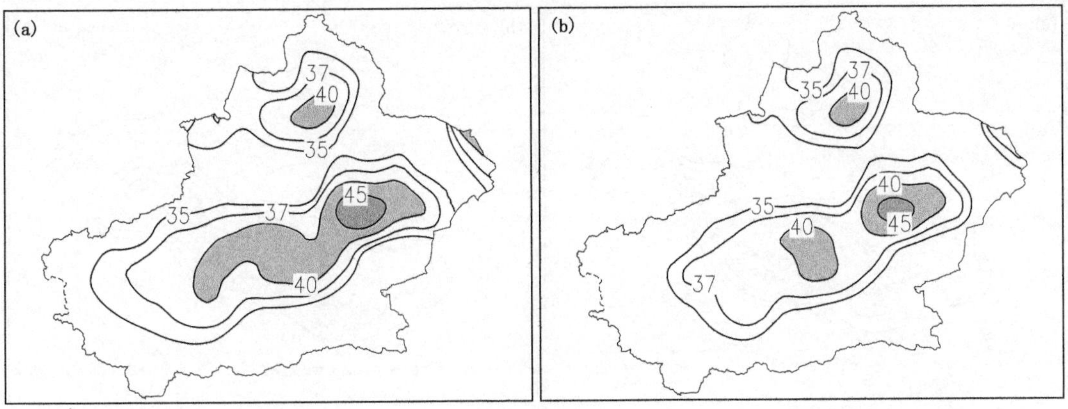


图 5.45　(a)2016 年 6 月 2—18 日过程最高气温极值分布(单位:℃),(b)过程最强高温日(6 月 15 日)最高气温分布(单位:℃)

制 40°N 以南区域,850 hPa 上 20 ℃等温线控制中国大部分地区,24℃等温线控制南疆(图 5.46b)。

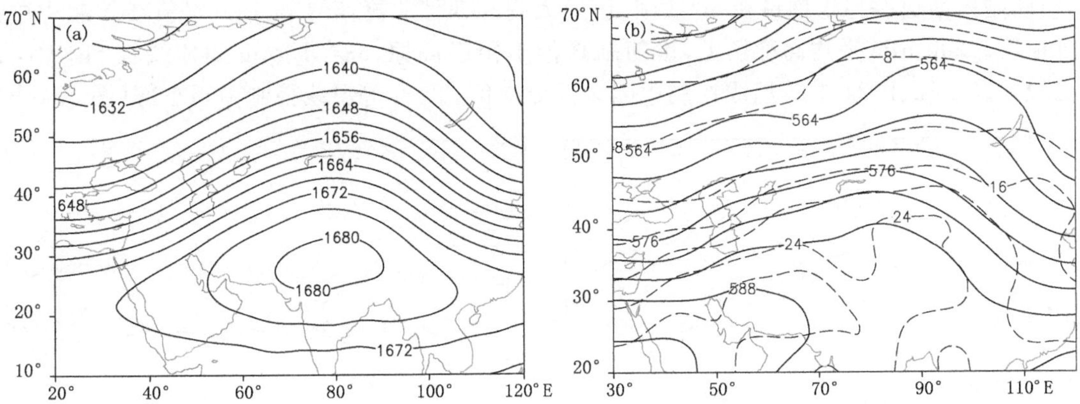


图 5.46　(a)100 hPa 平均高度场(单位:dagpm),(b)500 hPa 平均高度场(实线,单位:dagpm)和 850 hPa 平均温度场(虚线,单位:℃)

### 5.2.21　2016 年 6 月中旬至 7 月上旬强高温天气过程

【高温实况】2016 年 6 月 26 日至 7 月 7 日,新疆出现一次强高温天气过程,此次高温天气过程共持续 12 d。新疆 66 个国家级气象站的日最高气温≥35 ℃,其中 36 站的日最高气温≥37 ℃,10 站≥40 ℃(图 5.47a)。此次强高温天气过程中,以 7 月 2 日的高温范围最大,当日新疆 47 个国家级气象站的日最高气温≥35 ℃,其中 25 站的日最高气温≥37 ℃,8 站≥40 ℃。本次强高温天气过程中,日最高气温极值出现在吐鲁番站(7 月 2 日),为 44.6 ℃(图 5.47b)。

【天气形势】100 hPa 上,6 月 26—28 日,南亚高压中心位于(90°E,30°N)附近,中心强度为 1692 dagpm;29 日至 7 月 4 日,南亚高压中心逐渐西退至(55°E,30°N)附近,高压中心强度维持在 1692 dagpm;7 月 5—7 日,南亚高压由西部型调整为双体型,东部高压中心迅速发展,中心强度达 1692 dagpm,脊顶向北伸展至 60°N 附近。100 hPa 平均高度场上,南亚高压呈带状

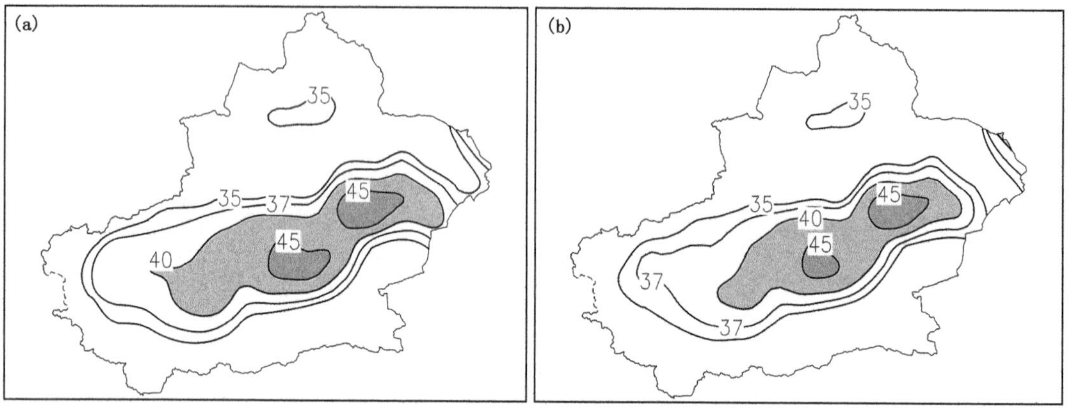


图 5.47　(a)2016 年 6 月 26 日至 7 月 7 日过程最高气温极值分布(单位:℃),(b)过程最强高温日(7 月 2 日)最高气温分布(单位:℃)

分布,中心强度 1688 dagpm(图 5.48a)。500 hPa 上,6 月 26—30 日,伊朗副高与西太副高打通,588 dagpm 等值线逐渐北抬,控制 40°N 以南区域;7 月 1—7 日,伊朗副高与西太副高断裂,伊朗副高西退并稳定维持在 60°E 附近;西太副高西伸北挺,584 dagpm 等值线控制中国大部分地区。500 hPa 平均高度场上,伊朗副高位于伊朗高原,584 dagpm 等值线控制 35°N 以南区域,850 hPa 上 24 ℃等温线控制中国大部分地区,28 ℃等温线控制南疆东部(图 5.48b)。

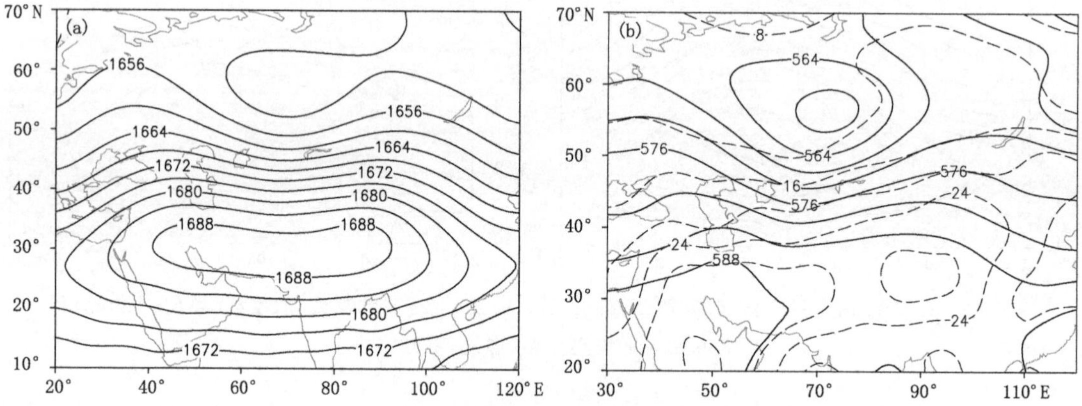


图 5.48　(a)100 hPa 平均高度场(单位:dagpm),(b)500 hPa 平均高度场(实线,单位:dagpm)和 850 hPa 平均温度场(虚线,单位:℃)

## 5.2.22　2017 年 7 月上旬至 7 月中旬强高温天气过程

【高温实况】2017 年 7 月 2—17 日,新疆出现一次强高温天气过程,此次高温天气过程共持续 16 d。新疆 85 个国家级气象站的日最高气温≥35 ℃,其中 74 站的日最高气温≥37 ℃,34 站≥40 ℃,4 站≥45 ℃(图 5.49a)。此次强高温天气过程中,以 7 月 10 日的高温范围最大,当日新疆 81 个国家级气象站的日最高气温≥35 ℃,其中 70 站的日最高气温≥37 ℃,27 站≥40 ℃,3 站≥45 ℃。本次强高温天气过程中,日最高气温极值出现在吐鲁番站(7 月 10 日),为 49 ℃(图 5.49b)。

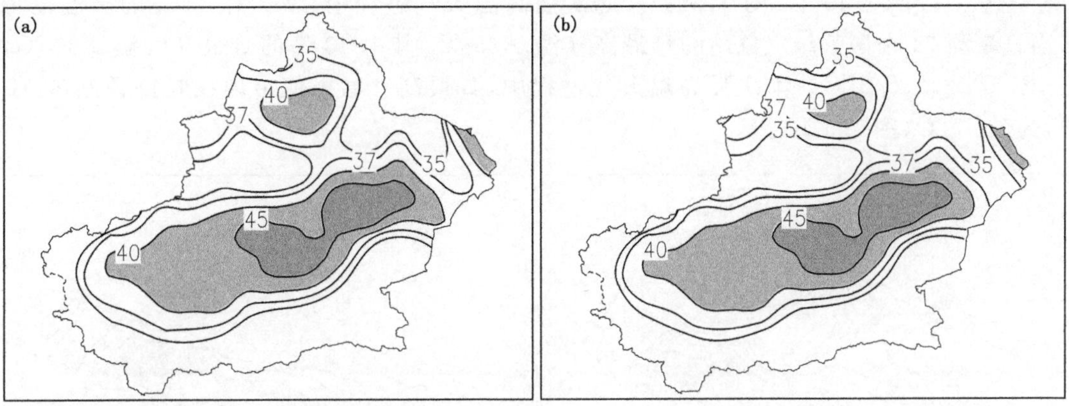


图 5.49　(a)2017 年 7 月 2—17 日过程最高气温极值分布(单位:℃),(b)过程最强高温日(7 月 10 日)最高气温分布(单位:℃)

【天气形势】100 hPa 上,7 月 2—12 日,南亚高压西部高压中心发展北抬,中心强度由 1688 dagpm 增强至 1692 dagpm,脊顶向北扩展至 50°N 附近;13—17 日,南亚高压西部高压中心减弱,东部高压中心发展加强,脊顶向北扩展至 60°N 附近。100 hPa 平均高度场上,南亚高压呈带状分布,中心强度 1688 dagpm(图 5.50a)。500 hPa 上,7 月 2—10 日,伊朗副高与西太副高打通,588 dagpm 等值线逐渐北抬,控制 40°N 以南区域;11—13 日,伊朗副高与西太副高断裂,伊朗副高西退至 60°E 附近;584 dagpm 等值线控制 40°N 以南区域;14—17 日,伊朗副高再次西伸与西太副高打通,588 dagpm 等值线控制中国东部地区。500 hPa 平均高度场上,伊朗副高位于伊朗高原,584 dagpm 等值线控制 40°N 以南区域,850 hPa 上 24 ℃等温线控制中国大部分地区,28 ℃等温线控制南疆东部地区(图 5.50b)。

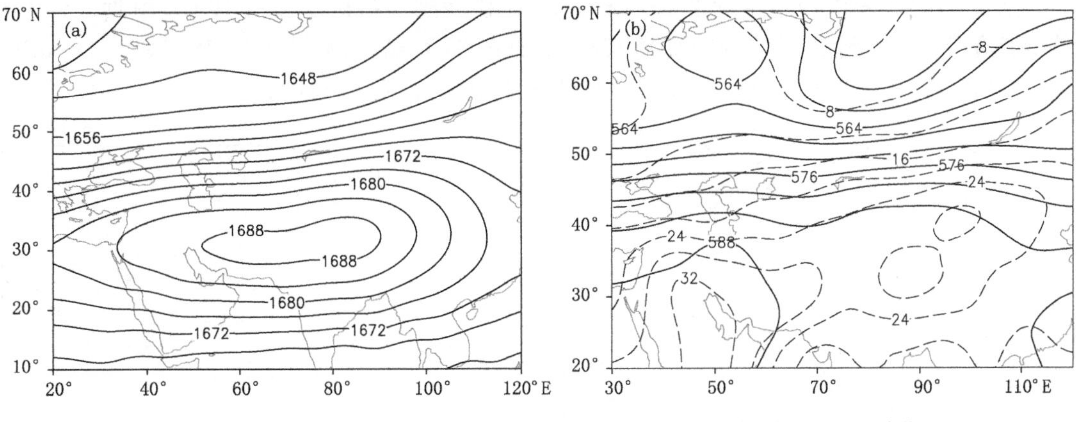


图 5.50　(a)100 hPa 平均高度场(单位:dagpm),(b)500 hPa 平均高度场(实线,单位:dagpm)和 850 hPa 平均温度场(虚线,单位:℃)

### 5.2.23　2018 年 7 月上旬至 7 月下旬强高温天气过程

【高温实况】2018 年 7 月 7—26 日,新疆出现一次强高温天气过程,此次高温天气过程共持续 20 d。新疆 79 个国家级气象站的日最高气温≥35 ℃,其中 46 站的日最高气温≥37 ℃,

17 站≥40 ℃,3 站≥45 ℃(图 5.51a)。此次强高温天气过程中,以 7 月 23 日的高温范围最大,当日新疆 74 个国家级气象站的日最高气温≥35 ℃,其中 43 站的日最高气温≥37 ℃,14 站≥40 ℃,2 站≥45 ℃。本次强高温天气过程中,日最高气温极值出现在吐鲁番站(7 月 23 日),为 45.7 ℃(图 5.51b)。

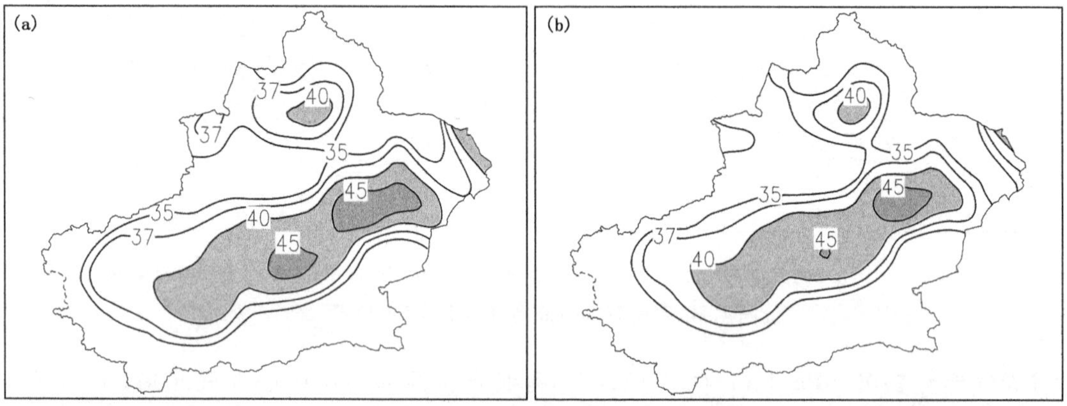


图 5.51　(a)2018 年 7 月 7—26 日过程最高气温极值分布(单位:℃),(b)过程最强高温日(7 月 23 日)最高气温分布(单位:℃)

【天气形势】100 hPa 上,7 月 7—12 日,南亚高压西部高压中心强烈发展北抬,中心强度由 1688 dagpm 增强至 1696 dagpm,脊顶向北扩展至 50°N 附近;13—21 日,南亚高压中心逐渐东移,脊顶向北扩展至 55°N 附近;22—26 日,南亚高压中心略微西退减弱。100 hPa 平均高度场上,南亚高压位于(60°E,35°N),中心强度 1692 dagpm(图 5.52a)。500 hPa 上,7 月 7—10 日,伊朗副高东伸,588 dagpm 等值线伸至 90°E 附近;11—20 日,伊朗副高西退至 70°E 附近;584 dagpm等值线控制 40°N 以南区域;21—26 日,伊朗副高再次东伸至 100°E 附近。500 hPa 平均高度场上,伊朗副高位于伊朗高原,584 dagpm 等值线控制 40°N 以南区域,850 hPa 上 24 ℃ 等温线控制中国大部分地区,28 ℃等温线控制南疆(图 5.52b)。

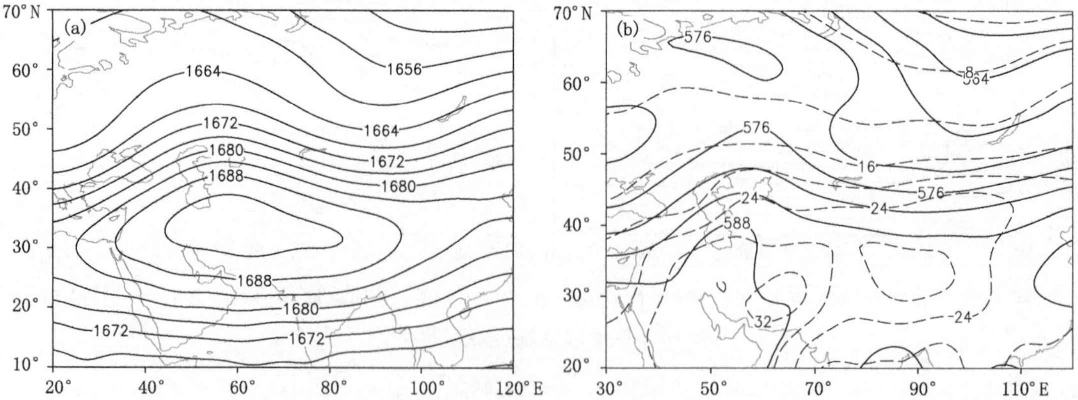


图 5.52　(a)100 hPa 平均高度场(单位:dagpm),(b)500 hPa 平均高度场(实线,单位:dagpm)和 850 hPa 平均温度场(虚线,单位:℃)

## 5.3 中等强度高温天气过程

### 5.3.1 1962年6月上旬至6月中旬中等强度高温天气过程

【高温实况】1962年6月6—13日，新疆出现一次中等强度高温天气过程，此次高温天气过程共持续8 d。新疆62个国家级气象站的日最高气温≥35 ℃，其中37站的日最高气温≥37 ℃，4站≥40 ℃(图5.53a)。此次中等强度高温天气过程中，以6月10日的高温范围最大，当日新疆48个国家级气象站的日最高气温≥35 ℃，其中26站的日最高气温≥37 ℃，3站≥40 ℃。本次中等强度高温天气过程中，日最高气温极值出现在吐鲁番东坎站(6月9日)，为44.6 ℃(图5.53b)。

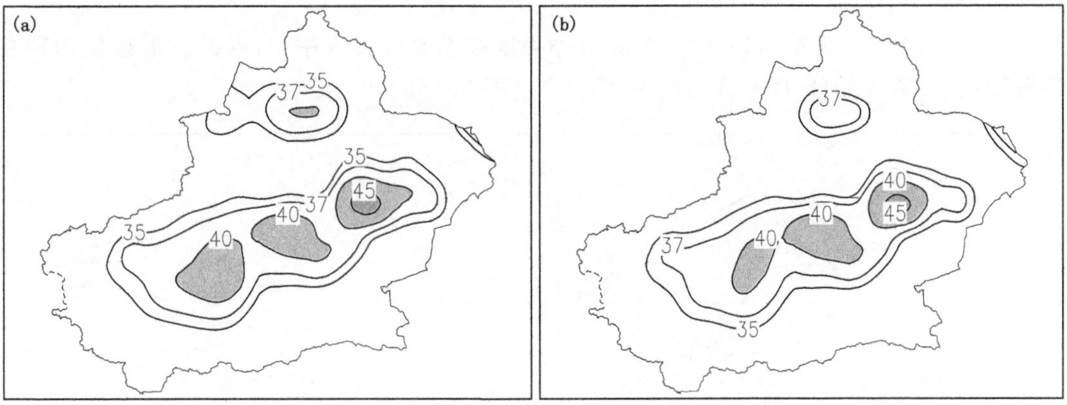


图5.53 (a)1962年6月6—13日过程最高气温极值分布(单位:℃)，(b)过程最强高温日(6月10日)最高气温分布(单位:℃)

【天气形势】100 hPa上，6月6日，南亚高压中心位于(90°E,30°N)，中心强度为1676 dagpm；7—11日，南亚高压中心逐渐西退至(70°E,30°N)，其北部高压脊向北发展至55°N附近；12—13日，南亚高压东部出现一个闭合高压中心，其北部高压脊向北伸展至60°N附近。100 hPa平均高度场上，南亚高压位于(80°E,30°N)，中心强度1672 dagpm(图5.54a)。500 hPa上，6月6—9日，乌拉尔山至巴尔喀什湖地区的高压脊高、中、低纬度同位相叠加发展，850 hPa上28 ℃等温线控制南疆；10—13日，该高压系统整体东移，850 hPa上28 ℃等温线控制范围北扩。500 hPa平均高度场上，巴尔喀什湖至贝加尔湖一带为平均脊区，572 dagpm等值线控制40°N以南区域，850 hPa上24 ℃等温线控制新疆大部分地区(图5.54b)。

### 5.3.2 1962年8月上旬中等强度高温天气过程

【高温实况】1962年8月5—10日，新疆出现一次中等强度高温天气过程，此次高温天气过程共持续6 d。新疆68个国家级气象站的日最高气温≥35 ℃，其中48站的日最高气温≥37 ℃，15站≥40 ℃，2站≥45 ℃(图5.55a)。此次中等强度高温天气过程中，以8月8日的高温范围最大，当日新疆37个国家级气象站的日最高气温≥35 ℃，其中19站的日最高气温

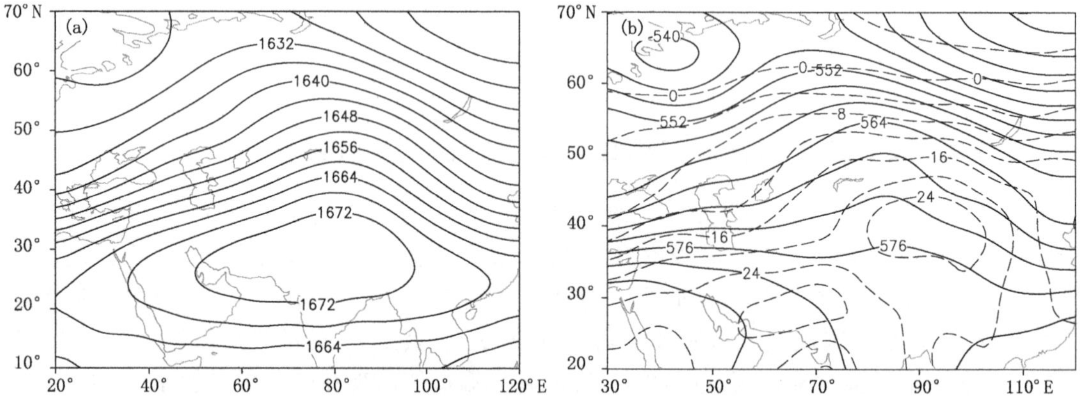


图 5.54　(a)100 hPa 平均高度场(单位:dagpm),(b)500 hPa 平均高度场(实线,单位:dagpm)和 850 hPa 平均温度场(虚线,单位:℃)

≥37 ℃,8 站≥40 ℃,2 站≥45 ℃。本次中等强度高温天气过程中,日最高气温极值出现在吐鲁番东坎站、吐鲁番站(8 月 8 日),均为 45.4 ℃(图 5.55b)。

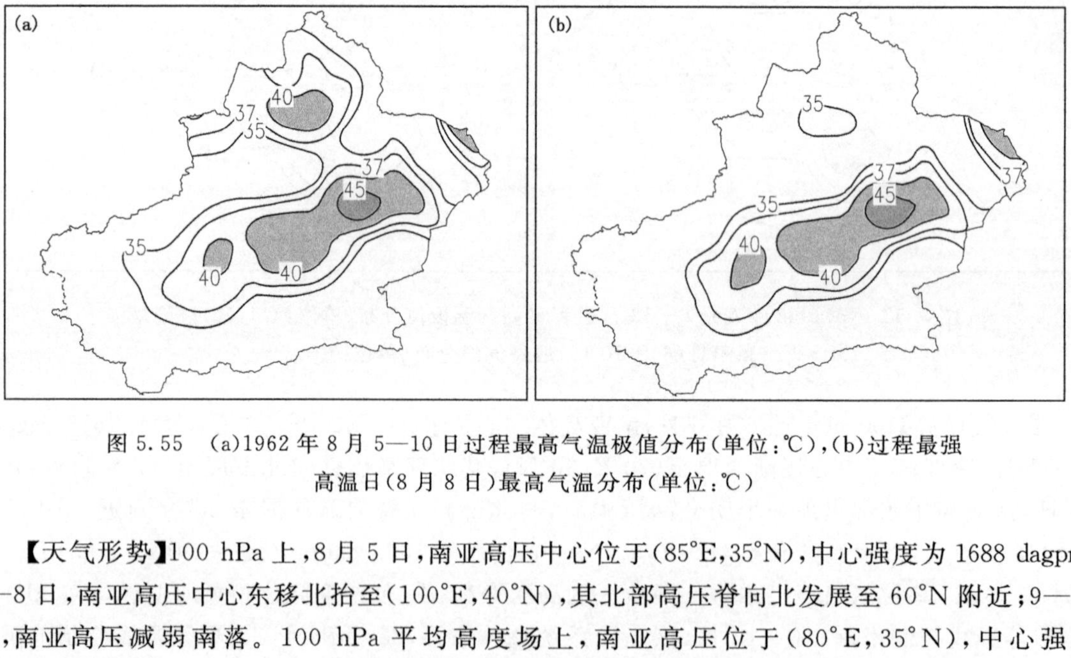


图 5.55　(a)1962 年 8 月 5—10 日过程最高气温极值分布(单位:℃),(b)过程最强高温日(8 月 8 日)最高气温分布(单位:℃)

【天气形势】100 hPa 上,8 月 5 日,南亚高压中心位于(85°E,35°N),中心强度为 1688 dagpm;6—8 日,南亚高压中心东移北抬至(100°E,40°N),其北部高压脊向北发展至 60°N 附近;9—10 日,南亚高压减弱南落。100 hPa 平均高度场上,南亚高压位于(80°E,35°N),中心强度 1688 dagpm(图 5.56a)。500 hPa 上,8 月 5—8 日,巴尔喀什湖至贝加尔湖地区的高压脊强烈发展并稳定维持,850 hPa 上 28 ℃等温线控制新疆;9—10 日,该高压系统减弱东移。500 hPa 平均高度场上,巴尔喀什湖至贝加尔湖一带为平均脊区,576 dagpm 等值线控制 45°N 以南区域,850 hPa 上 24 ℃等温线控制新疆,28 ℃等温线控制南疆东部地区(图 5.56b)。

### 5.3.3　1963 年 7 月下旬中等强度高温天气过程

【高温实况】1963 年 7 月 25—30 日,新疆出现一次中等强度高温天气过程,此次高温天气过程共持续 6 d。新疆 70 个国家级气象站的日最高气温≥35 ℃,其中 44 站的日最高气温

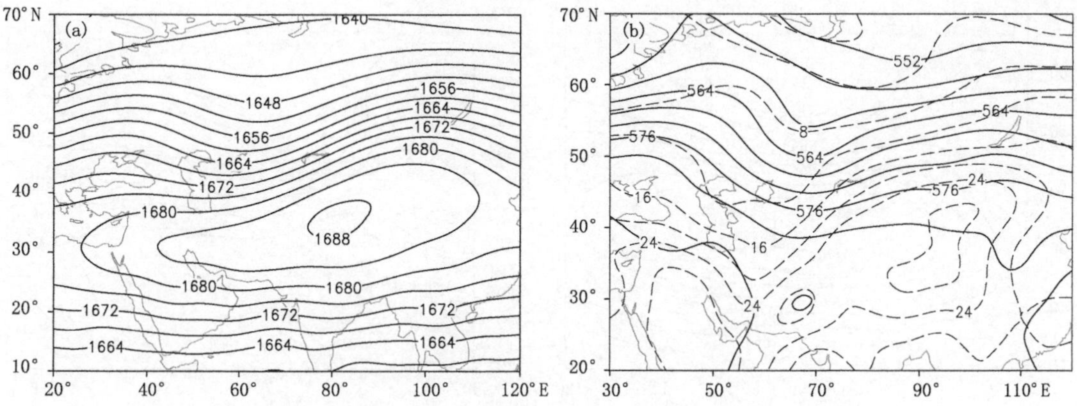


图 5.56　(a)100 hPa 平均高度场(单位:dagpm),(b)500 hPa 平均高度场(实线,单位:dagpm)和 850 hPa 平均温度场(虚线,单位:℃)

≥37 ℃,14 站≥40 ℃,3 站≥45 ℃(图 5.57a)。此次中等强度高温天气过程中,以 7 月 27 日的高温范围最大,当日新疆 66 个国家级气象站的日最高气温≥35 ℃,其中 35 站的日最高气温≥37 ℃,10 站≥40 ℃,2 站≥45 ℃。本次中等强度高温天气过程中,日最高气温极值出现在吐鲁番东坎站(7 月 28 日),为 47.5 ℃(图 5.57b)。

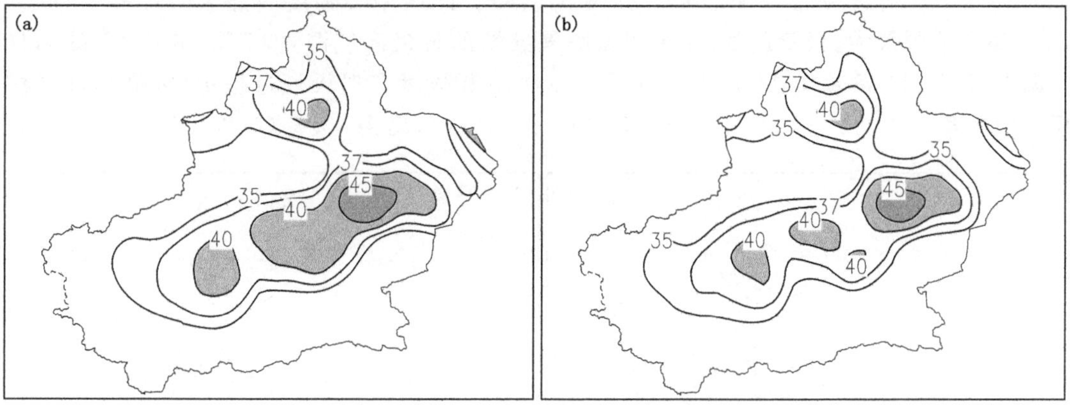


图 5.57　(a)1963 年 7 月 25—30 日过程最高气温极值分布(单位:℃),(b)过程最强高温日(7 月 27 日)最高气温分布(单位:℃)

【天气形势】100 hPa 上,7 月 25 日,南亚高压中心位于(90°E,32°N),中心强度为 1692 dagpm;26 日,南亚高压略微西退减弱;27—28 日,南亚高压东部高压中心发展北抬,其北部高压脊向北发展至 50°N 附近;29—30 日,南亚高压东部高压中心减弱南落。100 hPa 平均高度场上,南亚高压呈带状分布,中心强度 1688 dagpm(图 5.58a)。500 hPa 上,7 月 25 日,巴尔喀什湖附近高压脊发展,脊顶伸展至 55°N 附近;26—28 日,该高压脊缓慢东移,850 hPa 上28 ℃等温线控制新疆;29—30 日,受北支冷空气影响该高压系统减弱东移。500 hPa 平均高度场上,巴尔喀什湖至贝加尔湖一带为平均脊区,580 dagpm 等值线控制 40°N 以南区域,850 hPa 上 24 ℃等温线控制新疆,28 ℃等温线控制南疆(图 5.58b)。

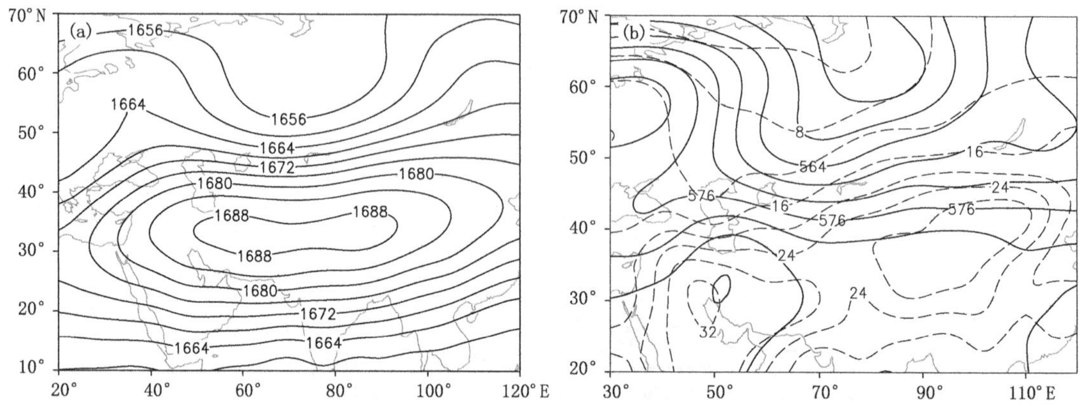


图 5.58 (a)100 hPa 平均高度场(单位:dagpm),(b)500 hPa 平均高度场(实线,单位:dagpm)和 850 hPa 平均温度场(虚线,单位:℃)

### 5.3.4 1964 年 7 月下旬至 8 月上旬中等强度高温天气过程

【高温实况】1964 年 7 月 24 日至 8 月 2 日,新疆出现一次中等强度高温天气过程,此次高温天气过程共持续 10 d。新疆 66 个国家级气象站的日最高气温≥35 ℃,其中 40 站的日最高气温≥37 ℃,12 站≥40 ℃,3 站≥45 ℃(图 5.59a)。此次中等强度高温天气过程中,以 7 月 27 日的高温范围最大,当日新疆 54 个国家级气象站的日最高气温≥35 ℃,其中 29 站的日最高气温≥37 ℃,11 站≥40 ℃,2 站≥45 ℃。本次中等强度高温天气过程中,日最高气温极值出现在吐鲁番东坎站(7 月 26 日)、吐鲁番站(7 月 28 日),均为 45.7 ℃(图 5.59b)。

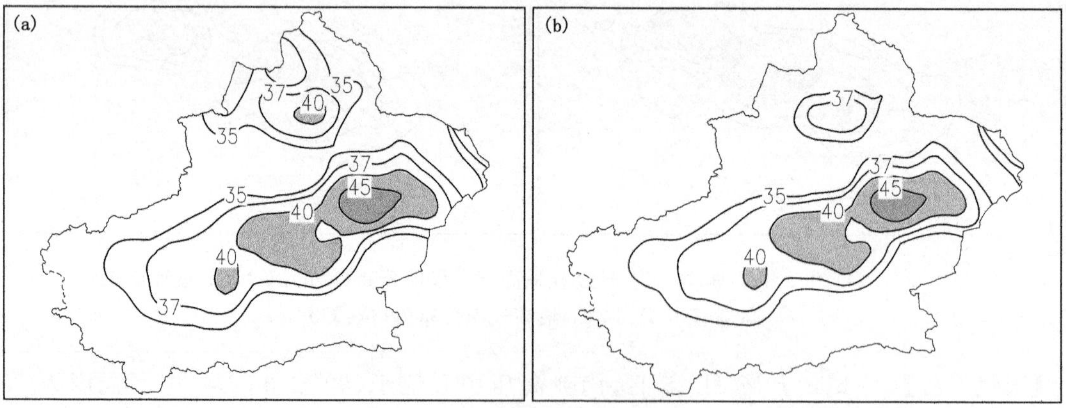


图 5.59 (a)1964 年 7 月 24 日至 8 月 2 日过程最高气温极值分布(单位:℃),(b)过程最强高温日(7 月 27 日)最高气温分布(单位:℃)

【天气形势】100 hPa 上,7 月 24 日,南亚高压中心位于(50°E,35°N),中心强度为 1688 dagpm;25—31 日,南亚高压东部高压中心强烈发展北抬,其北部高压脊向北发展至 65°N 附近;8 月 1—2 日,南亚高压东部高压中心减弱南落。100 hPa 平均高度场上,南亚高压中心位于(45°E,35°N),中心强度 1684 dagpm(图 5.60a)。500 hPa 上,7 月 25—31 日,巴尔喀什湖至贝加尔湖地区为高压脊控制,高压脊顶伸展至 60°N 附近,850 hPa 上 28 ℃等温线控制新疆;8 月 1—2

日，受北支冷空气影响该高压系统减弱东移。500 hPa 平均高度场上，巴尔喀什湖至贝加尔湖一带为平均脊区，576 dagpm 等值线伸展至 55°N 附近，850 hPa 上 24 ℃等温线控制新疆，28 ℃等温线控制南疆东部(图 5.60b)。

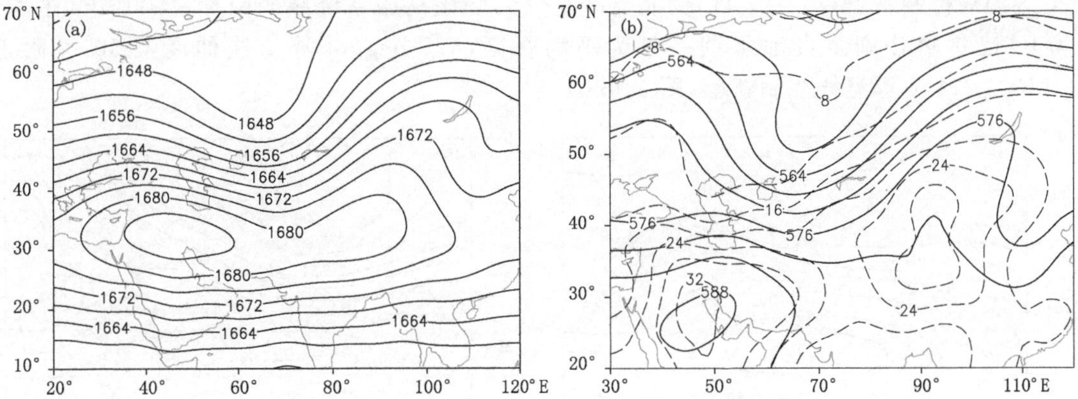

图 5.60　(a)100 hPa 平均高度场(单位:dagpm)，(b)500 hPa 平均高度场(实线，单位:dagpm)和 850 hPa 平均温度场(虚线，单位:℃)

## 5.3.5　1965 年 7 月下旬中等强度高温天气过程

【高温实况】1965 年 7 月 21—27 日，新疆出现一次中等强度高温天气过程，此次高温天气过程共持续 7 d。新疆 80 个国家级气象站的日最高气温≥35 ℃，其中 65 站的日最高气温≥37 ℃，20 站≥40 ℃，2 站≥45 ℃(图 5.61a)。此次中等强度高温天气过程中，以 7 月 24 日的高温范围最大，当日新疆 73 个国家级气象站的日最高气温≥35 ℃，其中 55 站的日最高气温≥37 ℃，13 站≥40 ℃，2 站≥45 ℃。本次中等强度高温天气过程中，日最高气温极值出现在吐鲁番站(7 月 25 日)，为 46.8 ℃(图 5.61b)。

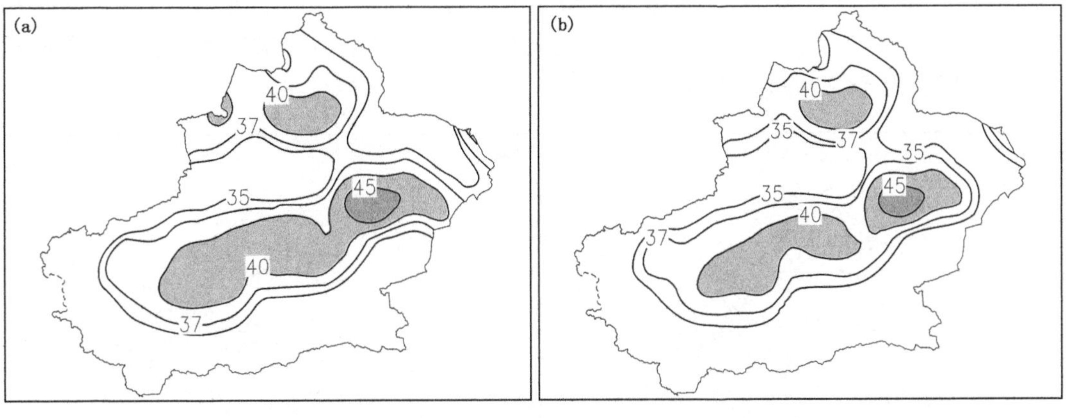

图 5.61　(a)1965 年 7 月 21—27 日过程最高气温极值分布(单位:℃)，(b)过程最强高温日(7 月 24 日)最高气温分布(单位:℃)

【天气形势】100 hPa 上，7 月 21 日，南亚高压中心位于(90°E，30°N)，中心强度为 1688 dagpm；22 日，南亚高压中心西退减弱，其北部高压脊发展，脊顶伸展至 50°N 附近；23 日，南亚高压中心区域向北发展,脊顶伸展至 55°N 附近;24—26 日,南亚高压中心西退减弱。100 hPa 平均高度场上,南亚高压呈带状分布,中心强度 1684 dagpm(图 5.62a)。500 hPa 上,7 月 21—25 日,巴尔喀什湖附近高压脊缓慢东移至贝加尔湖附近,高压脊顶伸展至 60°N 附近,850 hPa 上 28 ℃等温线控制新疆;26—27 日,受北支冷空气影响该高压系统减弱南掉。500 hPa 平均高度场上,巴尔喀什湖至贝加尔湖一带为平均脊区,572 dagpm 等值线伸展至 50°N 附近,850 hPa 上 24 ℃等温线控制新疆(图 5.62b)。

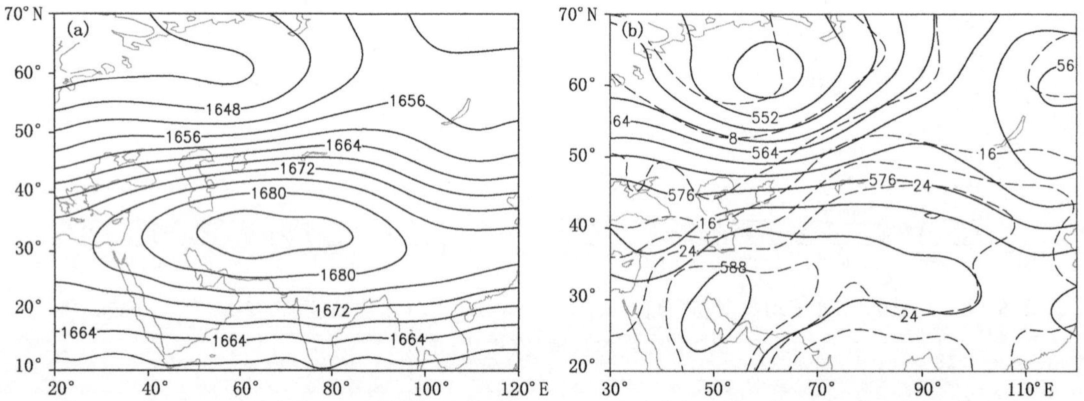


图 5.62　(a)100 hPa 平均高度场(单位:dagpm),(b)500 hPa 平均高度场(实线,单位:dagpm)和 850 hPa 平均温度场(虚线,单位:℃)

## 5.3.6　1966 年 6 月中旬中等强度高温天气过程

【高温实况】1966 年 6 月 13—20 日,新疆出现一次中等强度高温天气过程,此次高温天气过程共持续 8 d。新疆 74 个国家级气象站的日最高气温≥35 ℃,其中 60 站的日最高气温≥37 ℃,24 站≥40 ℃,3 站≥45 ℃(图 5.63a)。此次中等强度高温天气过程中,以 6 月 17 日的高温范围最大,当日新疆 72 个国家级气象站的日最高气温≥35 ℃,其中 49 站的日最高气温≥37 ℃,10 站≥40 ℃。本次中等强度高温天气过程中,日最高气温极值出现在吐鲁番东坎站(6 月 18 日),为 48 ℃(图 5.63b)。

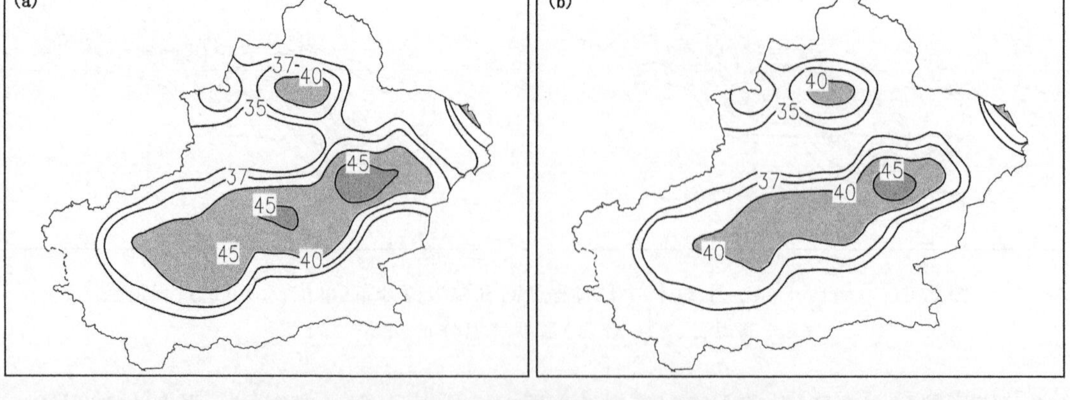


图 5.63　(a)1966 年 6 月 13—20 日过程最高气温极值分布(单位:℃),(b)过程最强高温日(6 月 17 日)最高气温分布(单位:℃)

【天气形势】100 hPa 上，6 月 13 日，南亚高压中心位于(70°E,30°N)，中心强度为 1672 dagpm；14—17 日，南亚高压中心强烈发展，中心强度增强至 1684 dagpm，脊顶伸展至 60°N 附近；18—20 日，南亚高压中心减弱南落。100 hPa 平均高度场上，南亚高压中心位于(75°E,32°N)，中心强度为 1680 dagpm(图 5.64a)。500 hPa 上，6 月 13—18 日，巴尔喀什湖至贝加尔湖地区为高压脊持续控制，高压脊顶伸展至 60°N 附近，850 hPa 上 28 ℃等温线控制新疆；19—20 日，受北支冷空气影响该高压系统减弱南掉。500 hPa 平均高度场上，巴尔喀什湖至贝加尔湖一带为平均脊区，580 dagpm 等值线伸展至 40°N 附近，850 hPa 上 24 ℃等温线控制新疆(图 5.64b)。

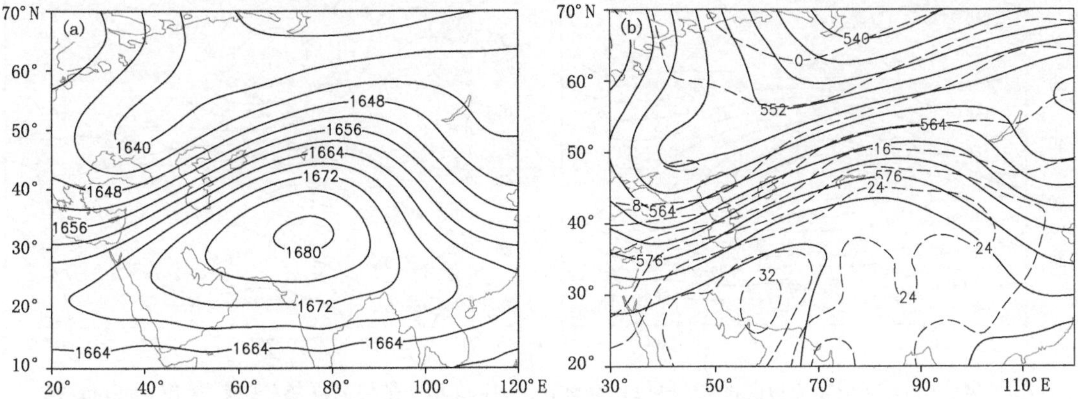


图 5.64　(a)100 hPa 平均高度场(单位：dagpm)，(b)500 hPa 平均高度场(实线，单位：dagpm)和 850 hPa 平均温度场(虚线，单位：℃)

## 5.3.7　1967 年 7 月中旬至 7 月下旬中等强度高温天气过程

【高温实况】1967 年 7 月 20—24 日，新疆出现一次中等强度高温天气过程，此次高温天气过程共持续 5 d。新疆 63 个国家级气象站的日最高气温≥35 ℃，其中 36 站的日最高气温≥37 ℃，4 站≥40 ℃(图 5.65a)。此次中等强度高温天气过程中，以 7 月 23 日的高温范围最大，当日新疆 57 个国家级气象站的日最高气温≥35 ℃，其中 33 站的日最高气温≥37 ℃，4 站≥40 ℃。本次中等强度高温天气过程中，日最高气温极值出现在吐鲁番站(7 月 23 日)，为 43.5 ℃(图 5.65b)。

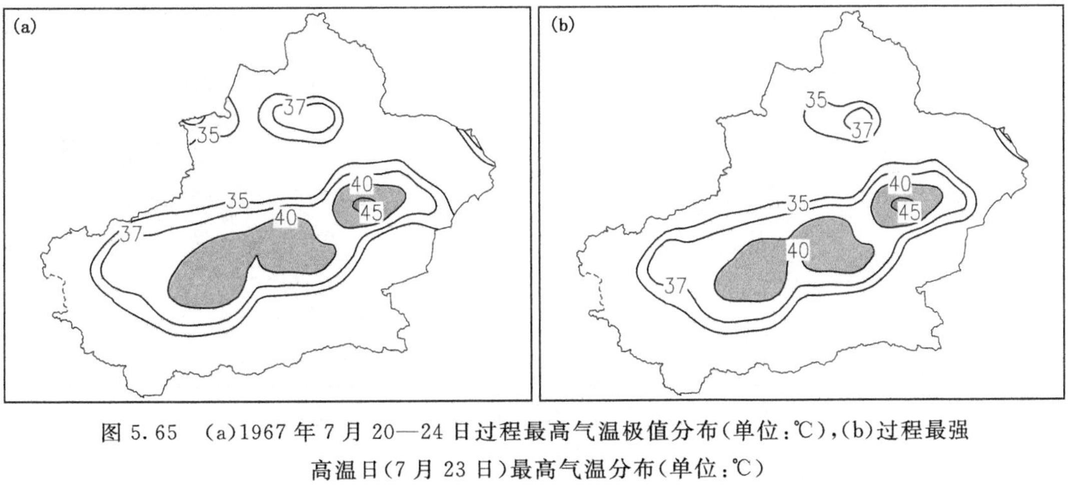


图 5.65　(a)1967 年 7 月 20—24 日过程最高气温极值分布(单位：℃)，(b)过程最强高温日(7 月 23 日)最高气温分布(单位：℃)

【天气形势】100 hPa 上,7 月 20 日,南亚高压中心位于(80°E,35°N),中心强度为 1696 dagpm;21—22 日,南亚高压中心西移北抬至(70°E,38°N);23—24 日,南亚高压中心西移减弱。100 hPa 平均高度场上,南亚高压中心位于(70°E,35°N),中心强度 1692 dagpm(图 5.66a)。巴尔喀什湖至贝加尔湖地区为高压控制,850 hPa 上 28 ℃等温线控制新疆西部;23—24 日,受北支冷空气影响该高压系统减弱南掉。500 hPa 平均高度场上,伊朗副高北抬至 40°N 附近,巴尔喀什湖至贝加尔湖一带为平均脊区,850 hPa 上 24 ℃等温线控制新疆(图 5.66b)。

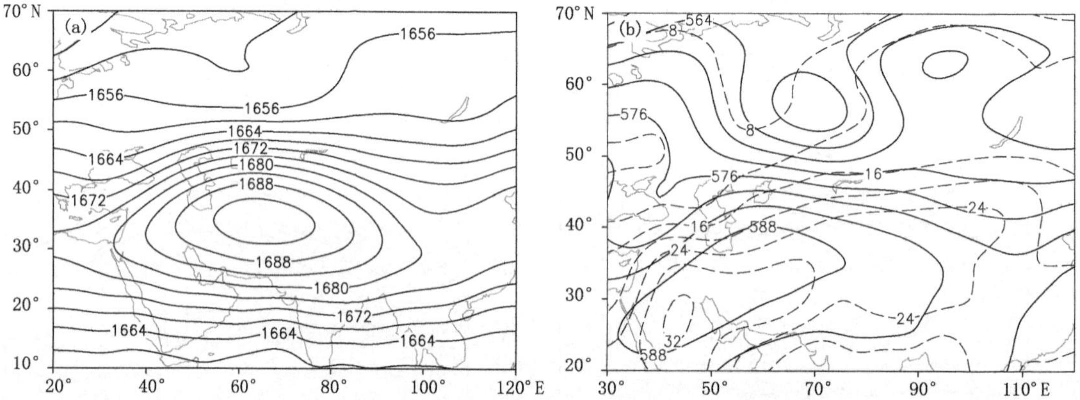


图 5.66　(a)100 hPa 平均高度场(单位:dagpm),(b)500 hPa 平均高度场(实线,单位:dagpm)和 850 hPa 平均温度场(虚线,单位:℃)

## 5.3.8　1968 年 7 月上旬中等强度高温天气过程

【高温实况】1968 年 7 月 5—9 日,新疆出现一次中等强度高温天气过程,此次高温天气过程共持续 5 d。新疆 76 个国家级气象站的日最高气温≥35 ℃,其中 60 站的日最高气温≥37 ℃,12 站≥40 ℃,2 站≥45 ℃(图 5.67a)。此次中等强度高温天气过程中,以 7 月 7 日的高温范围最大,当日新疆 75 个国家级气象站的日最高气温≥35 ℃,其中 59 站的日最高气温≥37 ℃,10 站≥40 ℃,2 站≥45 ℃。本次中等强度高温天气过程中,日最高气温极值出现在托克逊站(7 月 7 日),为 45.5 ℃(图 5.67b)

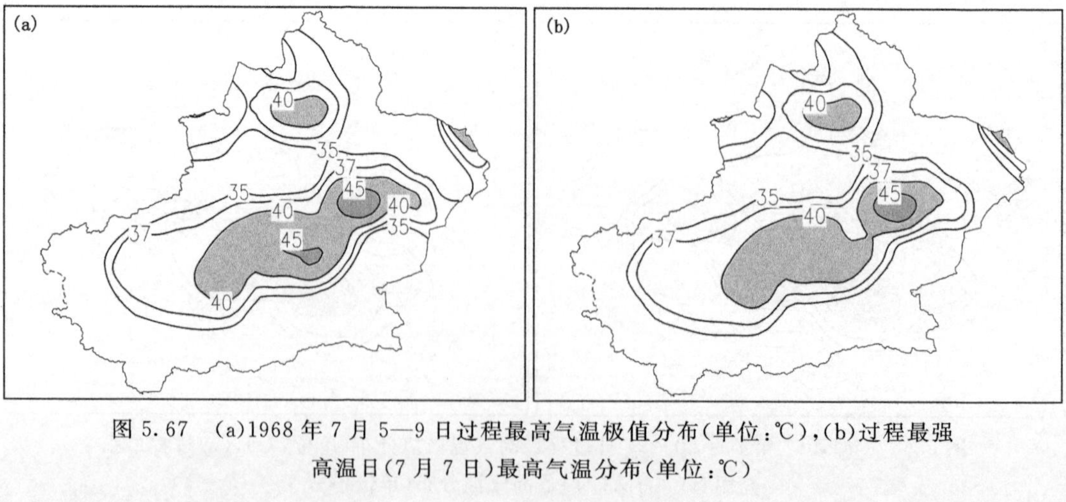


图 5.67　(a)1968 年 7 月 5—9 日过程最高气温极值分布(单位:℃),(b)过程最强高温日(7 月 7 日)最高气温分布(单位:℃)

【天气形势】100 hPa 上，7 月 5 日，南亚高压中心位于(60°E,35°N)，中心强度为 1684 dagpm；6—7 日，南亚高压中心增强至 1688 dagpm；8—9 日，南亚高压中心西移减弱。100 hPa 平均高度场上，南亚高压中心位于(60°E,35°N)，中心强度 1684 dagpm(图 5.68a)。500 hPa 上，7 月 5—7 日，伊朗副高发展北抬，巴尔喀什湖至贝加尔湖地区均为高压控制，850 hPa 上 28 ℃等温线控制新疆西部；8—9 日，受北支冷空气影响该高压系统减弱南掉。500 hPa 平均高度场上，伊朗副高北抬至 35°N 附近，巴尔喀什湖至贝加尔湖一带为平均脊区，850 hPa 上 24 ℃等温线控制新疆(图 5.68b)。

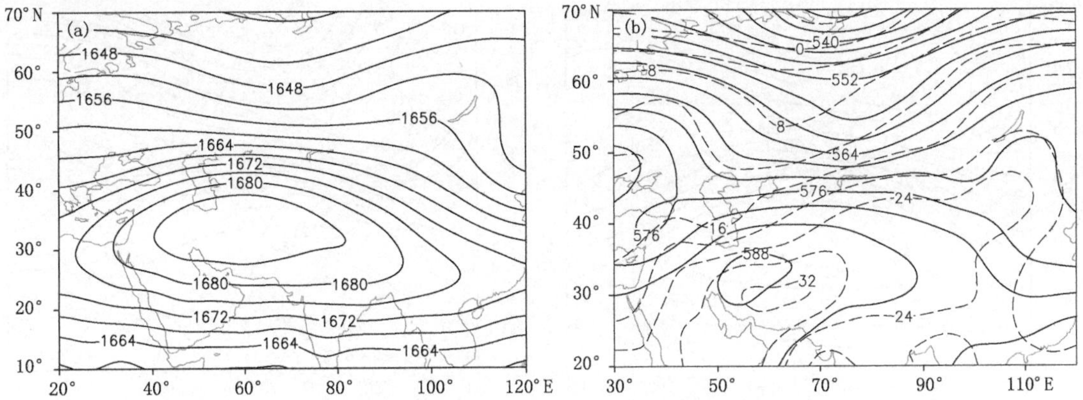


图 5.68　(a)100 hPa 平均高度场(单位：dagpm)，(b)500 hPa 平均高度场(实线，单位：dagpm)和 850 hPa 平均温度场(虚线，单位：℃)

## 5.3.9　1970 年 6 月下旬中等强度高温天气过程

【高温实况】1970 年 6 月 21—28 日，新疆出现一次中等强度高温天气过程，此次高温天气过程共持续 8 d。新疆 55 个国家级气象站的日最高气温≥35 ℃，其中 33 站的日最高气温≥37 ℃，4 站≥40 ℃(图 5.69a)。此次中等强度高温天气过程中，以 6 月 27 日的高温范围最大，当日新疆 34 个国家级气象站的日最高气温≥35 ℃，其中 23 站的日最高气温≥37 ℃，1 站≥40 ℃。本次中等强度高温天气过程中，日最高气温极值出现在吐鲁番站(6 月 23 日)，为 44 ℃(图 5.69b)。

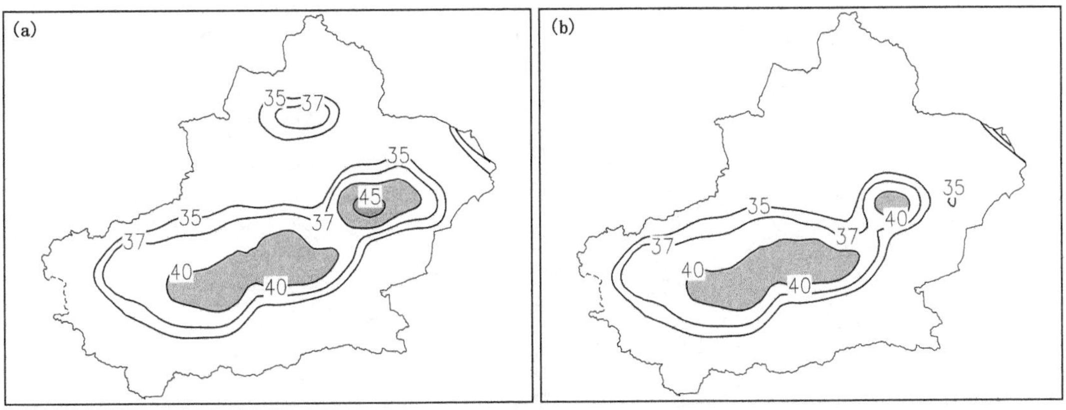


图 5.69　(a)1970 年 6 月 21—28 日过程最高气温极值分布(单位 ℃)，(b)过程最强高温日(6 月 27 日)最高气温分布(单位：℃)

【天气形势】100 hPa 上,6 月 21—22 日,南亚高压中心强度由 1684 dagpm 增强至 1688 dagpm;23—26 日,南亚高压中心略微北扩;27—28 日,南亚高压中心减弱。100 hPa 平均高度场上,南亚高压中心位于(60°E,32°N),中心强度 1684 dagpm(图 5.70a)。500 hPa 上,6 月 21—26 日,伊朗副高发展北抬,巴尔喀什湖至贝加尔湖地区均为高压控制,脊顶伸展至 65°N 附近,850 hPa 上 24 ℃等温线控制新疆;27—28 日,受北支冷空气影响该高压系统减弱南掉。500 hPa 平均高度场上,伊朗副高北抬至 35°N 附近,巴尔喀什湖至贝加尔湖一带为平均脊区,850 hPa 上 24 ℃等温线控制新疆(图 5.70b)。

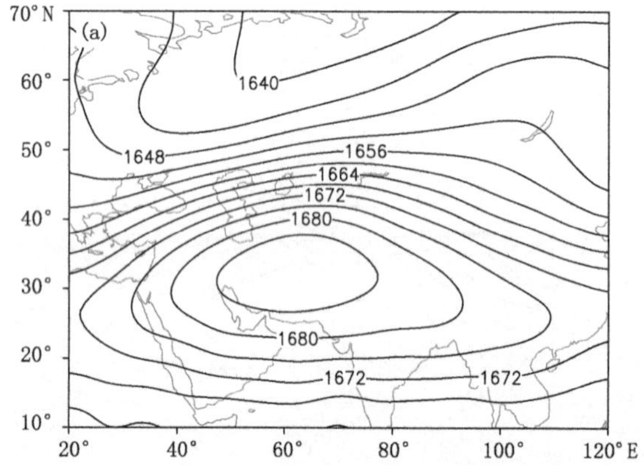


图 5.70　(a)100 hPa 平均高度场(单位:dagpm),(b)500 hPa 平均高度场(实线,单位:dagpm)和 850 hPa 平均温度场(虚线,单位:℃)

## 5.3.10　1971 年 6 月中旬至 7 月上旬中等强度高温天气过程

【高温实况】1971 年 6 月 19 日至 7 月 2 日,新疆出现一次中等强度高温天气过程,此次高温天气过程共持续 14 d。新疆 63 个国家级气象站的日最高气温≥35 ℃,其中 41 站的日最高气温≥37 ℃,4 站≥40 ℃(图 5.71a)。此次中等强度高温天气过程中,以 6 月 25 日的高温范围最大,当日新疆 56 个国家级气象站的日最高气温≥35 ℃,其中 27 站的日最高气温≥37 ℃,3 站≥40 ℃。本次中等强度高温天气过程中,日最高气温极值出现在托克逊站(6 月 25 日),为 44.1 ℃(图 5.71b)。

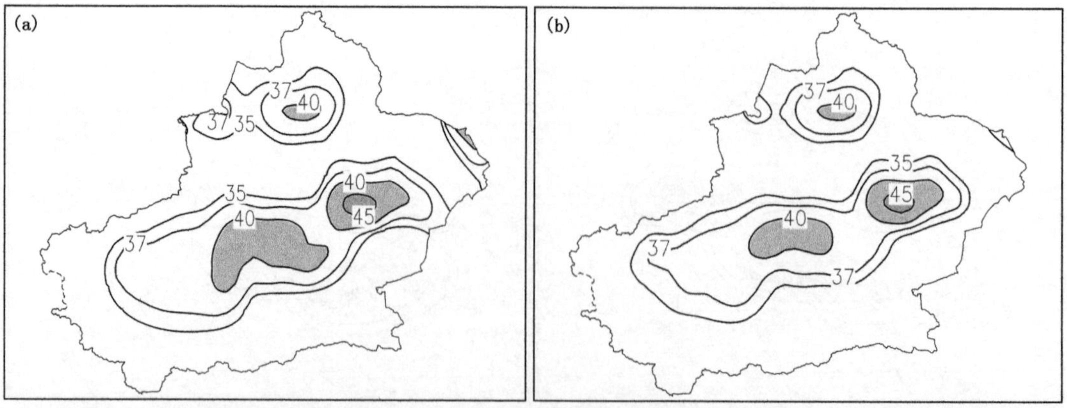


图 5.71　(a)1971 年 6 月 19 日至 7 月 2 日过程最高气温极值分布(单位:℃),(b)过程最强高温日(6 月 25 日)最高气温分布(单位:℃)

【天气形势】100 hPa 上，6 月 19—23 日，南亚高压中心由(80°E，32°N)，西退北抬至(75°E，35°N)，高压中心强度维持在 1680 dagpm；24—30 日，南亚高压稳定维持；7 月 1—2 日，南亚高压中心减弱。100 hPa 平均高度场上，南亚高压中心位于(70°E，30°N)，中心强度为 1680 dagpm(图 5.72a)。500 hPa 上，6 月 19—30 日，伊朗副高发展北抬，巴尔喀什湖至贝加尔湖地区均为高压控制，脊顶伸展至 55°N 附近，850 hPa 上 24 ℃等温线控制新疆；7 月 1—2 日，受北支冷空气影响该高压系统减弱南掉。500 hPa 平均高度场上，584 dagpm 控制伊朗高原，巴尔喀什湖至贝加尔湖一带为平均脊区，850 hPa 上 24 ℃等温线控制新疆(图 5.72b)。

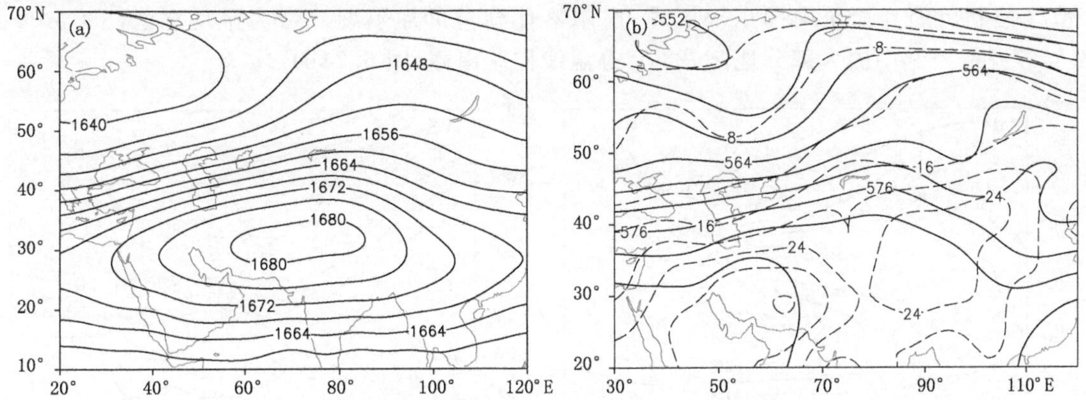


图 5.72　(a)100 hPa 平均高度场(单位：dagpm)，(b)500 hPa 平均高度场(实线，单位：dagpm)和 850 hPa 平均温度场(虚线，单位：℃)

## 5.3.11　1971 年 7 月下旬至 8 月上旬中等强度高温天气过程

【高温实况】1971 年 7 月 24 日至 8 月 8 日，新疆出现一次中等强度高温天气过程，此次高温天气过程共持续 16 d。新疆 53 个国家级气象站的日最高气温≥35 ℃，其中 39 站的日最高气温≥37 ℃，9 站≥40 ℃(图 5.73a)。此次中等强度高温天气过程中，以 7 月 29 日的高温范围最大，当日新疆 39 个国家级气象站的日最高气温≥35 ℃，其中 23 站的日最高气温≥37 ℃，4 站≥40 ℃。本次中等强度高温天气过程中，日最高气温极值出现在吐鲁番站(8 月 1 日)，为 43.6 ℃(图 5.73b)。

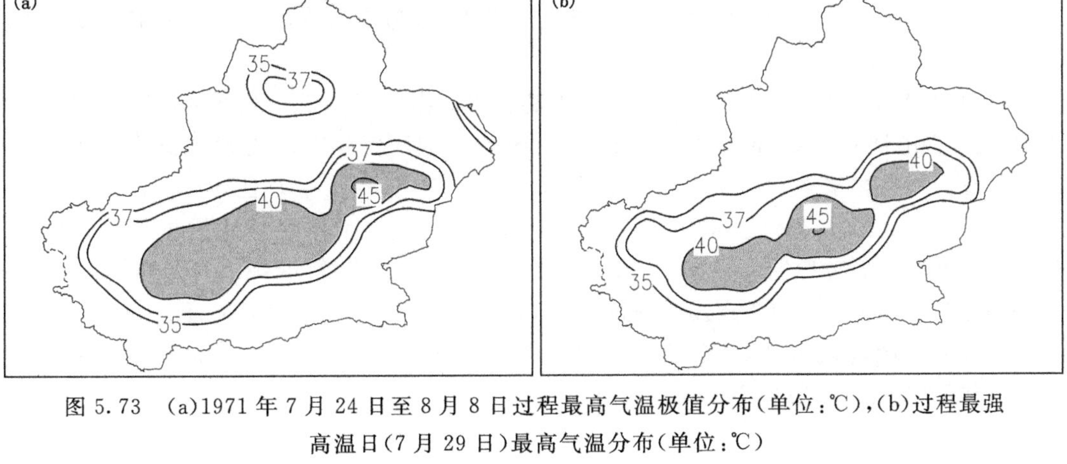


图 5.73　(a)1971 年 7 月 24 日至 8 月 8 日过程最高气温极值分布(单位：℃)，(b)过程最强高温日(7 月 29 日)最高气温分布(单位：℃)

【天气形势】100 hPa 上,7月24—27日,南亚高压西部中心强烈发展北抬,位于(55°E,55°N),高压中心强度维持在1688 dagpm;7月28日至8月1日,南亚高压西部高压中心减弱,东部高压中心发展;8月2—8日,南亚高压中心稳定维持在(80°E,30°N)附近,中心强度为1684 dagpm。100 hPa 平均高度场上,南亚高压中心位于(80°E,30°N),中心强度1684 dagpm(图5.74a)。500 hPa 上,7月24—28日,里海至巴尔喀什湖北侧高压脊强烈发展,脊顶伸展至60°N附近;29日,受北支冷空气影响,该高压脊开始减弱东移,7月30日至8月3日,该高压脊东移至中国东部地区;8月4—8日,巴尔喀什湖附近高压脊再次发展。500 hPa 平均高度场上,584 dagpm等值线控制伊朗高原至中国东部区域,巴尔喀什湖至贝加尔湖一带为平均脊区,850 hPa 上24 ℃等温线控制中国大部分地区,28 ℃等温线控制南疆(图5.74b)。

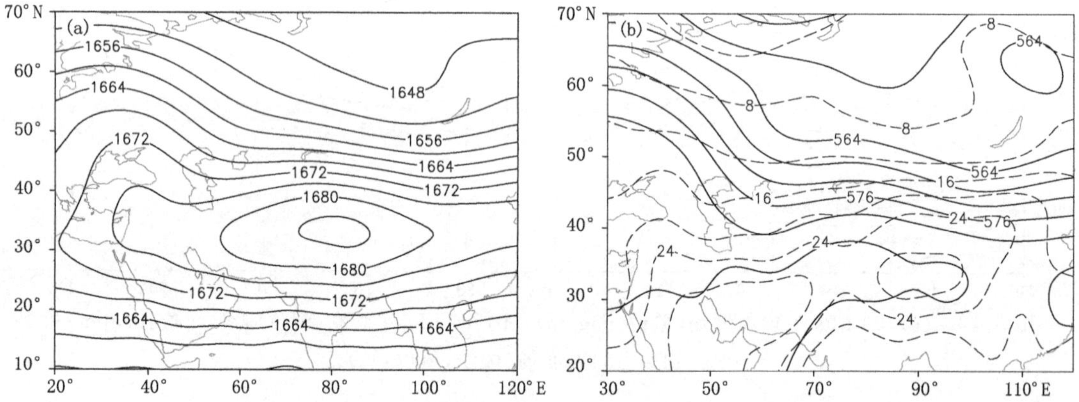


图5.74　(a)100 hPa 平均高度场(单位:dagpm),(b)500 hPa 平均高度场(实线,单位:dagpm)和850 hPa 平均温度场(虚线,单位:℃)

## 5.3.12　1972年8月上旬中等强度高温天气过程

【高温实况】1972年8月1—8日,新疆出现一次中等强度高温天气过程,此次高温天气过程共持续8 d。新疆76个国家级气象站的日最高气温≥35 ℃,其中50站的日最高气温≥37 ℃,16站≥40 ℃,1站≥45 ℃(图5.75a)。此次中等强度高温天气过程中,以8月5日的高温范围最大,当日新疆38个国家级气象站的日最高气温≥35 ℃,其中14站的日最高气温≥37 ℃,3站≥40 ℃。本次中等强度高温天气过程中,日最高气温极值出现在托克逊站(8月3日),为45.3 ℃(图5.75b)。

【天气形势】100 hPa 上,8月1—5日,南亚高压中心由(90°E,35°N)略微西退至(85°E,35°N),高压中心强度由1684 dagpm增强至1688 dagpm;6—8日,巴尔喀什湖附近长波槽加深,南亚高压东部高压中心减弱东移。100 hPa 平均高度场上,南亚高压中心位于(85°E,35°N),中心强度1684 dagpm(图5.76a)。500 hPa 上,8月1—5日,西太副高西伸北抬与伊朗副高打通,588 dagpm等值线短暂控制新疆;850 hPa 上24 ℃等温线控制新疆,28 ℃等温线控制南疆;6—8日,受北支冷空气影响该高压系统减弱东移。500 hPa 平均高度场上,584 dagpm等值线控制新疆部分区域,巴尔喀什湖至贝加尔湖一带为平均脊区,850 hPa 上24 ℃等温线控制新疆,28 ℃等温线控制南疆(图5.76b)。

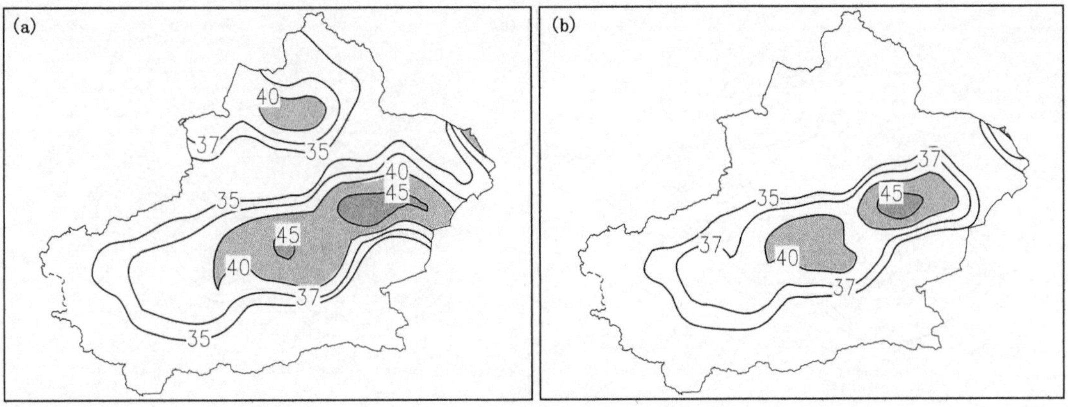


图 5.75　(a)1972 年 8 月 1—8 日过程最高气温极值分布(单位:℃),(b)过程最强高温日(8 月 5 日)最高气温分布(单位:℃)

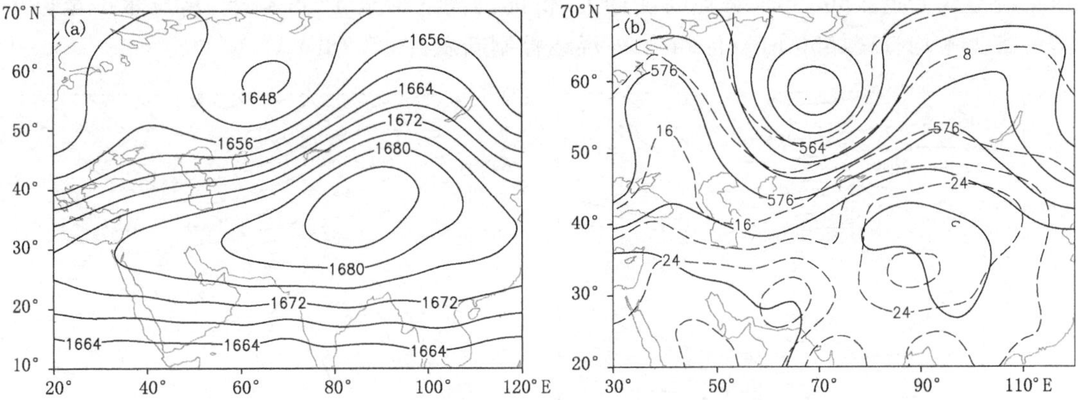


图 5.76　(a)100 hPa 平均高度场(单位:dagpm),(b)500 hPa 平均高度场(实线,单位:dagpm)和 850 hPa 平均温度场(虚线,单位:℃)

## 5.3.13　1973 年 7 月下旬至 8 月上旬中等强度高温天气过程

【高温实况】1973 年 7 月 31 日至 8 月 5 日,新疆出现一次中等强度高温天气过程,此次高温天气过程共持续 6 d。新疆 81 个国家级气象站的日最高气温≥35 ℃,其中 65 站的日最高气温≥37 ℃,21 站≥40 ℃,2 站≥45 ℃(图 5.77a)。此次中等强度高温天气过程中,以 8 月 2 日的高温范围最大,当日新疆 64 个国家级气象站的日最高气温≥35 ℃,其中 33 站的日最高气温≥37 ℃,6 站≥40 ℃,2 站≥45 ℃。本次中等强度高温天气过程中,日最高气温极值出现在吐鲁番站(8 月 1 日),为 46.6 ℃(图 5.77b)。

【天气形势】100 hPa 上,7 月 31 日,南亚高压中心位于(70°E,35°N),高压中心强度为 1692 dagpm;8 月 1—5 日,南亚高压中心逐渐减弱西退至(60°E,35°N)。100 hPa 平均高度场上,南亚高压中心位于(65°E,35°N),中心强度 1688 dagpm(图 5.78a)。500 hPa 上,7 月 31 日至 8 月 2 日,伊朗副高强烈发展北抬至 45°N 附近,588 dagpm 等值线东扩至 80°E 附近,850 hPa 上 24 ℃等温线控制新疆,28 ℃等温线控制南疆;8 月 3—5 日,受北支冷空气影响该

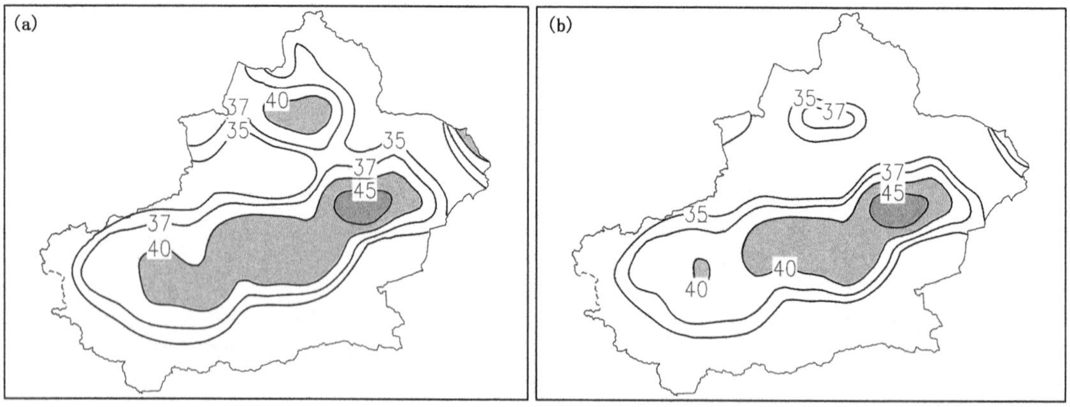


图 5.77 (a)1973 年 7 月 31 日至 8 月 5 日过程最高气温极值分布(单位:℃),(b)过程最强高温日(8 月 2 日)最高气温分布(单位:℃)

高压系统减弱西退。500 hPa 平均高度场上,伊朗副高北抬至 42°N 附近,乌拉尔山至巴尔喀什湖一带为平均脊区,850 hPa 上 24 ℃等温线控制新疆(图 5.78b)。

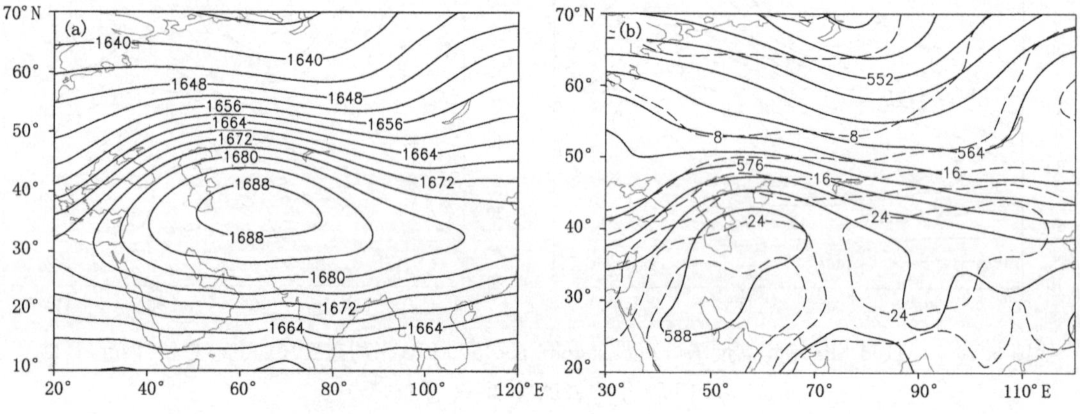


图 5.78 (a)100 hPa 平均高度场(单位:dagpm),(b)500 hPa 平均高度场(实线,单位:dagpm)和 850 hPa 平均温度场(虚线,单位:℃)

### 5.3.14 1975 年 7 月上旬至 7 月中旬中等强度高温天气过程

【高温实况】1975 年 7 月 10—16 日,新疆出现一次中等强度高温天气过程,此次高温天气过程共持续 7 d。新疆 79 个国家级气象站的日最高气温≥35 ℃,其中 63 站的日最高气温≥37 ℃,28 站≥40 ℃,3 站≥45 ℃(图 5.79a)。此次中等强度高温天气过程中,以 7 月 13 日的高温范围最大,当日新疆 74 个国家级气象站的日最高气温≥35 ℃,其中 62 站的日最高气温≥37 ℃,28 站≥40 ℃,3 站≥45 ℃。本次中等强度高温天气过程中,日最高气温极值出现在托克逊站(7 月 13 日),为 48 ℃(图 5.79b)。

【天气形势】100 hPa 上,7 月 10 日,南亚高压中心位于(85°E,30°N),高压中心强度为 1684 dagpm;11—12 日,南亚高压中心北抬西退至(60°E,35°N);13—16 日,受北支长波槽影响,南亚高压逐渐南退。100 hPa 平均高度场上,南亚高压中心位于(55°E,35°N),中心强度为

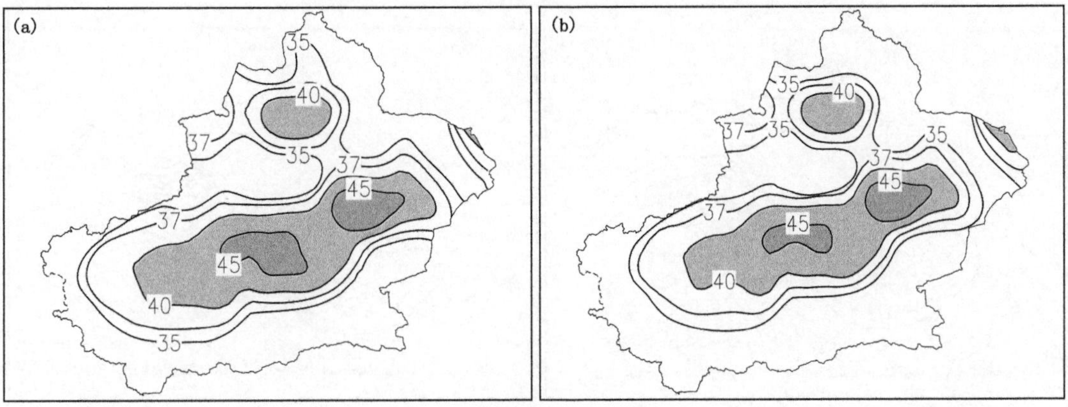


图 5.79　(a)1975 年 7 月 10—16 日过程最高气温极值分布(单位:℃),(b)过程最强高温日(7 月 13 日)最高气温分布(单位:℃)

1680 dagpm(图 5.80a)。500 hPa 上,7 月 10—13 日,伊朗副高发展北抬至 40°N 附近,584 dagpm 等值线控制 45°N 以南区域,850 hPa 上 24 ℃等温线控制新疆,28 ℃等温线控制南疆;14—15 日,受北支冷空气影响该高压系统减弱西退。500 hPa 平均高度场上,584 dagpm 等值线控制伊朗高原,乌拉尔山至贝加尔湖一带为平均脊区,850 hPa 上 24 ℃等温线控制新疆(图 5.80b)。

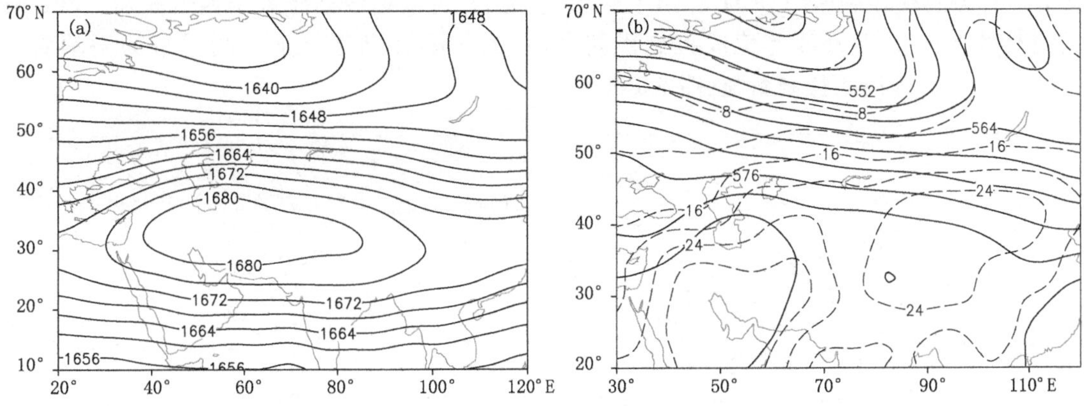


图 5.80　(a)100 hPa 平均高度场(单位:dagpm),(b)500 hPa 平均高度场(实线,单位:dagpm)和 850 hPa 平均温度场(虚线,单位:℃)

## 5.3.15　1975 年 7 月下旬至 8 月上旬中等强度高温天气过程

【高温实况】1975 年 7 月 28 日至 8 月 4 日,新疆出现一次中等强度高温天气过程,此次高温天气过程共持续 8 d。新疆 58 个国家级气象站的日最高气温≥35 ℃,其中 33 站的日最高气温≥37 ℃,6 站≥40 ℃(图 5.81a)。此次中等强度高温天气过程中,以 8 月 2 日的高温范围最大,当日新疆 52 个国家级气象站的日最高气温≥35 ℃,其中 26 站的日最高气温≥37 ℃,4 站≥40 ℃。本次中等强度高温天气过程中,日最高气温极值出现在吐鲁番东坎站(8 月 1 日),为 44.5 ℃(图 5.81b)。

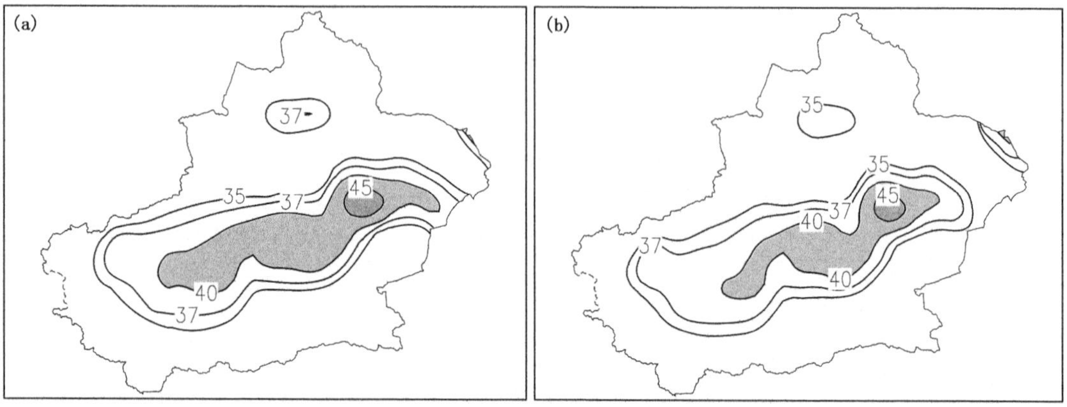


图 5.81　(a)1975 年 7 月 28 日至 8 月 4 日过程最高气温极值分布(单位:℃),(b)过程最强高温日(8 月 2 日)最高气温分布(单位:℃)

【天气形势】100 hPa 上,7 月 28 日至 8 月 2 日,南亚高压中心由(90°E,32°N)附近逐渐西退至(60°E,35°N),高压中心强度维持在 1684 dagpm;8 月 3—4 日,受北支长波槽影响,巴尔喀什湖至贝加尔湖地区由长波脊变为长波槽区。100 hPa 平均高度场上,南亚高压中心位于(90°E,35°N),中心强度 1684 dagpm(图 5.82a)。500 hPa 上,7 月 28 日至 8 月 2 日,伊朗副高发展北抬至 35°N 附近,584 dagpm 等值线控制 40°N 以南区域,850 hPa 上 24 ℃等温线控制新疆,28 ℃等温线控制南疆;8 月 3—4 日,受北支冷空气影响该高压系统西退减弱。500 hPa 平均高度场上,588 dagpm 等值线控制伊朗高原,巴尔喀什湖至贝加尔湖一带为平均脊区,850 hPa 上24 ℃等温线控制新疆(图 5.82b)。

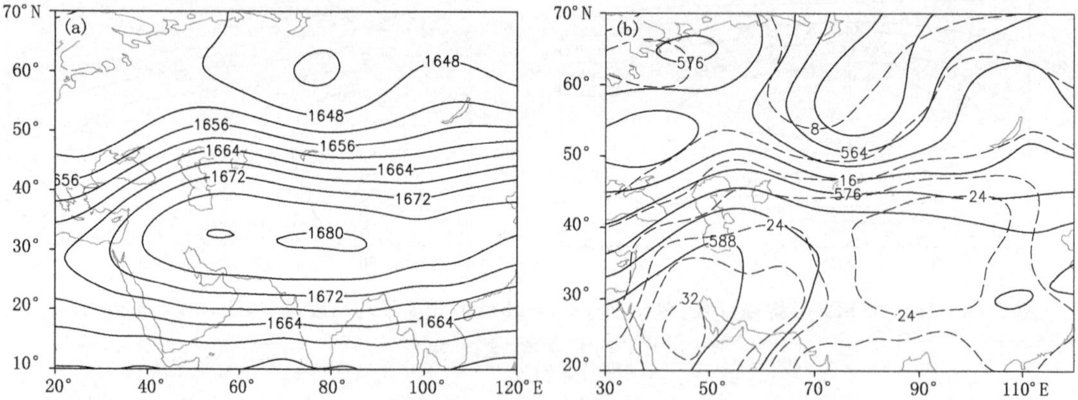


图 5.82　(a)100 hPa 平均高度场(单位:dagpm),(b)500 hPa 平均高度场(实线,单位:dagpm)和 850 hPa 平均温度场(虚线,单位:℃)

## 5.3.16　1976 年 7 月中旬至 7 月下旬中等强度高温天气过程

【高温实况】1976 年 7 月 19—23 日,新疆出现一次中等强度高温天气过程,此次高温天气过程共持续 5 d。新疆 60 个国家级气象站的日最高气温≥35 ℃,其中 40 站的日最高气温≥37 ℃,16 站≥40 ℃(图 5.83a)。此次中等强度高温天气过程中,以 7 月 22 日的高温范围最大，当日新疆 42 个国家级气象站的日最高气温≥35 ℃，其中 36 站的日最高气温≥37 ℃，14 站≥40 ℃。本次中等强度高温天气过程中，日最高气温极值出现在托克逊站（7 月 21 日），为 44.1 ℃（图 5.83b）。

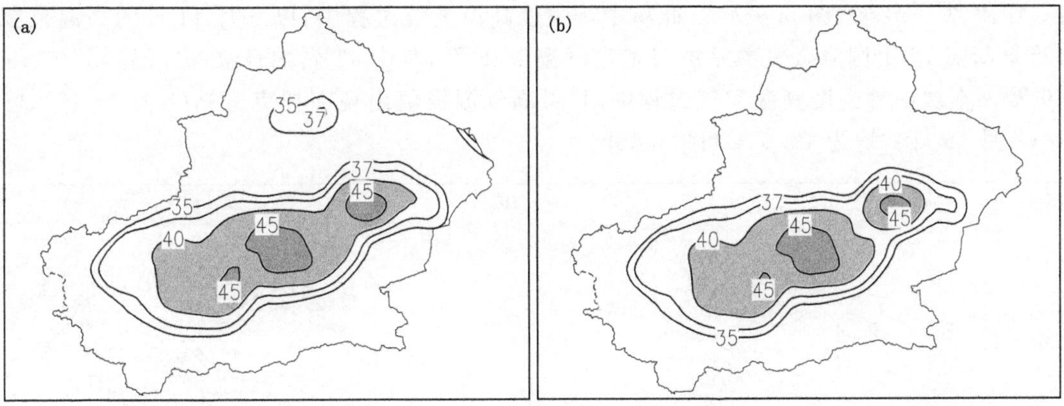


图 5.83　(a)1976 年 7 月 19—23 日过程最高气温极值分布（单位：℃），(b)过程最强高温日（7 月 22 日）最高气温分布（单位：℃）

【天气形势】100 hPa 上，7 月 19 日，南亚高压中心位于（70°E，30°N）附近，高压中心强度为 1684 dagpm；20—22 日，南亚高压中心在上述区域稳定维持，中心强度增强至 1688 dagpm；23 日，受北支长波槽影响，南亚高压减弱南退。100 hPa 平均高度场上，南亚高压中心位于（70°E，35°N），中心强度 1684 dagpm（图 5.84a）。500 hPa 上，7 月 19—22 日，伊朗副高强烈发展，588 dagpm 等值线东扩至 100°E 以附近，850 hPa 上 24 ℃等温线控制中国大部分地区，28 ℃等温线控制新疆部分区域；23 日，受北支冷空气影响该高压系统西退减弱。500 hPa 平均高度场上，584 dagpm 等值线控制 40°N 以南区域，巴尔喀什湖至贝加尔湖一带为平均脊区，850 hPa 上 24 ℃等温线控制新疆（图 5.84b）。

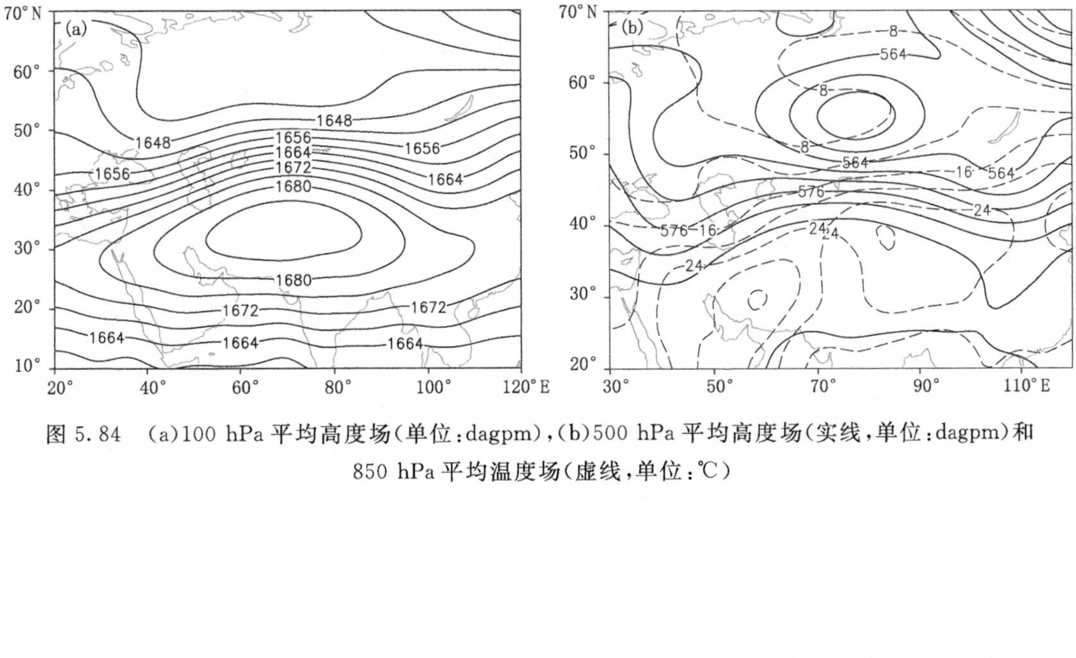


图 5.84　(a)100 hPa 平均高度场（单位：dagpm），(b)500 hPa 平均高度场（实线，单位：dagpm）和 850 hPa 平均温度场（虚线，单位：℃）

## 5.3.17 1976 年 8 月中旬中等强度高温天气过程

【高温实况】1976 年 8 月 11—16 日，新疆出现一次中等强度高温天气过程，此次高温天气过程共持续 6 d。新疆 76 个国家级气象站的日最高气温≥35 ℃，其中 53 站的日最高气温≥37 ℃，9 站≥40 ℃(图 5.85a)。此次中等强度高温天气过程中，以 8 月 14 日的高温范围最大，当日新疆 72 个国家级气象站的日最高气温≥35 ℃，其中 41 站的日最高气温≥37 ℃，9 站≥40 ℃。本次中等强度高温天气过程中，日最高气温极值出现在托克逊站(8 月 14 日)、吐鲁番站(8 月 15 日)，均为 42.5 ℃(图 5.85b)。

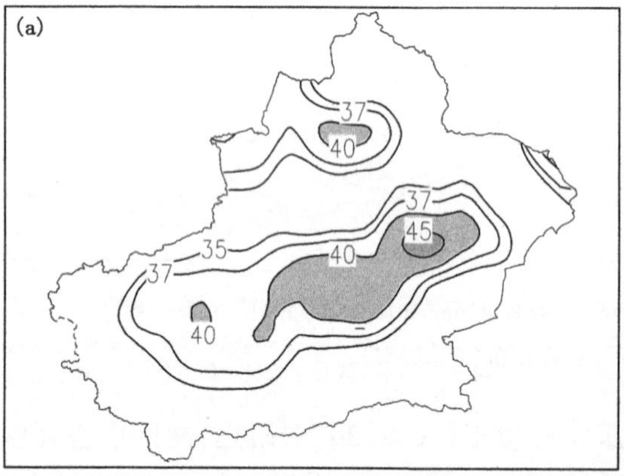


图 5.85 (a)1976 年 8 月 11—16 日过程最高气温极值分布(单位：℃)，(b)过程最强高温日(8 月 14 日)最高气温分布(单位：℃)

【天气形势】100 hPa 上，8 月 11—14 日，南亚高压中心稳定维持在(75°E，35°N)附近，脊顶伸展至 55°N 附近，高压中心强度为 1684 dagpm；15—16 日，受北支长波槽影响，南亚高压减弱西退。100 hPa 平均高度场上，南亚高压中心位于(75°E，35°N)，中心强度为 1680 dagpm(图 5.86a)。500 hPa 上，8 月 11—14 日，伊朗副高强烈发展，588 dagpm 等值线东扩至 90°E 附近，850 hPa 上 24 ℃等温线控制新疆，28 ℃等温线控制南疆东部地区；15—16 日，受北支冷空气影响该高压系统西退减弱。500 hPa 平均高度场上，584 dagpm 等值线控制 45°N 以南区域，乌拉尔山至贝加尔湖一带为平均脊区，850 hPa 上 24 ℃等温线控制新疆(图 5.86b)。

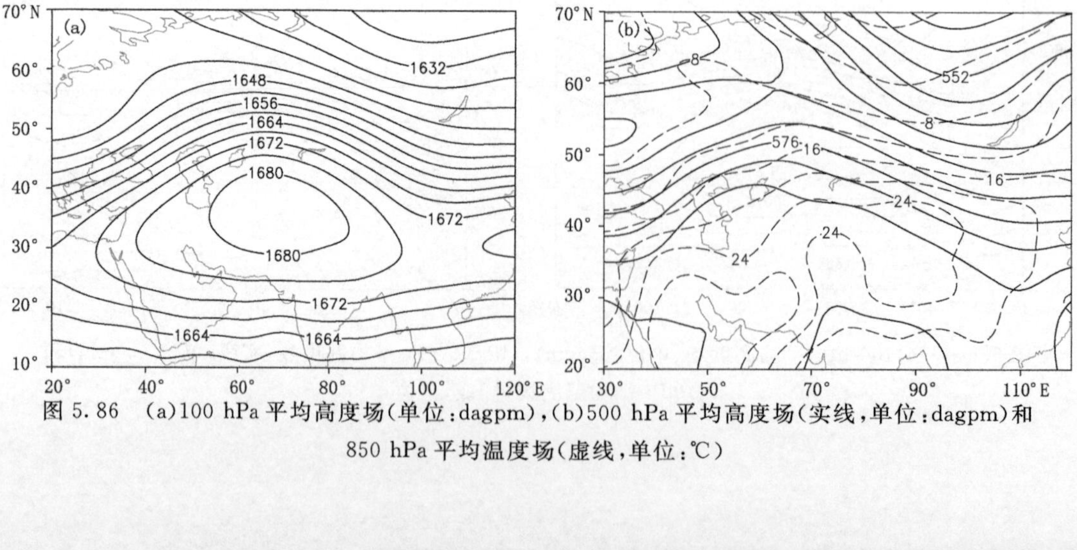


图 5.86 (a)100 hPa 平均高度场(单位：dagpm)，(b)500 hPa 平均高度场(实线，单位：dagpm)和 850 hPa 平均温度场(虚线，单位：℃)

## 5.3.18　1977 年 6 月下旬中等强度高温天气过程

【高温实况】1977 年 6 月 21—29 日，新疆出现一次中等强度高温天气过程，此次高温天气过程共持续 9 d。新疆 62 个国家级气象站的日最高气温≥35 ℃，其中 42 站的日最高气温≥37 ℃，3 站≥40 ℃(图 5.87a)。此次中等强度高温天气过程中，以 6 月 23 日的高温范围最大，当日新疆 50 个国家级气象站的日最高气温≥35 ℃，其中 26 站的日最高气温≥37 ℃，2 站≥40 ℃。本次中等强度高温天气过程中，日最高气温极值出现在吐鲁番东坎站(6 月 28 日)，为 43.7 ℃(图 5.87b)。

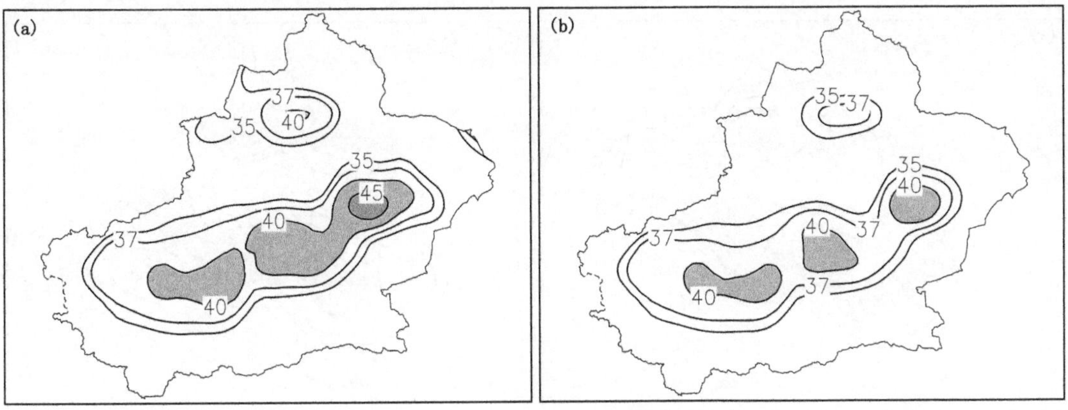


图 5.87　(a)1977 年 6 月 21—29 日过程最高气温极值分布(单位：℃)，(b)过程最强高温日(6 月 23 日)最高气温分布(单位：℃)

【天气形势】100 hPa 上，6 月 21—26 日，南亚高压中心维持在(70°E，32°N)附近，脊顶伸展至 60°N 附近，高压中心强度为 1684 dagpm；27—29 日，受北支长波槽影响，南亚高压减弱西退。100 hPa 平均高度场上，南亚高压中心位于(70°E，32°N)，中心强度为 1680 dagpm(图 5.88a)。500 hPa 上，6 月 21—27 日，伊朗副高发展北抬，584 dagpm 等值线控制 40°N 以南区域，850 hPa 上 24 ℃等温线控制新疆，28 ℃等温线控制南疆东部；28—29 日，受北支冷空气影响该高压系统西退减弱。500 hPa 平均高度场上，584 dagpm 等值线控制 40°N 以南区域，巴尔喀什湖至贝加尔湖一带为平均脊区，850 hPa 上 24 ℃等温线控制新疆(图 5.88b)。

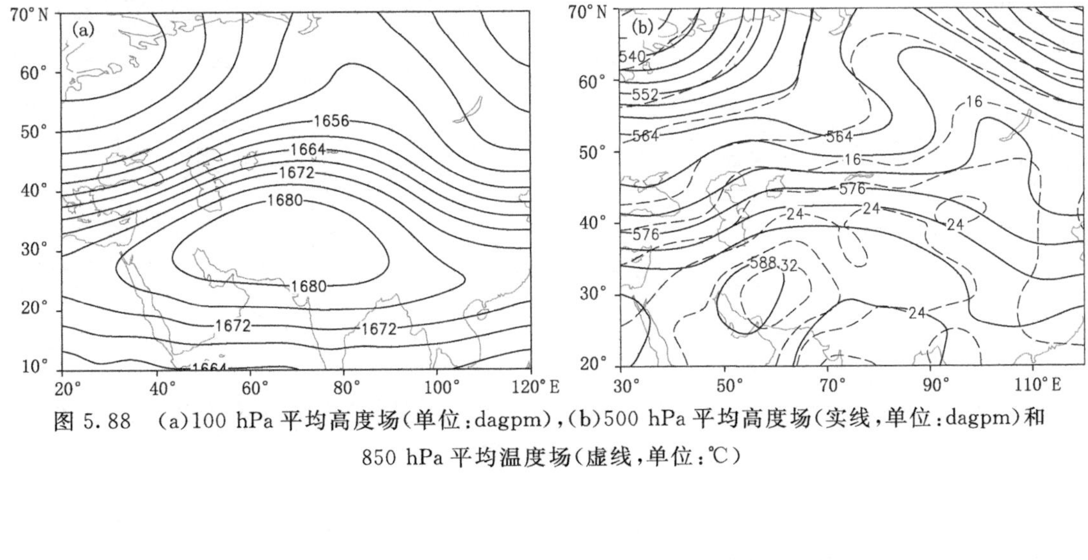


图 5.88　(a)100 hPa 平均高度场(单位：dagpm)，(b)500 hPa 平均高度场(实线，单位：dagpm)和 850 hPa 平均温度场(虚线，单位：℃)

### 5.3.19 1977 年 7 月上旬至 7 月中旬中等强度高温天气过程

【高温实况】1977 年 7 月 10—14 日,新疆出现一次中等强度高温天气过程,此次高温天气过程共持续 5 d。新疆 80 个国家级气象站的日最高气温≥35 ℃,其中 69 站的日最高气温≥37 ℃,34 站≥40 ℃,3 站≥45 ℃(图 5.89a)。此次中等强度高温天气过程中,以 7 月 12 日的高温范围最大,当日新疆 76 国家级气象站的日最高气温≥35 ℃,其中 55 站的日最高气温≥37 ℃,20 站≥40 ℃,3 站≥45 ℃。本次中等强度高温天气过程中,日最高气温极值出现在吐鲁番东坎站(7 月 12 日),为 46.4 ℃(图 5.89b)。

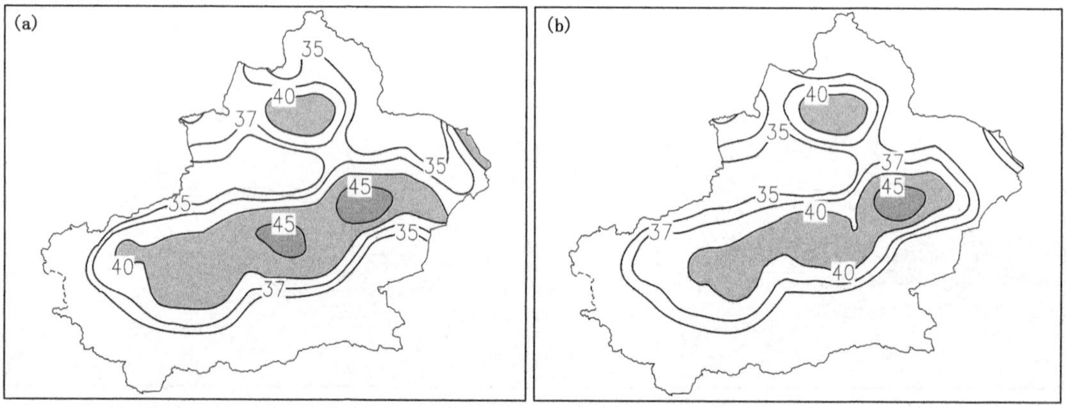


图 5.89 (a)1977 年 7 月 10—14 日过程最高气温极值分布(单位:℃),(b)过程最强高温日(7 月 12 日)最高气温分布(单位:℃)

【天气形势】100 hPa 上,7 月 10—11 日,南亚高压中心维持在(80°E,32°N)附近,脊顶伸展至 50°N 附近,高压中心强度为 1688 dagpm;12—13 日,南亚高压中心西退至 60°E 附近;14 日,受北支长波槽影响,南亚高压脊顶向南衰退。100 hPa 平均高度场上,南亚高压中心位于(65°E,35°N),中心强度 1688 dagpm(图 5.90a)。500 hPa 上,7 月 10—12 日,伊朗副高强烈发展,588 dagpm 等值线东扩至 100°E 附近,850 hPa 上 24 ℃等温线控制新疆,28 ℃等温线控制南疆;13—14 日,受北支冷空气影响该高压系统西退减弱。500 hPa 平均高度场上,伊朗副高

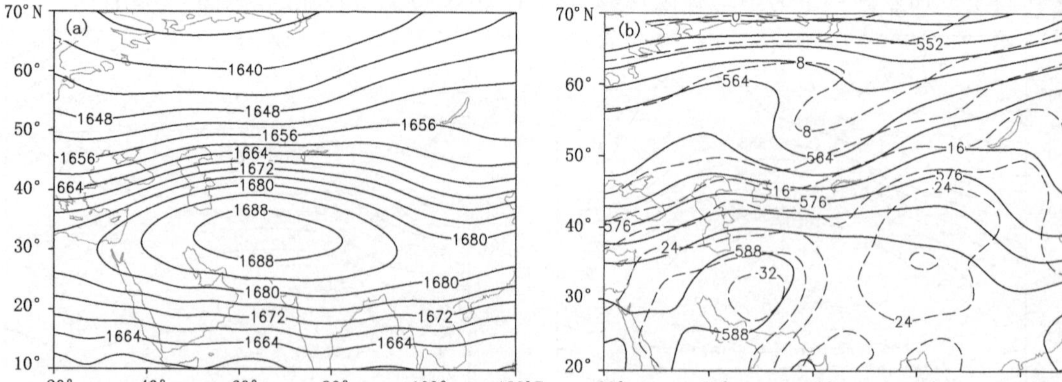


图 5.90 (a)100 hPa 平均高度场(单位:dagpm),(b)500 hPa 平均高度场(实线,单位:dagpm)和 850 hPa 平均温度场(虚线,单位:℃)

位于伊朗高原，584 dagpm 等值线控制 40°N 以南区域，巴尔喀什湖至贝加尔湖一带为平均脊区，850 hPa 上 24 ℃等温线控制新疆(图 5.90b)。

### 5.3.20　1977 年 8 月中旬至 8 月下旬中等强度高温天气过程

【高温实况】1977 年 8 月 19—31 日，新疆出现一次中等强度高温天气过程，此次高温天气过程共持续 13 d。新疆 68 个国家级气象站的日最高气温≥35 ℃，其中 42 站的日最高气温≥37 ℃，14 站≥40 ℃，3 站≥45 ℃(图 5.91a)。此次中等强度高温天气过程中，以 8 月 27 日的高温范围最大，当日新疆 37 个国家级气象站的日最高气温≥35 ℃，其中 18 站的日最高气温≥37 ℃，5 站≥40 ℃。本次中等强度高温天气过程中，日最高气温极值出现在吐鲁番东坎站(8 月 20 日)，为 44.9 ℃(图 5.91b)。

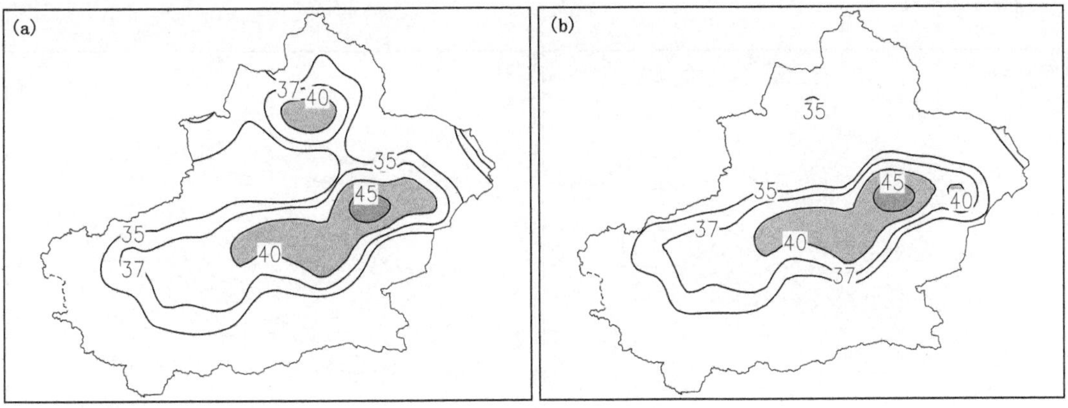


图 5.91　(a)1977 年 8 月 19—31 日过程最高气温极值分布(单位：℃)，(b)过程最强高温日(8 月 27 日)最高气温分布(单位：℃)

【天气形势】100 hPa 上，8 月 19—23 日，南亚高压东部高压中心发展，中心强度为 1684 dagpm；24—31 日，南亚高压西部高压中心发展并由 40°E 东移至 90°E，东部高压脊减弱消失。100 hPa 平均高度场上，南亚高压中心位于(85°E，30°N)，中心强度为 1680 dagpm(图 5.92a)。500 hPa 上，8 月 19—29 日，伊朗副高与中高纬度高压脊叠加，584 dagpm 等值线北抬至 50°N

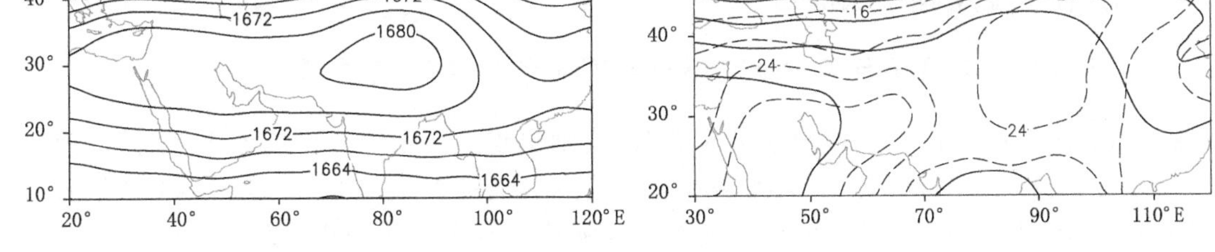


图 5.92　(a)100 hPa 平均高度场(单位：dagpm)，(b)500 hPa 平均高度场(实线，单位：dagpm)和850 hPa 平均温度场(虚线，单位：℃)

附近,850 hPa 上 24 ℃等温线控制新疆,28 ℃等温线控制南疆;30—31 日,受北支冷空气影响该高压系统减弱。500 hPa 平均高度场上,584 dagpm 等值线控制 40°N 以南区域,巴尔喀什湖至贝加尔湖一带为平均脊区,850 hPa 上 24 ℃等温线控制新疆(图 5.92b)。

### 5.3.21 1978 年 7 月中旬至 7 月下旬中等强度高温天气过程

【高温实况】1978 年 7 月 15—24 日,新疆出现一次中等强度高温天气过程,此次高温天气过程共持续 10 d。新疆 65 个国家级气象站的日最高气温≥35 ℃,其中 44 站的日最高气温≥37 ℃,6 站≥40 ℃(图 5.93a)。此次中等强度高温天气过程中,以 7 月 16 日的高温范围最大,当日新疆 63 个国家级气象站的日最高气温≥35 ℃,其中 36 站的日最高气温≥37 ℃,6 站≥40 ℃。本次中等强度高温天气过程中,日最高气温极值出现在吐鲁番站(7 月 16 日),为 40 ℃(图 5.93b)。

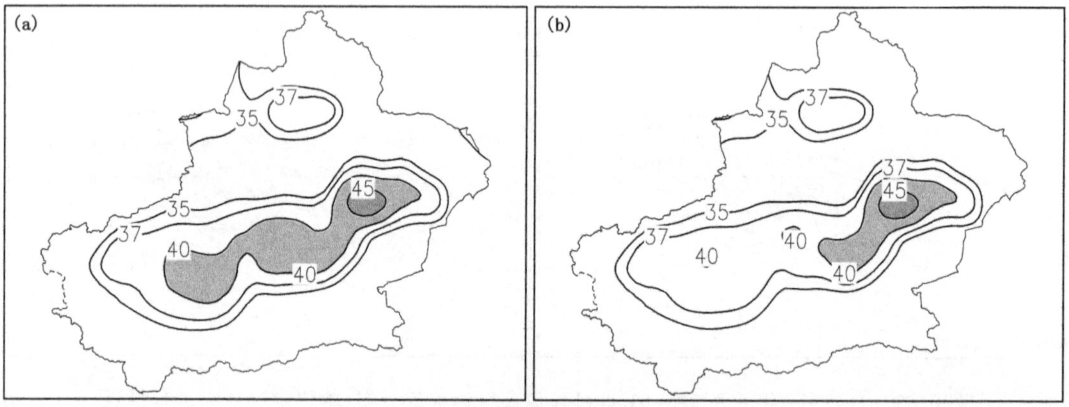


图 5.93 (a)1978 年 7 月 15—24 日过程最高气温极值分布(单位:℃),(b)过程最强高温日(7 月 16 日)最高气温分布(单位:℃)

【天气形势】100 hPa 上,7 月 15—19 日,南亚高压中心略微西退,中心强度由 1692 dagpm 减弱为 1684 dagpm;20—31 日,南亚高压中心东移发展,中心强度增强至 1688 dagpm,脊顶伸展至 50°N 附近。100 hPa 平均高度场上,南亚高压中心位于(70°E,35°N),中心强度 1684 dagpm(图 5.94a)。500 hPa 上,7 月 15—21 日,伊朗副高强烈发展北抬与中、高纬度高压脊叠加,584 dagpm 等值线北抬至 45°N 附近,850 hPa 上 24 ℃等温线控制新疆,28 ℃等温线控制南疆;22—24 日,受北支冷空气影响该高压系统减弱。500 hPa 平均高度场上,伊朗副高位于伊朗高原,584 dagpm 等值线控制 40°N 以南区域,咸海至贝加尔湖一带为平均脊区,850 hPa 上 24 ℃等温线控制新疆(图 5.94b)。

### 5.3.22 1978 年 7 月下旬至 8 月上旬中等强度高温天气过程

【高温实况】1978 年 7 月 30 日至 8 月 3 日,新疆出现一次中等强度高温天气过程,此次高温天气过程共持续 5 d。新疆 61 个国家级气象站的日最高气温≥35 ℃,其中 44 站的日最高气温≥37 ℃,9 站≥40 ℃(图 5.95a)。此次中等强度高温天气过程中,以 7 月 31 日的高温范围最大,当日新疆 49 个国家级气象站的日最高气温≥35 ℃,其中 23 站的日最高气温≥37 ℃,3 站≥40 ℃。本次中等强度高温天气过程中,日最高气温极值出现在吐鲁番东坎站(8 月 1

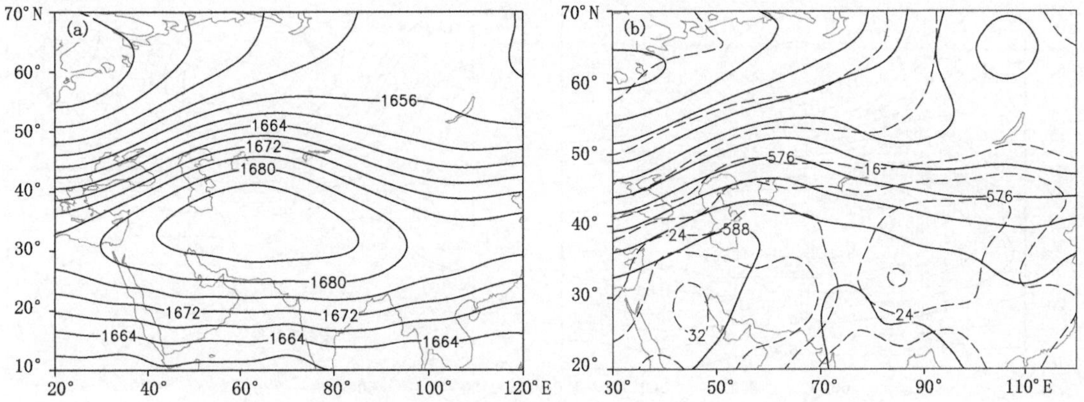


图 5.94　(a)100 hPa 平均高度场(单位:dagpm),(b)500 hPa 平均高度场(实线,单位:dagpm)和 850 hPa 平均温度场(虚线,单位:℃)

日),为 42.2 ℃(图 5.95b)。

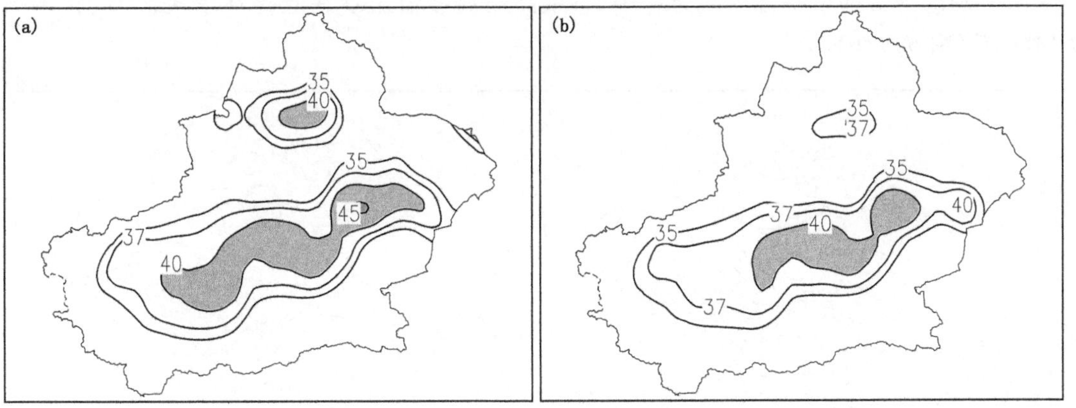


图 5.95　(a)1978 年 7 月 30 日至 8 月 3 日过程最高气温极值分布(单位:℃),(b)过程最强高温日(7 月 31 日)最高气温分布(单位:℃)

【天气形势】100 hPa 上,7 月 30 日至 8 月 2 日,南亚高压中心北抬至 35°N 附近,脊顶伸展至 50°N 附近,中心强度为 1688 dagpm;3 日,受北支冷空气影响,南亚高压向南收缩。100 hPa 平均高度场上,南亚高压中心位于(70°E,35°N),中心强度 1688 dagpm(图 5.96a)。500 hPa 上,7 月 30 日至 8 月 2 日,伊朗副高发展北抬,584 dagpm 等值线控制 40°N 以南区域,850 hPa 上 24 ℃等温线控制中国大部分地区,28 ℃等温线控制新疆;3 日,受北支冷空气影响高压系统减弱。500 hPa 平均高度场上,584 dagpm 等值线控制 40°N 以南区域,巴尔喀什湖至贝加尔湖一带为平均脊区,850 hPa 上 24 ℃等温线控制新疆,28 ℃等温线控制南疆(图 5.96b)。

## 5.3.23　1978 年 8 月中旬至 8 月下旬中等强度高温天气过程

【高温实况】1978 年 8 月 15—21 日,新疆出现一次中等强度高温天气过程,此次高温天气过程共持续 7 d。新疆 76 个国家级气象站的日最高气温≥35 ℃,其中 48 站的日最高气温≥37 ℃,8 站≥40 ℃(图 5.97a)。此次中等强度高温天气过程中,以 8 月 19 日的高温范围最

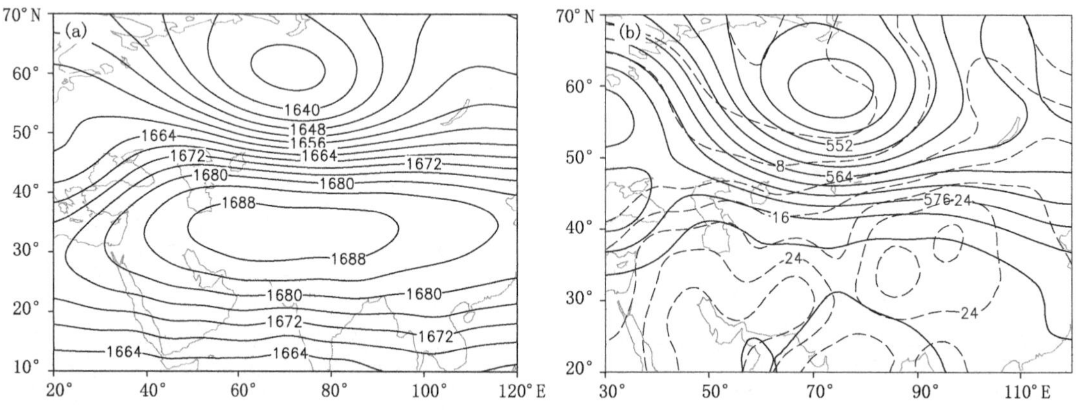


图 5.96　(a)100 hPa 平均高度场(单位:dagpm),(b)500 hPa 平均高度场(实线,单位:dagpm)和 850 hPa 平均温度场(虚线,单位:℃)

大,当日新疆 52 个国家级气象站的日最高气温≥35 ℃,其中 27 站的日最高气温≥37 ℃,6 站≥40 ℃。本次中等强度高温天气过程中,日最高气温极值出现在吐鲁番东坎站(8 月 18 日),为 44.6 ℃(图 5.97b)。

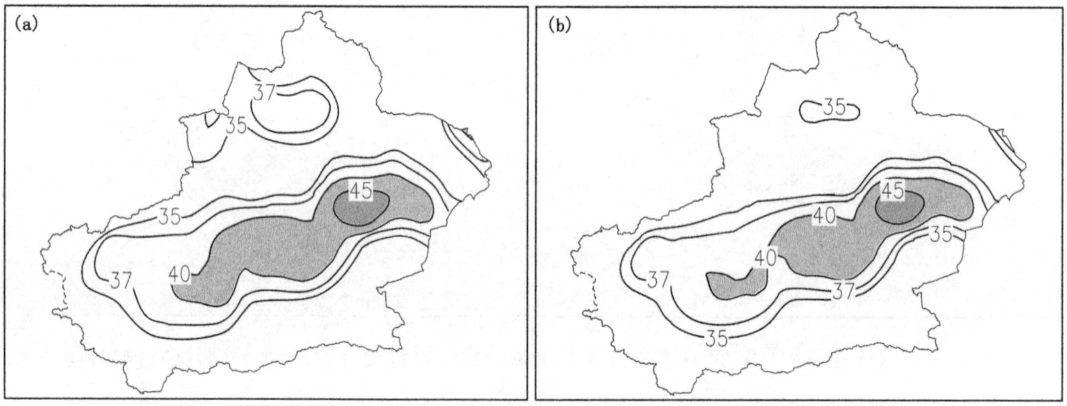


图 5.97　(a)1978 年 8 月 15—21 日过程最高气温极值分布(单位:℃),(b)过程最强高温日(8 月 19 日)最高气温分布(单位:℃)

【天气形势】100 hPa 上,8 月 15—17 日,南亚高压中心由(75°E,35°N)东移至(80°E,35°N)附近,脊顶伸展至 55°N 附近,中心强度为 1692 dagpm;18—21 日,受北支长波槽挤压,南亚高压主体南退。100 hPa 平均高度场上,南亚高压中心位于(75°E,32°N),中心强度 1684 dagpm(图 5.98a)。500 hPa 上,8 月 15—19 日,伊朗副高发展北抬、东移,588 dagpm 等值线北抬至45°N 附近,850 hPa 上 24 ℃等温线控制中国大部分地区,28 ℃等温线控制新疆;20—21 日,受北支冷空气影响高压系统减弱。500 hPa 平均高度场上,584 dagpm 等值线控制 40°N 以南区域,巴尔喀什湖至贝加尔湖一带为平均脊区,850 hPa 上 24 ℃等温线控制新疆(图 5.98b)。

## 5.3.24　1979 年 7 月下旬至 8 月上旬中等强度高温天气过程

【高温实况】1979 年 7 月 30 日至 8 月 8 日,新疆出现一次中等强度高温天气过程,此次高

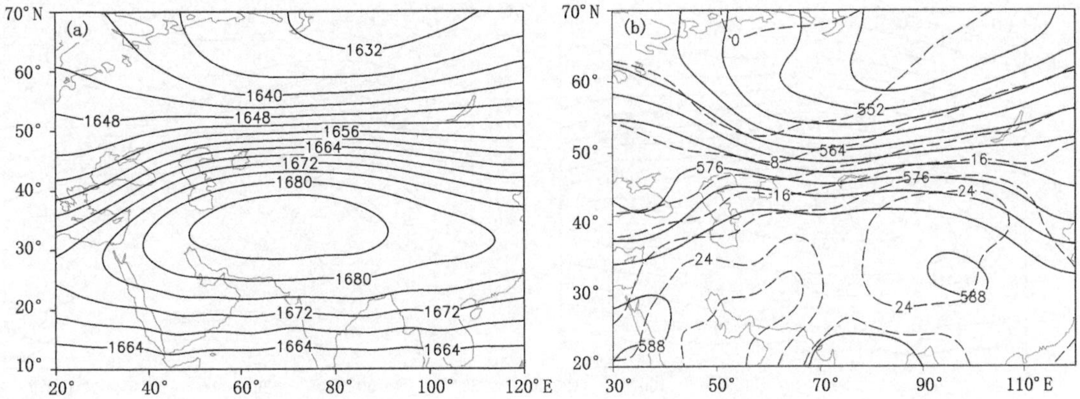


图 5.98　(a)100 hPa 平均高度场(单位:dagpm),(b)500 hPa 平均高度场(实线,单位:dagpm)和 850 hPa 平均温度场(虚线,单位:℃)

温天气过程共持续 10 d。新疆 82 个国家级气象站的日最高气温≥35 ℃,其中 65 站的日最高气温≥37 ℃,21 站≥40 ℃,1 站≥45 ℃(图 5.99a)。此次中等强度高温天气过程中,以 8 月 4 日的高温范围最大,当日新疆 74 个国家级气象站的日最高气温≥35 ℃,其中 42 站的日最高气温≥37 ℃,9 站≥40 ℃,1 站≥45 ℃。本次中等强度高温天气过程中,日最高气温极值出现在托克逊站(8 月 4 日),为 45.7 ℃(图 5.99b)。

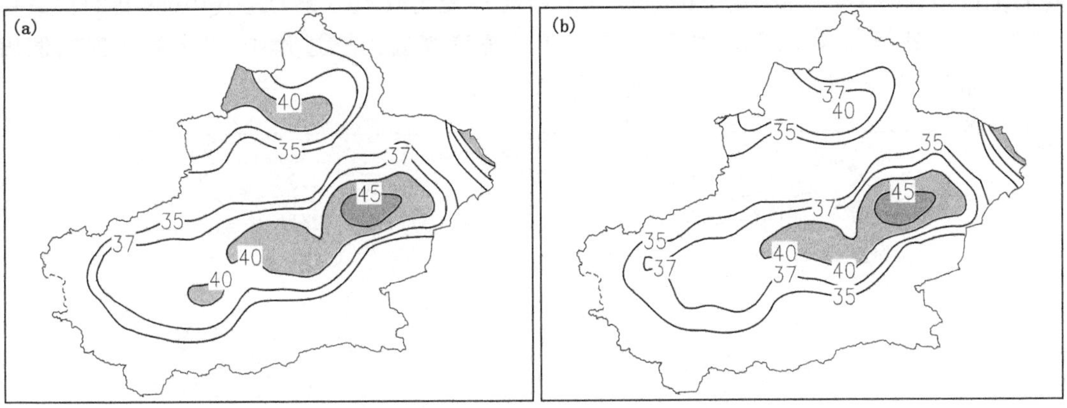


图 5.99　(a)1979 年 7 月 30 日至 8 月 8 日过程最高气温极值分布(单位:℃),(b)过程最强高温日(8 月 4 日)最高气温分布(单位:℃)

【天气形势】100 hPa 上,7 月 30 日至 8 月 2 日,南亚高压中心位于(75°E,35°N)附近,脊顶从西北方向逐渐伸展至东北方向,中心强度为 1692 dagpm;8 月 3—4 日,南亚高压主体南退;5—8 日,南亚高压西部高压脊再次发展。100 hPa 平均高度场上,南亚高压中心位于(65°E,32°N),中心强度 1688 dagpm(图 5.100a)。500 hPa 上,7 月 30 日至 8 月 5 日,伊朗副高强烈发展北抬、东移与西太副高打通,588 dagpm 等值线北抬至 45°N 附近,850 hPa 上 24 ℃等温线控制中国大部分地区,28 ℃等温线控制新疆;8 月 6—8 日,受北支冷空气影响高压系统减弱。500 hPa 平均高度场上,584 dagpm 等值线控制 40°N 以南区域,咸海至贝加尔湖一带为平均脊区,850 hPa 上 24 ℃等温线控制新疆(图 5.100b)。

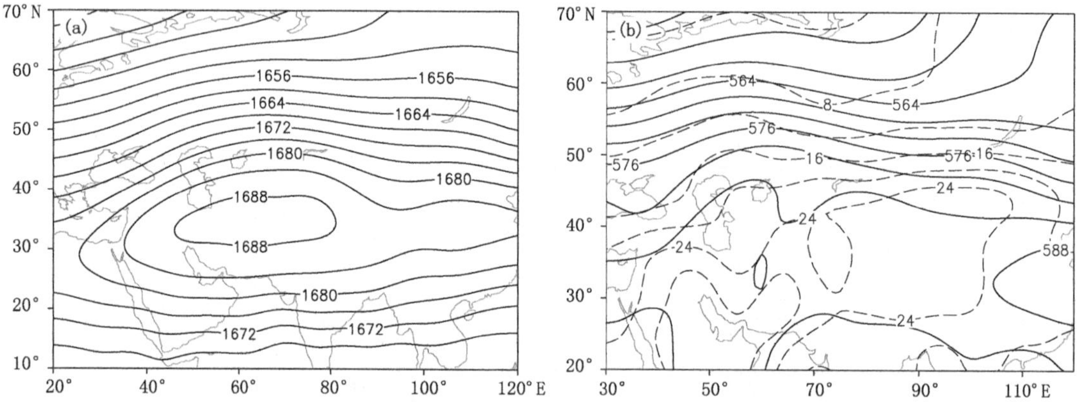


图 5.100 (a)100 hPa 平均高度场(单位:dagpm),(b)500 hPa 平均高度场(实线,单位:dagpm)和 850 hPa 平均温度场(虚线,单位:℃)

## 5.3.25 1980 年 7 月上旬至 7 月中旬中等强度高温天气过程

【高温实况】1980 年 7 月 10—20 日,新疆出现一次中等强度高温天气过程,此次高温天气过程共持续 11 d。新疆 81 个国家级气象站的日最高气温≥35 ℃,其中 55 站的日最高气温≥37 ℃,20 站≥40 ℃,2 站≥45 ℃(图 5.101a)。此次中等强度高温天气过程中,以 7 月 18 日的高温范围最大,当日新疆 70 个国家级气象站的日最高气温≥35 ℃,其中 48 站的日最高气温≥37 ℃,18 站≥40 ℃,2 站≥45 ℃。本次中等强度高温天气过程中,日最高气温极值出现在吐鲁番站(7 月 18 日),为 45.5 ℃(图 5.101b)。

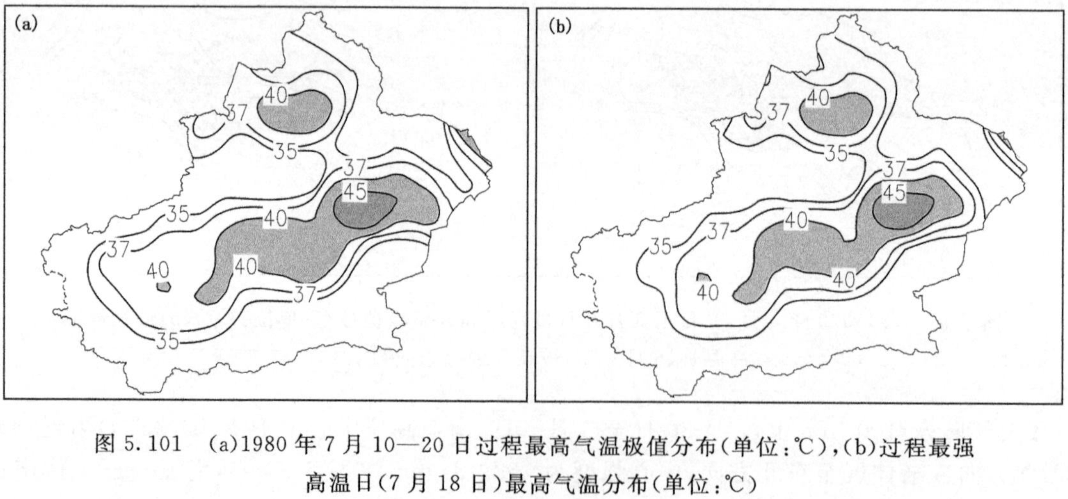


图 5.101 (a)1980 年 7 月 10—20 日过程最高气温极值分布(单位:℃),(b)过程最强高温日(7 月 18 日)最高气温分布(单位:℃)

【天气形势】100 hPa 上,7 月 10—18 日,南亚高压中心由 60°E 逐渐移动到 80°E 附近,中心强度维持在 1692 dagpm;19—20 日,受北支长波槽挤压,南亚高压主体南退。100 hPa 平均高度场上,南亚高压呈带状分布,中心强度 1688 dagpm(图 5.102a)。500 hPa 上,7 月 10—16 日,伊朗副高发展北抬,584 dagpm 等值线北抬至 45°N 附近,850 hPa 上 24 ℃等温线控制中国大部分地区,28 ℃等温线控制新疆;17—20 日,受北支冷空气影响高压系统减弱。500 hPa 平均高度场上，584 dagpm 等值线控制 40°N 以南区域，咸海至贝加尔湖一带为平均脊区，850 hPa 上 24 ℃等温线控制新疆(图 5.102b)。

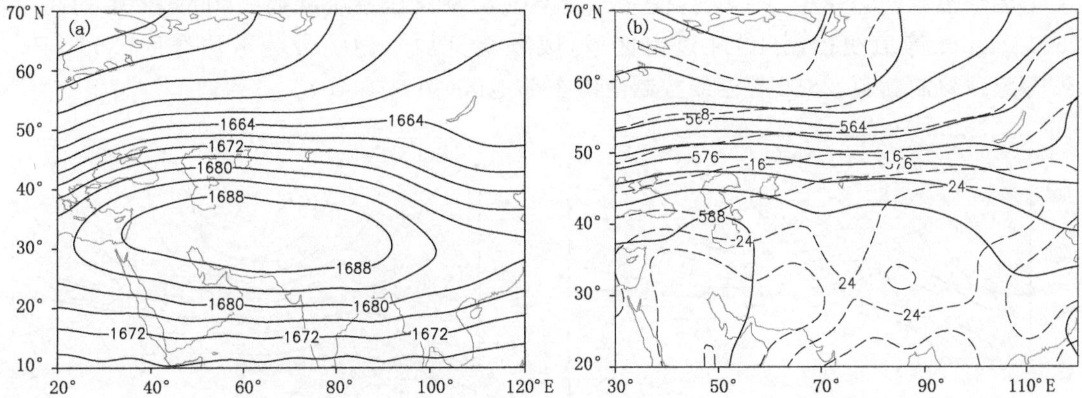


图 5.102 (a)100 hPa 平均高度场(单位:dagpm),(b)500 hPa 平均高度场(实线,单位:dagpm)和 850 hPa 平均温度场(虚线,单位:℃)

## 5.3.26 1980 年 7 月下旬至 8 月上旬中等强度高温天气过程

【高温实况】1980 年 7 月 23 日至 8 月 4 日，新疆出现一次中等强度高温天气过程，此次高温天气过程共持续 13 d。新疆 60 个国家级气象站的日最高气温≥35 ℃，其中 35 站的日最高气温≥37 ℃，5 站≥40 ℃(图 5.103a)。此次中等强度高温天气过程中，以 7 月 28 日的高温范围最大，当日新疆 38 个国家级气象站的日最高气温≥35 ℃，其中 12 站的日最高气温≥37 ℃，3 站≥40 ℃。本次中等强度高温天气过程中，日最高气温极值出现在吐鲁番站(7 月 23 日)，为 42.7 ℃(图 5.103b)。

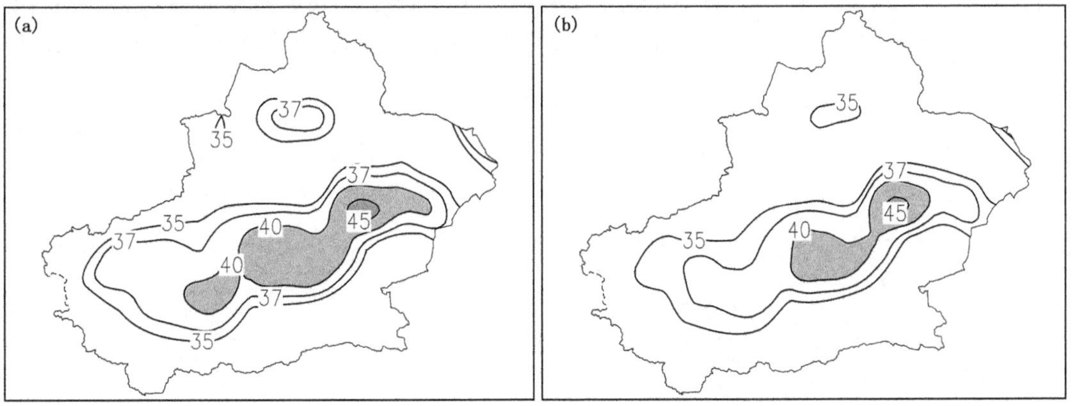


图 5.103 (a)1980 年 7 月 23 日至 8 月 4 日过程最高气温极值分布(单位:℃),(b)过程最强高温日(7 月 28 日)最高气温分布(单位:℃)

【天气形势】100 hPa 上，7 月 23—29 日，南亚高压西部中心发展，脊顶升至 50°N 附近，中心强度维持在 1688 dagpm；7 月 30 日至 8 月 2 日，南亚高压中心稳定在(80°E，35°N)附近；8 月 3—4 日，受北支长波槽挤压，南亚高压主体南退。100 hPa 平均高度场上，南亚高压呈带状分布,中心强度 1688 dagpm(图 5.104a)。500 hPa 上,7 月 23 日至 8 月 2 日,伊朗副高发展北抬,588 dagpm 等值线北抬至 40°N 附近,850 hPa 上 24 ℃等温线控制中国大部分地区,28 ℃等温线控制南疆;8 月 3—4 日,受北支冷空气影响高压系统减弱。500 hPa 平均高度场上,584 dagpm 等值线控制 40°N 以南区域,咸海至贝加尔湖一带为平均脊区,850 hPa 上 24 ℃等温线控制新疆,28 ℃等温线控制南疆东部地区(图 5.104b)。

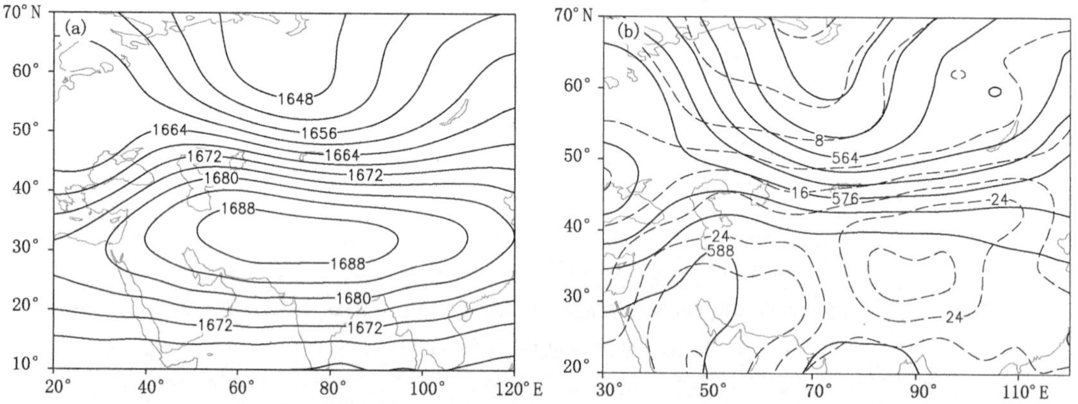


图 5.104　(a)100 hPa 平均高度场(单位:dagpm),(b)500 hPa 平均高度场(实线,单位:dagpm)和 850 hPa 平均温度场(虚线,单位:℃)

## 5.3.27　1983 年 7 月中旬至 7 月下旬中等强度高温天气过程

【高温实况】1983 年 7 月 18—25 日,新疆出现一次中等强度高温天气过程,此次高温天气过程共持续 8 d。新疆 69 个国家级气象站的日最高气温≥35 ℃,其中 45 站的日最高气温≥37 ℃,9 站≥40 ℃(图 5.105a)。此次中等强度高温天气过程中,以 7 月 24 日的高温范围最大,当日新疆 48 个国家级气象站的日最高气温≥35 ℃,其中 22 站的日最高气温≥37 ℃,4 站≥40 ℃。本次中等强度高温天气过程中,日最高气温极值出现在吐鲁番东坎站(7 月 20 日),为 44.6 ℃(图 5.105b)。

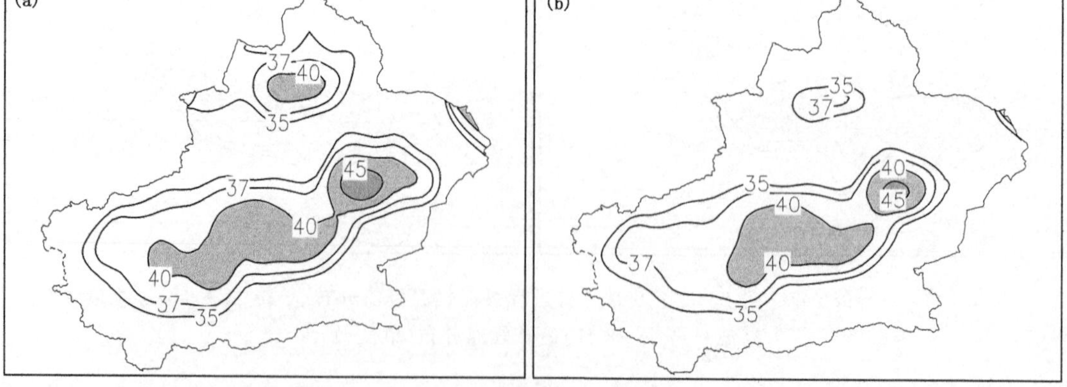


图 5.105　(a)1983 年 7 月 18—25 日过程最高气温极值分布(单位:℃),(b)过程最强高温日(7 月 24 日)最高气温分布(单位:℃)

【天气形势】100 hPa上，7月18日，南亚高压西部高压脊强于东部，19—20日，南亚高压西部高压脊发展，东部高压脊减弱；21—24日，南亚高压西部高压中心西退加强，中心强度达1696 dagpm；25日，受北支长波槽挤压，南亚高压主体西移南退。100 hPa平均高度场上，南亚高压中心位于(55°E，30°N)附近，中心强度1692 dagpm(图5.106a)。500 hPa上，7月18—21日，巴尔喀什湖至贝加尔湖地区为高压脊区，伊朗副高发展北抬；7月22—24日，伊朗副高与中纬度高压脊叠加，环流经向度增大；25日，受北支冷空气影响高压系统减弱。500 hPa平均高度场上，伊朗副高位于伊朗高原，584 dagpm等值线控制40°N以南区域，咸海至贝加尔湖一带为平均脊区，850 hPa上24 ℃等温线控制新疆，28 ℃等温线控制南疆东部(图5.106b)。

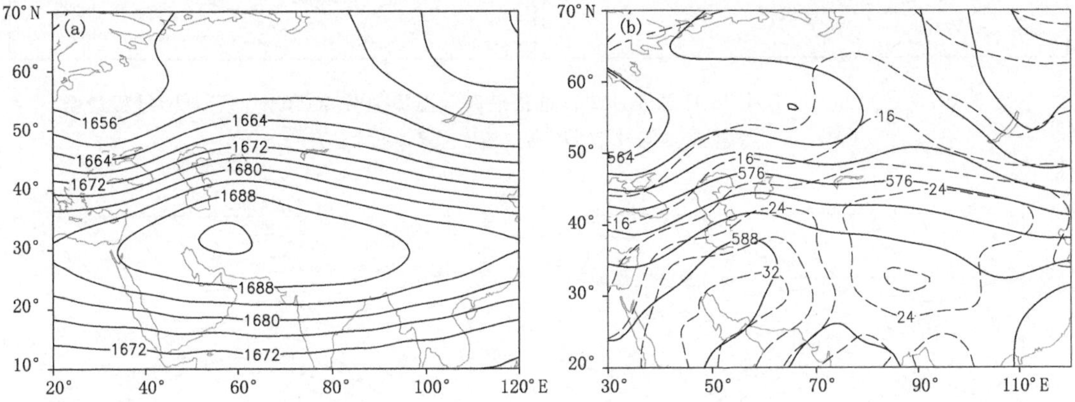


图5.106　(a)100 hPa平均高度场(单位：dagpm)，(b)500 hPa平均高度场(实线，单位：dagpm)和850 hPa平均温度场(虚线，单位：℃)

## 5.3.28　1983年7月下旬至8月上旬中等强度高温天气过程

【高温实况】1983年7月28日至8月2日，新疆出现一次中等强度高温天气过程，此次高温天气过程共持续6 d。新疆80个国家级气象站的日最高气温≥35 ℃，其中74站的日最高气温≥37 ℃，38站≥40 ℃，1站≥45 ℃(图5.107a)。此次中等强度高温天气过程中，以8月1日的高温范围最大，当日新疆78个国家级气象站的日最高气温≥35 ℃，其中62站的日最高气温≥37 ℃，23站≥40 ℃，1站≥45 ℃。本次中等强度高温天气过程中，日最高气温极值出现在吐鲁番东坎站(8月1日)，为45.8 ℃(图5.107b)。

【天气形势】100 hPa上，7月28日，南亚高压中心位于(60°E，50°N)附近，中心强度为1696 dagpm；7月29日至8月1日，南亚高压中心强烈发展北抬，脊顶升至60°N附近，中心强度增强至1700 dagpm；8月2日，受北支长波槽挤压，南亚高压主体南退。100 hPa平均高度场上，南亚高压中心位于(70°E，35°N)，中心强度1696 dagpm(图5.108a)。500 hPa上，7月28日至8月1日，伊朗副高强烈发展北抬，强度为592 dagpm的高压中心北抬至(70°E，40°N)；850 hPa上24 ℃等温线控制中国大部分地区，28 ℃等温线控制新疆；8月2日，受北支冷空气影响高压系统减弱。500 hPa平均高度场上，588 dagpm等值线北抬至45°N附近，东扩至90°E附近，咸海至贝加尔湖一带为平均脊区，850 hPa上24 ℃等温线控制中国大部分地区，28 ℃等温线控制南疆(图5.108b)。

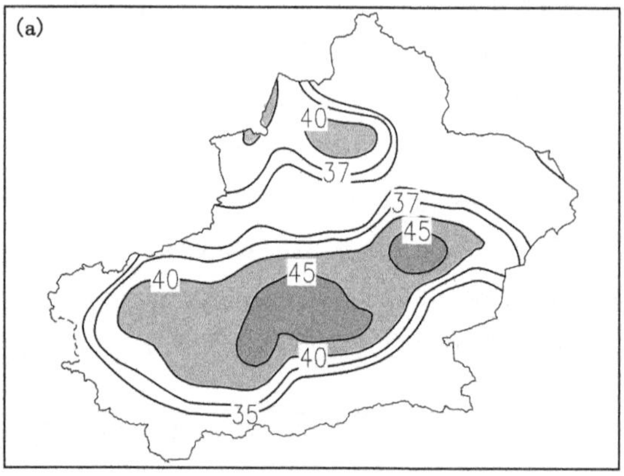


图 5.107　(a)1983 年 7 月 28 日至 8 月 2 日过程最高气温极值分布(单位:℃),(b)过程最强高温日(8 月 1 日)最高气温分布(单位:℃)

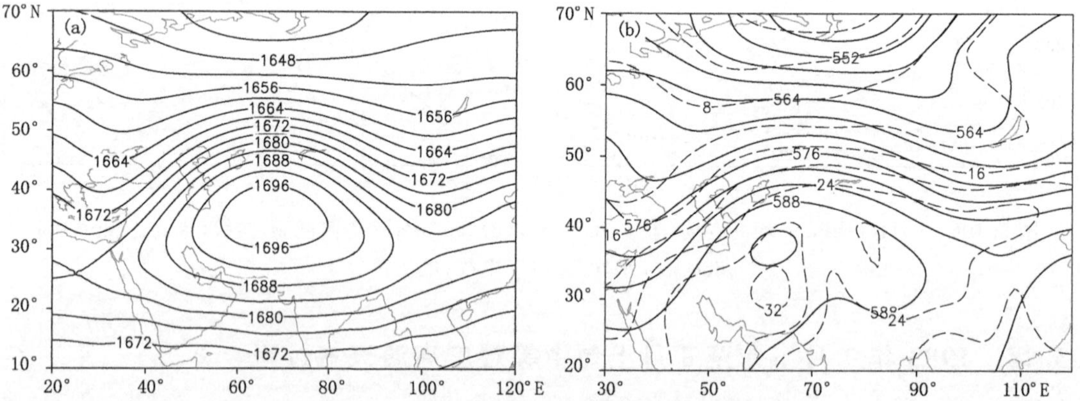


图 5.108　(a)100 hPa 平均高度场(单位:dagpm),(b)500 hPa 平均高度场(实线,单位:dagpm)和850 hPa 平均温度场(虚线,单位:℃)

## 5.3.29　1983 年 8 月中旬至 8 月下旬中等强度高温天气过程

【高温实况】1983 年 8 月 19—30 日,新疆出现一次中等强度高温天气过程,此次高温天气过程共持续 12 d。新疆 54 个国家级气象站的日最高气温≥35 ℃,其中 24 站的日最高气温≥37 ℃,5 站≥40 ℃(图 5.109a)。此次中等强度高温天气过程中,以 8 月 24 日的高温范围最大,当日新疆 45 个国家级气象站的日最高气温≥35 ℃,其中 18 站的日最高气温≥37 ℃,4 站≥40 ℃。本次中等强度高温天气过程中,日最高气温极值出现在吐鲁番东坎站(8 月 24 日),为 43.2 ℃(图 5.109b)。

【天气形势】100 hPa 上,8 月 19—22 日,南亚高压中心位于伊朗高原附近,中心强度为 1688 dagpm;22—28 日,南亚高压中心缓慢东移至青藏高原附近,28—30 日,南亚高压中心稳定少动。100 hPa 平均高度场上,南亚高压呈单体型,中心位于青藏高原,中心强度为 1688 dagpm(图 5.110a)。500 hPa 上,8 月 19—21 日,伊朗副高向北发展与乌拉尔山一带的高压脊打通,584 dagpm 等值线东伸至 110°E;24—29 日,伊朗副高继续向北发展,脊顶向东北方向伸

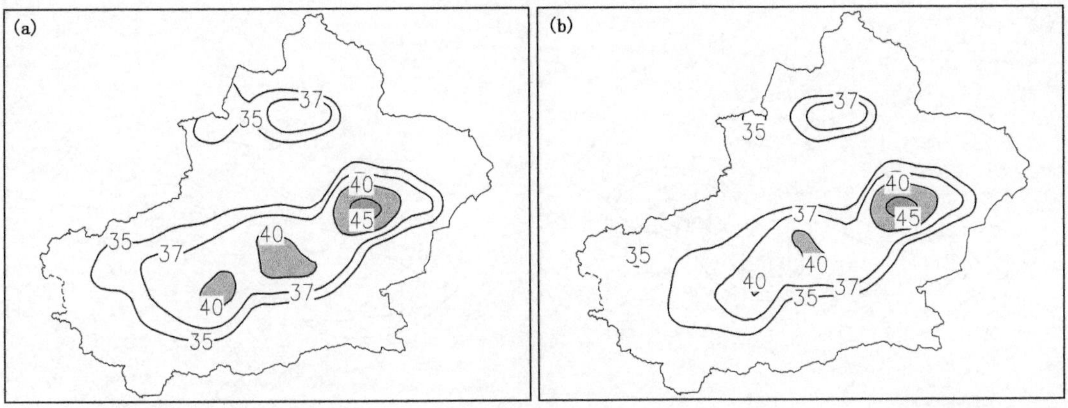


图 5.109　(a)1983 年 8 月 19—30 日过程最高气温极值分布(单位:℃),(b)过程最强高温日(8 月 24 日)最高气温分布(单位:℃)

至 70°N 附近,584 dagpm 等值线控制 40°N 以南区域;30—31 日伊朗副高继续发展,中心强度为 592 dagpm,中心位于南疆,588 dagpm 等值线控制 40°N 以南区域;850 hPa 上 20 ℃等温线控制新疆,24 ℃等温线控制南疆。500 hPa 平均高度场上,40°N 以南,30°～110°E 的区域均为 584 dagpm 等值线控制,伊朗副高主体位于 50°E 附近,新疆上空 850 hPa 的温度为20～24 ℃(图 5.110b)。

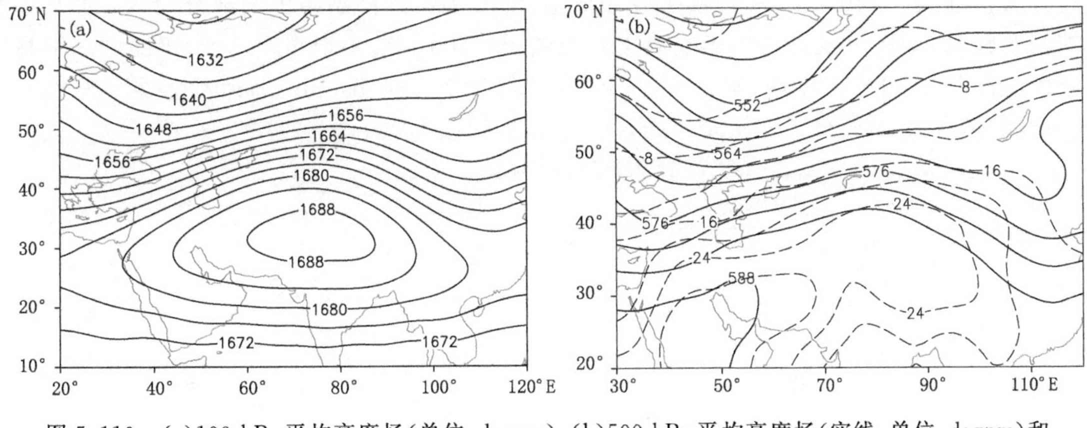


图 5.110　(a)100 hPa 平均高度场(单位:dagpm),(b)500 hPa 平均高度场(实线,单位:dagpm)和 850 hPa 平均温度场(虚线,单位:℃)

## 5.3.30　1984 年 7 月上旬至 7 月下旬中等强度高温天气过程

【高温实况】1984 年 7 月 14—23 日,新疆出现一次中等强度高温天气过程,此次高温天气过程共持续 10 d。新疆 63 个国家级气象站的日最高气温≥35 ℃,其中 39 站的日最高气温≥37 ℃,5 站≥40 ℃(图 5.111a)。此次中等强度高温天气过程中,以 7 月 15 日的高温范围最大,当日新疆 48 个国家级气象站的日最高气温≥35 ℃,其中 17 站的日最高气温≥37 ℃,4 站≥40 ℃。本次中等强度高温天气过程中,日最高气温极值出现在吐鲁番东坎站(7 月 14 日),为 43.5 ℃(图 5.111b)。

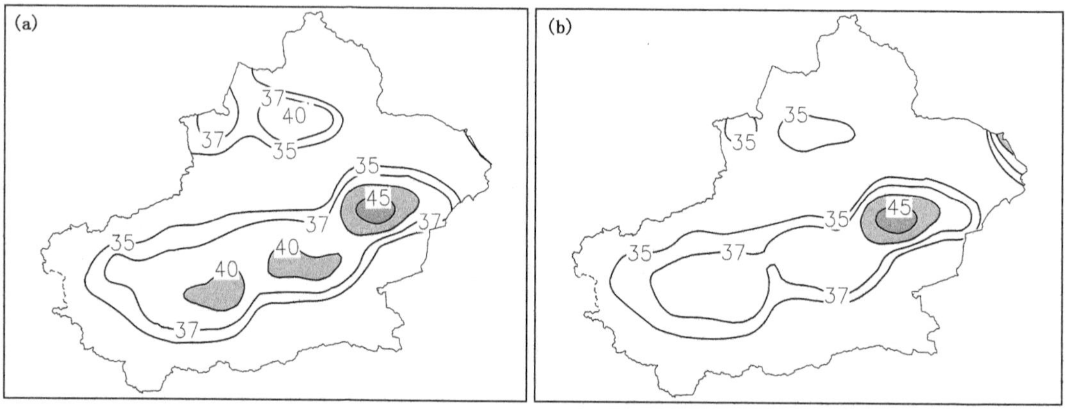


图 5.111　(a)1984 年 7 月 14—23 日过程最高气温极值分布(单位:℃),(b)过程最强高温日(7 月 15 日)最高气温分布(单位:℃)

【天气形势】100 hPa 上,7 月 14 日,南亚高压中心位于伊朗高原附近,中心强度为 1688 dagpm;15—22 日南亚高压由单体型发展为带状型,中心位于伊朗高原与青藏高原一带,中心强度为 1684 dagpm;23 日南亚高压为双体型,中心分别位于伊朗高原、青藏高原西部。100 hPa 平均高度场上,南亚高压呈带状分布,中心位于 40°N 附近(图 5.112a)。500 hPa 上,7 月 14 日伊朗副高向北发展,脊顶伸至 65°N;16—22 日,东移的伊朗副高东移与西伸的西太副高打通,共同影响 40°N 以南区域;850 hPa 上 20 ℃等温线控制中国大部分地区,24 ℃等温线控制新疆;23 日受北支冷空气影响高压系统减弱。500 hPa 平均高度场上,伊朗副热带高压与西太副高打通,40°N 以南,30°～110°E 的区域均为 584 dagpm 等值线控制,新疆上空 850 hPa的温度为 20～28 ℃(图 5.112b)。

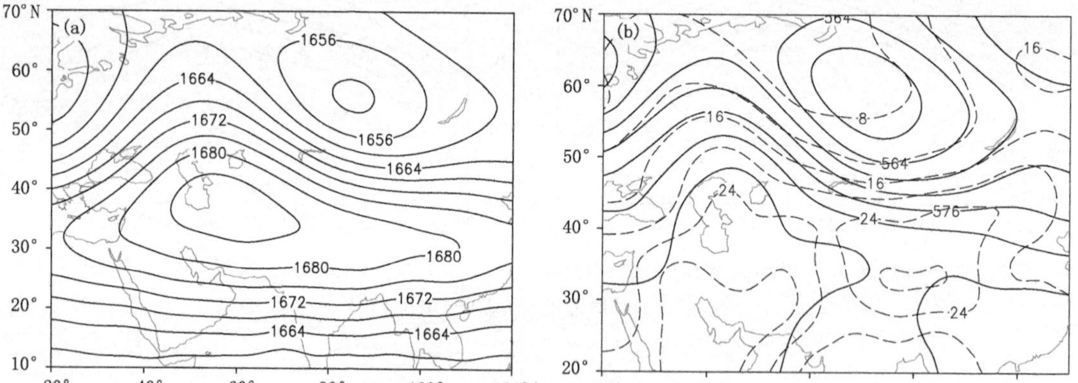


图 5.112　(a)100 hPa 平均高度场(单位:dagpm),(b)500 hPa 平均高度场(实线,单位:dagpm)和 850 hPa 平均温度场(虚线,单位:℃)

### 5.3.31　1985 年 7 月下旬至 8 月上旬中等强度高温天气过程

【高温实况】1985 年 7 月 22 日至 8 月 3 日,新疆出现一次中等强度高温天气过程,此次高温天气过程共持续 13 d。新疆 68 个国家级气象站的日最高气温≥35 ℃,其中 45 站的日最高气温≥37 ℃,6 站≥40 ℃(图 5.113a)。此次中等强度高温天气过程中,以 7 月 30 日的高温范围最大,当日新疆 60 个国家级气象站的日最高气温≥35 ℃,其中 35 站的日最高气温≥37 ℃,4 站≥40 ℃。本次中等强度高温天气过程中,日最高气温极值出现在吐鲁番东坎站(7 月 28 日),为 44.9 ℃(图 5.113b)。

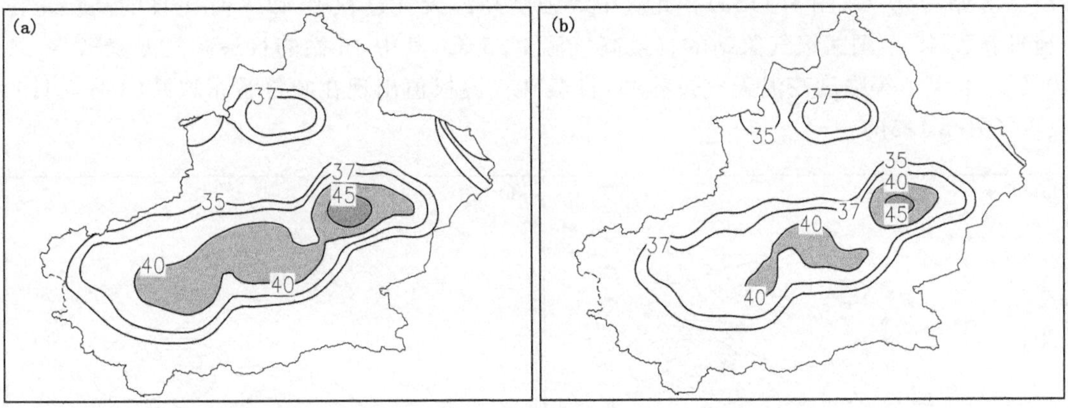


图 5.113　(a)1985 年 7 月 22 日至 8 月 3 日过程最高气温极值分布(单位:℃),(b)过程最强高温日(7 月 30 日)最高气温分布(单位:℃)

【天气形势】100 hPa 上,7 月 22 日,南亚高压中心位于(70°E,40°N)附近,中心强度为 1688 dagpm;23—27 日,南亚高压中心北抬,脊顶升至 60°N 附近,中心强度增强至 1688 dagpm;8 月 1—3 日,受北支系统南压影响,南亚高压主体南退。100 hPa 平均高度场上,南亚高压呈单体分布,中心位于 40°N 附近(图 5.114a)。500 hPa 上,7 月 22—23 日,伊朗副高发展并东伸至 90°E 附近,中心强度超过 588 dagpm;24—28 日,伊朗副高向北发展,脊顶伸至 60°N 附近;7 月 29 日至 8 月 2 日,伊朗副高控制新疆;850 hPa 上 20 ℃等温线控制中国大部分地区,24 ℃等温线控制新疆;8 月 3 日,受北支冷空气影响高压系统减弱。500 hPa 平均高度场上,40°N 以南,30°～110°E 的区域均为 584 dagpm 等值线控制,伊朗副高主体位于 50°E 附近,新疆上空 850 hPa 的温度为 24 ℃(图 5.114b)。

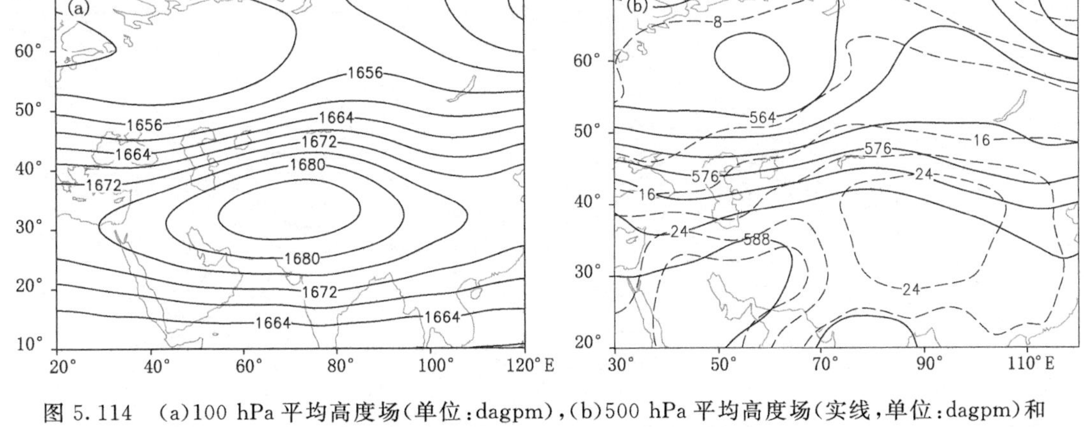


图 5.114　(a)100 hPa 平均高度场(单位:dagpm),(b)500 hPa 平均高度场(实线,单位:dagpm)和 850 hPa 平均温度场(虚线,单位:℃)

## 5.3.32　1986 年 8 月上旬中等强度高温天气过程

【高温实况】1986 年 8 月 2—10 日，新疆出现一次中等强度高温天气过程，此次高温天气过程共持续 9 d。新疆 61 个国家级气象站的日最高气温≥35 ℃，其中 34 站的日最高气温≥37 ℃，8 站≥40 ℃(图 5.115a)。此次中等强度高温天气过程中，以 8 月 4 日的高温范围最大，当日新疆 45 个国家级气象站的日最高气温≥35 ℃，其中 16 站的日最高气温≥37 ℃，4 站≥40 ℃。本次中等强度高温天气过程中，日最高气温极值出现在吐鲁番东坎站(8 月 9 日)，为 44.1 ℃(图 5.115b)。

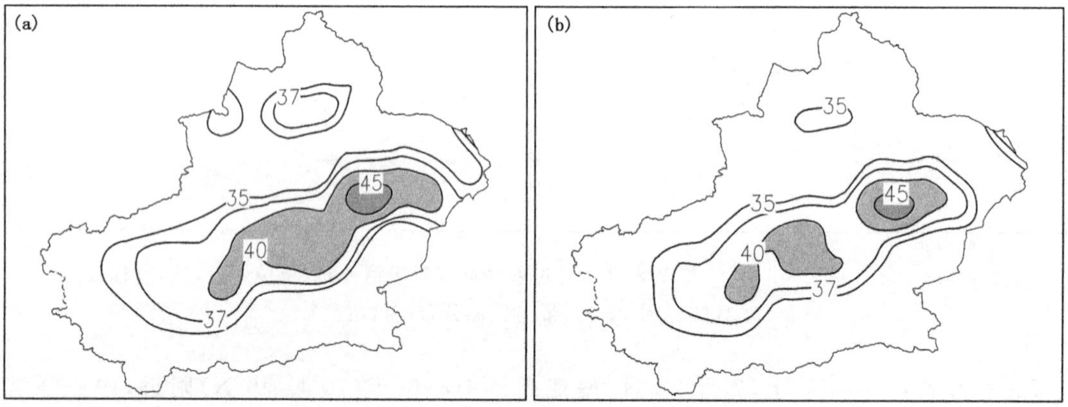


图 5.115　(a)1986 年 8 月 2—10 日过程最高气温极值分布(单位:℃)，(b)过程最强高温日(8 月 4 日)最高气温分布(单位:℃)

【天气形势】100 hPa 上，8 月 2—4 日，南亚高压中心位于伊朗高原一带，南亚高压呈单体型，中心强度为 1688 dagpm；5—9 日，南亚高压呈双体型，中心分别在伊朗高原、青藏高原，中心强度分别为 1680 dagpm、1684 dagpm；10 日，南亚高压呈带状分布，中心强度超过 1684 dagpm。100 hPa 平均高度场上，南亚高压呈东部型，中心位于 40°N 附近(图 5.116a)。500 hPa 上，8 月 2 日，伊朗副高主体在 70°E 附近，588 dagpm 等值线东伸至 90°E 附近；3—8 日，伊朗副高东

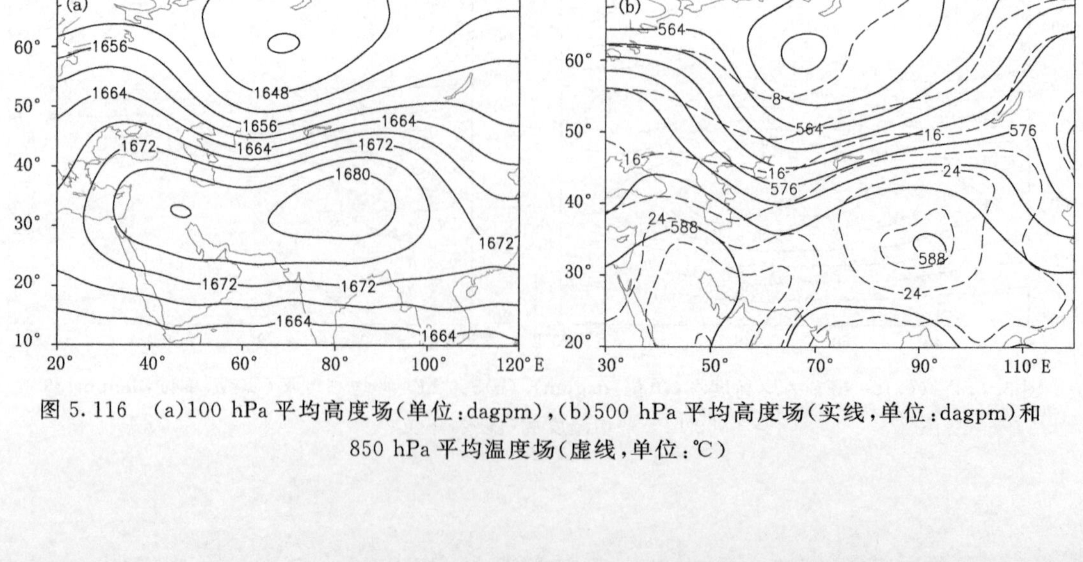


图 5.116　(a)100 hPa 平均高度场(单位:dagpm)，(b)500 hPa 平均高度场(实线，单位:dagpm)和 850 hPa 平均温度场(虚线，单位:℃)

移与西太副高打通，588 dagpm 等值线北抬至 45°N 附近，850 hPa 上 24～28 ℃等温线控制新疆；9—10 日，受北支冷空气影响高压系统减弱。500 hPa 平均高度场上，40°N 以南，30°～110°E 的区域均为 584 dagpm 等值线控制，伊朗副高东移北扩至 90°E 附近，588 dagpm 等值线控制南疆西部地区，新疆上空 850 hPa 的温度为 20～24 ℃(图 5.116b)。

### 5.3.33　1987 年 7 月中旬至 7 月下旬中等强度高温天气过程

【高温实况】1987 年 7 月 20—26 日，新疆出现一次中等强度高温天气过程，此次高温天气过程共持续 7 d。新疆 63 个国家级气象站的日最高气温≥35 ℃，其中 36 站的日最高气温≥37 ℃，12 站≥40 ℃(图 5.117a)。此次中等强度高温天气过程中，以 7 月 23 日的高温范围最大，当日新疆 57 个国家级气象站的日最高气温≥35 ℃，其中 29 站的日最高气温≥37 ℃，9 站≥40 ℃。本次中等强度高温天气过程中，日最高气温极值出现在托克逊站(7 月 23 日)，为 44.8 ℃(图 5.117b)。

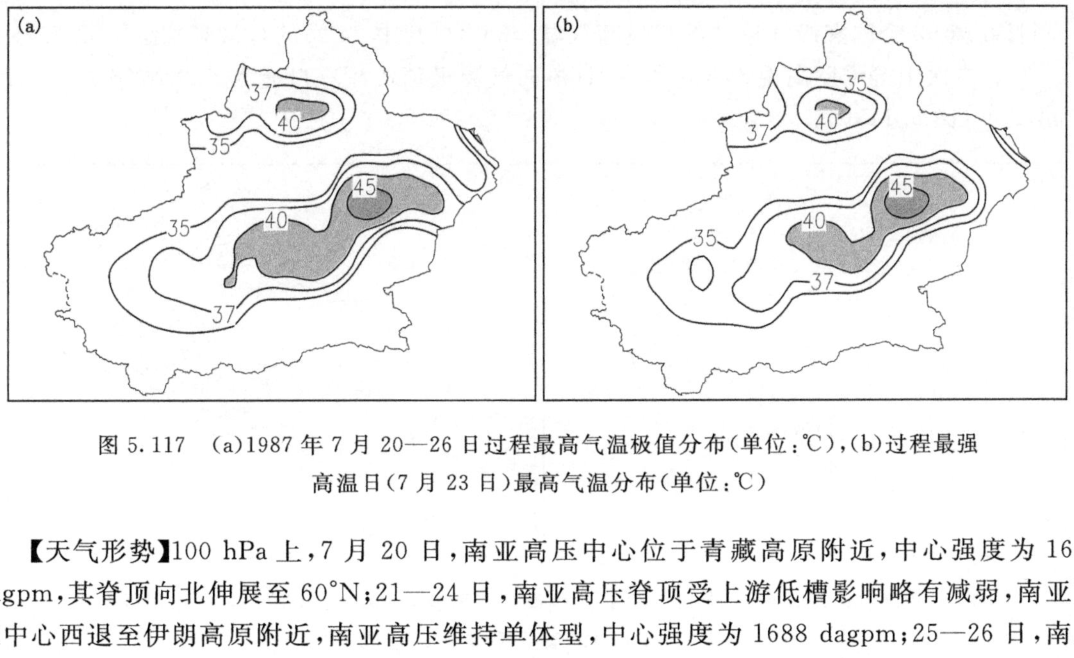


图 5.117　(a)1987 年 7 月 20—26 日过程最高气温极值分布(单位：℃)，(b)过程最强高温日(7 月 23 日)最高气温分布(单位：℃)

【天气形势】100 hPa 上，7 月 20 日，南亚高压中心位于青藏高原附近，中心强度为 1692 dagpm，其脊顶向北伸展至 60°N；21—24 日，南亚高压脊顶受上游低槽影响略有减弱，南亚高压中心西退至伊朗高原附近，南亚高压维持单体型，中心强度为 1688 dagpm；25—26 日，南亚高压呈带状型分布。100 hPa 平均高度场上，南亚高压中心位于 35°N 附近，高压中心位于青藏高原，中心强度为 1688 dagpm(图 5.118a)。500 hPa 上，7 月 20—24 日，伊朗副高强烈发展脊顶伸至 60°N，588 dagpm 等值线东伸至 100°E 附近，中心强度超过 592 dagpm，584 dagpm 等值线控制 45°N 以南的区域；25—26 日，受北支冷空气影响高压系统减弱；850 hPa 上 24 ℃等温线控制新疆。500 hPa 平均高度场上，584 dagpm 等值线控制 45°N 以南的区域，伊朗副高主体位于 60°E 附近，新疆上空 850 hPa 的温度为 24～28 ℃(图 5.118b)。

### 5.3.34　1987 年 8 月中旬至 8 月下旬中等强度高温天气过程

【高温实况】1987 年 8 月 11—23 日，新疆出现一次中等强度高温天气过程，此次高温天气过程共持续 13 d。新疆 75 个国家级气象站的日最高气温≥35 ℃，其中 44 站的日最高气温≥37 ℃，7 站≥40 ℃(图 5.119a)。此次中等强度高温天气过程中，以 8 月 17 日的高温范围最

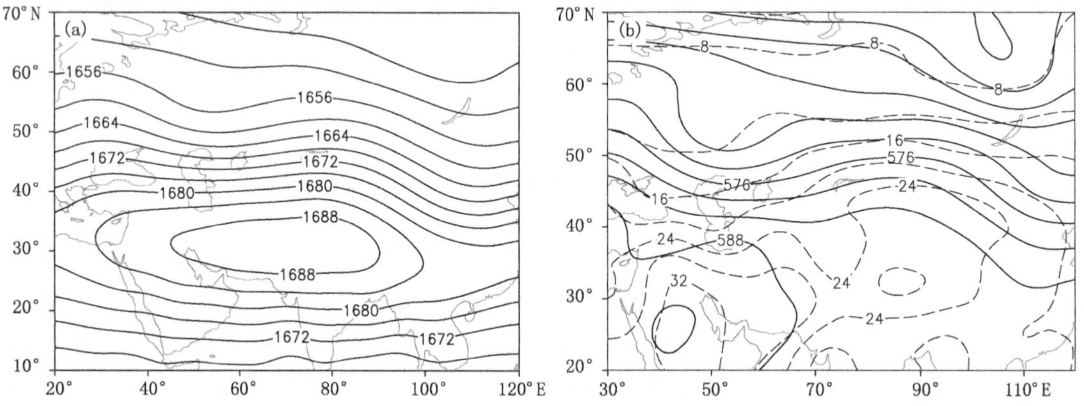


图 5.118　(a)100 hPa 平均高度场(单位:dagpm),(b)500 hPa 平均高度场(实线,单位:dagpm)和 850 hPa 平均温度场(虚线,单位:℃)

大,当日新疆 62 个国家级气象站的日最高气温≥35 ℃,其中 34 站的日最高气温≥37 ℃,6 站≥40 ℃。本次中等强度高温天气过程中,日最高气温极值出现在吐鲁番东坎站(8 月 15 日),为 44.2 ℃(图 5.119b)。

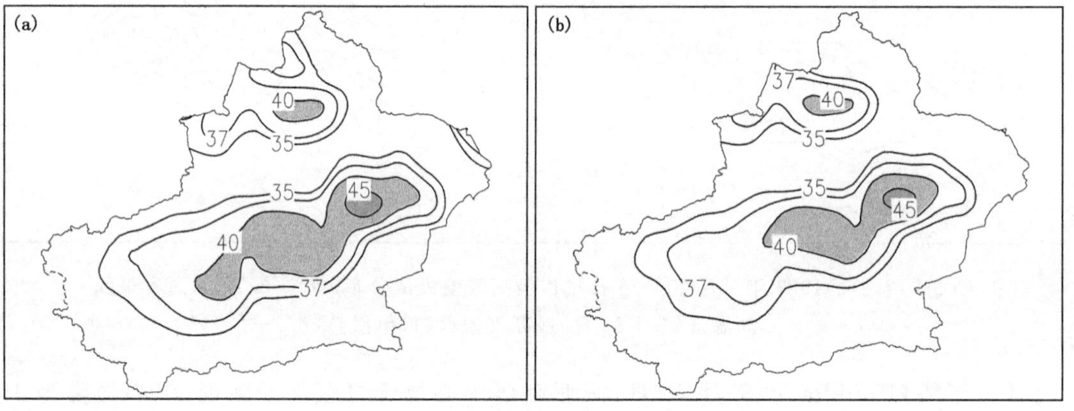


图 5.119　(a)1987 年 8 月 11—23 日过程最高气温极值分布(单位:℃),(b)过程最强高温日(8 月 17 日)最高气温分布(单位:℃)

【天气形势】100 hPa 上,8 月 11—17 日,南亚高压中心位于伊朗高原附近,稳定少动,中心强度超过 1688 dagpm,其脊顶向东北方向发展伸至 60°N 附近;18—21 日,南亚高压继续发展,中心强度为 1692 dagpm,维持单体型;22—23 日,南亚高压略减弱西退。100 hPa 平均高度场上,南亚高压呈单体分布,中心位于 35°N 附近(图 5.120a)。500 hPa 上,8 月 11—12 日,伊朗副高主体位于 70°E 附近,中心强度为 592 dagpm;13—19 日伊朗副高强烈发展,其脊顶北伸至 60°N 附近,584 dagpm 等值线控制 40°N 以南的区域,在南疆的西部有一 588 dagpm 的高压中心;850 hPa 上 20 ℃等温线控制中国大部分地区,24 ℃等温线控制新疆;20—23 日,伊朗副高脊受北部低值系统的影响有所减弱。500 hPa 平均高度场上,40°N 以南,30°～110°E 的区域均为 584 dagpm 等值线控制,伊朗副高主体位于 50°E 附近,新疆上空 850 hPa 的温度为 20～24 ℃(图 5.120b)。

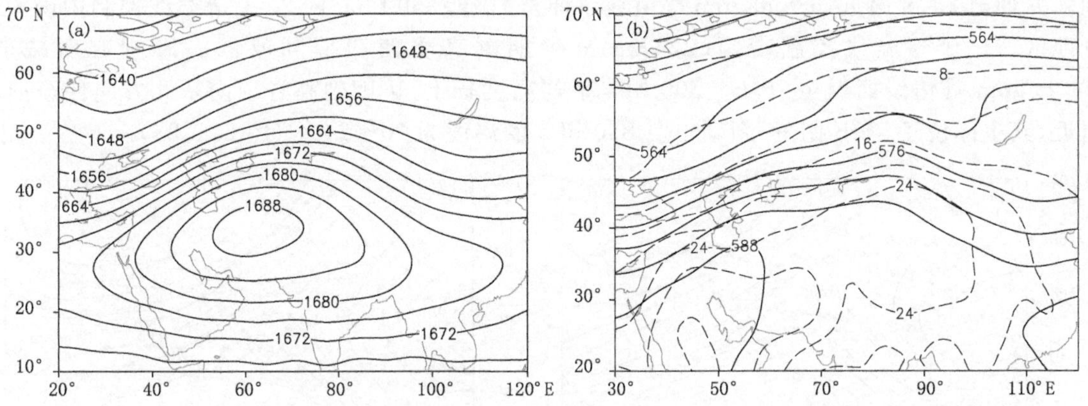


图 5.120　(a)100 hPa 平均高度场(单位:dagpm),(b)500 hPa 平均高度场(实线,单位:dagpm)和 850 hPa 平均温度场(虚线,单位:℃)

## 5.3.35　1988 年 6 月中旬至 6 月下旬中等强度高温天气过程

【高温实况】1988 年 6 月 16—23 日,新疆出现一次中等强度高温天气过程,此次高温天气过程共持续 8 d。新疆 70 个国家级气象站的日最高气温≥35 ℃,其中 51 站的日最高气温≥37 ℃,7 站≥40 ℃(图 5.121a)。此次中等强度高温天气过程中,以 6 月 21 日的高温范围最大,当日新疆 62 个国家级气象站的日最高气温≥35 ℃,其中 35 站的日最高气温≥37 ℃,3 站≥40 ℃。本次中等强度高温天气过程中,日最高气温极值出现在吐鲁番东坎站(6 月 22 日),为 44 ℃(图 5.121b)。

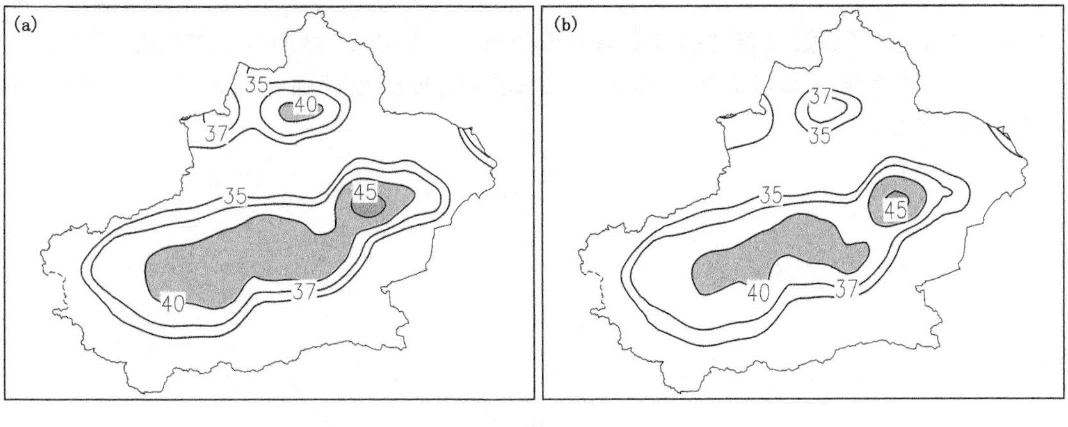


图 5.121　(a)1988 年 6 月 16—23 日过程最高气温极值分布(单位:℃),(b)过程最强高温日(6 月 21 日)最高气温分布(单位:℃)

【天气形势】100 hPa 上,6 月 16 日,南亚高压中心位于(100°E,30°N)附近,中心强度 1680 dagpm,其高压脊顶向东北方向伸至 70°N 附近;17—23 日,南亚高压中心西退至(70°E,40°N)附近。100 hPa 平均高度场上,南亚高压中心位于 35°N 附近,高压中心位于伊朗高原西部,中心强度为 1680 dagpm(图 5.122a)。500 hPa 上,6 月 16—18 日,伊朗副高发展,其脊顶向东北方向伸至白海附近,584 dagpm 等值线迅速北抬至 52°N 附近;19—21 日,伊朗副高东扩,脊顶顺转并伸至 70°N 附近,588 dagpm 等值线东伸至 70°E;850 hPa 上,20 ℃等温线控制中国大部分地区,24 ℃等温线控制新疆;22—23 日伊朗副高受西西伯利亚低涡影响有所减弱,588 dagpm 等值线西退至 70°E。500 hPa 平均高度场上,伊朗副高脊顶向东北方向伸至白海附近,其主体位于 70°E 附近,新疆上空 850 hPa 的温度为 20～24 ℃(图 5.122b)。

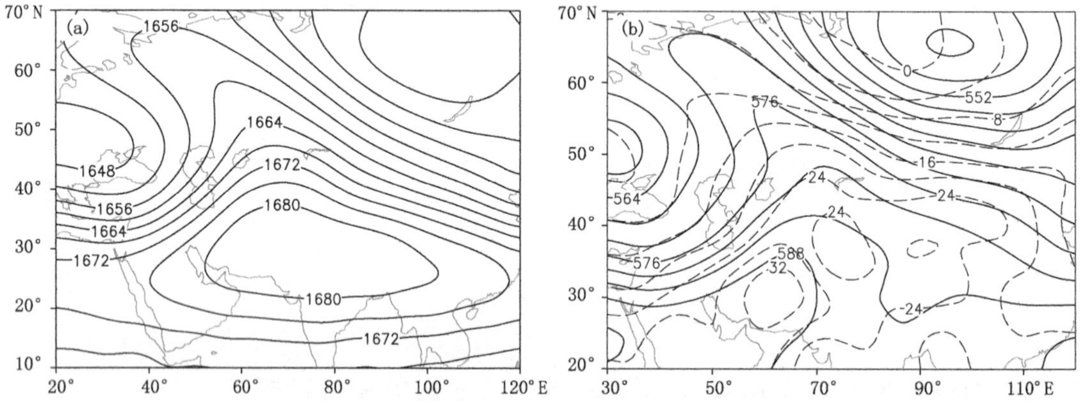


图 5.122　(a)100 hPa 平均高度场(单位:dagpm),(b)500 hPa 平均高度场(实线,单位:dagpm)和 850 hPa 平均温度场(虚线,单位:℃)

## 5.3.36　1989 年 7 月下旬中等强度高温天气过程

【高温实况】1989 年 7 月 23—30 日,新疆出现一次中等强度高温天气过程,此次高温天气过程共持续 8 d。新疆 69 个国家级气象站的日最高气温≥35 ℃,其中 41 站的日最高气温≥37 ℃,9 站≥40 ℃(图 5.123a)。此次中等强度高温天气过程中,以 7 月 27 日的高温范围最大,当日新疆 55 个国家级气象站的日最高气温≥35 ℃,其中 30 站的日最高气温≥37 ℃,9 站≥40 ℃。本次中等强度高温天气过程中,日最高气温极值出现在托克逊站(7 月 29 日),为 43.4 ℃(图 5.123b)。

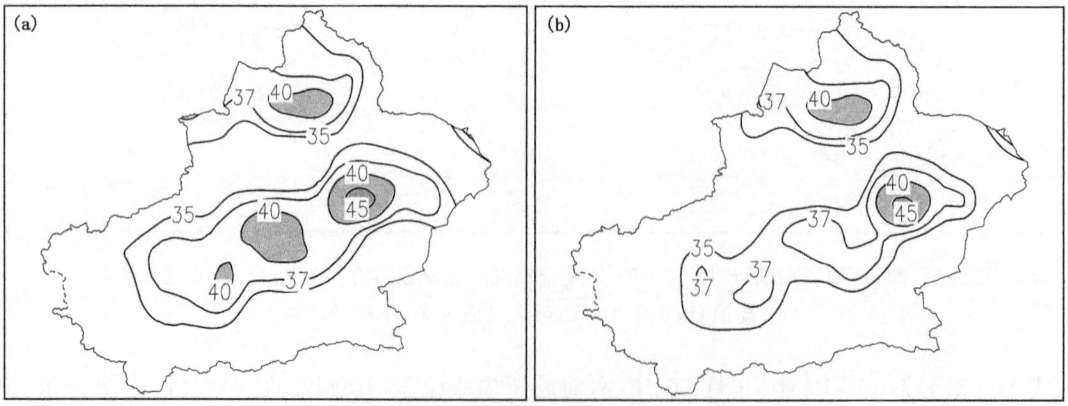


图 5.123　(a)1989 年 7 月 23—30 日过程最高气温极值分布(单位:℃),(b)过程最强高温日(7 月 27 日)最高气温分布(单位:℃)

【天气形势】100 hPa 上,7 月 23—24 日,南亚高压呈双体型,中心分别位于伊朗高原、青藏高原附近，中心强度分别为 1688 dagpm 和 1696 dagpm；25—27 日，南亚高压呈单体型，中心位于(80°E,40°N)附近，中心强度 1696 dagpm；28—30 日，南亚高压中心西退至(60°E,40°N)。100 hPa 平均高度场上，南亚高压呈带状分布，中心强度为 1688 dagpm(图 5.124a)。500 hPa 上，7 月 23 日，伊朗副高强烈发展北抬，强度为 592 dagpm 的高压中心北抬至(60°E,60°N)，西太副高西伸明显，584 dagpm 等值线西伸至 90°E；24—27 日，伊朗副高与西太副高打通形成强盛的高压脊，脊顶伸至 70°N 附近；850 hPa 上 20 ℃等温线控制中国大部分地区，24 ℃等温线控制新疆；28—30 日，受北支冷空气影响高压系统减弱。500 hPa 平均高度场上，584 dagpm 等值线北抬至 45°N 附近，东扩至 90°E 附近，咸海至贝加尔湖一带为平均脊区，850 hPa 上 24 ℃等温线控制中国大部分地区，28 ℃等温线控制南疆(图 5.124b)。

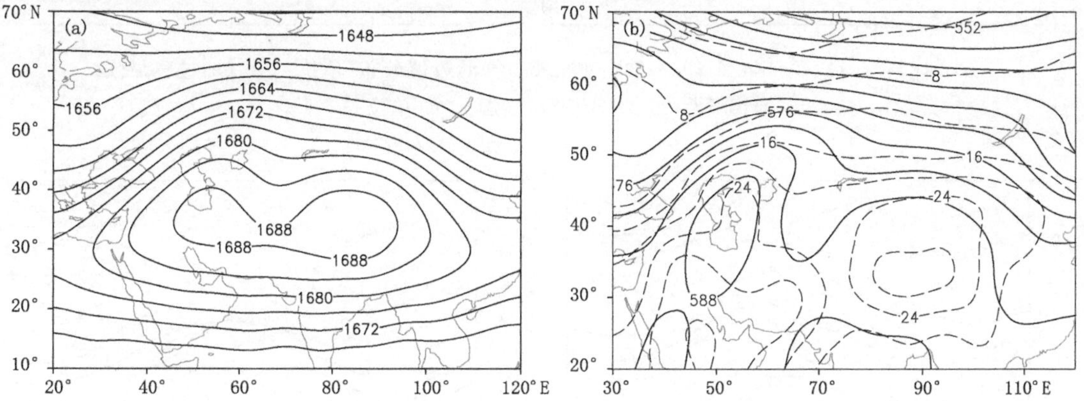


图 5.124　(a)100 hPa 平均高度场(单位：dagpm)，(b)500 hPa 平均高度场(实线，单位：dagpm)和 850 hPa 平均温度场(虚线，单位：℃)

## 5.3.37　1990 年 6 月中旬至 6 月下旬中等强度高温天气过程

【高温实况】1990 年 6 月 19—27 日，新疆出现一次中等强度高温天气过程，此次高温天气过程共持续 9 d。新疆 61 个国家级气象站的日最高气温≥35 ℃，其中 38 站的日最高气温≥37 ℃，4 站≥40 ℃(图 5.125a)。此次中等强度高温天气过程中，以 6 月 21 日的高温范围最大，当日新疆 52 个国家级气象站的日最高气温≥35 ℃，其中 27 站的日最高气温≥37 ℃，4 站≥40 ℃。本次中等强度高温天气过程中，日最高气温极值出现在吐鲁番东坎站(6 月 21 日)，为 44.6 ℃(图 5.125b)。

【天气形势】100 hPa 上，6 月 19—20 日，南亚高压发展，脊顶升至 70°N 附近，中心强度维持在 1688 dagpm；21—23 日，南亚高压中心略西退，中心西退至(60°E,40°N)附近；24—27 日，南压高压由单体型发展为带状型，中心迅速东移至(80°E,35°N)附近。100 hPa 平均高度场上，南亚高压呈带状分布，中心强度 1688 dagpm(图 5.126a)。500 hPa 上，6 月 19—25 日，伊朗副高发展北抬，588 dagpm 等值线北抬至 40°N 附近；850 hPa 上，20 ℃等温线控制中国大部分地区，24 ℃等温线控制新疆；24—26 日伊朗副高稳定维持在 40°N 附近；26—27 日，受北支冷空气影响高压系统减弱。500 hPa 平均高度场上，584 dagpm 等值线控制 40°N 以南区域，咸海至贝加尔湖一带为平均脊区，850 hPa 上 24 ℃等温线控制新疆(图 5.126b)。

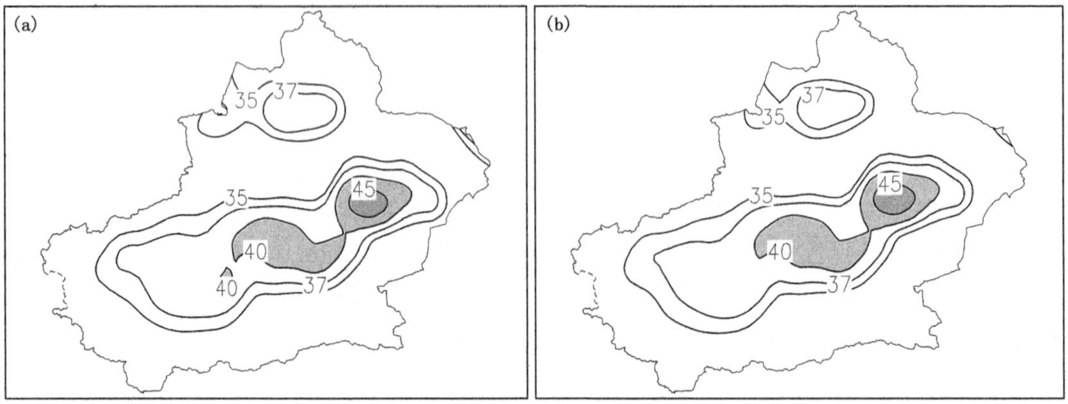


图 5.125　(a)1990 年 6 月 19—27 日过程最高气温极值分布(单位:℃),(b)过程最强高温日(6 月 21 日)最高气温分布(单位:℃)

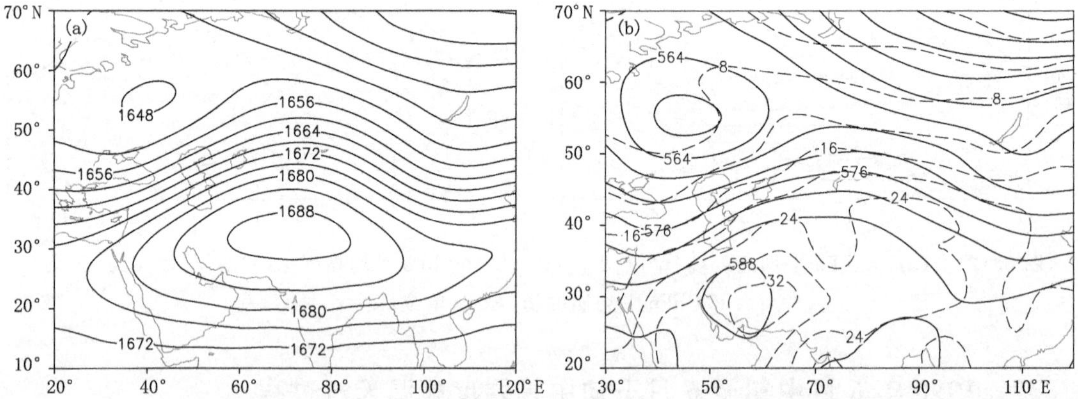


图 5.126　(a)100 hPa 平均高度场(单位:dagpm),(b)500 hPa 平均高度场(实线,单位:dagpm)和 850 hPa 平均温度场(虚线,单位:℃)

## 5.3.38　1990 年 7 月下旬至 8 月上旬中等强度高温天气过程

【高温实况】1990 年 7 月 30 日至 8 月 4 日,新疆出现一次中等强度高温天气过程,此次高温天气过程共持续 6 d。新疆 82 个国家级气象站的日最高气温≥35 ℃,其中 64 站的日最高气温≥37 ℃,20 站≥40 ℃,2 站≥45 ℃(图 5.127a)。此次中等强度高温天气过程中,以 8 月 2 日的高温范围最大,当日新疆 82 个国家级气象站的日最高气温≥35 ℃,其中 57 站的日最高气温≥37 ℃,17 站≥40 ℃,1 站≥45 ℃。本次中等强度高温天气过程中,日最高气温极值出现在吐鲁番站(8 月 3 日),为 45.9 ℃(图 5.127b)。

【天气形势】100 hPa 上,7 月 30 日,高压中心位于(70°E,45°N)附近,脊顶伸至 60°N 附近,中心强度 1692 dagpm;7 月 31 日至 8 月 3 日,高压中心东移至(80°E,45°N)附近,维持单体型;8 月 4 日,南压高压由单体型演变为带状型,中心强度降至 1688 dagpm。100 hPa 平均高度场上,南亚高压中心位于(80°E,40°N)附近,中心强度 1692 dagpm(图 5.128a)。500 hPa 上,7 月 30—31 日伊朗副高北抬明显,584 dagpm 等值线伸至 50°N 附近;8 月 1—3 日,巴尔喀什湖至

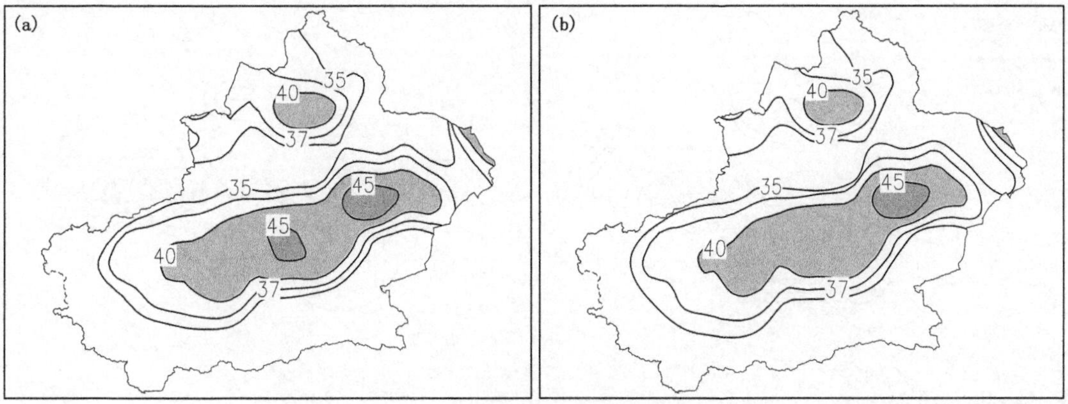


图 5.127　(a)1990 年 7 月 30 日至 8 月 4 日过程最高气温极值分布(单位:℃),(b)过程最强高温日(8 月 2 日)最高气温分布(单位:℃)

贝加尔湖地区受伊朗副高控制,850 hPa 上,24 ℃等温线控制新疆;4 日受北支冷空气影响该高压系统减弱南掉。500 hPa 平均高度场上,伊朗副高北抬至 40°N 附近,巴尔喀什湖至贝加尔湖一带为平均脊区,850 hPa 上 24 ℃等温线控制新疆(图 5.128b)。

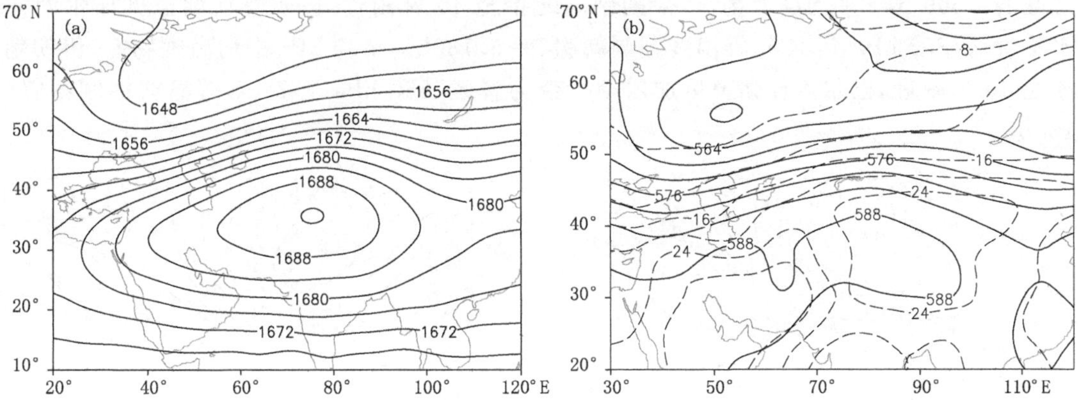


图 5.128　(a)100 hPa 平均高度场(单位:dagpm),(b)500 hPa 平均高度场(实线,单位:dagpm)和 850 hPa 平均温度场(虚线,单位:℃)

## 5.3.39　1991 年 7 月上旬至 7 月中旬中等强度高温天气过程

【高温实况】1991 年 7 月 7—13 日,新疆出现一次中等强度高温天气过程,此次高温天气过程共持续 7 d。新疆 62 个国家级气象站的日最高气温≥35 ℃,其中 35 站的日最高气温≥37 ℃,12 站≥40 ℃,2 站≥45 ℃(图 5.129a)。此次中等强度高温天气过程中,以 7 月 11 日的高温范围最大,当日新疆 43 个国家级气象站的日最高气温≥35 ℃,其中 13 站的日最高气温≥37 ℃,5 站≥40 ℃,1 站≥45 ℃。本次中等强度高温天气过程中,日最高气温极值出现在吐鲁番东坎站(7 月 9 日),为 45.8 ℃(图 5.129b)。

【天气形势】100 hPa 上,7 月 7—8 日,南压高压呈带状分布,中心强度为 1684 dagpm;9—11 日,南压高压的西部中心发展,中心强度达 1688 dagpm;12—13 日,南亚高压东移,并呈带

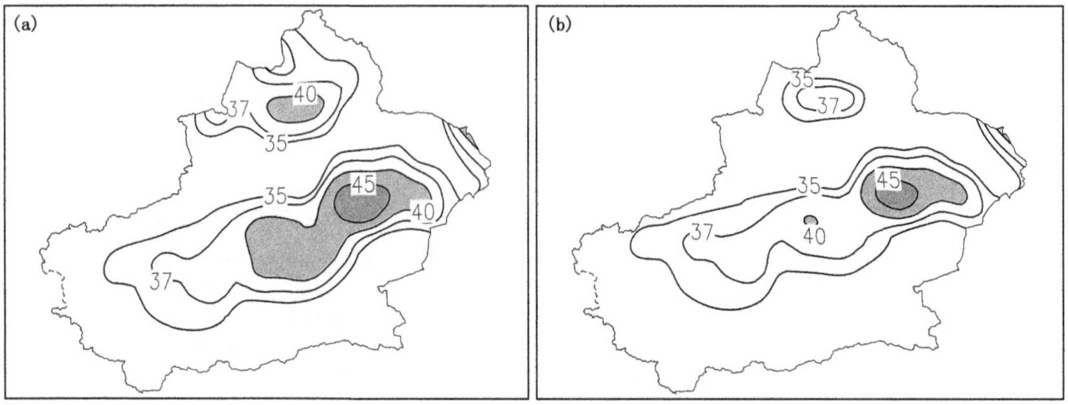


图 5.129 (a)1991年7月7—13日过程最高气温极值分布(单位:℃),(b)过程最强高温日(7月11日)最高气温分布(单位:℃)

状分布。100 hPa 平均高度场上,南亚高压呈带状分布,中心强度 1684 dagpm(5.130a)。500 hPa 上,7月7—11日,伊朗副高发展北抬与北支高压脊同位相叠加,巴尔喀什湖至贝加尔湖地区均为高压控制,850 hPa 上 24 ℃等温线控制新疆;12—13日,受北支冷空气影响该高压系统减弱。500 hPa 平均高度场上,伊朗副高北抬至 40°N 附近,巴尔喀什湖至贝加尔湖一带为平均脊区,850 hPa 上 24 ℃等温线控制新疆(图 5.130b)。500 hPa 平均高度场上,伊朗副高北抬至 40°N 附近,巴尔喀什湖至贝加尔湖一带为脊区,850 hPa 上 24 ℃等温线控制新疆(图 5.130b)。

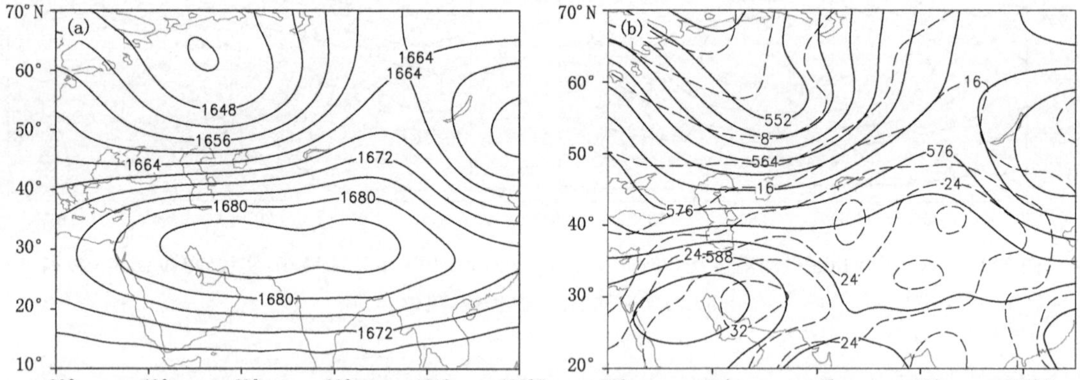


图 5.130 (a)100 hPa 平均高度场(单位:dagpm),(b)500 hPa 平均高度场(实线,单位:dagpm)和850 hPa 平均温度场(虚线,单位:℃)

## 5.3.40 1992年7月中旬至7月下旬中等强度高温天气过程

【高温实况】1992年7月13—21日,新疆出现一次中等强度高温天气过程,此次高温天气过程共持续 9 d。新疆 73 个国家级气象站的日最高气温≥35 ℃,其中 46 站的日最高气温≥37 ℃,18 站≥40 ℃,2 站≥45 ℃(图 5.131a)。此次中等强度高温天气过程中,以7月17日的高温范围最大,当日新疆 51 个国家级气象站的日最高气温≥35 ℃,其中 24 站的日最高气温≥37 ℃，7 站≥40 ℃，2 站≥45 ℃。本次中等强度高温天气过程中，日最高气温极值出现在吐鲁番东坎站(7 月 17 日)，为 46.4 ℃(图 5.131b)。

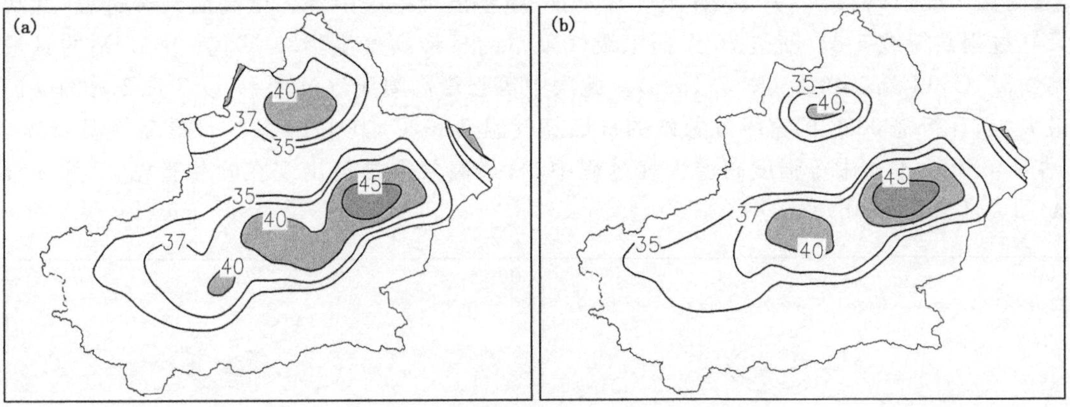


图 5.131　(a)1992 年 7 月 13—21 日过程最高气温极值分布(单位：℃)，(b)过程最强高温日(7 月 17 日)最高气温分布(单位：℃)

【天气形势】100 hPa 上，7 月 13—16 日，南亚高压呈经向型分布，高压中心位于(70°E，40°N)附近，脊顶伸至 70°N 附近，高压中心强度为 1680 dagpm；17—18 日，南亚高压脊顺时针旋转，南亚高压中心位于(70°E，30°N)附近；19—21 日南亚高压的西部中心发展，位于伊朗高原一带，中心强度为 1684 dagpm。100 hPa 平均高度场上，南亚高压中心位于(70°E，40°N)，中心强度为 1680 dagpm(图 5.132a)。500 hPa 上，伊朗副高北抬明显，588 dagpm 等值线北抬至 50°N 附近；7 月 15—17 日，巴尔喀什湖至新疆一带受强盛的高压脊控制，850 hPa 上 20 ℃等温线控制中国大部分地区，24 ℃等温线控制新疆，南疆西部受 28 ℃的高温中心控制，18 日影响新疆的高压脊系统减弱；20—21 日，巴尔喀什湖至贝加尔湖一带为高压脊控制。500 hPa 平均高度场上，伊朗副高脊北挺，584 dagpm 等值线控制 40°E 以南区域，850 hPa 上 20 ℃等温线控制中国大部分地区，24 ℃等温线控制南疆(图 5.132b)。

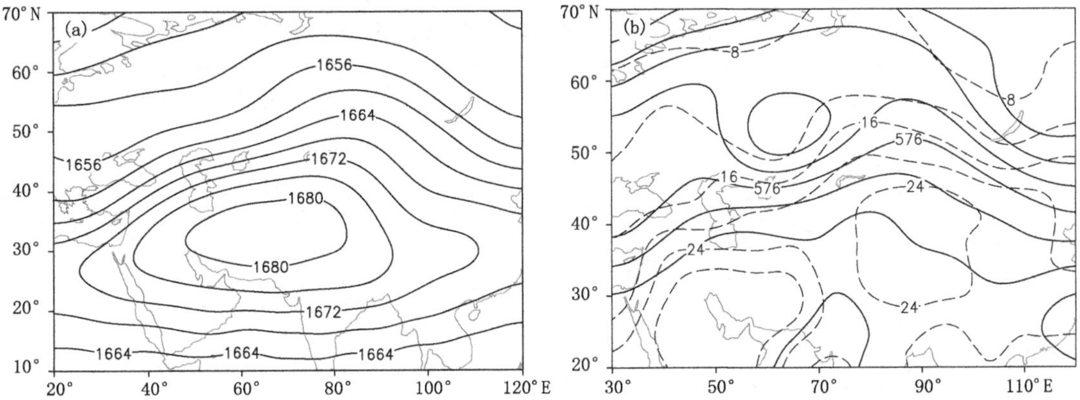


图 5.132　(a)100 hPa 平均高度场(单位：dagpm)，(b)500 hPa 平均高度场(实线，单位：dagpm)和 850 hPa 平均温度场(虚线，单位：℃)

### 5.3.41　1994 年 6 月下旬至 7 月上旬中等强度高温天气过程

【高温实况】1994 年 6 月 30 日至 7 月 4 日，新疆出现一次中等强度高温天气过程，此次高温天气过程共持续 5 d。新疆 70 个国家级气象站的日最高气温≥35 ℃，其中 56 站的日最高气温≥37 ℃，14 站≥40 ℃(图 5.133a)。此次中等强度高温天气过程中，以 7 月 2 日的高温范围最大，当日新疆 68 个国家级气象站的日最高气温≥35 ℃，其中 54 站的日最高气温≥37 ℃，13 站≥40 ℃。本次中等强度高温天气过程中，日最高气温极值出现在吐鲁番站(7 月 2 日)，为 44.1 ℃(图 5.133b)。

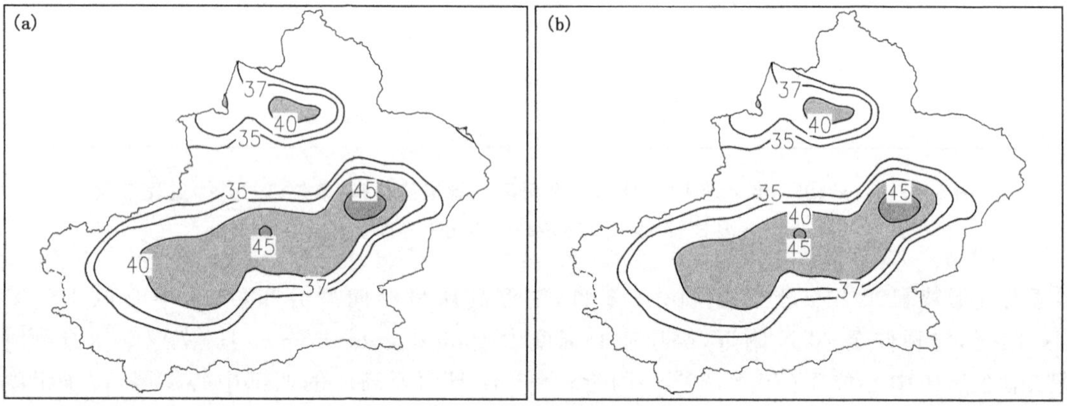


图 5.133　(a)1994 年 6 月 30 日至 7 月 4 日过程最高气温极值分布(单位:℃)，(b)过程最强高温日(7 月 2 日)最高气温分布(单位:℃)

【天气形势】100 hPa 上，6 月 30 日至 7 月 2 日，南亚高压呈经向型分布，高压中心位于(70°E，40°N)附近，脊顶伸至 70°N 附近，南亚高压中心强度为 1688 dagpm；3—4 日，南亚高压脊减弱，南亚高压中心西退至(60°E，35°N)附近。100 hPa 平均高度场上，南亚高压中心位于(60°E，35°N)，中心强度 1688 dagpm(图 5.134a)。500 hPa 上，6 月 30 日至 7 月 2 日，伊朗副高发展，584 dagpm 等值线伸至 50°N 附近，并与巴尔喀什湖北部的阻塞高压打通，形成稳定强盛的高压脊；850 hPa 上 24 ℃等温线控制新疆，并且南疆西部地区受 28 ℃温度中心控制；3—

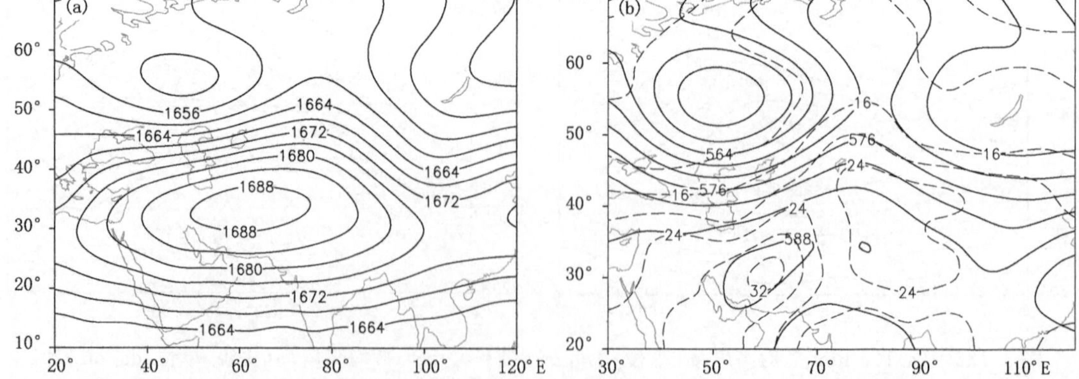


图 5.134　(a)100 hPa 平均高度场(单位:dagpm)，(b)500 hPa 平均高度场(实线，单位:dagpm)和 850 hPa 平均温度场(虚线，单位:℃)

4 日，受北支冷空气影响该高压系统减弱。500 hPa 平均高度场上，伊朗副高北抬至 42°N 附近，乌拉尔山至巴尔喀什湖一带为平均脊区，850 hPa 上 24 ℃等温线控制新疆(图 5.134b)。

## 5.3.42　1994 年 7 月下旬至 8 月上旬中等强度高温天气过程

【高温实况】1994 年 7 月 27 日至 8 月 4 日，新疆出现一次中等强度高温天气过程，此次高温天气过程共持续 9 d。新疆 67 个国家级气象站的日最高气温≥35 ℃，其中 48 站的日最高气温≥37 ℃，7 站≥40 ℃(图 5.135a)。此次中等强度高温天气过程中，以 7 月 2 日的高温范围最大，当日新疆 68 个国家级气象站的日最高气温≥35 ℃，其中 54 站的日最高气温≥37 ℃，13 站≥40 ℃。本次中等强度高温天气过程中，日最高气温极值出现在吐鲁番东坎站(7 月 28 日)，为 44.4 ℃(图 5.135b)。

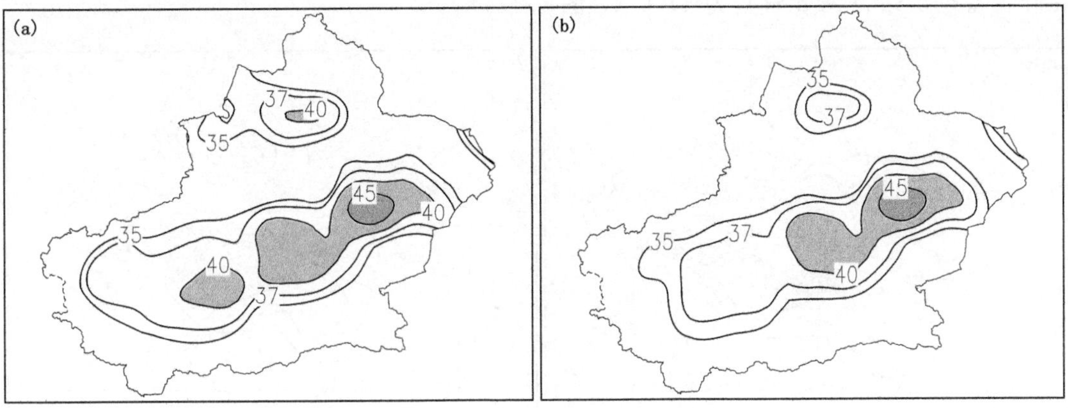


图 5.135　(a)1994 年 7 月 27 日至 8 月 4 日过程最高气温极值分布(单位:℃)，(b)过程最强高温日(7 月 2 日)最高气温分布(单位:℃)

【天气形势】100 hPa 上，7 月 27—28 日，南亚高压中心位于(70°E,35°N)，高压中心强度为 1692 dagpm；7 月 28 日至 8 月 4 日，南亚高压中心逐渐西退至(60°E,35°N)，高压中心强度增强为 1692 dagpm。100 hPa 平均高度场上，南亚高压中心位于(60°E,35°N)，中心强度 1688 dagpm(图 5.136a)。500 hPa 上，7 月 27—29 日，伊朗副高发展北抬，584 dagpm 等值线控制

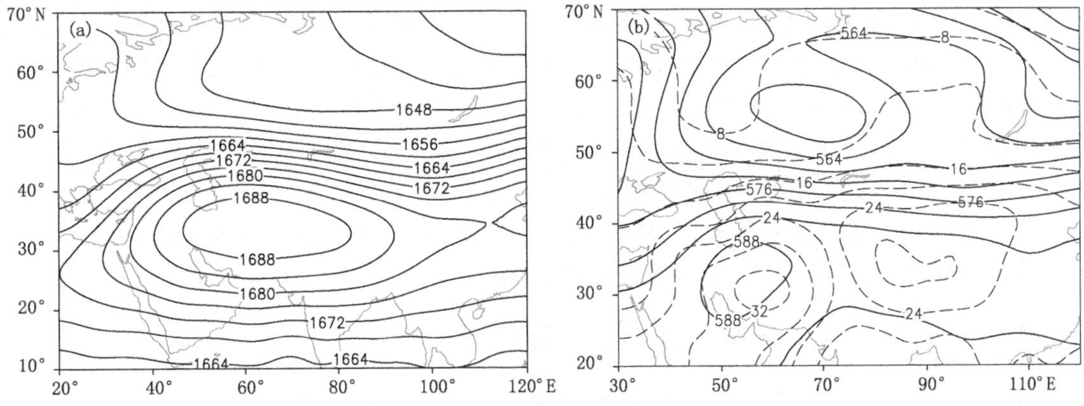


图 5.136　(a)100 hPa 平均高度场(单位:dagpm)，(b)500 hPa 平均高度场(实线，单位:dagpm)和 850 hPa 平均温度场(虚线，单位:℃)

40°N 以南区域,850 hPa 上 24 ℃等温线控制新疆,28 ℃等温线控制南疆东部;7 月 30 日至 8 月 4 日,受北支冷空气影响该高压系统减弱。500 hPa 平均高度场上,584 dagpm 等值线控制 40°N 以南区域, 850 hPa 上 24 ℃等温线控制新疆,28 ℃等温线控制南疆西部(图 5.136b)。

## 5.3.43　1995 年 6 月下旬至 7 月上旬中等强度高温天气过程

【高温实况】1995 年 6 月 25 日至 7 月 8 日,新疆出现一次中等强度高温天气过程,此次高温天气过程共持续 14 d。新疆 74 个国家级气象站的日最高气温≥35 ℃,其中 43 站的日最高气温≥37 ℃,17 站≥40 ℃,2 站≥45 ℃(图 5.137a)。此次中等强度高温天气过程中,以 7 月 4 日的高温范围最大,当日新疆 55 个国家级气象站的日最高气温≥35 ℃,其中 31 站的日最高气温≥37 ℃,10 站≥40 ℃,2 站≥45 ℃。本次中等强度高温天气过程中,日最高气温极值出现在吐鲁番东坎站(7 月 4 日),为 47.5 ℃(图 5.137b)。

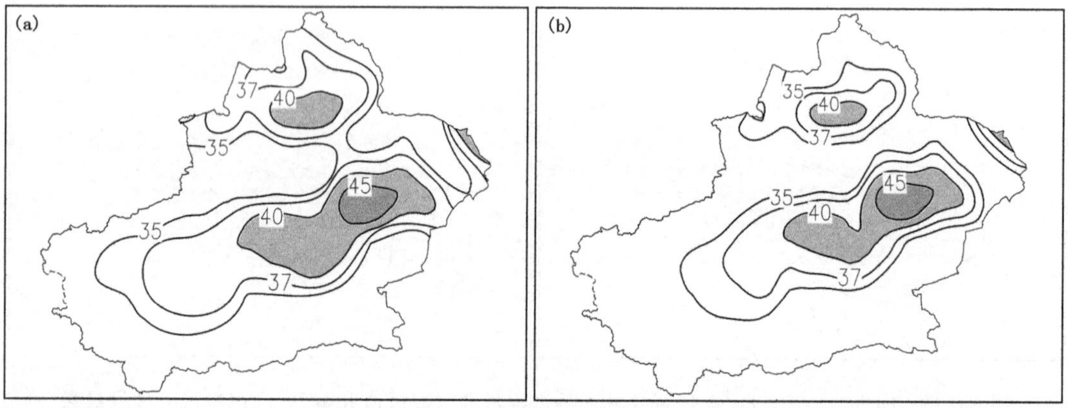


图 5.137　(a)1995 年 6 月 25 日至 7 月 8 日过程最高气温极值分布(单位:℃),(b)过程最强高温日(7 月 4 日)最高气温分布(单位:℃)

【天气形势】100 hPa 上,6 月 25 日,南亚高压中心位于(90°E,30°N),高压中心强度为 1684 dagpm;6 月 26 日至 7 月 4 日,南亚高压中心西退至(60°E,30°N),高压中心强度增强为 1688 dagpm;5—7 日,南亚高压中心东移至(70°E,30°N);8 日南亚高压由单体型发展为双体型。100 hPa 平均高度场上,南亚高压中心位于(80°E,30°N),中心强度为 1680 dagpm(图 5.138a)。500 hPa 上,6 月 25—26 日,伊朗副高与西太副高打通,584 dagpm 等值线控制 40°N 以南区域;27—29 日,打通的副高与中高纬度高压脊叠加,850 hPa 上 20 ℃等温线控制新疆;6 月 30 日至 7 月 4 日,贝加尔湖与巴尔喀什湖地区受强盛的高压脊控制,850 hPa 上 24 ℃等温线控制新疆;5—8 日,受北支冷空气影响该高压系统减弱。500 hPa 平均高度场上,伊朗副高东伸,其 584 dagpm 等值线东伸至 70°E,西太副高东退,其 584 dagpm 等值线伸至90°E,28 ℃等温线控制中国大部分地区,24 ℃等温线控制新疆(图 5.138b)。

## 5.3.44　1996 年 7 月上旬至 7 月中旬中等强度高温天气过程

【高温实况】1996 年 7 月 8—14 日,新疆出现一次中等强度高温天气过程,此次高温天气过程共持续 7 d。新疆 70 个国家级气象站的日最高气温≥35 ℃,其中 37 站的日最高气温≥37 ℃,10 站≥40 ℃,1 站≥45 ℃(图 5.139a)。此次中等强度高温天气过程中,以 7 月 10 日

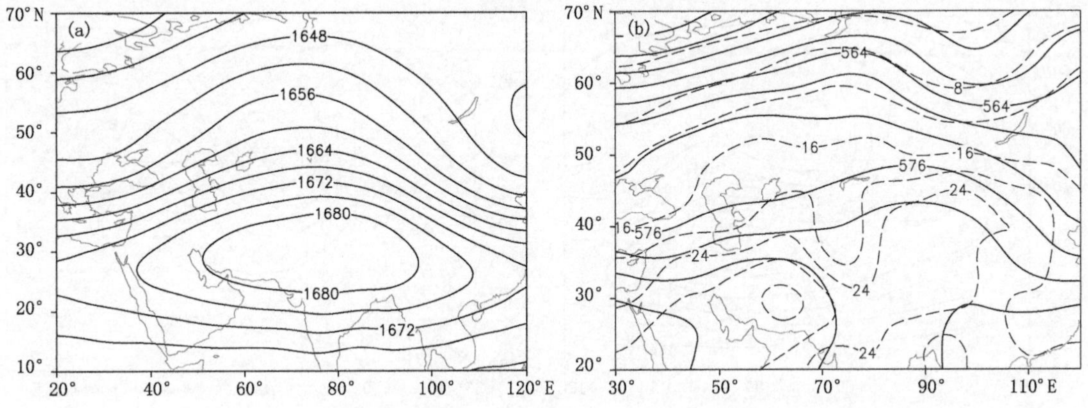


图 5.138 (a)100 hPa 平均高度场(单位:dagpm),(b)500 hPa 平均高度场(实线,单位:dagpm)和 850 hPa 平均温度场(虚线,单位:℃)

的高温范围最大,当日新疆 55 个国家级气象站的日最高气温≥35 ℃,其中 24 站的日最高气温≥37 ℃,5 站≥40 ℃,1 站≥45 ℃。本次中等强度高温天气过程中,日最高气温极值出现在吐鲁番东坎站(7 月 10 日),为 45.3 ℃(图 5.139b)。

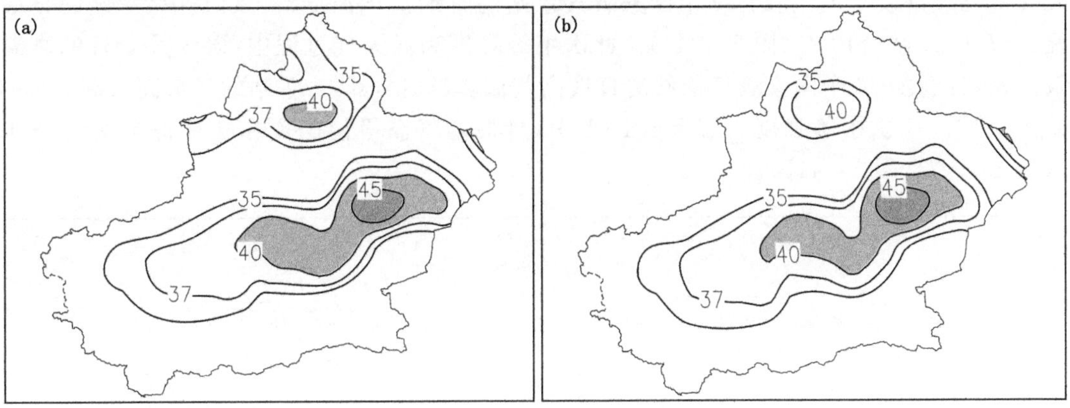


图 5.139 (a)1996 年 7 月 8—14 日过程最高气温极值分布(单位:℃),(b)过程最强高温日(7 月 10 日)最高气温分布(单位:℃)

【天气形势】100 hPa 上,7 月 8—10 日,南亚高压呈带状分布,东部的中心位于(90°E,35°N),高压中心强度为 1684 dagpm;11—12 日,南亚高压发展为双体型;13—14 日,南亚高压呈带状分布,西部中心维持,脊顶顺时针旋转。100 hPa 平均高度场上,南亚高压呈双体型分布,西部的中心向北强烈发展,脊顶北伸至 70°N 附近(图 5.140a)。500 hPa 上,7 月 8—9 日,伊朗副高发展,588 dagpm 等值线东扩至 100°E 附近并北伸至 42°N 附近;10—12 日,巴尔喀什湖与贝加尔湖区域受强大的高压脊控制,850 hPa 上 20 ℃等温线控制中国大部分地区,24℃等温线控制新疆;13—14 日,受北支冷空气影响该高压系统减弱。500 hPa 平均高度场上,巴尔喀什湖至贝加尔湖一带为平均脊区,580 dagpm 等值线控制 40°N 以南区域,850 hPa 上 24 ℃等温线控制新疆(图 5.140b)。

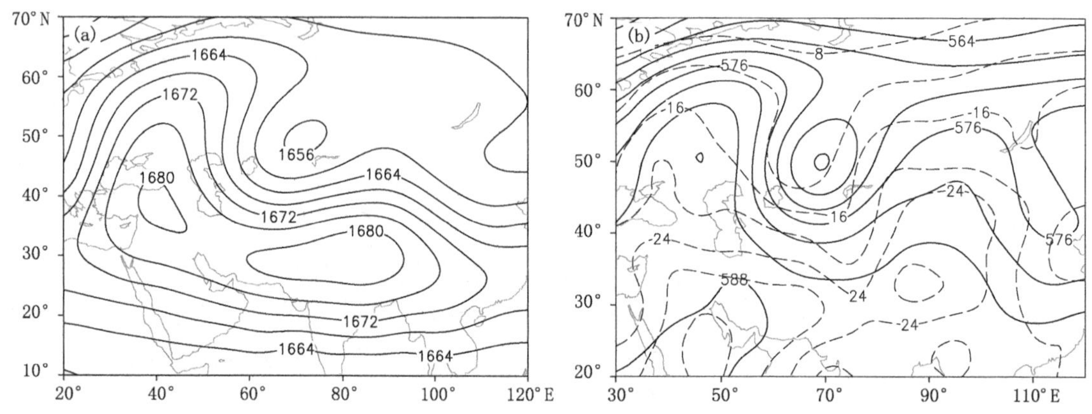


图 5.140　(a)100 hPa平均高度场(单位:dagpm),(b)500 hPa平均高度场(实线,单位:dagpm)和850 hPa平均温度场(虚线,单位:℃)

## 5.3.45　1996年7月下旬至8月上旬中等强度高温天气过程

【高温实况】1996年7月28日至8月3日,新疆出现一次中等强度高温天气过程,此次高温天气过程共持续7 d。新疆69个国家级气象站的日最高气温≥35 ℃,其中45站的日最高气温≥37 ℃,5站≥40 ℃(图5.141a)。此次中等强度高温天气过程中,以8月1日的高温范围最大,当日新疆66个国家级气象站的日最高气温≥35 ℃,其中37站的日最高气温≥37 ℃,3站≥40 ℃。本次中等强度高温天气过程中,日最高气温极值出现在吐鲁番东坎站(8月2日),为43.9 ℃(图5.141b)。

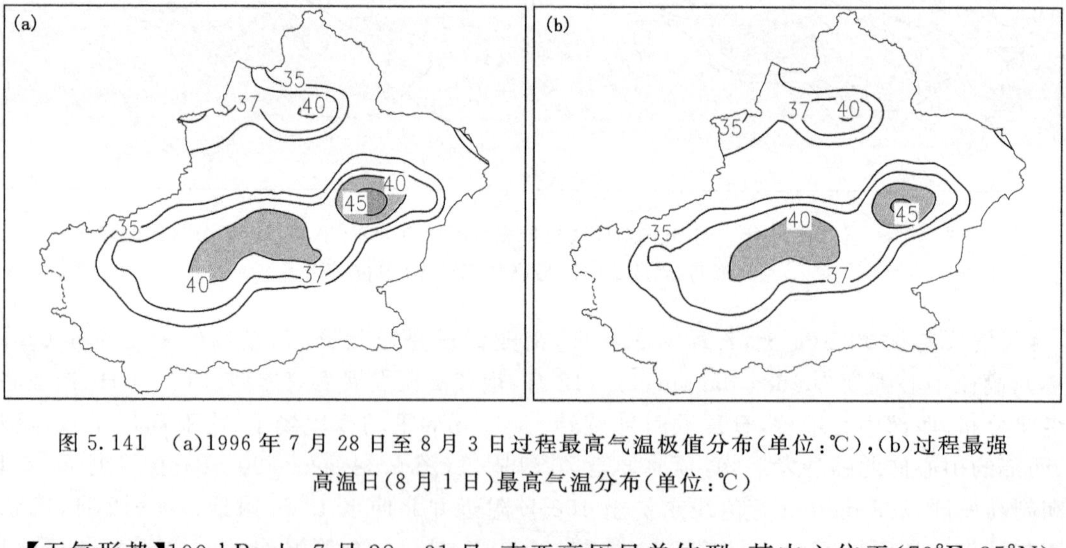


图 5.141　(a)1996年7月28日至8月3日过程最高气温极值分布(单位:℃),(b)过程最强高温日(8月1日)最高气温分布(单位:℃)

【天气形势】100 hPa上,7月28—31日,南亚高压呈单体型,其中心位于(70°E,35°N),高压中心强度为1688 dagpm;8月1—3日,南亚高压发展为带状分布,中心西退至(50°E,35°N),高压中心强度维持。100 hPa平均高度场上,南亚高压中心位于(70°E,35°N),中心强度1688 dagpm(图5.142a)。500 hPa上,7月28日,伊朗副高发展,584 dagpm等值线控制50°N以南区域;7月29日至8月1日,伊朗副高东移,巴尔喀什湖与贝加尔湖地区受高压脊控制,850

hPa 上20 ℃等温线控制中国大部分地区，24 ℃等温线控制新疆；2—3 日，受北支冷空气影响该高压系统减弱。500 hPa 平均高度场上，584 dagpm 等值线控制 40°N 以南区域，巴尔喀什湖至贝加尔湖一带为平均脊区，850 hPa 上 24 ℃等温线控制新疆(图 5.142b)。

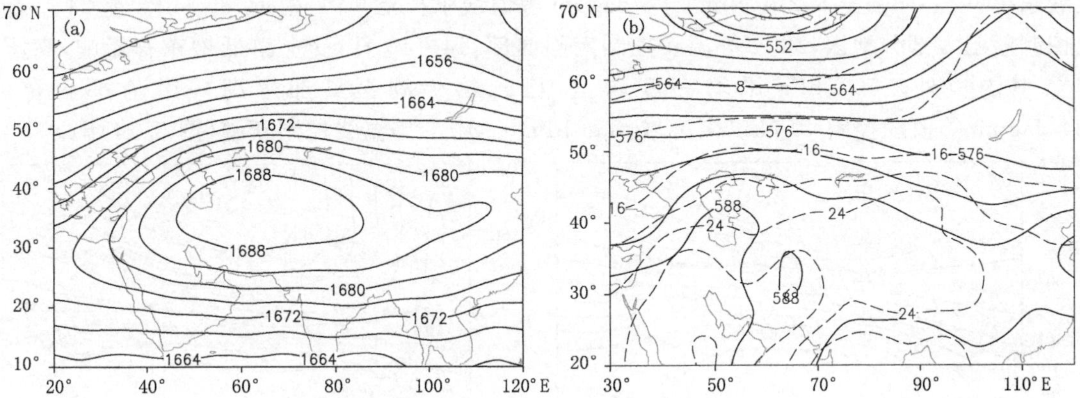


图 5.142　(a)100 hPa 平均高度场(单位：dagpm)，(b)500 hPa 平均高度场(实线，单位：dagpm)和 850 hPa 平均温度场(虚线，单位：℃)

## 5.3.46　1996 年 8 月上旬至 8 月中旬中等强度高温天气过程

【高温实况】1996 年 8 月 8—15 日，新疆出现一次中等强度高温天气过程，此次高温天气过程共持续 8 d。新疆 74 个国家级气象站的日最高气温≥35 ℃，其中 49 站的日最高气温≥37 ℃，8 站≥40 ℃，1 站≥45 ℃(图 5.143a)。此次中等强度高温天气过程中，以 8 月 11 日的高温范围最大，当日新疆 65 个国家级气象站的日最高气温≥35 ℃，其中 33 站的日最高气温≥37 ℃，7 站≥40 ℃，1 站≥45 ℃。本次中等强度高温天气过程中，日最高气温极值出现在吐鲁番东坎站(8 月 11 日)，为 45.2 ℃(图 5.143b)。

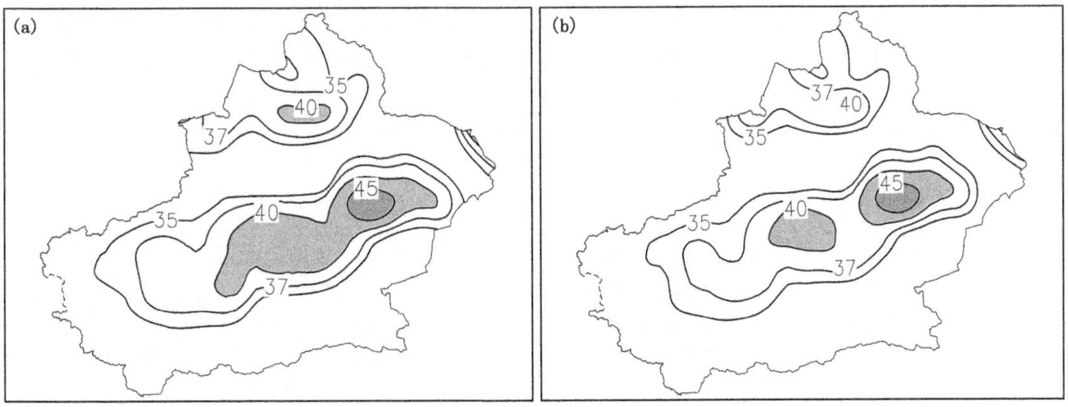


图 5.143　(a)1996 年 8 月 8—15 日过程最高气温极值分布(单位：℃)，(b)过程最强高温日(8 月 11 日)最高气温分布(单位：℃)

【天气形势】100 hPa 上，8 月 8 日，南亚高压的中心位于(80°E，35°N)附近，高压中心强度为 1684 dagpm；9—11 日，高压中心增强至 1692 dagpm；12—13 日，南亚高压中心西退，高压中心强度为 1688 dagpm;14—15 日,南亚高压呈带状分布,中心强度为 1684 dagpm。100 hPa 平均高度场上,南亚高压中心位于(70°E,35°N),中心强度 1684 dagpm(图 5.144a)。500 hPa 上,8 月 8—9 日,伊朗副高发展,584 dagpm 等值线控制 40°N 以南区域;10—13 日,伊朗副高发展东扩,中心增强至 592 dagpm,588 dagpm 等值线东扩至 90°E 附近,850 hPa 上 24 ℃等温线控制新疆大部分地区,28 ℃等温线控制南疆西部;14—15 日,受上游低槽东移影响,高压脊移至中国境外。500 hPa 平均高度场上,巴尔喀什湖至贝加尔湖一带为平均脊区,584 dagpm 等值线控制 40°N 以南区域,850 hPa 上 24 ℃等温线控制新疆(图 5.144b)。

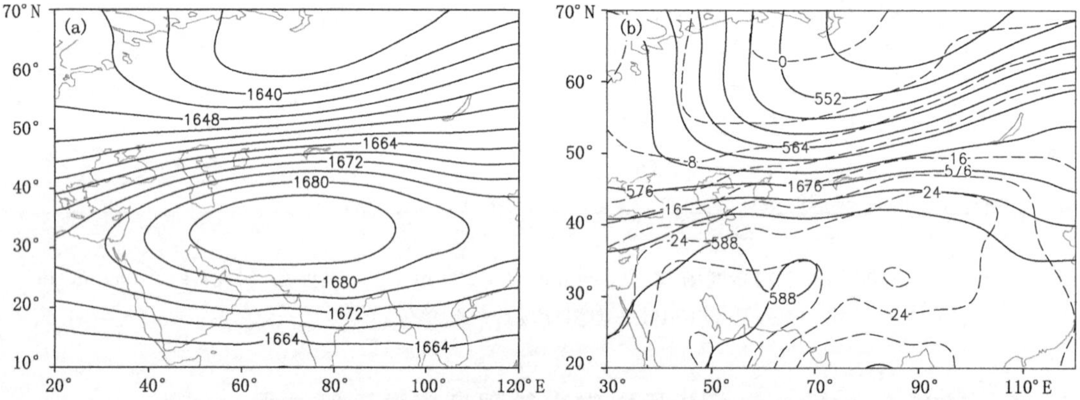


图 5.144　(a)100 hPa 平均高度场(单位:dagpm),(b)500 hPa 平均高度场(实线,单位:dagpm)和 850 hPa 平均温度场(虚线,单位:℃)

## 5.3.47　1997 年 7 月上旬至 7 月中旬中等强度高温天气过程

【高温实况】1997 年 7 月 3—11 日,新疆出现一次中等强度高温天气过程,此次高温天气过程共持续 9 d。新疆 78 个国家级气象站的日最高气温≥35 ℃,其中 59 站的日最高气温≥37 ℃,11 站≥40 ℃,4 站≥45 ℃(图 5.145a)。此次中等强度高温天气过程中,以 7 月 8 日的高温范围最大,当日新疆 77 个国家级气象站的日最高气温≥35 ℃,其中 53 站的日最高气温≥37 ℃,8 站≥40 ℃。本次中等强度高温天气过程中,日最高气温极值出现在吐鲁番东坎站(7 月 9 日),为 46.8 ℃(图 5.145b)。

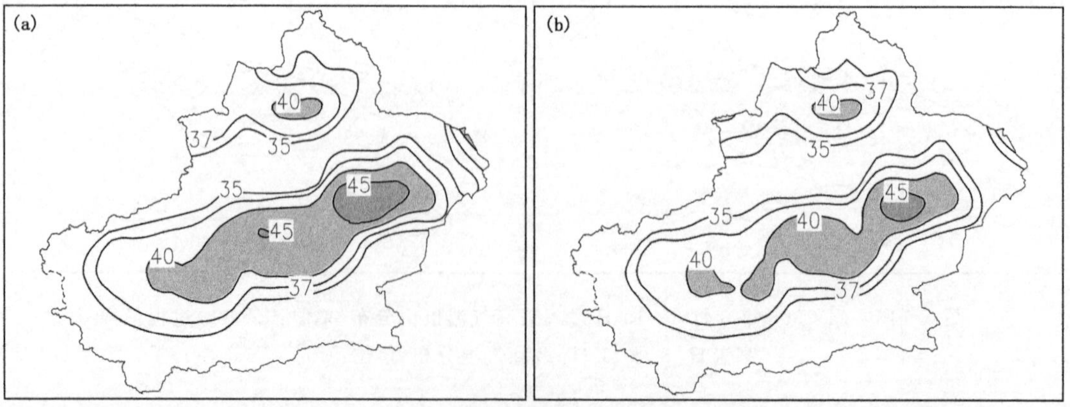


图 5.145　(a)1997 年 7 月 3—11 日过程最高气温极值分布(单位:℃),(b)过程最强高温日(7 月 8 日)最高气温分布(单位:℃)

【天气形势】100 hPa 上，7 月 3—4 日，南亚高压的中心位于（100°E，32°N），高压中心强度维持在 1688 dagpm；5—11 日，南亚高压的东部中心西退至（50°E，35°N）附近，高压中心强度维持在 1688 dagpm。100 hPa 平均高度场上，南亚高压中心位于（70°E，32°N），中心强度 1684 dagpm（图 5.146a）。500 hPa 上，7 月 3—5 日西太副高强烈发展，其脊顶伸至 60°N 附近，584 dagpm 等值线控制 40°N 以南区域；6—9 日，伊朗副高向东北方向伸展，并与西太副高打通，巴尔喀什湖至贝加尔湖地区受强烈的高压脊控制；850 hPa 上 24 ℃等温线控制新疆；10—11 日，受北支冷空气影响该高压系统西退减弱。500 hPa 平均高度场上，巴尔喀什湖至贝加尔湖一带为平均脊区，580 dagpm 等值线控制 40°N 以南区域，850 hPa 上 24 ℃等温线控制新疆（图 5.146b）。

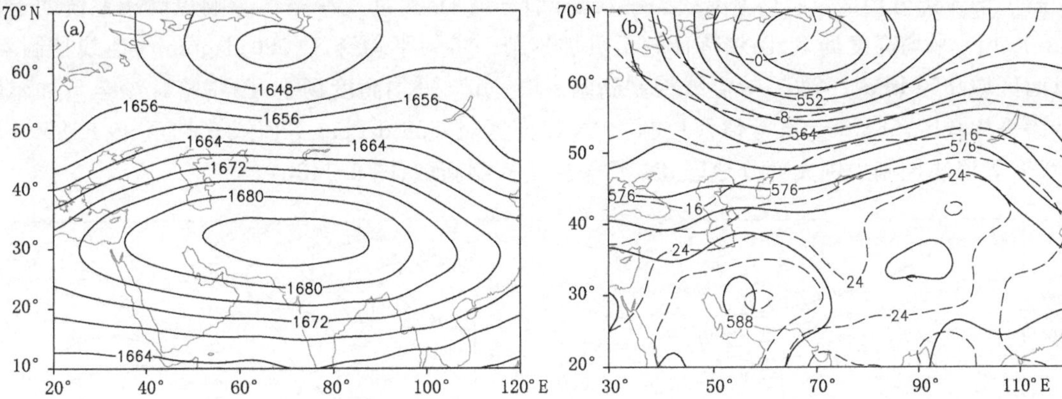


图 5.146　(a)100 hPa 平均高度场（单位：dagpm），(b)500 hPa 平均高度场（实线，单位：dagpm）和 850 hPa 平均温度场（虚线，单位：℃）

## 5.3.48　1997 年 8 月上旬至 8 月中旬中等强度高温天气过程

【高温实况】1997 年 8 月 7—11 日，新疆出现一次中等强度高温天气过程，此次高温天气过程共持续 5 d。新疆 70 个国家级气象站的日最高气温≥35 ℃，其中 50 站的日最高气温≥37 ℃，14 站≥40 ℃，1 站≥45 ℃（图 5.147a）。此次中等强度高温天气过程中，以 8 月 9 日

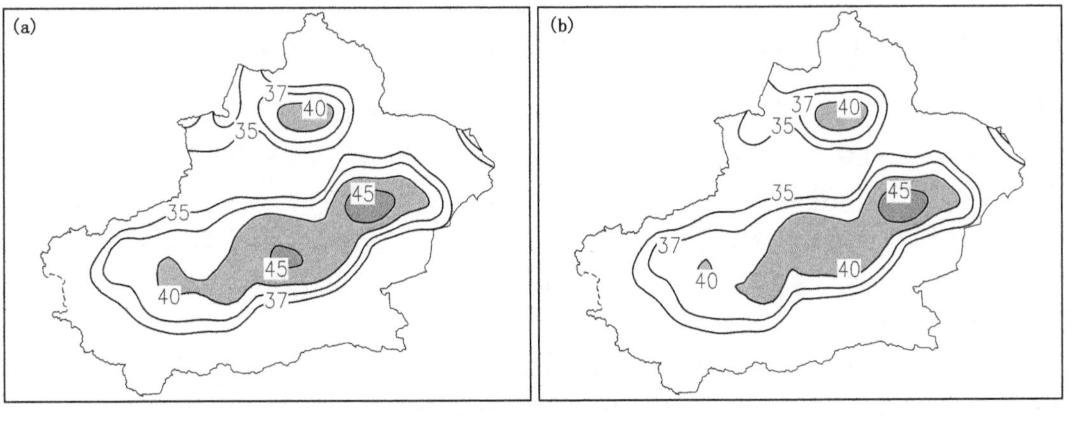


图 5.147　(a)1997 年 8 月 7—11 日过程最高气温极值分布（单位：℃），(b)过程最强高温日（8 月 9 日）最高气温分布（单位：℃）

的高温范围最大，当日新疆 69 个国家级气象站的日最高气温≥35 ℃，其中 44 站的日最高气温≥37 ℃，14 站≥40 ℃，1 站≥45 ℃。本次中等强度高温天气过程中，日最高气温极值出现在吐鲁番东坎站(8 月 9 日)，为 45.5 ℃(图 5.147b)。

【天气形势】100 hPa 上，8 月 7 日，南亚高压中心位于(100°E，35°N)，高压中心强度维持在 1692 dagpm；8—9 日，南亚高压中心西退至(70°E，30°N)附近，高压中心强度减弱至 1684 dagpm，巴尔喀什湖至贝加尔湖一带为长波槽。100 hPa 平均高度场上，南亚高压中心位于(80°E，32°N)，中心强度 1688 dagpm(图 5.148a)。500 hPa 上，8 月 7—9 日，伊朗副高强烈发展，584 dagpm 等值线控制 42°N 以南区域，在(50°～100°E，25°～40°N)形成一闭合的高压中心，其中心强度为 592 dagpm，巴尔喀什湖至贝加尔湖地区受强盛高压脊控制，850 hPa 上 20 ℃等温线控制中国大部分地区，24 ℃等温线控制新疆；10—11 日，受北支冷空气影响该高压系统西退减弱。500 hPa 平均高度场上，巴尔喀什湖至贝加尔湖一带为平均脊区，580 dagpm 等值线控制 40°N 以南区域，850 hPa 上 24 ℃等温线控制新疆。500 hPa 平均高度场上，巴尔喀什湖至贝加尔湖一带为平均脊区，584 dagpm 等值线控制 40°N 以南区域，588 dagpm 等值线东扩至 90°E，850 hPa 上 20 ℃等温线控制中国大部分地区，24 ℃等温线控制新疆(图 5.148b)。

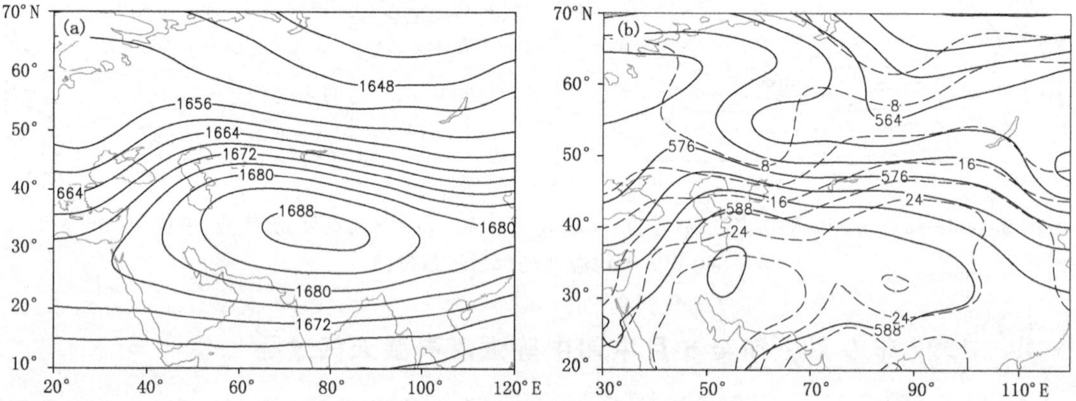


图 5.148　(a)100 hPa 平均高度场(单位：dagpm)，(b)500 hPa 平均高度场(实线，单位：dagpm)和 850 hPa 平均温度场(虚线，单位：℃)

### 5.3.49　1997 年 8 月中旬至 8 月下旬中等强度高温天气过程

【高温实况】1997 年 8 月 16—24 日，新疆出现一次中等强度高温天气过程，此次高温天气过程共持续 9 d。新疆 74 个国家级气象站的日最高气温≥35 ℃，其中 46 站的日最高气温≥37 ℃，8 站≥40 ℃(图 5.149a)。此次中等强度高温天气过程中，以 8 月 21 日的高温范围最大，当日新疆 66 个国家级气象站的日最高气温≥35 ℃，其中 34 站的日最高气温≥37 ℃，7 站≥40 ℃。本次中等强度高温天气过程中，日最高气温极值出现在吐鲁番站(8 月 21 日)，为 44.2 ℃(图 5.149b)。

【天气形势】100 hPa 上，8 月 16—20 日，南亚高压中心位于(70°E，35°N)附近，高压中心强度维持在 1688 dagpm；21—24 日南亚高压由单体型发展为带状分布，中心位于(80°E，30°N)附近，高压中心强度维持。100 hPa 平均高度场上，南亚高压中心位于(70°E，35°N)，中心强度为 1680 dagpm(图 5.150a)。500 hPa 上，8 月 16 日，伊朗副高发展 ，588 dagpm 等值线控制

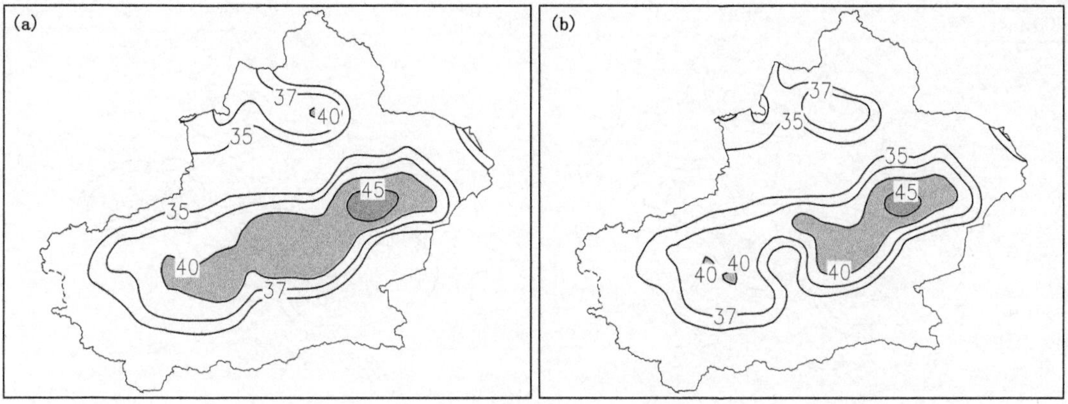


图 5.149　(a)1997 年 8 月 16—24 日过程最高气温极值分布(单位:℃),(b)过程最强高温日(8 月 21 日)最高气温分布(单位:℃)

42°N 以南区域;17—21 日,伊朗副高继续发展,形成一闭合的 592 dagpm 中心,588 dagpm 等值线东扩至 90°E 附近,850 hPa 上 20 ℃等温线控制中国大部分地区,24 ℃等温线控制南疆;22—24 日,受北支冷空气影响该高压系统西退减弱。500 hPa 平均高度场上,巴尔喀什湖至贝加尔湖一带为平均脊区,584 dagpm 等值线控制 40°N 以南区域,588 dagpm 等值线东扩至 90°E,850 hPa 上 20 ℃等温线控制中国大部分地区,24 ℃等温线控制新疆(图 5.150b)。

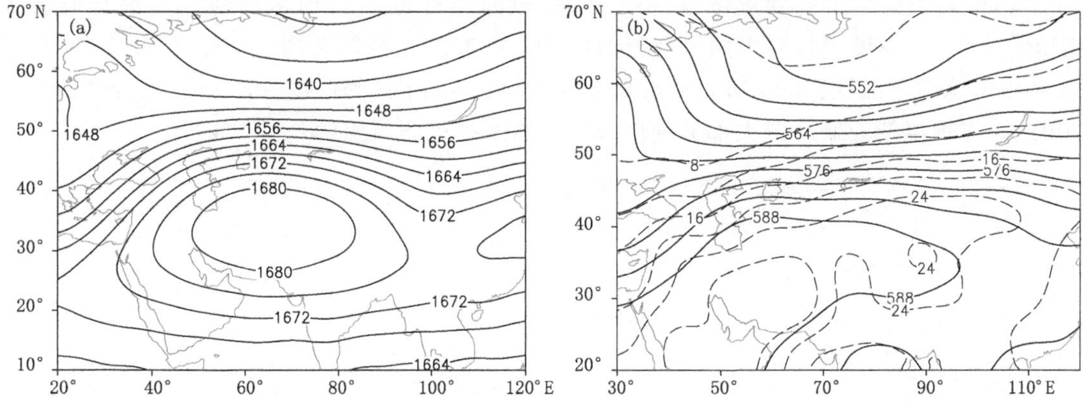


图 5.150　(a)100 hPa 平均高度场(单位:dagpm),(b)500 hPa 平均高度场(实线,单位:dagpm)和 850 hPa 平均温度场(虚线,单位:℃)

### 5.3.50　1998 年 7 月上旬至 7 月中旬中等强度高温天气过程

【高温实况】1998 年 7 月 5—12 日,新疆出现一次中等强度高温天气过程,此次高温天气过程共持续 8 d。新疆 67 个国家级气象站的日最高气温≥35 ℃,其中 49 站的日最高气温≥37 ℃,8 站≥40 ℃(图 5.151a)。此次中等强度高温天气过程中,以 7 月 10 日的高温范围最大,当日新疆 61 个国家级气象站的日最高气温≥35 ℃,其中 42 站的日最高气温≥37 ℃,7 站≥40 ℃。本次中等强度高温天气过程中,日最高气温极值出现在吐鲁番东坎站(7 月 9 日),为 44.6 ℃(图 5.151b)。

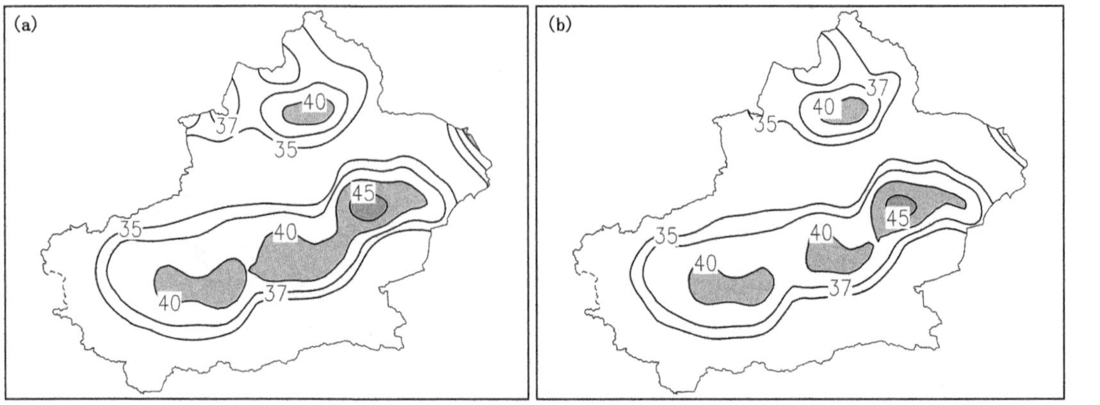


图 5.151　(a)1998 年 7 月 5—12 日过程最高气温极值分布(单位:℃),(b)过程最强高温日(7 月 10 日)最高气温分布(单位:℃)

【天气形势】100 hPa 上,7 月 5 日,南亚高压呈带状分布,中心位于(60°E,30°N)附近,高压中心强度为 1692 dagpm;6—7 日,南亚高压原地发展,高压中心增强为 1696 dagpm,8—12 日,南亚高压中心先缓慢北移再缓慢西退,中心退至(60°E,32°N)附近,高压中心强度超过 1696 dagpm。100 hPa 平均高度场上,南亚高压中心位于(60°E,32°N),中心强度 1696 dagpm(图 5.152a)。500 hPa 上,7 月 5—7 日,伊朗副高发展,580 dagpm 等值线北伸至 40°N 附近;8—11 日,伊朗副高与中高纬度的高压脊打通,巴尔喀什湖至贝加尔湖地区受高压脊控制;850 hPa 上 20 ℃等温线控制中国大部分地区,24 ℃等温线控制新疆;12 日,受北支冷空气影响该高压系统西退减弱。500 hPa 平均高度场上,580 dagpm 等值线控制 40°N 以南区域,850 hPa 上 20 ℃等温线控制中国大部分地区,24 ℃等温线控制新疆(图 5.152b)。

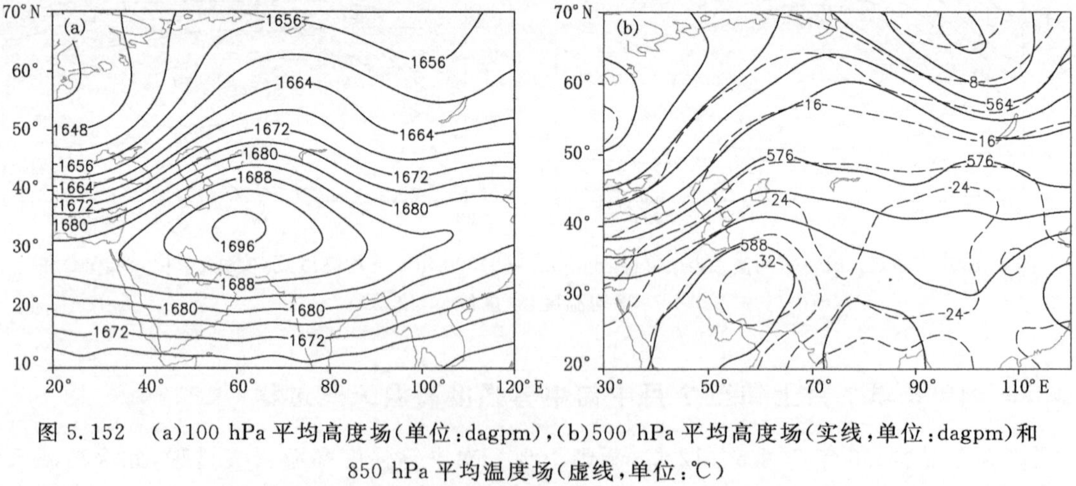


图 5.152　(a)100 hPa 平均高度场(单位:dagpm),(b)500 hPa 平均高度场(实线,单位:dagpm)和 850 hPa 平均温度场(虚线,单位:℃)

## 5.3.51　1999 年 6 月下旬中等强度高温天气过程

【高温实况】1999 年 6 月 22—29 日,新疆出现一次中等强度高温天气过程,此次高温天气过程共持续 8 d。新疆 64 个国家级气象站的日最高气温≥35 ℃,其中 30 站的日最高气温

≥37 ℃，9 站≥40 ℃，2 站≥45 ℃（图 5.153a）。此次中等强度高温天气过程中，以 6 月 26 日的高温范围最大，当日新疆 47 个国家级气象站的日最高气温≥35 ℃，其中 24 站的日最高气温≥37 ℃，8 站≥40 ℃，1 站≥45 ℃。本次中等强度高温天气过程中，日最高气温极值出现在吐鲁番东坎站（6 月 25 日），为 46.5 ℃（图 5.153b）。

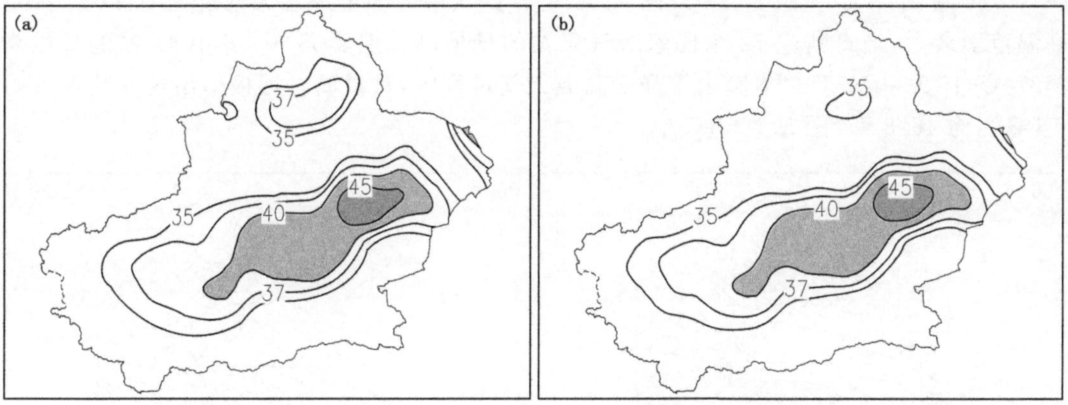


图 5.153　(a)1999 年 6 月 22—29 日过程最高气温极值分布（单位：℃），(b)过程最强高温日（6 月 26 日）最高气温分布（单位：℃）

【天气形势】100 hPa 上，6 月 22—24 日，南亚高压呈带状分布，东部的中心发展，中心位于（90°E，30°N）附近，高压中心强度为 1680 dagpm；25—29 日，南亚高压中心西退至（60°E，32°N）附近，高压中心强度为 1684 dagpm。100 hPa 平均高度场上，南亚高压呈带状分布，东部的中心发展，其位于（90°E，28°N），中心强度为 1680 dagpm（图 5.154a）。500 hPa 上，6 月 22 日，伊朗副高发展，584 dagpm 等值线北抬至 45°N 附近，并东扩至 75°E 附近，同时与中高纬度的高压脊打通，形成强大的高压脊；23—26 日，高压脊缓慢东移，长时间影响新疆；850 hPa 上，24 ℃等温线控制新疆，28 ℃等温线控制南疆；27—29 日，受北支冷空气影响该高压系统西退减弱。500 hPa 平均高度场上，巴尔喀什湖至贝加尔湖一带为平均脊区，580 dagpm 等值线伸展至 40°N 附近，850 hPa 上 24 ℃等温线控制新疆（图 5.154b）。

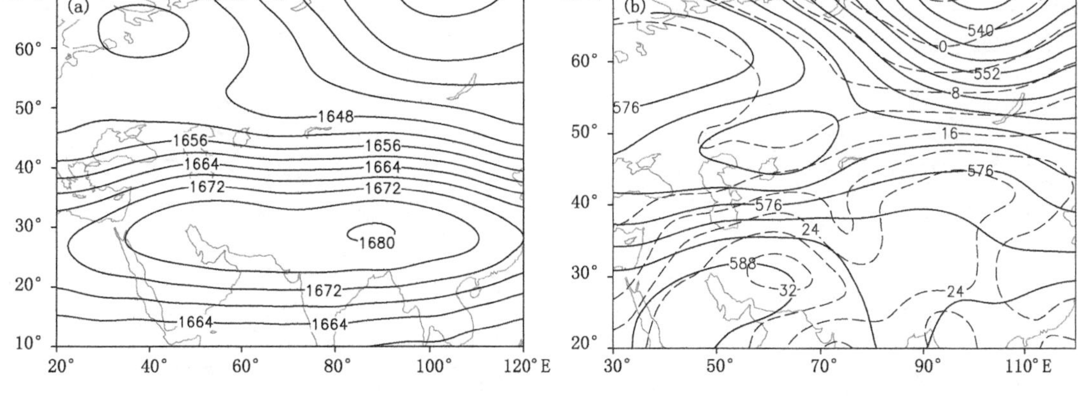


图 5.154　(a)100 hPa 平均高度场（单位：dagpm），(b)500 hPa 平均高度场（实线，单位：dagpm）和 850 hPa 平均温度场（虚线，单位：℃）

## 5.3.52　1999 年 7 月中旬中等强度高温天气过程

【高温实况】1999 年 7 月 14—20 日，新疆出现一次中等强度高温天气过程，此次高温天气过程共持续 7 d。新疆 78 个国家级气象站的日最高气温≥35 ℃，其中 53 站的日最高气温≥37 ℃，15 站≥40 ℃，3 站≥45 ℃(图 5.155a)。此次中等强度高温天气过程中，以 7 月 17 日的高温范围最大，当日新疆 72 个国家级气象站的日最高气温≥35 ℃，其中 43 站的日最高气温≥37 ℃，10 站≥40 ℃。本次中等强度高温天气过程中，日最高气温极值出现在吐鲁番站(7 月 18 日)，为 46.8 ℃(图 5.155b)。

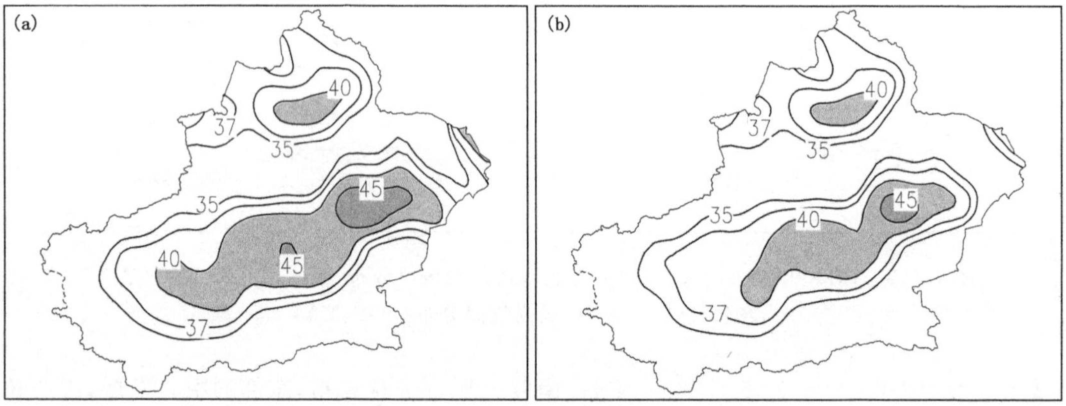


图 5.155　(a)1999 年 7 月 14—20 日过程最高气温极值分布(单位：℃)，(b)过程最强高温日(7 月 17 日)最高气温分布(单位：℃)

【天气形势】100 hPa 上，7 月 14—15 日，南亚高压呈双体型，西部中心减弱，东部中心增强，中心位于(80°E，32°N)，中心强度由 1684 dagpm 增至 1688 dagpm；16—20 日，南压高压呈带状分布，其中心西退至(45°E，32°N)，中心强度维持。100 hPa 平均高度场上，南亚高压中心位于(80°E，30°N)，中心强度 1684 dagpm(图 5.156a)。500 hPa 上，7 月 14—16 日，伊朗副高发展，并形成一闭合的 592 dagpm 中心，584 dagpm 等值线影响 40°N 以南的区域，850 hPa 上 20 ℃ 等温线控制中国大部分地区，24 ℃等温线控制新疆；17—20 日，北支低涡分裂短波影响

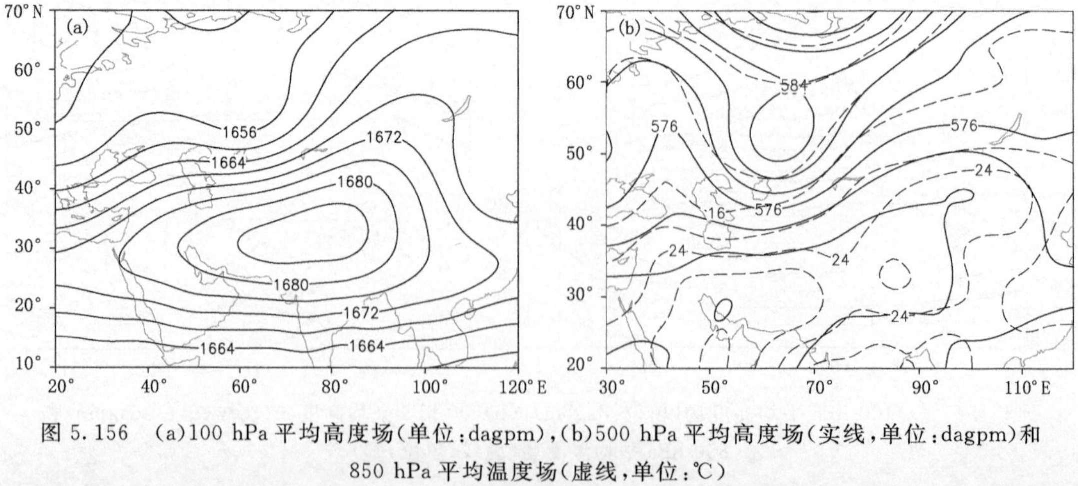


图 5.156　(a)100 hPa 平均高度场(单位：dagpm)，(b)500 hPa 平均高度场(实线，单位：dagpm)和 850 hPa 平均温度场(虚线，单位：℃)

新疆。500 hPa 平均高度场上，巴尔喀什湖至贝加尔湖一带为平均脊区，584 dagpm 等值线伸展至40°N附近，850 hPa 上 24 ℃等温线控制新疆(图 5.156b)。

## 5.3.53 1999年7月下旬至8月上旬中等强度高温天气过程

【高温实况】1999年7月27日至8月2日，新疆出现一次中等强度高温天气过程，此次高温天气过程共持续7 d。新疆50个国家级气象站的日最高气温≥35 ℃，其中27站的日最高气温≥37 ℃，14站≥40 ℃，3站≥45 ℃(图 5.157a)。此次中等强度高温天气过程中，以8月1日的高温范围最大，当日新疆30个国家级气象站的日最高气温≥35 ℃，其中20站的日最高气温≥37 ℃，12站≥40 ℃，2站≥45 ℃。本次中等强度高温天气过程中，日最高气温极值出现在托克逊站(7月31日)，为46.5 ℃(图 5.157b)。

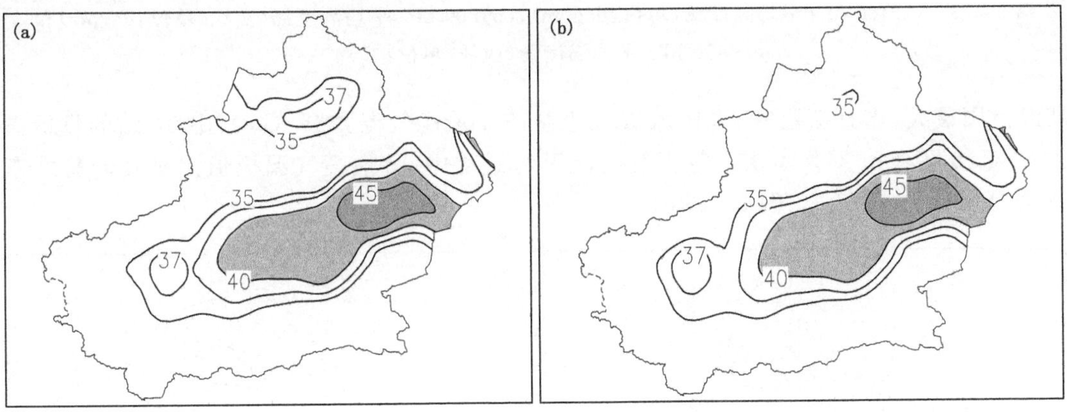


图 5.157 (a)1999年7月27日至8月2日过程最高气温极值分布(单位:℃)，(b)过程最强高温日(8月1日)最高气温分布(单位:℃)

【天气形势】100 hPa 上，7月27—29日，南亚高压呈双体型，东部的中心强于西部的中心，东部的中心位于(90°E，40°N)，强度为1692 dagpm；7月30—31日，东部的中心维持，西部的中心消失；8月1—2日，南亚高压西部的中心发展，东部的中心减弱，中心强度为1688 dagpm。100 hPa 平均高度场上，南亚高压呈双体型，东部的中心发展，位于(90°E，35°N)，中心强度1688 dagpm；西部的中心较弱，位于(40°E，35°N)，中心强度1684 dagpm(图 5.158a)。500 hPa上，7月27—28日，伊朗副高发展，584 dagpm 等值线北抬至40°N附近，并与中高纬度的高压脊打通，形成一强大的高压脊，脊顶伸至60°N附近；7月29日至8月2日，伊朗副高继续发展，584 dagpm 等值线控制42°N以南的区域，高压脊缓慢东移，长时间影响巴尔喀什湖至贝加尔湖地区；850 hPa 上 24 ℃等温线控制新疆，28 ℃等温线控制南疆。500 hPa 平均高度场上，巴尔喀什湖至贝加尔湖一带为平均脊区，584 dagpm 等值线伸展至45°N附近，850 hPa 上24 ℃等温线控制新疆，28 ℃等温线控制南疆(图 5.158b)。

## 5.3.54 2000年8月上旬至8月中旬中等强度高温天气过程

【高温实况】2000年8月6—11日，新疆出现一次中等强度高温天气过程，此次高温天气过程共持续6 d。新疆77个国家级气象站的日最高气温≥35 ℃，其中42站的日最高气温≥37 ℃，11站≥40 ℃，1站≥45 ℃(图 5.159a)。此次中等强度高温天气过程中，以8月8日

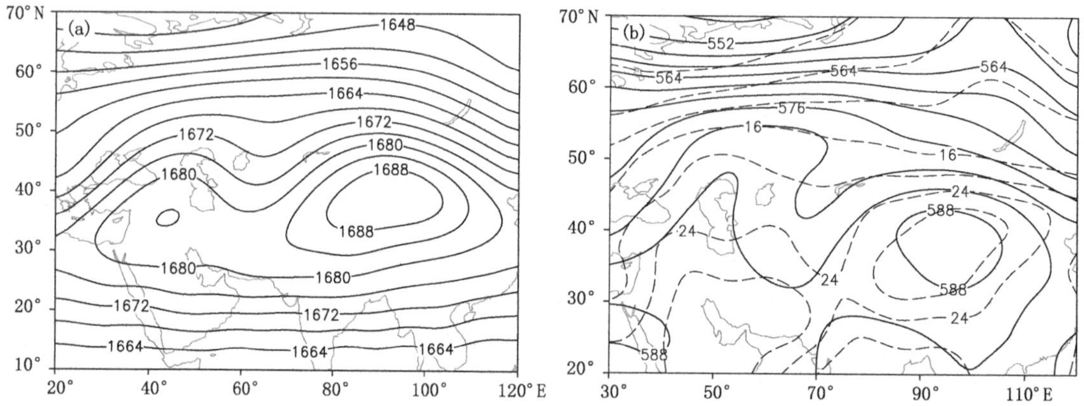


图 5.158　(a)100 hPa 平均高度场(单位:dagpm),(b)500 hPa 平均高度场(实线,单位:dagpm)和 850 hPa 平均温度场(虚线,单位:℃)

的高温范围最大,当日新疆 67 个国家级气象站的日最高气温≥35 ℃,其中 34 站的日最高气温≥37 ℃,8 站≥40 ℃。本次中等强度高温天气过程中,日最高气温极值出现在吐鲁番东坎站(8 月 9 日),为 45.8 ℃(图 5.159b)。

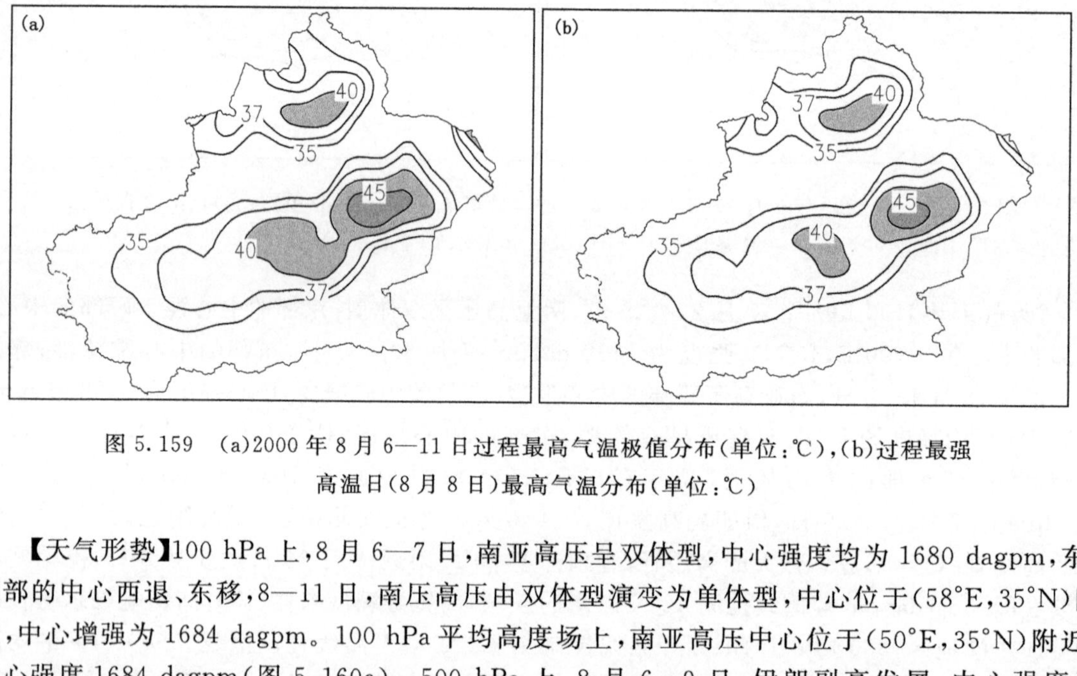


图 5.159　(a)2000 年 8 月 6—11 日过程最高气温极值分布(单位:℃),(b)过程最强高温日(8 月 8 日)最高气温分布(单位:℃)

【天气形势】100 hPa 上,8 月 6—7 日,南亚高压呈双体型,中心强度均为 1680 dagpm,东、西部的中心西退、东移,8—11 日,南压高压由双体型演变为单体型,中心位于(58°E,35°N)附近,中心增强为 1684 dagpm。100 hPa 平均高度场上,南亚高压中心位于(50°E,35°N)附近,中心强度 1684 dagpm(图 5.160a)。500 hPa 上,8 月 6—9 日,伊朗副高发展,中心强度达 592 dagpm,伊朗副高与西太副高打通,584 dagpm 等值线控制 40°N 以南区域,巴尔喀什湖至贝加尔湖地区长时间受强盛的高压脊控制,850 hPa 上 24 ℃等温线控制新疆;10—11 日,受北支冷空气的影响,伊朗副高与西太副高分裂。500 hPa 平均高度场上,巴尔喀什湖至贝加尔湖一带为平均脊区,584 dagpm 等值线控制 42°N 以南的区域,850 hPa 上 20 ℃等温线中国大部分地区,24 ℃等温线控制新疆(图 5.160b)。

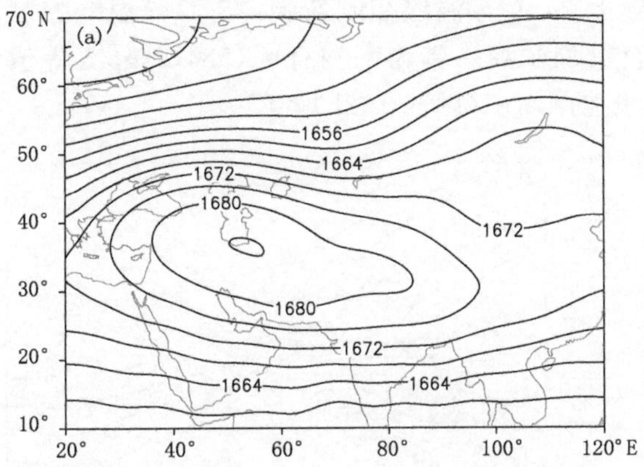


图 5.160　(a)100 hPa 平均高度场(单位:dagpm),(b)500 hPa 平均高度场(实线,单位:dagpm)和 850 hPa 平均温度场(虚线,单位:℃)

## 5.3.55　2001 年 6 月下旬至 8 月上旬中等强度高温天气过程

【高温实况】2001 年 6 月 27 日至 7 月 4 日,新疆出现一次中等强度高温天气过程,此次高温天气过程共持续 8 d。新疆 72 个国家级气象站的日最高气温≥35 ℃,其中 55 站的日最高气温≥37 ℃,17 站≥40 ℃(图 5.161a)。此次中等强度高温天气过程中,以 7 月 1 日的高温范围最大,当日新疆 58 个国家级气象站的日最高气温≥35 ℃,其中 28 站的日最高气温≥37 ℃,12 站≥40 ℃。本次中等强度高温天气过程中,日最高气温极值出现在吐鲁番站(6 月 28 日),为 43.1 ℃(图 5.161b)。

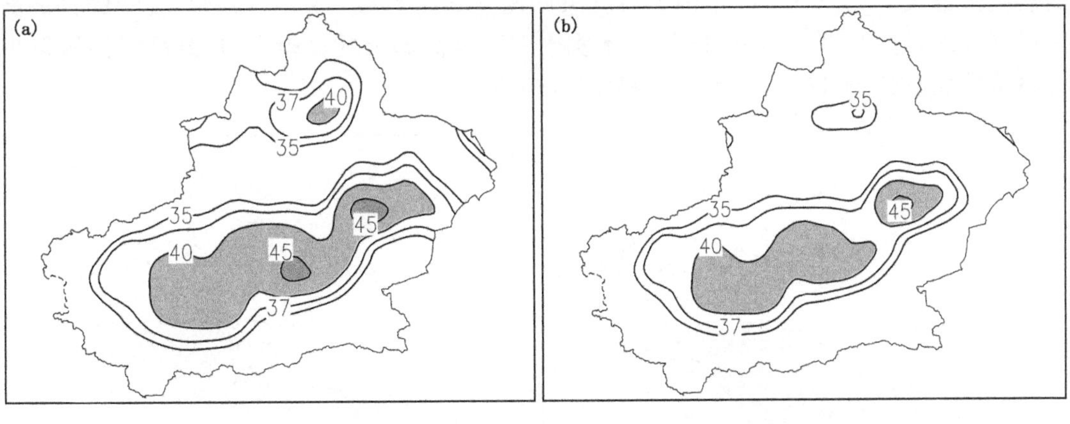


图 5.161　(a)2001 年 6 月 27 日至 7 月 4 日过程最高气温极值分布(单位:℃),(b)过程最强高温日(7 月 1 日)最高气温分布(单位:℃)

【天气形势】100 hPa 上,6 月 27 日至 7 月 1 日,南亚高压的中心位于(60°E,30°N),中心强度为 1684 dagpm,2—4 日,南亚高压的中心略西退,位于(50°E,30°N)附近。100 hPa 平均高度场上,南亚高压中心位于(60°E,30°N)附近,中心强度 1684 dagpm(图 5.162a)。500 hPa 上,6 月 27—29 日,伊朗副高强烈发展,并在(70°E,35°N)附近形成一闭合的高压中心,中心强度为 588 dagpm,584 dagpm 等值线控制 42°N 以南的区域;6 月 30 日至 7 月 2 日,巴尔喀什湖至贝加尔湖一带受强盛的高压脊控制，850 hPa 上 24 ℃等温线控制新疆，28 ℃等温线控制南疆西部。500 hPa 平均高度场上，巴尔喀什湖至贝加尔湖一带为平均脊区，584 dagpm 等值线控制 38°N 以南的区域，850 hPa 上 24 ℃等温线控制新疆（图 5.162b）。

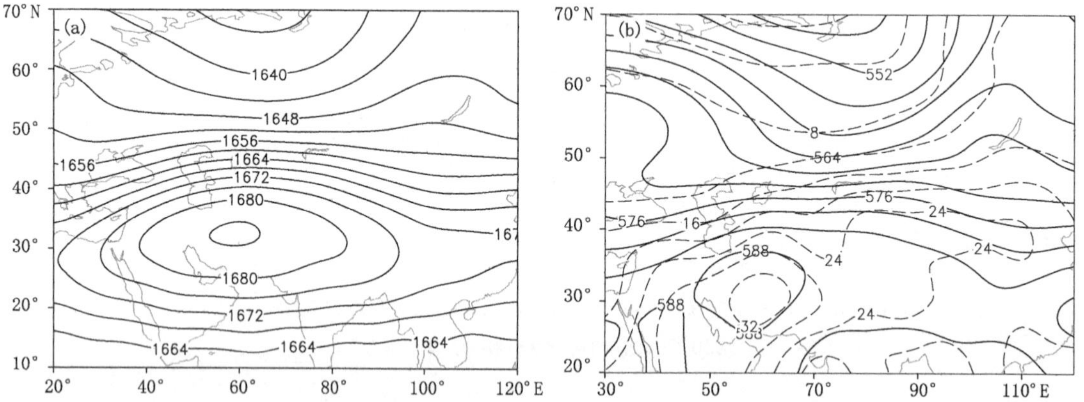


图 5.162　(a)100 hPa 平均高度场（单位：dagpm），(b)500 hPa 平均高度场（实线，单位：dagpm）和 850 hPa 平均温度场（虚线，单位：℃）

## 5.3.56　2001 年 7 月上旬至 7 月中旬中等强度高温天气过程

【高温实况】2001 年 7 月 8—14 日，新疆出现一次中等强度高温天气过程，此次高温天气过程共持续 7 d。新疆 66 个国家级气象站的日最高气温≥35 ℃，其中 47 站的日最高气温≥37 ℃，13 站≥40 ℃，2 站≥45 ℃（图 5.163a）。此次中等强度高温天气过程中，以 7 月 12 日的高温范围最大，当日新疆 61 个国家级气象站的日最高气温≥35 ℃，其中 44 站的日最高气温≥37 ℃，13 站≥40 ℃，2 站≥45 ℃。本次中等强度高温天气过程中，日最高气温极值出现在吐鲁番东坎站（7 月 12 日），为 46 ℃（图 5.163b）。

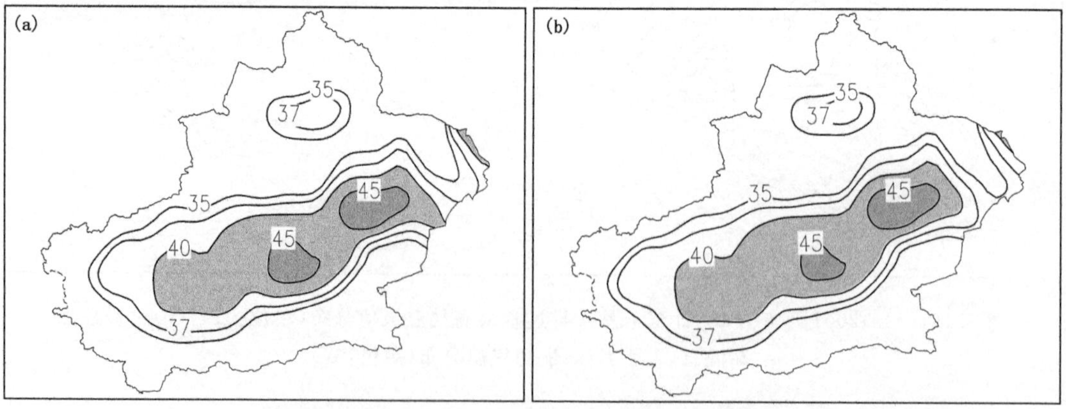


图 5.163　(a)2001 年 7 月 8—14 日过程最高气温极值分布（单位：℃），(b)过程最强高温日（7 月 12 日）最高气温分布（单位：℃）

【天气形势】100 hPa 上，7 月 8 日，南亚高压的中心位于（80°E，35°N），中心强度为 1684 dagpm；9—13 日，南亚高压中心西退至（50°E，35°N）附近。100 hPa 平均高度场上，南亚高压中心位于

(65°E,30°N)附近,中心强度 1684 dagpm(图 5.164a)。500 hPa 上,7 月 8—12 日,伊朗副高强烈发展,中心强度达 592 dagpm,西太副高西伸,其 588 dagpm 等值线西伸至 90°E,两者打通,584 dagpm 等值线控制 42°N 以南的区域;850 hPa 上,28 ℃等温线控制新疆;13—14 日,受北支冷空气的影响,高压减弱。500 hPa 平均高度场上,巴尔喀什湖至贝加尔湖一带为平均脊区,584 dagpm 等值线控制 40°N 以南的区域,850 hPa 上 24 ℃等温线控制新疆,28 ℃等温线控制南疆(图 5.164b)。

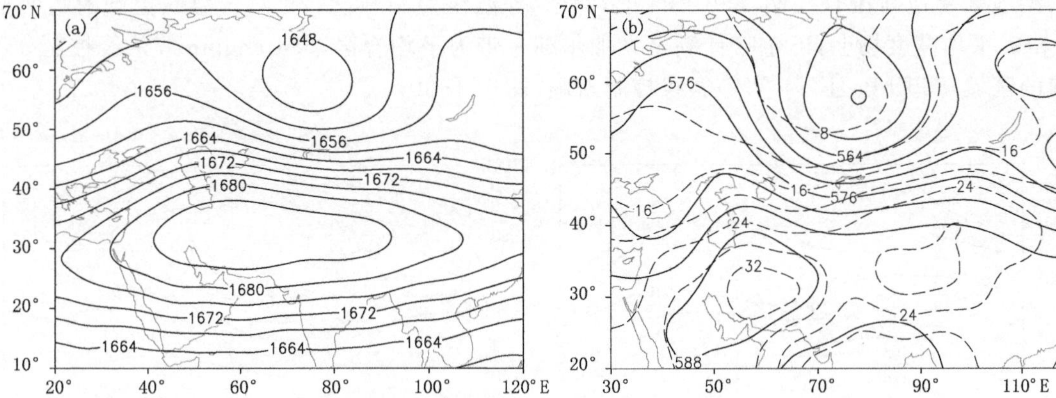


图 5.164 (a)100 hPa 平均高度场(单位:dagpm),(b)500 hPa 平均高度场(实线,单位:dagpm)和 850 hPa 平均温度场(虚线,单位:℃)

## 5.3.57 2002 年 6 月下旬至 7 月上旬中等强度高温天气过程

【高温实况】2002 年 6 月 22 日至 7 月 3 日,新疆出现一次中等强度高温天气过程,此次高温天气过程共持续 12 d。新疆 59 个国家级气象站的日最高气温≥35 ℃,其中 29 站的日最高气温≥37 ℃,4 站≥40 ℃(图 5.165a)。此次中等强度高温天气过程中,以 6 月 28 日的高温范围最大,当日新疆 36 个国家级气象站的日最高气温≥35 ℃,其中 15 站的日最高气温≥37 ℃,3 站≥40 ℃。本次中等强度高温天气过程中,日最高气温极值出现在吐鲁番东坎站(6 月 29 日),为 43.7 ℃(图 5.165b)。

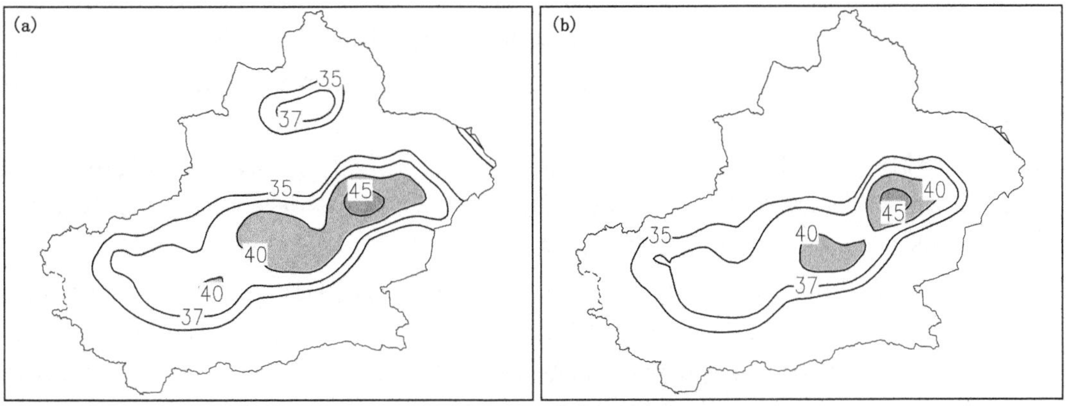


图 5.165 (a)2002 年 6 月 22 日至 7 月 3 日过程最高气温极值分布(单位:℃),(b)过程最强高温日(6 月 28 日)最高气温分布(单位:℃)

【天气形势】100 hPa 上,6 月 22—30 日,南亚高压呈带状分布,其中心强度为 1680 dagpm;7 月 1—3 日,南亚高压的中心发展,位于(60°E,30°N),其中心强度增强至 1688 dagpm。100 hPa 平均高度场上,南亚高压呈带状分布,中心强度为 1680 dagpm(图 5.166a)。500 hPa 上,6 月 22—24 日,伊朗副高强烈发展,584 dagpm 等值线控制 35°N 以南的区域,巴尔喀什湖至贝加尔湖地区受高压脊控制;850 hPa 上,24 ℃等温线控制新疆大部分地区;25—28 日,北支低槽东移,伊朗副高有所减弱;6 月 29 日至 7 月 3 日,伊朗副高再次发展,巴尔喀什湖至贝加尔湖地区受强高压脊控制,850 hPa 上,24 ℃等温线控制新疆,28 ℃等温线控制南疆西部。500 hPa 平均高度场上,巴尔喀什湖至贝加尔湖一带为平均脊区,584 dagpm 等值线控制 35°N 以南的区域,850 hPa 上 24 ℃等温线控制新疆(图 5.166b)。

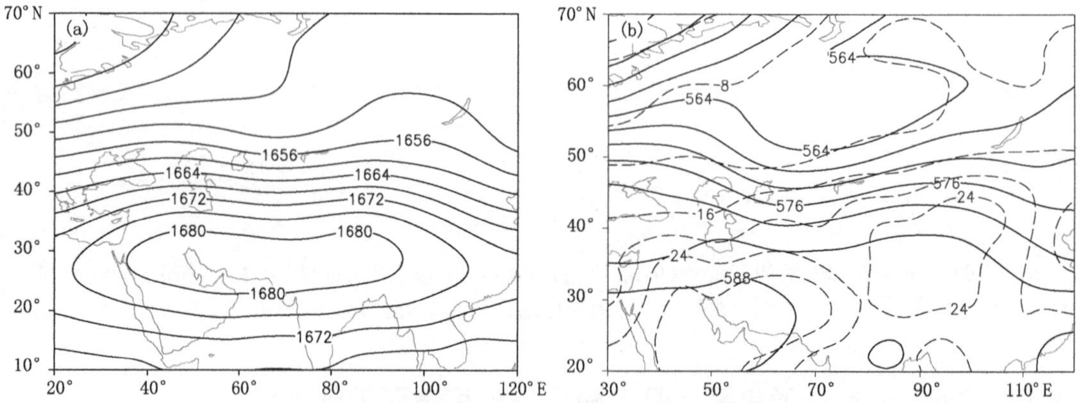


图 5.166 (a)100 hPa 平均高度场(单位:dagpm),(b)500 hPa 平均高度场(实线,单位:dagpm)和 850 hPa 平均温度场(虚线,单位:℃)

## 5.3.58 2002 年 7 月中旬至 7 月下旬中等强度高温天气过程

【高温实况】2002 年 7 月 16—23 日,新疆出现一次中等强度高温天气过程,此次高温天气过程共持续 8 d。新疆 63 个国家级气象站的日最高气温≥35 ℃,其中 43 站的日最高气温≥37 ℃,17 站≥40 ℃,1 站≥45 ℃(图 5.167a)。此次中等强度高温天气过程中,以 7 月 17 日的高温范围最大,当日新疆 52 个国家级气象站的日最高气温≥35 ℃,其中 31 站的日最高气温≥37 ℃,6 站≥40 ℃,1 站≥45 ℃。本次中等强度高温天气过程中,日最高气温极值出现在吐鲁番东坎站(7 月 17 日),为 45.5 ℃(图 5.167b)。

【天气形势】100 hPa 上,7 月 16—17 日,南亚高压中心位于(90°E,35°N),其中心强度为 1688 dagpm;19—23 日,南亚高压由单体型发展为带状分布,中心西退至(40°E,35°N),其中心强度减弱为 1684 dagpm。100 hPa 平均高度场上,南亚高压呈带状分布,东部中心位于(85°E,30°N)附近,中心强度 1684 dagpm(图 5.168a)。500 hPa 上,7 月 16—18 日,伊朗副高强烈发展,其中心强度为 592 dagpm,588 dagpm 等值线东扩至 90°E,584 dagpm 等值线影响 45°N 以南的区域;19—21 日,伊朗副高再次发展,其脊顶伸至 70°N,巴尔喀什湖至贝加尔湖地区受强高压脊控制,850 hPa 上,24 ℃等温线控制新疆,28 ℃等温线控制南疆西部;22—23 日,低槽东移影响新疆,高压减弱西退。500 hPa 平均高度场上,巴尔喀什湖至贝加尔湖一带为平均脊

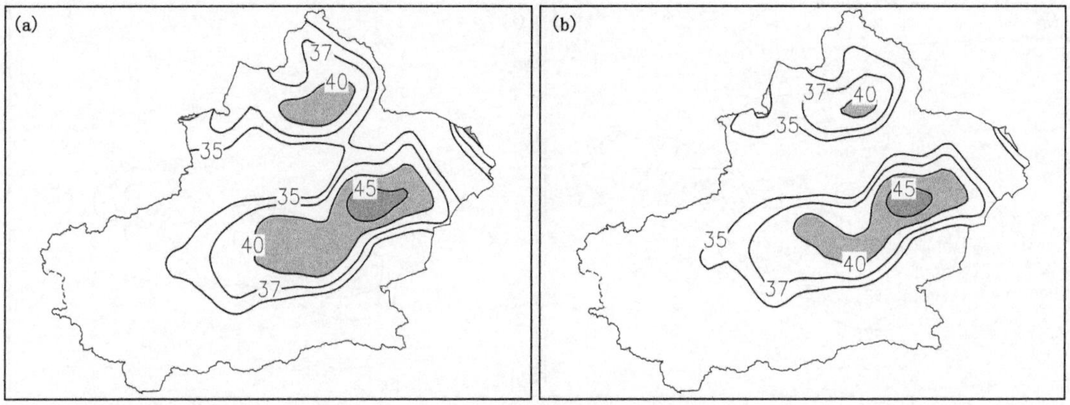


图 5.167　(a)2002 年 7 月 16—23 日过程最高气温极值分布(单位:℃),(b)过程最强高温日(7 月 17 日)最高气温分布(单位:℃)

区,584 dagpm 等值线控制 40°N 以南的区域,850 hPa 上 24 ℃等温线控制新疆,28 ℃等温线控制南疆西部地区(图 5.168b)。

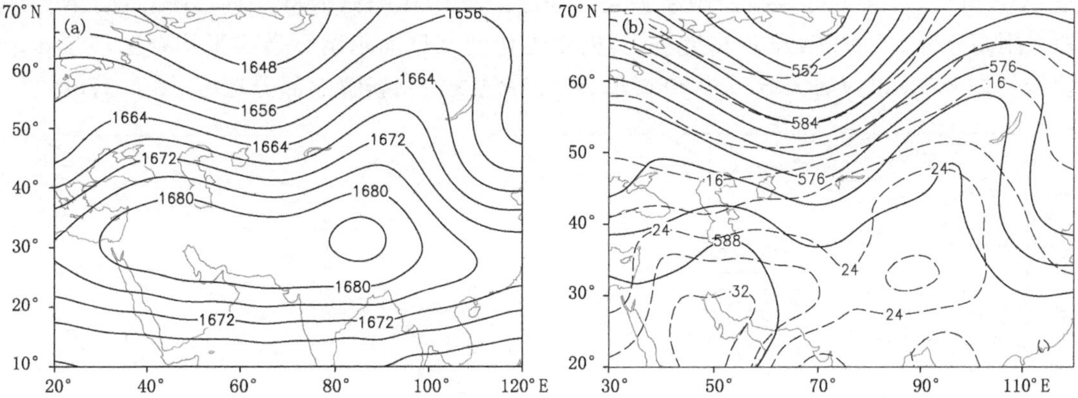

图 5.168　(a)100 hPa 平均高度场(单位:dagpm),(b)500 hPa 平均高度场(实线,单位:dagpm)和 850 hPa 平均温度场(虚线,单位:℃)

## 5.3.59　2002 年 8 月上旬至 8 月中旬中等强度高温天气过程

【高温实况】2002 年 8 月 6—13 日,新疆出现一次中等强度高温天气过程,此次高温天气过程共持续 8 d。新疆 75 个国家级气象站的日最高气温≥35 ℃,其中 43 站的日最高气温≥37 ℃,15 站≥40 ℃(图 5.169a)。此次中等强度高温天气过程中,以 8 月 7 日的高温范围最大,当日新疆 48 个国家级气象站的日最高气温≥35 ℃,其中 13 站的日最高气温≥37 ℃,3 站≥40 ℃。本次中等强度高温天气过程中,日最高气温极值出现在吐鲁番东坎站(8 月 13 日),为 43.6 ℃(图 5.169b)。

【天气形势】100 hPa 上,8 月 6 日,南亚高压的中心位于(90°E,35°N),中心强度为 1684 dagpm;7—13 日,南亚高压中心西退至(45°E,35°N),其中心强度维持。100 hPa 平均高度场上,南亚高压中心位于(80°E,30°N)附近,中心强度 1684 dagpm(图 5.170a)。500 hPa 上,8 月 6—9

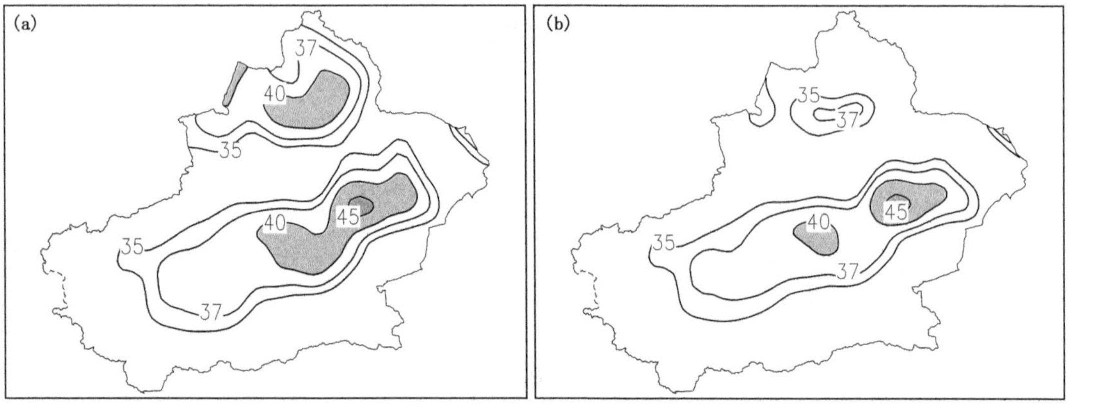


图 5.169　(a)2002 年 8 月 6—13 日过程最高气温极值分布(单位:℃),(b)过程最强高温日(8 月 7 日)最高气温分布(单位:℃)

日,伊朗副高与西太副高打通,584 dagpm 等值线影响 40°N 以南的区域,850 hPa 上,24 ℃等温线控制新疆,28 ℃等温线控制南疆;10—12 日,伊朗副高继续向北发展,其脊顶伸至 70°N 附近,850 hPa 上,24 ℃等温线控制新疆大部分地区;12—13 日,低槽东移影响新疆,伊朗副高与西太副高分裂。500 hPa 平均高度场上,巴尔喀什湖至贝加尔湖一带为平均脊区,584 dagpm 等值线控制 40°N 以南的区域,850 hPa 上 24 ℃等温线控制新疆大部分地区(图 5.170b)。

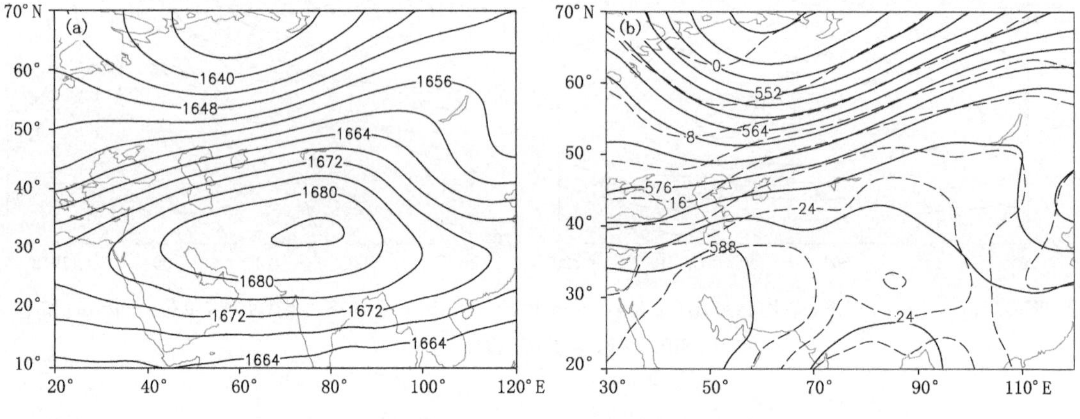


图 5.170　(a)100 hPa 平均高度场(单位:dagpm),(b)500 hPa 平均高度场(实线,单位:dagpm)和 850 hPa 平均温度场(虚线,单位:℃)

## 5.3.60　2002 年 8 月中旬至 8 月下旬中等强度高温天气过程

【高温实况】2002 年 8 月 17—30 日,新疆出现一次中等强度高温天气过程,此次高温天气过程共持续 14 d。新疆 65 个国家级气象站的日最高气温≥35 ℃,其中 39 站的日最高气温≥37 ℃,8 站≥40 ℃,1 站≥45 ℃(图 5.171a)。此次中等强度高温天气过程中,以 8 月 20 日的高温范围最大,当日新疆 60 个国家级气象站的日最高气温≥35 ℃,其中 25 站的日最高气温≥37 ℃,6 站≥40 ℃。本次中等强度高温天气过程中,日最高气温极值出现在吐鲁番东坎站(8 月 21 日),为 45 ℃(图 5.171b)。

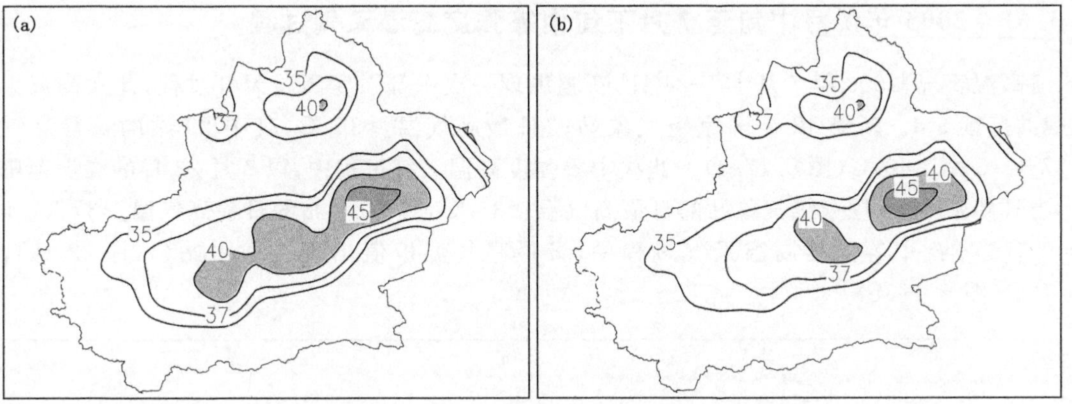


图 5.171　(a)2002 年 8 月 17—30 日过程最高气温极值分布(单位:℃),(b)过程最强高温日(8 月 20 日)最高气温分布(单位:℃)

【天气形势】100 hPa 上,8 月 17—18 日,南亚高压呈带状分布,中心强度为 1680 dagpm;19—24 日,南亚高压发展,中心位于(70°E,35°N),中心强度为 1684 dagpm;25—29 日,南亚高压略东移,其中心东移至(80°E,30°N);30 日南亚高压减西退,中心西退至(70°E,30°N),高压中心强度为 1676 dagpm。100 hPa 平均高度场上,南亚高压中心位于(70°E,30°N)附近,中心强度为 1680 dagpm(图 5.172a)。500 hPa 上,8 月 17—19 日,西太副高强烈发展,并形成 588 dagpm 的高压中心,584 dagpm 等值线北抬至 50°N 附近,其脊顶伸至 60°N 附近,伊朗副高发展,两者打通;20—22 日,巴尔喀什湖至贝加尔湖地区受强高压脊控制,584 dagpm 等值线影响 40°N 以南的区域,850 hPa 上 24 ℃等温线控制新疆;23—27 日,低槽缓慢东移影响新疆,高压减弱;29—30 日,伊朗副高强烈发展,其 588 dagpm 等值线东扩至 100°E,850 hPa 上 24 ℃等温线控制新疆大部分地区。500 hPa 平均高度场上,巴尔喀什湖至贝加尔湖一带为平均脊区,南疆西部形成 588 dagpm 的高压中心,584 dagpm 等值线控制 40°N 以南的区域,850 hPa 上24 ℃等温线控制新疆(图 5.172b)。

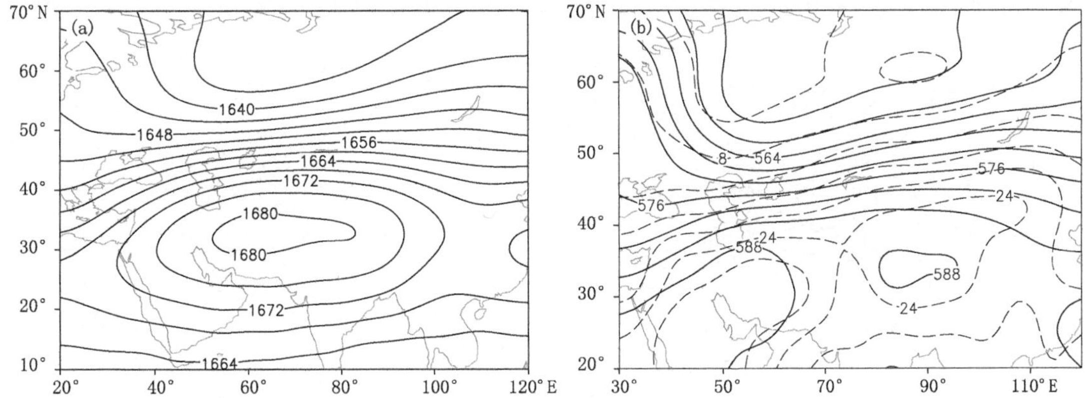


图 5.172　(a)100 hPa 平均高度场(单位:dagpm),(b)500 hPa 平均高度场(实线,单位:dagpm)和 850 hPa 平均温度场(虚线,单位:℃)

## 5.3.61　2003 年 7 月中旬至 7 月下旬中等强度高温天气过程

【高温实况】2003 年 7 月 16—24 日，新疆出现一次中等强度高温天气过程，此次高温天气过程共持续 9 d。新疆 42 个国家级气象站的日最高气温≥35 ℃，其中 29 站的日最高气温≥37 ℃，5 站≥40 ℃(图 5.173a)。此次中等强度高温天气过程中，以 7 月 22 日的高温范围最大，当日新疆 37 个国家级气象站的日最高气温≥35 ℃，其中 22 站的日最高气温≥37 ℃，4 站≥40 ℃。本次中等强度高温天气过程中，日最高气温极值出现在塔中站(7 月 22 日)，为 41.7 ℃(图 5.173b)。

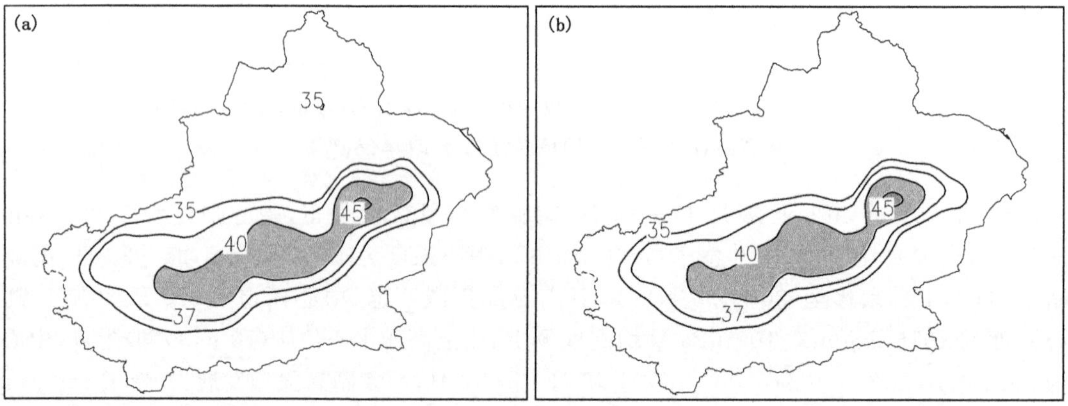


图 5.173　(a)2003 年 7 月 16—24 日过程最高气温极值分布(单位:℃)，(b)过程最强高温日(7 月 22 日)最高气温分布(单位:℃)

【天气形势】100 hPa 上，7 月 16—17 日，南亚高压呈带状分布，高压中心强度为 1688 dagpm；18—24 日，南亚高压呈单体型，其中心位于(60°E，35°N)，中心强度维持。100 hPa 平均高度场上，南亚高压中心位于(50°E，30°N)附近，中心强度 1688 dagpm(图 5.174a)。500 hPa 上，7 月 13—17 日，西太副高强烈发展，高压中心为 592 dagpm，其 588 dagpm 等值线东扩至 70°E；西太副高西伸，其 588 dagpm 等值线西伸至 80°E，584 dagpm 等值线控制 40°N 以南的区域；

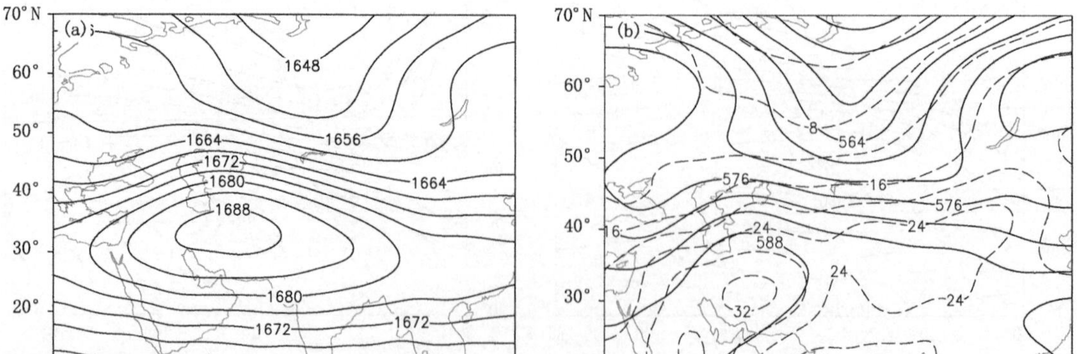


图 5.174　(a)100 hPa 平均高度场(单位:dagpm)，(b)500 hPa 平均高度场(实线，单位:dagpm)和 850 hPa 平均温度场(虚线，单位:℃)

18—19 日，伊朗副高与西太副高打通，850 hPa 上 24 ℃等温线控制新疆；20—21 日，受北支冷空气影响该高压系统减弱；22—23 日，高压系统再次发展，850 hPa 上 24 ℃等温线控制新疆，28 ℃等温线控制南疆西部。500 hPa 平均高度场上，584 dagpm 等值线控制 40°N 以南的区域，850 hPa 上 20 ℃等温线控制中国大部分地区；24 ℃等温线控制新疆大部分地区。500 hPa 平均高度场上，584 dagpm 等值线控制 40°N 以南的区域，850 hPa 上 24 ℃等温线控制新疆（图 5.174b）。

## 5.3.62　2004 年 6 月中旬至 6 月下旬中等强度高温天气过程

【高温实况】2004 年 6 月 11—24 日，新疆出现一次中等强度高温天气过程，此次高温天气过程共持续 14 d。新疆 65 个国家级气象站的日最高气温≥35 ℃，其中 31 站的日最高气温≥37 ℃，4 站≥40 ℃（图 5.175a）。此次中等强度高温天气过程中，以 6 月 19 日的高温范围最大，当日新疆 50 个国家级气象站的日最高气温≥35 ℃，其中 23 站的日最高气温≥37 ℃，4 站≥40 ℃。本次中等强度高温天气过程中，日最高气温极值出现在托克逊站（6 月 20 日），为 44.2 ℃（图 5.175b）。

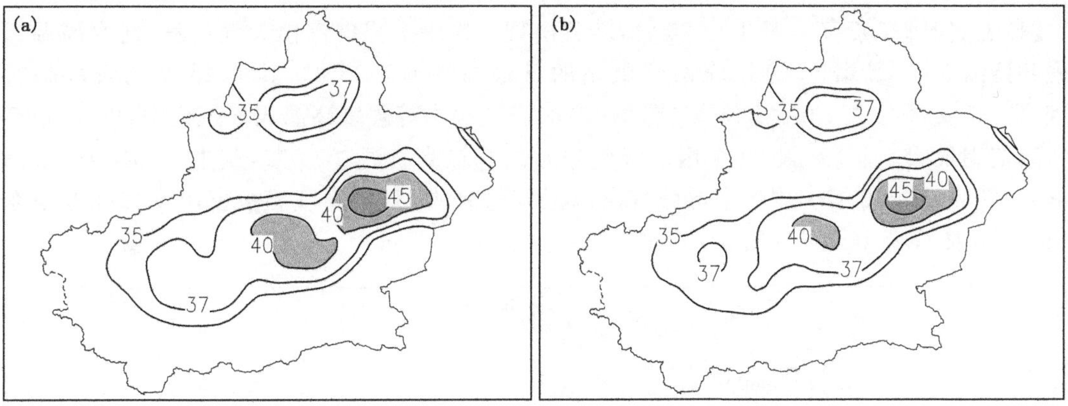


图 5.175　(a)2004 年 6 月 11—24 日过程最高气温极值分布(单位：℃)，(b)过程最强高温日(6 月 19 日)最高气温分布(单位：℃)

【天气形势】100 hPa 上，6 月 11—17 日，南亚高压的中心位于(70°E，30°N)，其中心强度为 1680 dagpm；18—21 日，南亚高压呈双体型；22—24 日，南亚高压发展为带状型，其中强度为 1676 dagpm。100 hPa 平均高度场上，南亚高压呈带状分布，中心强度 1676 dagpm（图 5.176a）。500 hPa 上，6 月 11 日，伊朗副高发展，其 584 dagpm 等值线东扩至 70°E 附近，西太副高强烈向北发展，脊顶伸至 60°N 附近，其 584 dagpm 等值线西伸至 85°E 附近；12—19 日，伊朗副高与西太副高打通，584 dagpm 等值线控制至 40°N 以南的区域，850 hPa 上 24 ℃等温线控制新疆大部分地区；20—21 日，受北支冷空气影响该高压系统减弱；22—23 日，高压再次发展，巴尔喀什湖至贝加尔湖地区受高压脊控制，850 hPa 上 24 ℃等温线控制新疆大部分地区；24 日，低槽东移，伊朗副高与西太副高分裂。500 hPa 平均高度场上，巴尔喀什湖至贝加尔湖一带为平均脊区，580 dagpm 等值线控制 40°N 以南的区域，850 hPa 上 20 ℃等温线控制新疆，24 ℃等温线控制南疆。500 hPa 平均高度场上，580 dagpm 等值线控制 40°N 以南的区域，850 hPa 上 20 ℃等温线控制新疆，20 ℃等温线控制南疆（图 5.176b）。

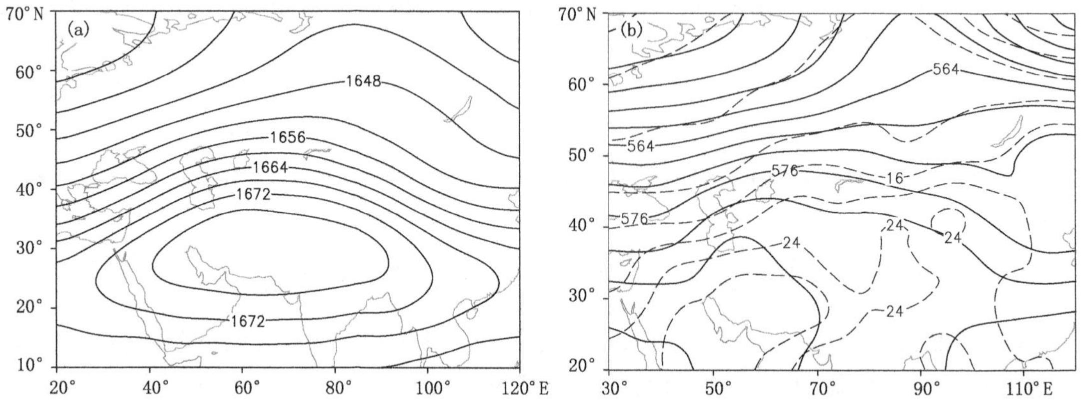


图 5.176　(a)100 hPa 平均高度场(单位:dagpm),(b)500 hPa 平均高度场(实线,单位:dagpm)和 850 hPa 平均温度场(虚线,单位:℃)

## 5.3.63　2005 年 6 月中旬至 6 月下旬中等强度高温天气过程

【高温实况】2005 年 6 月 17—25 日,新疆出现一次中等强度高温天气过程,此次高温天气过程共持续 9 d。新疆 65 个国家级气象站的日最高气温≥35 ℃,其中 48 站的日最高气温≥37 ℃,15 站≥40 ℃,2 站≥45 ℃(图 5.177a)。此次中等强度高温天气过程中,以 6 月 19 日的高温范围最大,当日新疆 50 个国家级气象站的日最高气温≥35 ℃,其中 23 站的日最高气温≥37 ℃,4 站≥40 ℃。本次中等强度高温天气过程中,日最高气温极值出现在吐鲁番东坎站(6 月 20 日),为 46.4 ℃(图 5.177b)。

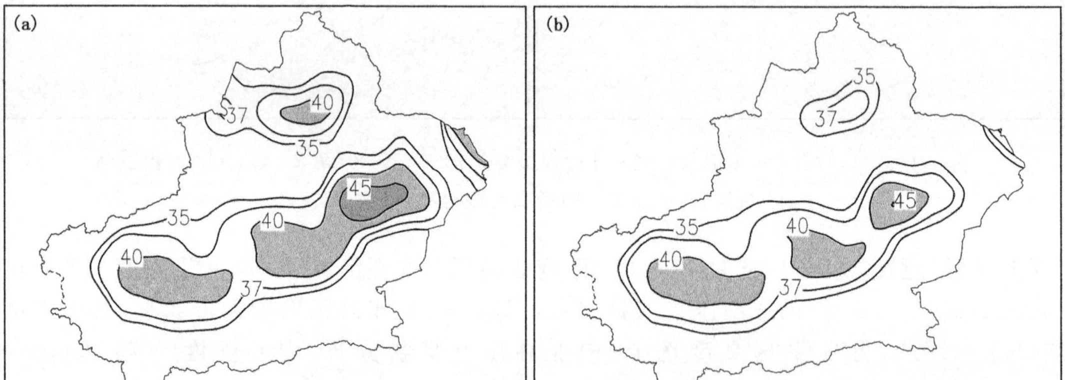


图 5.177　(a)2005 年 6 月 17—25 日过程最高气温极值分布(单位:℃),(b)过程最强高温日(6 月 19 日)最高气温分布(单位:℃)

【天气形势】100 hPa 上,6 月 16—18 日,南亚高压呈带状分布,中心强度为 1680 dagpm;19—20 日,南亚高压中心发展,位于(80°E,30°N),中心强度维持;21—25 日,南亚高压中心西退至(60°E,30°N),中心强度增强至 1688 dagpm。100 hPa 平均高度场上,南亚高压中心位于(70°E,30°N),中心强度为 1680 dagpm(图 5.178a)。500 hPa 上,6 月 16—20 日,伊朗副高与西太副高发展并打通,580 dagpm 等值线控制 40°N 以南的区域,850 hPa 上 24 ℃等温线控制新疆，28 ℃等温线控制新疆东部地区；21—23 日，受北支冷空气影响该高压系统减弱；24—25 日，伊朗副高发次发展，中心强度为 592 dagpm，584 dagpm 等值线控制 35°N 以南的区域，850 hPa 上24 ℃等温线控制新疆大部分地区。500 hPa 平均高度场上，巴尔喀什湖至贝加尔湖一带为平均脊区，584 dagpm 等值线控制 35°N 以南的区域，850 hPa 上 20 ℃等温线控制新疆，24 ℃等温线控制南疆（图 5.178b）。

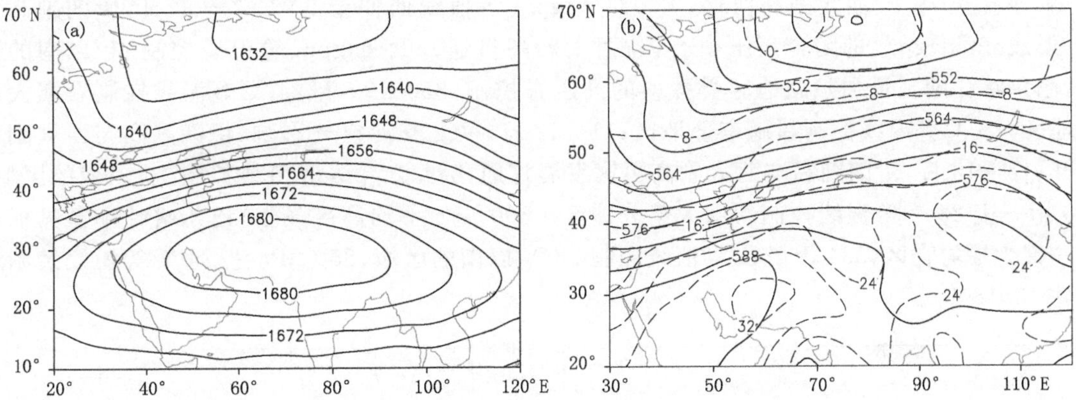


图 5.178　(a)100 hPa 平均高度场（单位：dagpm），(b)500 hPa 平均高度场（实线，单位：dagpm）和 850 hPa 平均温度场（虚线，单位：℃）

## 5.3.64　2005 年 7 月上旬至 7 月中旬中等强度高温天气过程

【高温实况】2005 年 7 月 4—15 日，新疆出现一次中等强度高温天气过程，此次高温天气过程共持续 12 d。新疆 74 个国家级气象站的日最高气温≥35 ℃，其中 46 站的日最高气温≥37 ℃，19 站≥40 ℃，1 站≥45 ℃（图 5.179a）。此次中等强度高温天气过程中，以 7 月 10 日的高温范围最大，当日新疆 56 个国家级气象站的日最高气温≥35 ℃，其中 28 站的日最高气温≥37 ℃，12 站≥40 ℃。本次中等强度高温天气过程中，日最高气温极值出现在吐鲁番东坎站（7 月 11 日），为 46 ℃（图 5.179b）。

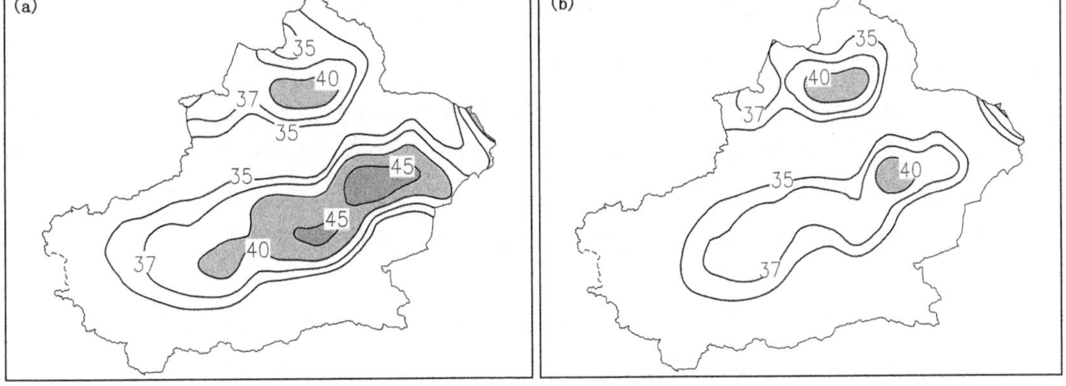


图 5.179　(a)2005 年 7 月 4—15 日过程最高气温极值分布（单位：℃），(b)过程最强高温日（7 月 10 日）最高气温分布（单位：℃）

【天气形势】100 hPa 上，7 月 4—7 日，南亚高压呈带状分布，西部中心发展增强，位于(60°E，35°N)，中心强度为 1692 dagpm；8—10 日，南压高压的中心东移至(80°E，35°N)，中心强度增强至 1696 dagpm；11—15 日，南亚高压由单体型发展为带状分布，中心西退至(50°E，35°N)，中心强度为 1692 dagpm。100 hPa 平均高度场上，南亚高压中心位于(60°E，35°N)，中心强度 1692 dagpm(图 5.180a)。500 hPa 上，7 月 4—6 日，伊朗副高发展，584 dagpm 等值线北抬至 40°N，东扩至 70°E，西太副高西伸，其 584 dagpm 等值线西伸至 90°E；7—10 日，伊朗副高发展，形成592 dagpm 的闭合高压中心，与西太副高打通，584 dagpm 等值线控制 40°以南的区域，巴尔喀什湖至贝加尔湖地区受强盛的高压脊控制，850 hPa 上 24 ℃等温线控制新疆大部分地区，28 ℃等温线控制新疆东部地区；11—12 日，受北支冷空气影响，伊朗副高与西太副高断开；13—15 日，伊朗副高与西太副高再次发展打通，584 dagpm 等值线控制 40°以南的区域，850 hPa 上 28 ℃等温线控制新疆大部分地区。500 hPa 平均高度场上，巴尔喀什湖至贝加尔湖一带为平均脊区，584 dagpm 等值线控制 38°N 以南的区域，850 hPa 上 24 ℃等温线控制新疆(图 5.180b)。

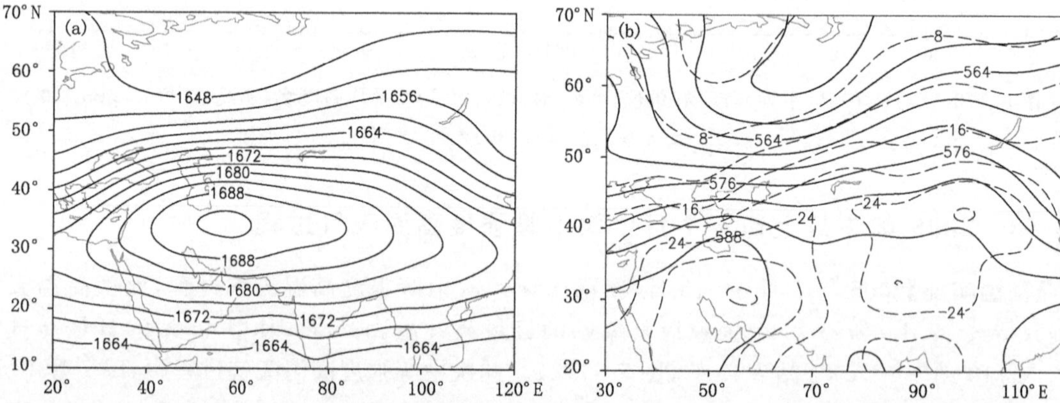


图 5.180 (a)100 hPa 平均高度场(单位：dagpm)，(b)500 hPa 平均高度场(实线，单位：dagpm)和 850 hPa 平均温度场(虚线，单位：℃)

## 5.3.65 2006 年 6 月下旬至 7 月上旬中等强度高温天气过程

【高温实况】2006 年 6 月 21 日至 7 月 3 日，新疆出现一次中等强度高温天气过程，此次高温天气过程共持续 13 d。新疆 62 个国家级气象站的日最高气温≥35 ℃，其中 29 站的日最高气温≥37 ℃，7 站≥40 ℃(图 5.181a)。此次中等强度高温天气过程中，以 6 月 24 日的高温范围最大，当日新疆 38 个国家级气象站的日最高气温≥35 ℃，其中 12 站的日最高气温≥37 ℃，6 站≥40 ℃。本次中等强度高温天气过程中，日最高气温极值出现在吐鲁番东坎站(6 月 23 日)，为 43.6 ℃(图 5.181b)。

【天气形势】100 hPa 上，6 月 21—28 日，南亚高压呈带状分布，中心强度为 1680 dagpm；29—30 日。南亚高压呈双体型；7 月 1—3 日，南亚高压由带状型发展为双体型，中心强度均为 1688 dagpm。100 hPa 平均高度场上，南亚高压中心位于(60°E，35°N)，中心强度 1692 dagpm(图 5.182a)。500 hPa 上，6 月 21—25 日，伊朗副高发展，588 dagpm 等值线东扩至 70°E，伊朗副高与西太副高高压打通，584 dagpm 等值线控制 40°N 以南的区域，850 hPa 上 24 ℃等温

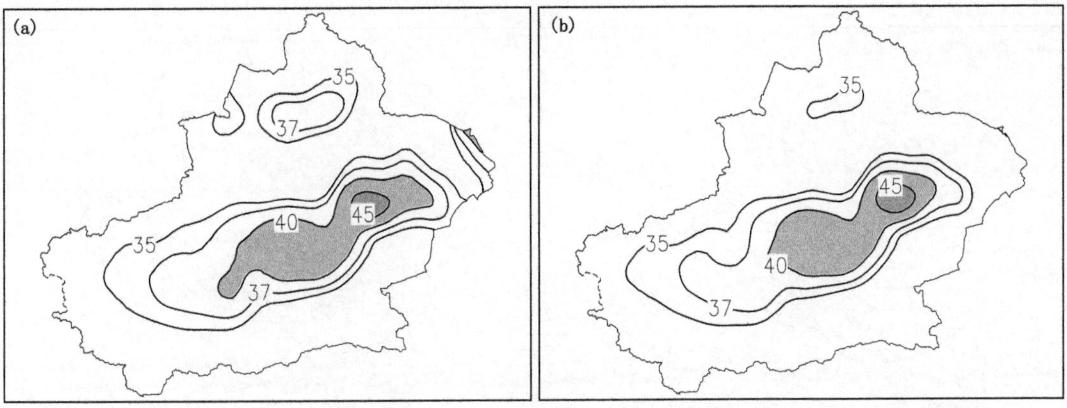


图 5.181　(a)2006 年 6 月 21 日至 7 月 3 日过程最高气温极值分布(单位:℃),(b)过程最强高温日(6 月 24 日)最高气温分布(单位:℃)

线控制新疆;26—27 日,受北支冷空气影响,西太副高减弱;6 月 28 日至 7 月 3 日,伊朗副高与西太副高再次发展并打通,巴尔喀什湖至贝加尔湖地区受高压脊控制,850 hPa 上 24 ℃等温线控制新疆大部分地区。500 hPa 平均高度场上,巴尔喀什湖至贝加尔湖一带为平均脊区,584 dagpm 等值线控制 38°N 以南的区域,850 hPa 上 24 ℃等温线控制新疆(图 5.182b)。

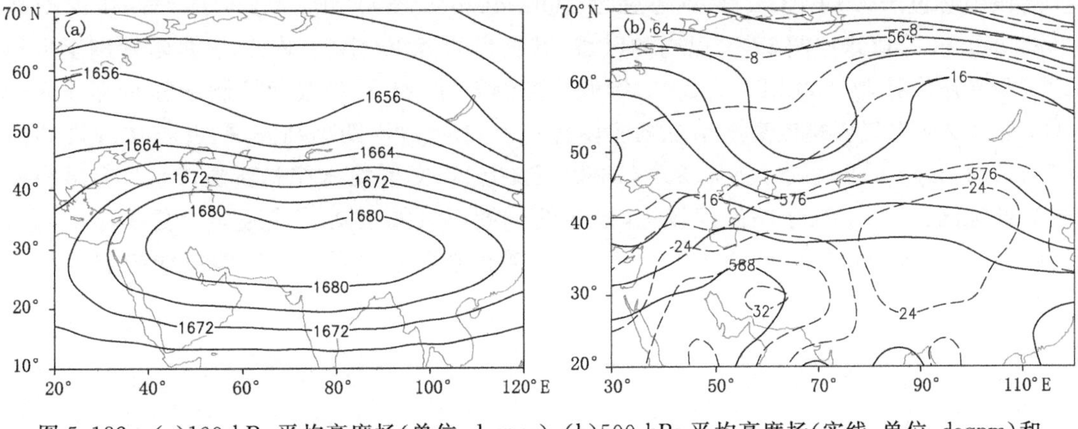


图 5.182　(a)100 hPa 平均高度场(单位:dagpm),(b)500 hPa 平均高度场(实线,单位:dagpm)和 850 hPa 平均温度场(虚线,单位:℃)

## 5.3.66　2007 年 6 月上旬至 6 月中旬中等强度高温天气过程

【高温实况】2007 年 6 月 4—13 日,新疆出现一次中等强度高温天气过程,此次高温天气过程共持续 10 d。新疆 44 个国家级气象站的日最高气温≥35 ℃,其中 21 站的日最高气温≥37 ℃,4 站≥40 ℃(图 5.183a)。此次中等强度高温天气过程中,以 6 月 12 日的高温范围最大,当日新疆 31 个国家级气象站的日最高气温≥35 ℃,其中 16 站的日最高气温≥37 ℃,3 站≥40 ℃。本次中等强度高温天气过程中,日最高气温极值出现在托克逊站(6 月 5 日),为 43.3 ℃(图 5.183b)。

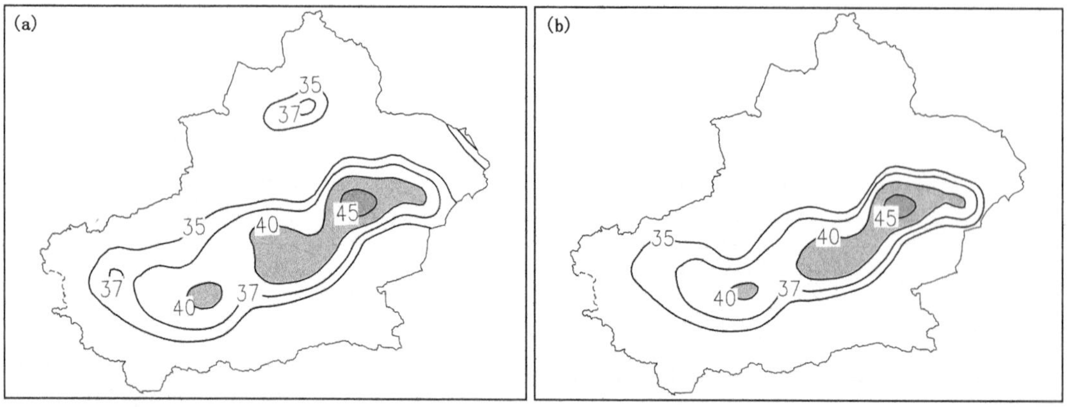


图 5.183 (a)2007 年 6 月 4—13 日过程最高气温极值分布(单位:℃),(b)过程最强高温日(6 月 12 日)最高气温分布(单位:℃)

【天气形势】100 hPa 上,6 月 4 日,南亚高压呈单体型,中心位于(90°E,25°N),中心强度为 1672 dagpm;5—9 日,南亚高压中心西退至(60°E,30°N),强度增强为 1680 dagpm;10—13 日,南亚高压原地发展,中心强度增至 1684 dagpm;14 日南亚高压西退。100 hPa 平均高度场上,南亚高压中心位于(70°E,25°N),中心强度 1676 dagpm(图 5.184a)。100 hPa 平均高度场上,南亚高压中心位于(60°E,35°N),中心强度 1692 dagpm。500 hPa 上,6 月 4 日,伊朗副高发展,584 dagpm 等值线控制 32°N 以南的区域,其脊顶伸至 60°N;5—8 日,巴尔喀什湖至贝加尔湖地区受高压脊控制,850 hPa 上 20 ℃等温线控制新疆,24 ℃等温线控制新疆东部地区;9—11 日,受北支冷空气影响该高压系统减弱南掉;12—13 日,伊朗副高发展,并与中纬度的高压脊打通,584 dagpm 等值线北抬至 35°N,850 hPa 上 20 ℃等温线控制新疆,24 ℃等温线控制新疆东部地区。500 hPa 平均高度场上,巴尔喀什湖至贝加尔湖一带为平均脊区,580 dagpm 等值线控制 38°N 以南的区域,850 hPa 上 20 ℃等温线控制新疆,24 ℃等温线控制南疆东部(图 5.184b)。

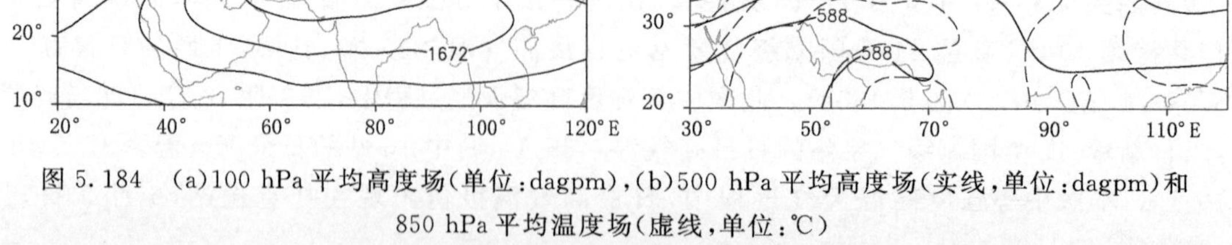


图 5.184 (a)100 hPa 平均高度场(单位:dagpm),(b)500 hPa 平均高度场(实线,单位:dagpm)和 850 hPa 平均温度场(虚线,单位:℃)

## 5.3.67　2007 年 6 月下旬中等强度高温天气过程

【高温实况】2007 年 6 月 22—29 日，新疆出现一次中等强度高温天气过程，此次高温天气过程共持续 8 d。新疆 74 个国家级气象站的日最高气温≥35 ℃，其中 58 站的日最高气温≥37 ℃，9 站≥40 ℃，3 站≥45 ℃（图 5.185a）。此次中等强度高温天气过程中，以 6 月 24 日的高温范围最大，当日新疆 69 个国家级气象站的日最高气温≥35 ℃，其中 51 站的日最高气温≥37 ℃，7 站≥40 ℃，3 站≥45 ℃。本次中等强度高温天气过程中，日最高气温极值出现在托克逊站（6 月 24 日），为 45.8 ℃（图 5.185b）。

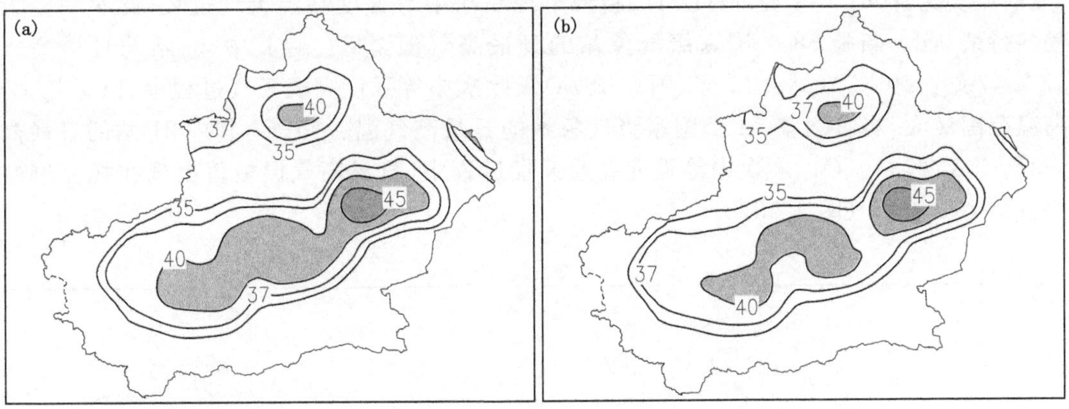


图 5.185　(a)2007 年 6 月 22—29 日过程最高气温极值分布（单位：℃），(b)过程最强高温日（6 月 24 日）最高气温分布（单位：℃）

【天气形势】100 hPa 上，6 月 22—25 日，南亚高压中心位于（60°E，32°N），中心强度为 1684 dagpm；26—29 日，南亚高压中心东移至（70°E，30°N），中心强度为增强至 1688 dagpm。100 hPa 平均高度场上，南亚高压中心位于（65°E，30°N），中心强度 1684 dagpm（图 5.186a）。6 月 22—25 日，伊朗副高发展，其中心强度最强时为 592 dagpm，584 dagpm 等值线控制 40°N 以南的区域，850 hPa 上 20 ℃等温线控制新疆，24 ℃等温线控制南疆西部；26—27 日，低槽东

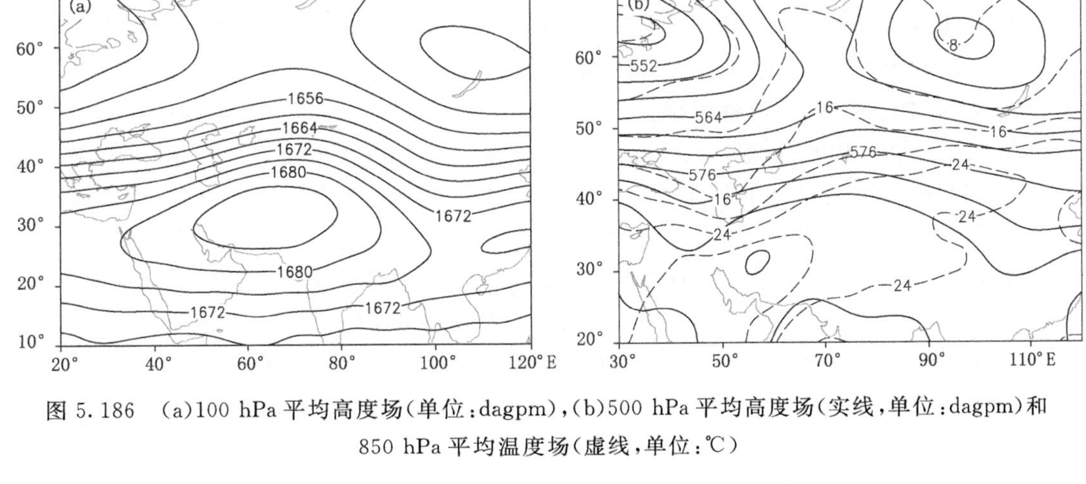


图 5.186　(a)100 hPa 平均高度场（单位：dagpm），(b)500 hPa 平均高度场（实线，单位：dagpm）和 850 hPa 平均温度场（虚线，单位：℃）

移影响新疆；28—29 日，伊朗副高发展，巴尔喀什湖至贝加尔湖地区受高压脊控制，584 dagpm 等值线控制 38°N 以南的区域，850 hPa 上 24 ℃等温线控制新疆，24 ℃等温线控制南疆东部。500 hPa 平均高度场上，巴尔喀什湖至贝加尔湖一带为平均脊区，580 dagpm 等值线控制 38°N 以南的区域，850 hPa 上 20 ℃等温线控制新疆，24 ℃等温线控制南疆东部。500 hPa 平均高度场上，巴尔喀什湖至贝加尔湖一带为平均脊区，584 dagpm 等值线控制 40°N 以南的区域，850 hPa 上 20 ℃等温线控制新疆，24 ℃等温线控制南疆(图 5.186b)。

## 5.3.68　2007 年 7 月上旬至 7 月中旬中等强度高温天气过程

【高温实况】2007 年 7 月 6—14 日，新疆出现一次中等强度高温天气过程，此次高温天气过程共持续 9 d。新疆 58 个国家级气象站的日最高气温≥35 ℃，其中 30 站的日最高气温≥37 ℃，7 站≥40 ℃，3 站≥45 ℃(图 5.187a)。此次中等强度高温天气过程中，以 7 月 12 日的高温范围最大，当日新疆 74 个国家级气象站的日最高气温≥35 ℃，其中 21 站的日最高气温≥37 ℃，3 站≥40 ℃。本次中等强度高温天气过程中，日最高气温极值出现在托克逊站(7 月 8 日)，为 45.6 ℃(图 5.187b)。

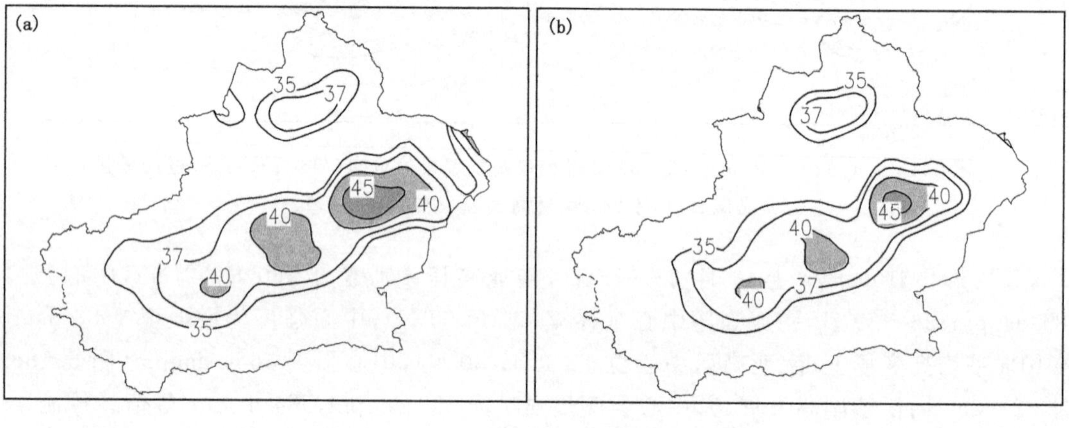


图 5.187　(a)2007 年 7 月 6—14 日过程最高气温极值分布(单位：℃)，(b)过程最强高温日(7 月 12 日)最高气温分布(单位：℃)

【天气形势】100 hPa 上，7 月 6 日，南亚高压呈带状分布，西部中心发展，中心位于(50°E，32°N)，中心强度为 1688 dagpm；7—11 日，南亚高压呈双体型；12—14 日，南亚高压发展为带状分布，西部的中心发展，中心强度增强至 1692 dagpm。100 hPa 平均高度场上，南亚高压中心位于(50°E，30°N)，中心强度 1688 dagpm(图 5.188a)。500 hPa 上，6—7 日，伊朗副高向北强烈发展，588 dagpm 等值线北抬至 50°N 附近，西太副高西伸至 80°E；8—9 日，伊朗副高与西太副高打通，850 hPa 上 20 ℃等温线控制新疆，10—11 日，低槽东移影响新疆；12—14 日，巴尔喀什湖至贝加尔湖地区受高压脊控制，850 hPa 上 24 ℃等温线控制新疆大部分地区。500 hPa 平均高度场上，巴尔喀什湖至贝加尔湖一带为平均脊区，580 dagpm 等值线控制 42°N 以南的区域，850 hPa 上 20 ℃等温线控制新疆，24 ℃等温线控制南疆(图 5.188b)。

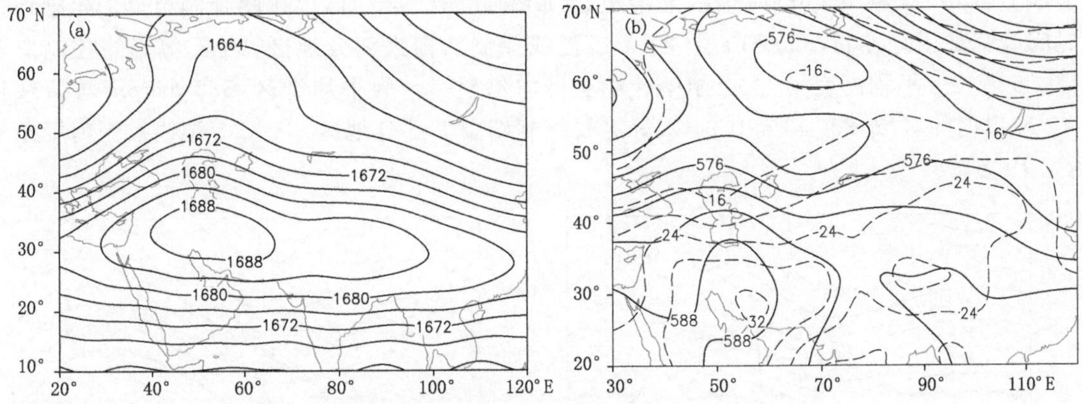


图 5.188 (a)100 hPa 平均高度场(单位:dagpm),(b)500 hPa 平均高度场(实线,单位:dagpm)和 850 hPa 平均温度场(虚线,单位:℃)

## 5.3.69 2007 年 7 月中旬至 7 月下旬中等强度高温天气过程

【高温实况】2007 年 7 月 20—27 日,新疆出现一次中等强度高温天气过程,此次高温天气过程共持续 8 d。新疆 76 个国家级气象站的日最高气温≥35 ℃,其中 41 站的日最高气温≥37 ℃,9 站≥40 ℃,2 站≥45 ℃(图 5.189a)。此次中等强度高温天气过程中,以 7 月 21 日的高温范围最大,当日新疆 70 个国家级气象站的日最高气温≥35 ℃,其中 35 站的日最高气温≥37 ℃,4 站≥40 ℃。本次中等强度高温天气过程中,日最高气温极值出现在吐鲁番东坎站(7 月 24 日),为 45.7 ℃(图 5.189b)。

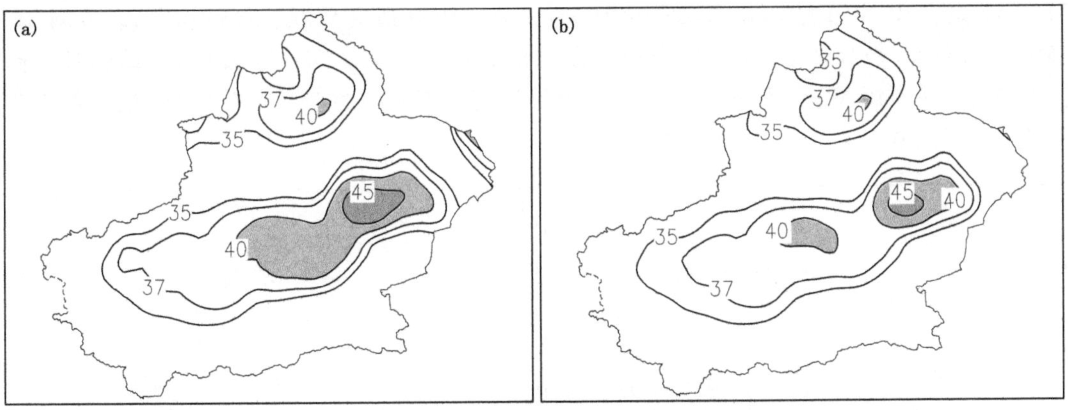


图 5.189 (a)2007 年 7 月 20—27 日过程最高气温极值分布(单位:℃),(b)过程最强高温日(7 月 21 日)最高气温分布(单位:℃)

【天气形势】100 hPa 上,7 月 20 日,南亚高压中心位于(70°E,35°N),中心强度 1688 dagpm,21—25 日,南亚高压呈带状分布,东部的中心发展,位于(80°E,35°N),中心强度减弱为 1684 dagpm;26—27 日,南亚高压的东部中心缓慢东移。100 hPa 平均高度场上,南亚高压呈带状分布,中心强度为 1684 dagpm(图 5.190a)。500 hPa 上,7 月 20 日,伊朗副高向北强烈发展,其中心强度为 592 dagpm,584 dagpm 等值线北抬至 50°N 附近;21—26 日,巴尔喀什湖至贝加尔湖地区长时间受强高压脊控制,850 hPa 上 24 ℃等温线控制新疆大部分地区,28 ℃等温线控制南疆东部。500 hPa 平均高度场上,巴尔喀什湖至贝加尔湖一带为平均脊区,580 dagpm 等值线控制 45°N 以南的区域,850 hPa 上 24 ℃等温线控制新疆大部分地区,28 ℃等温线控制南疆东部(图 5.190b)。

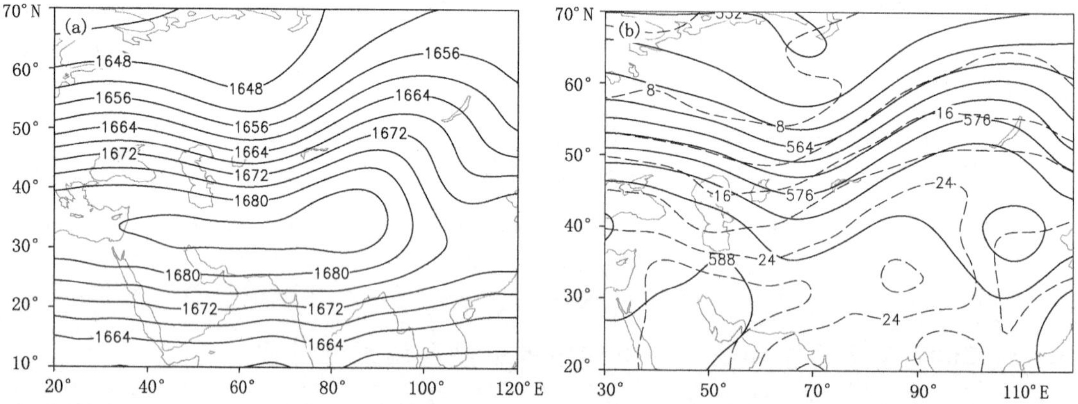


图 5.190　(a)100 hPa 平均高度场(单位:dagpm),(b)500 hPa 平均高度场(实线,单位:dagpm)和 850 hPa 平均温度场(虚线,单位:℃)

## 5.3.70　2008 年 6 月上旬至 6 月中旬中等强度高温天气过程

【高温实况】2008 年 6 月 6—12 日,新疆出现一次中等强度高温天气过程,此次高温天气过程共持续 7 d。新疆 77 个国家级气象站的日最高气温≥35 ℃,其中 37 站的日最高气温≥37 ℃,7 站≥40 ℃,1 站≥45 ℃(图 5.191a)。此次中等强度高温天气过程中,以 6 月 10 日的高温范围最大,当日新疆 74 个国家级气象站的日最高气温≥35 ℃,其中 37 站的日最高气温≥37 ℃,7 站≥40 ℃,1 站≥45 ℃。本次中等强度高温天气过程中,日最高气温极值出现在托克逊站(6 月 10 日),为 45.2 ℃(图 5.191b)。

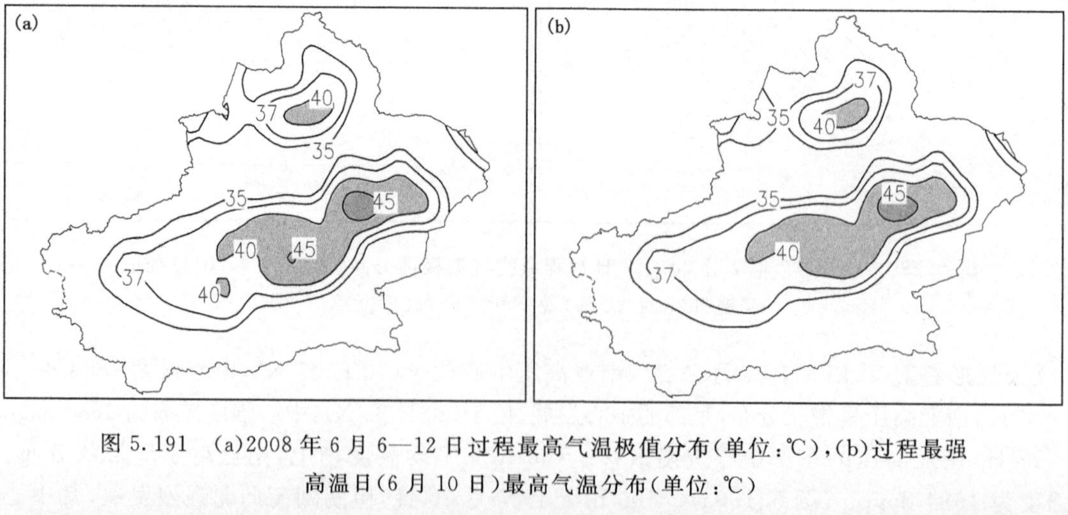


图 5.191　(a)2008 年 6 月 6—12 日过程最高气温极值分布(单位:℃),(b)过程最强高温日(6 月 10 日)最高气温分布(单位:℃)

【天气形势】100 hPa 上，6 月 6—8 日，南亚高压呈带状分布，中心强度为 1676 dagpm；9—12 日，南亚高压中心发展增强，中心位于(70°E，30°N)，强度为 1680 dagpm。100 hPa 平均高度场上，南亚高压中心位于(70°E，30°N)，中心强度为 1676 dagpm(图 5.192a)。500 hPa 上，6 月 6—10 日，伊朗副高发展，其中心强度为 588 dagpm，584 dagpm 等值线北抬至 40°N，巴尔喀什湖至贝加尔湖地区受高压脊控制，850 hPa 上 24 ℃等温线控制新疆，28 ℃等温线控制新疆东部地区；11—12 日，受北支冷空气影响，高压南掉减弱。500 hPa 平均高度场上，巴尔喀什湖至贝加尔湖一带为平均脊区，584 dagpm 等值线控制 35°N 以南的区域，850 hPa 上 20 ℃等温线控制新疆大部分地区，28 ℃等温线控制新疆东部地区(图 5.192b)。

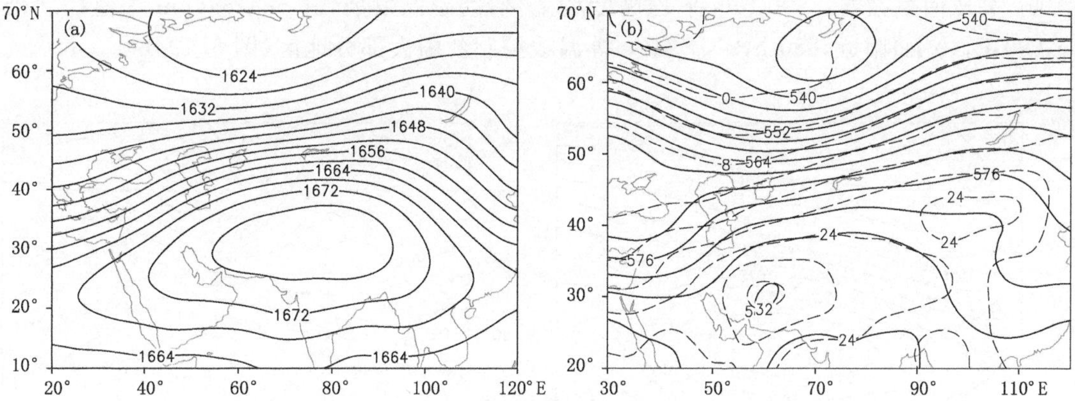

图 5.192　(a)100 hPa 平均高度场(单位：dagpm)，(b)500 hPa 平均高度场(实线，单位：dagpm)和 850 hPa 平均温度场(虚线，单位：℃)

## 5.3.71　2008 年 7 月上旬中等强度高温天气过程

【高温实况】2008 年 7 月 3—7 日，新疆出现一次中等强度高温天气过程，此次高温天气过程共持续 5 d。新疆 61 个国家级气象站的日最高气温≥35 ℃，其中 33 站的日最高气温≥37 ℃，8 站≥40 ℃，1 站≥45 ℃(图 5.193a)。此次中等强度高温天气过程中，以 7 月 5 日的高温范围最大，当日新疆 51 个国家级气象站的日最高气温≥35 ℃，其中 29 站的日最高气温

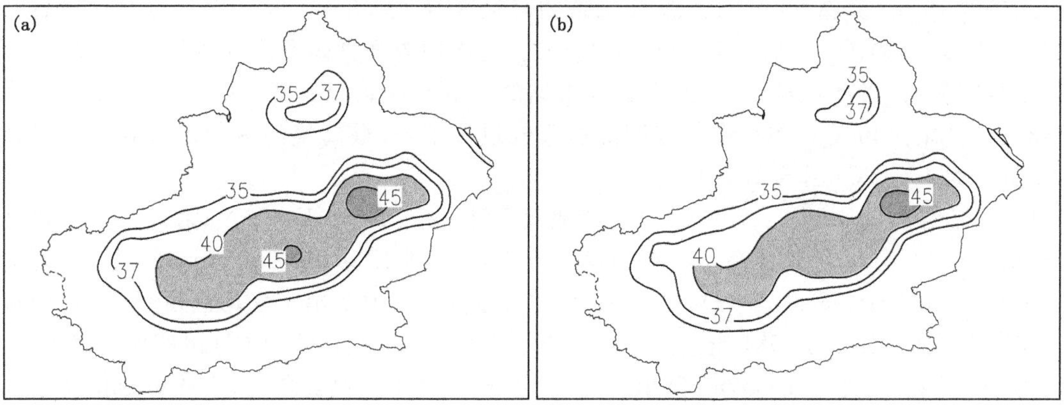

图 5.193　(a)2008 年 7 月 3—7 日过程最高气温极值分布(单位：℃)，(b)过程最强高温日(7 月 5 日)最高气温分布(单位：℃)

≥37 ℃,7站≥40 ℃。本次中等强度高温天气过程中,日最高气温极值出现在托克逊站(7月4日),为45.3 ℃(图5.193b)。

【天气形势】100 hPa上,7月3日,南亚高压呈带状分布,中心强度为1684 dagpm;4—5日,南亚高压中心发展,位于(80°E,35°N),中心强度增强至1688 dagpm;6—7日,南亚高压呈带状分布,中心强度减弱至1684 dagpm。100 hPa平均高度场上,南亚高压中心位于(70°E,32°N),中心强度为1684 dagpm(图5.194a)。500 hPa上,7月3—6日,伊朗副高发展,其中心强度为588 dagpm,584 dagpm等值线北抬至40°N,巴尔喀什湖至贝加尔湖地区长时间受高压脊控制,850 hPa上24 ℃等温线控制新疆,28 ℃等温线控制新疆东部地区;7日,受北支冷空气影响,高压南掉减弱。500 hPa平均高度场上,伊朗副高发展,其584 dagpm等值线北抬东扩至(90°E,40°N)附近,850 hPa上24 ℃等温线控制新疆大部分地区(图5.194b)。

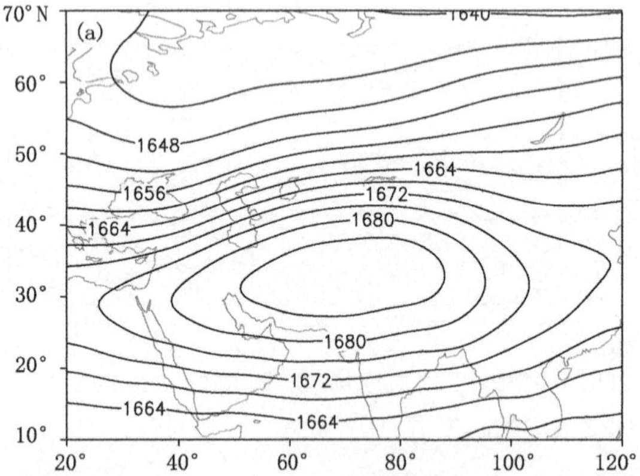


图5.194　(a)100 hPa平均高度场(单位:dagpm),(b)500 hPa平均高度场(实线,单位:dagpm)和850 hPa平均温度场(虚线,单位:℃)

## 5.3.72　2008年7月中旬至7月下旬中等强度高温天气过程

【高温实况】2008年7月13—22日,新疆出现一次中等强度高温天气过程,此次高温天气过程共持续10 d。新疆63个国家级气象站的日最高气温≥35 ℃,其中25站的日最高气温≥37 ℃,16站≥40 ℃,1站≥45 ℃(图5.195a)。此次中等强度高温天气过程中,以7月18日的高温范围最大,当日新疆35个国家级气象站的日最高气温≥35 ℃,其中10站的日最高气温≥37 ℃,3站≥40 ℃。本次中等强度高温天气过程中,日最高气温极值出现在吐鲁番站(7月14日),为45.1 ℃(图5.195b)。

【天气形势】100 hPa上,7月13日,南亚高压中心位于(60°E,35°N)附近 ,中心强度为1688 dagpm;14—21日,南亚高压发展为带状分布,中心强度为1684 dagpm;22日,东部的中心进一步发展,位于(58°E,35°N),中心强度1684 dagpm。100 hPa平均高度场上,南亚高压呈带状分布,中心强度为1684 dagpm(图5.196a)。500 hPa上,7月13日伊朗副高发展,中心强度为592 dagpm,其584 dagpm等值线北抬至45°N,西太副高西伸,其584 dagpm等值线达78°E附近;14—20日,西太副高与伊朗副高打通,584 dagpm等值线控制40°N以南的区域,850 hPa上24 ℃等温线控制新疆,28 ℃等温线控制南疆;21—22日,受北支冷空气影响,伊朗

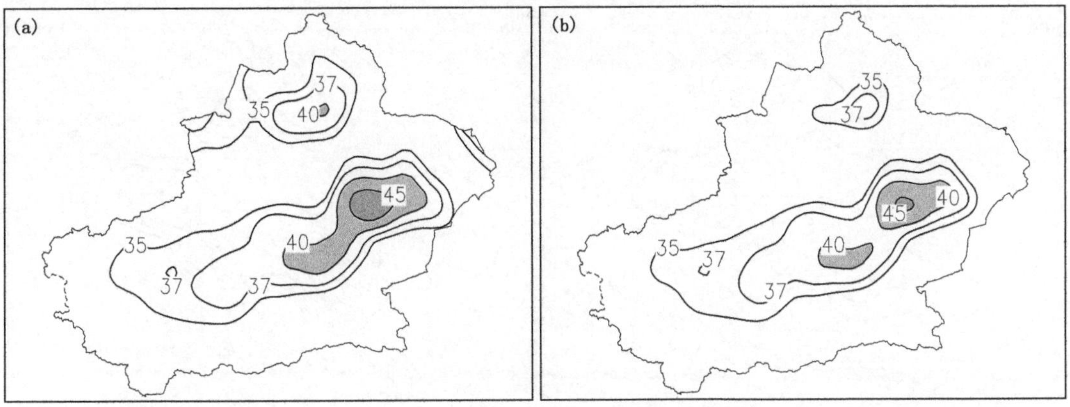


图 5.195 (a)2018 年 7 月 13—22 日过程最高气温极值分布(单位:℃),(b)过程最强高温日(7 月 18 日)最高气温分布(单位:℃)

副高与西太副高分离。500 hPa 平均高度场上,伊朗副高发展,其 584 dagpm 等值线控制 40°N 以南的区域,850 hPa 上 24 ℃等温线控制新疆大部分地区(图 5.196b)。

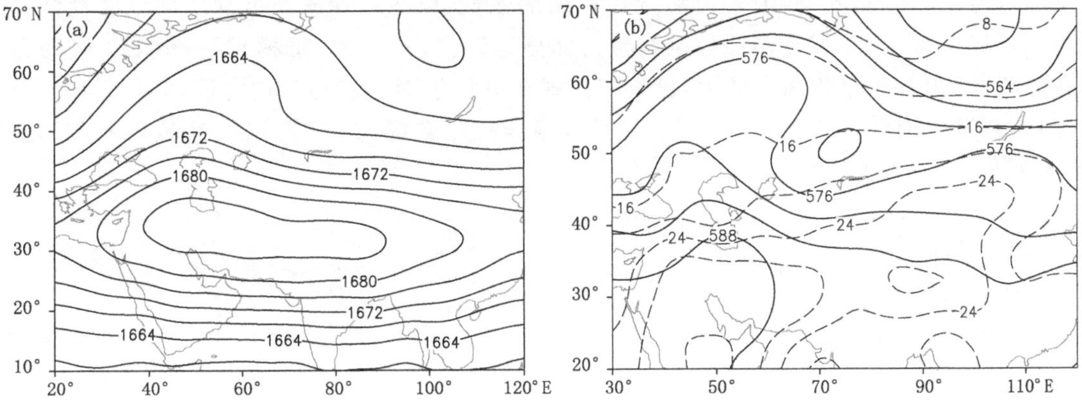


图 5.196 (a)100 hPa 平均高度场(单位:dagpm),(b)500 hPa 平均高度场(实线,单位:dagpm)和 850 hPa 平均温度场(虚线,单位:℃)

### 5.3.73 2008 年 8 月上旬至 8 月中旬中等强度高温天气过程

【高温实况】2008 年 8 月 7—12 日,新疆出现一次中等强度高温天气过程,此次高温天气过程共持续 6 d。新疆 72 个国家级气象站的日最高气温≥35 ℃,其中 43 站的日最高气温≥37 ℃,10 站≥40 ℃(图 5.197a)。此次中等强度高温天气过程中,以 8 月 10 日的高温范围最大,当日新疆 68 个国家级气象站的日最高气温≥35 ℃,其中 38 站的日最高气温≥37 ℃,9 站≥40 ℃。本次中等强度高温天气过程中,日最高气温极值出现在吐鲁番东坎站(8 月 11 日),为 43.9 ℃(图 5.197b)。

【天气形势】100 hPa 上,8 月 7 日,南压高压呈带状分布,中心强度为 1680 dagpm;8—10 日,南亚高压中心发展,位于(80°E,30°N),中心强度为 1684 dagpm;11—12 日,南亚高压的中心西退至(60°E,35°N)。100 hPa 平均高度场上,南亚高压中心位于(80°E,35°N),中心强度为

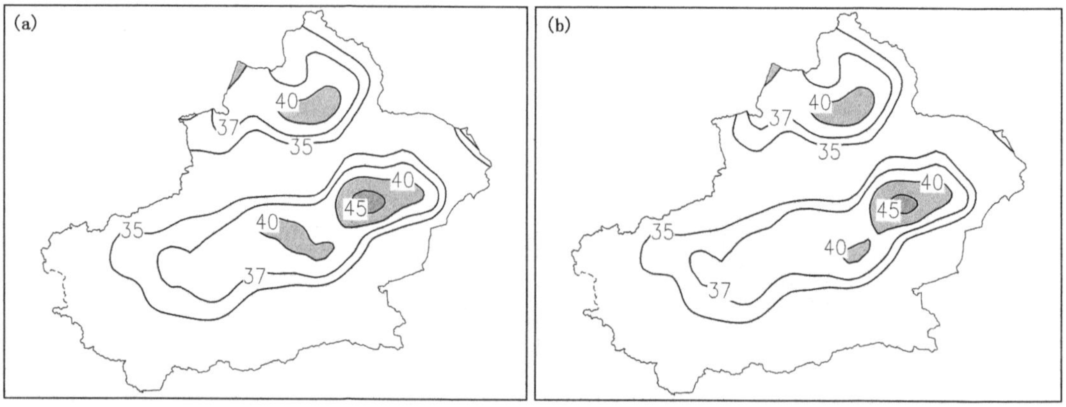


图 5.197 (a)2008 年 8 月 7—12 日过程最高气温极值分布(单位:℃),(b)过程最强高温日(8 月 10 日)最高气温分布(单位:℃)

1684 dagpm(图 5.198a)。500 hPa 上,伊朗副高发展,其 584 dagpm 等值线北抬东扩至(90°E,40°N),西太副高略有发展,其 584 dagpm 等值线西伸至 100°E 附近;8—10 日,西太副高与伊朗副高打通,584 dagpm 等值线控制 40°N 以南的区域,巴尔喀什湖至贝加尔湖地区受强高压脊控制,850 hPa 上 24 ℃等温线控制新疆大部分地区;11—12 日,低槽东移,伊朗副高与西太副高分离。500 hPa 平均高度场上,巴尔喀什湖至贝加尔湖一带为平均脊区,584 dagpm 等值线控制 40°N 以南的区域,850 hPa 上 20 ℃等温线控制新疆,24 ℃等温线控制新疆东部地区(图 5.198b)。

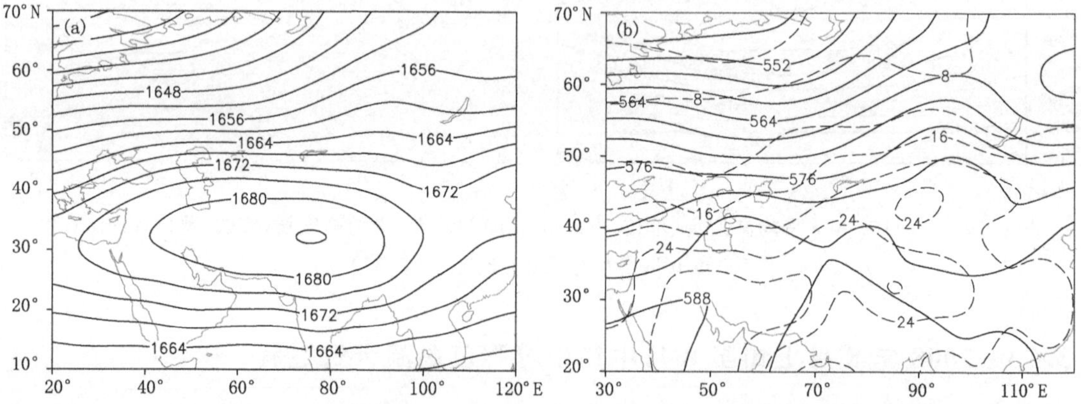


图 5.198 (a)100 hPa 平均高度场(单位:dagpm),(b)500 hPa 平均高度场(实线,单位:dagpm)和 850 hPa 平均温度场(虚线,单位:℃)

## 5.3.74 2009 年 7 月中旬至 7 月下旬中等强度高温天气过程

【高温实况】2009 年 7 月 19—29 日,新疆出现一次中等强度高温天气过程,此次高温天气过程共持续 11 d。新疆 63 个国家级气象站的日最高气温≥35 ℃,其中 40 站的日最高气温≥37 ℃,9 站≥40 ℃(图 5.199a)。此次中等强度高温天气过程中,以 7 月 26 日的高温范围最大,当日新疆 39 个国家级气象站的日最高气温≥35 ℃,其中 27 站的日最高气温≥37 ℃,5 站

≥40 ℃。本次中等强度高温天气过程中，日最高气温极值出现在吐鲁番东坎站(7 月 22 日)，为 44.7 ℃(图 5.199b)。

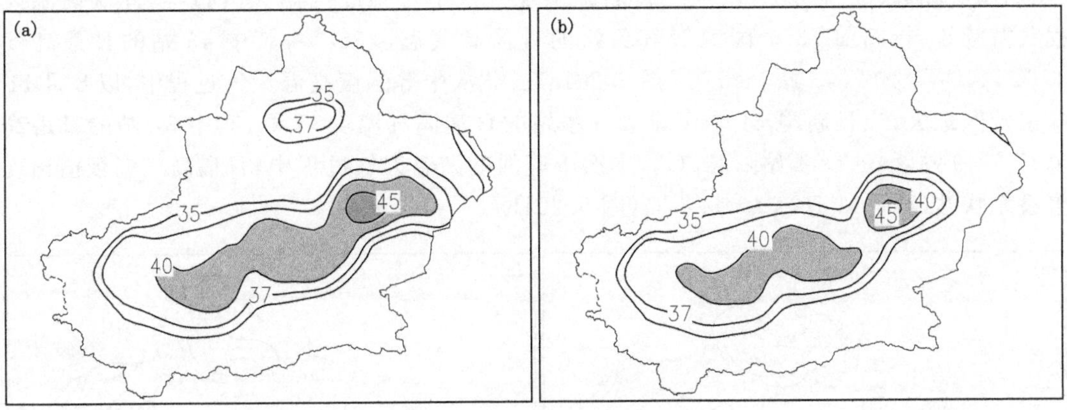


图 5.199　(a)2009 年 7 月 19—29 日过程最高气温极值分布(单位：℃)，(b)过程最强高温日(7 月 26 日)最高气温分布(单位：℃)

【天气形势】100 hPa 上，7 月 19—21 日，南亚高压呈带状分布，东部的中心位于(90°E，30°N)，中心强度为 1692 dagpm；22—23 日，南亚高压呈双体型；24—28 日，南亚高压呈单体型，中心位于(60°E，30°N)，中心强度减弱为 1688 dagpm；29 日，南亚高压呈双体型，中心强度均为 1688 dagpm。100 hPa 平均高度场上，南亚高压呈带状分布，中心强度为 1688 dagpm(图 5.200a)。500 hPa 上，7 月 19—21 日，伊朗副高发展，584 dagpm 等值线控制 40°N 以南的区域；22—23 日，巴尔喀什湖至贝加尔湖地区受高压脊控制，850 hPa 上 24 ℃等温线控制新疆，28 ℃等温线控制南疆东部；24—26 日，受北支冷空气影响，高压减弱南掉；27—29 日，西太副高发展，并与伊朗副高打通。500 hPa 平均高度场上，伊朗副高发展，584 dagpm 等值线控制 40°N 以南的区域，850 hPa 上 24 ℃等温线控制新疆大部分地区(图 5.200b)。

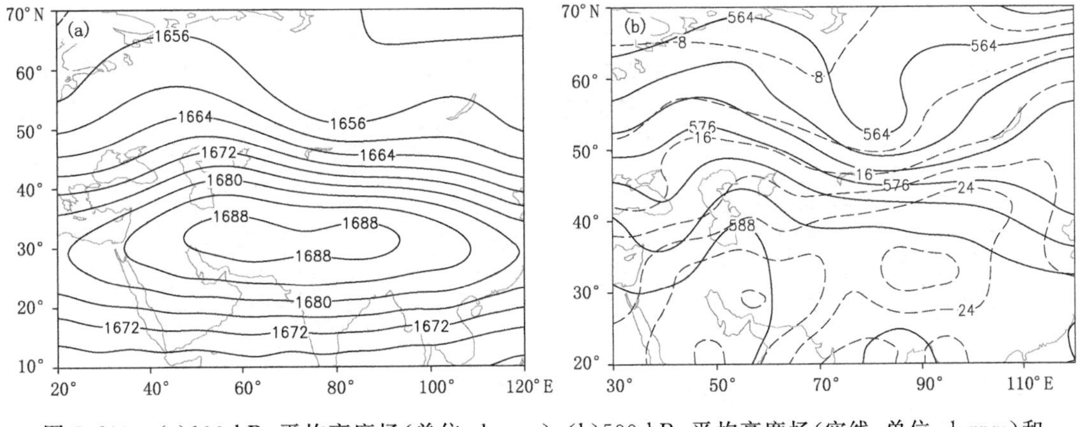


图 5.200　(a)100 hPa 平均高度场(单位：dagpm)，(b)500 hPa 平均高度场(实线，单位：dagpm)和 850 hPa 平均温度场(虚线，单位：℃)

## 5.3.75 2009 年 8 月上旬至 8 月中旬中等强度高温天气过程

【高温实况】2009 年 8 月 9—14 日，新疆出现一次中等强度高温天气过程，此次高温天气过程共持续 6 d。新疆 73 个国家级气象站的日最高气温≥35 ℃，其中 46 站的日最高气温≥37 ℃，11 站≥40 ℃，1 站≥45 ℃(图 5.201a)。此次中等强度高温天气过程中，以 8 月 11 日的高温范围最大，当日新疆 61 个国家级气象站的日最高气温≥35 ℃，其中 37 站的日最高气温≥37 ℃，9 站≥40 ℃，1 站≥45 ℃。本次中等强度高温天气过程中，日最高气温极值出现在吐鲁番东坎站(8 月 11 日)，为 45.8 ℃(图 5.201b)。

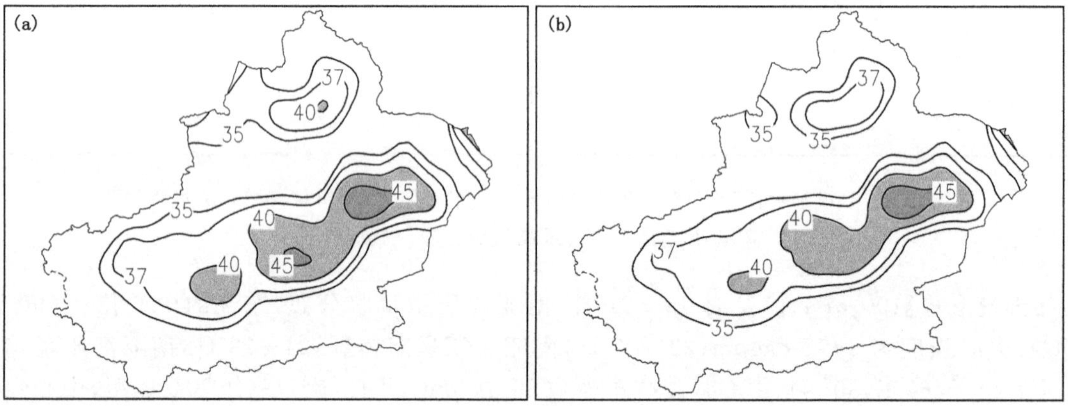


图 5.201 (a)2009 年 8 月 9—14 日过程最高气温极值分布(单位:℃)，(b)过程最强高温日(8 月 11 日)最高气温分布(单位:℃)

【天气形势】100 hPa 上，8 月 9—10 日，南亚高压呈带状分布，中心强度为 1682 dagpm；11—14 日，南亚高压中心由(80°E，30°N)西退至(60°E，30°N)，中心强度为 1692 dagpm。100 hPa 平均高度场上，南亚高压呈带状分布，中心强度为 1688 dagpm(图 5.202a)。500 hPa 上，9—12 日，伊朗副高发展，588 dagpm 等值线北抬东扩至(110°E，40°N)附近，584 dagpm 等值线控制 40°N 以南的区域，巴尔喀什湖至贝加尔湖地区受高压脊控制，850 hPa 上 24 ℃等温线控制新疆，28 ℃等温线控制新疆东部地区；13—14 日，受北支冷空气的影响，高压减弱南掉。

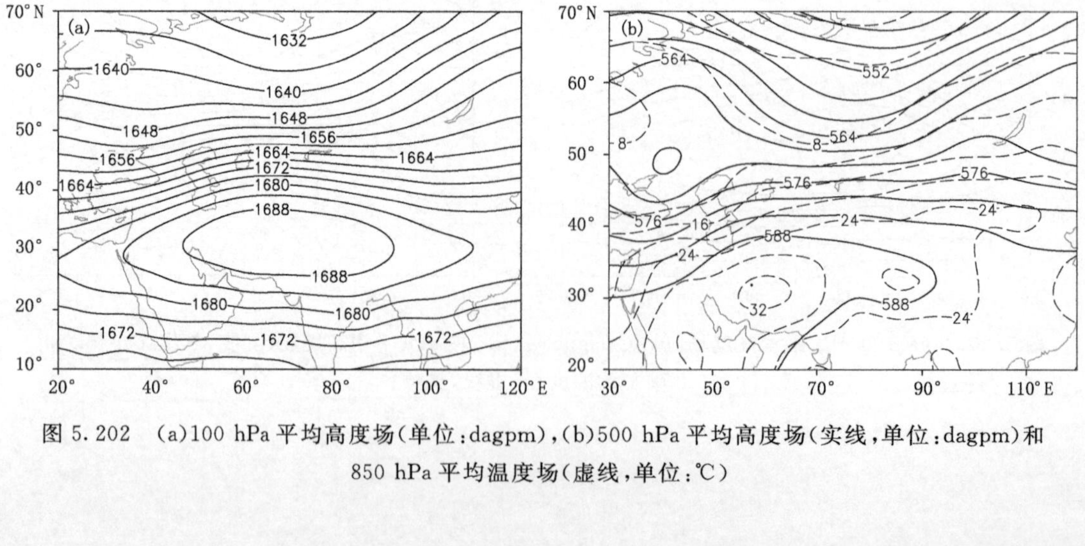


图 5.202 (a)100 hPa 平均高度场(单位:dagpm)，(b)500 hPa 平均高度场(实线，单位:dagpm)和 850 hPa 平均温度场(虚线，单位:℃)

500 hPa 平均高度场上，伊朗副高发展，其 588 dagpm 等值线北抬东扩至（90°E，40°N），584 dagpm 等值线控制 40°N 以南的区域，巴尔喀什湖至贝加尔湖一带为平均脊区，850 hPa 上 20 ℃等温线控制新疆，24 ℃等温线控制南疆（图 5.202b）。

### 5.3.76　2010 年 6 月中旬至 6 月下旬中等强度高温天气过程

【高温实况】2010 年 6 月 16—25 日，新疆出现一次中等强度高温天气过程，此次高温天气过程共持续 10 d。新疆 70 个国家级气象站的日最高气温≥35 ℃，其中 39 站的日最高气温≥37 ℃，13 站≥40 ℃，3 站≥45 ℃（图 5.203a）。此次中等强度高温天气过程中，以 6 月 24 日的高温范围最大，当日新疆 29 个国家级气象站的日最高气温≥35 ℃，其中 11 站的日最高气温≥37 ℃，4 站≥40 ℃。本次中等强度高温天气过程中，日最高气温极值出现在托克逊站（6 月 20 日），为 48 ℃（图 5.203b）。

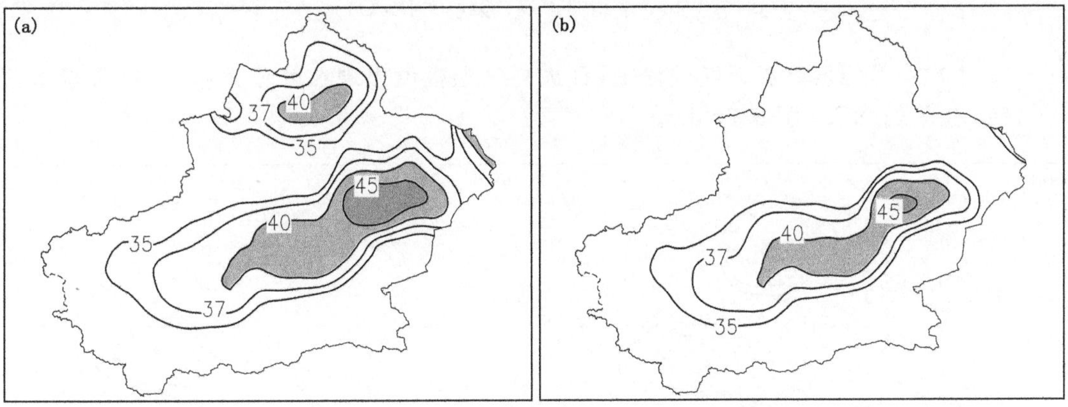


图 5.203　(a)2010 年 6 月 16—25 日过程最高气温极值分布(单位:℃)，(b)过程最强高温日(6 月 24 日)最高气温分布(单位:℃)

【天气形势】100 hPa 上，6 月 16—19 日，南亚高压呈带状分布，东部的中心发展，位于（90°E，30°N），中心强度为 1684 dagpm；20—24 日，南亚高压的东部中心减弱消失；25 日，南亚高压的东部中心再次发展，中心强度为 1684 dagpm。100 hPa 平均高度场上，南亚高压呈带状分布，中心强度为 1680 dagpm（图 5.204a）。500 hPa 上，6 月 16 日，西太副高与伊朗副高打通；17—24 日，584 dagpm 等值线控制 40°N 以南的区域，巴尔喀什湖至贝加尔湖地区长时间受强高压脊控制，850 hPa 上 24 ℃等温线控制新疆大部分地区，28 ℃等温线控制新疆东部地区；25 日，低槽东移，西太副高与伊朗副高断开。500 hPa 平均高度场上，584 dagpm 等值线控制35°N 以南的区域，巴尔喀什湖至贝加尔湖一带为平均脊区，850 hPa 上 24 ℃等温线控制新疆（图 5.204b）。

### 5.3.77　2011 年 8 月中旬至 8 月下旬中等强度高温天气过程

【高温实况】2011 年 8 月 17—27 日，新疆出现一次中等强度高温天气过程，此次高温天气过程共持续 11 d。新疆 66 个国家级气象站的日最高气温≥35 ℃，其中 36 站的日最高气温≥37 ℃，4 站≥40 ℃（图 5.205a）。此次中等强度高温天气过程中，以 8 月 25 日的高温范围最大，当日新疆 38 个国家级气象站的日最高气温≥35 ℃，其中 19 站的日最高气温≥37 ℃，4 站

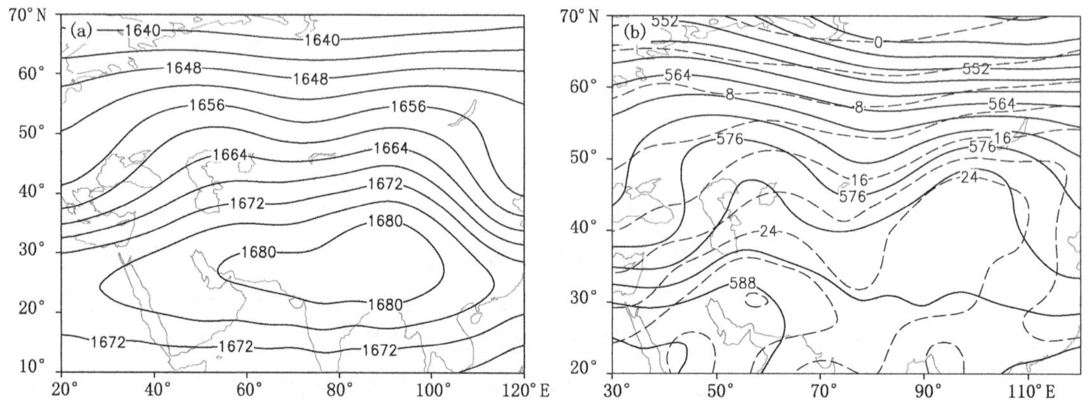


图 5.204　(a)100 hPa 平均高度场(单位:dagpm),(b)500 hPa 平均高度场(实线,单位:dagpm)和 850 hPa 平均温度场(虚线,单位:℃)

≥40 ℃。本次中等强度高温天气过程中,日最高气温极值出现在吐鲁番站、吐鲁番东坎站(8 月 21 日),均为 43.8 ℃(图 5.205b)。

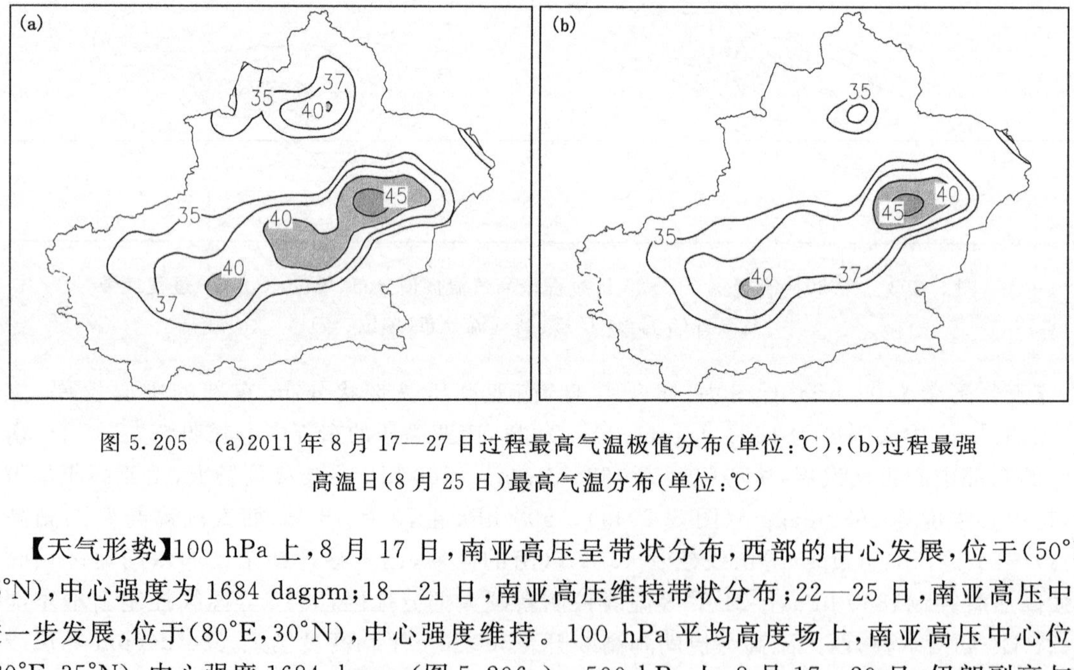


图 5.205　(a)2011 年 8 月 17—27 日过程最高气温极值分布(单位:℃),(b)过程最强高温日(8 月 25 日)最高气温分布(单位:℃)

【天气形势】100 hPa 上,8 月 17 日,南亚高压呈带状分布,西部的中心发展,位于(50°E, 35°N),中心强度为 1684 dagpm;18—21 日,南亚高压维持带状分布;22—25 日,南亚高压中心进一步发展,位于(80°E,30°N),中心强度维持。100 hPa 平均高度场上,南亚高压中心位于(80°E,35°N),中心强度 1684 dagpm(图 5.206a)。500 hPa 上,8 月 17—20 日,伊朗副高与西太副高打通,588 dagpm 等值线控制 38°N 以南的区域,850 hPa 上 24 ℃等温线控制新疆大部分地区;21 日,受北支冷空气的影响,伊朗副高与西太副高断开,但伊朗副高强盛,其 588 dagpm 等值线北抬东扩至(90°E,40°N);22—25 日,强盛的伊朗副高长时间维持,850 hPa 上 20 ℃等温线控制新疆,24 ℃等温线控制南疆;26—27 日,低槽东移影响新疆,伊朗副高减弱南掉。500 hPa 平均高度场上,584 dagpm 等值线控制 40°N 以南的区域,巴尔喀什湖至贝加尔湖一带为平均脊区,850 hPa 上 20 ℃等温线控制新疆,24 ℃等温线控制南疆(图 5.206b)。

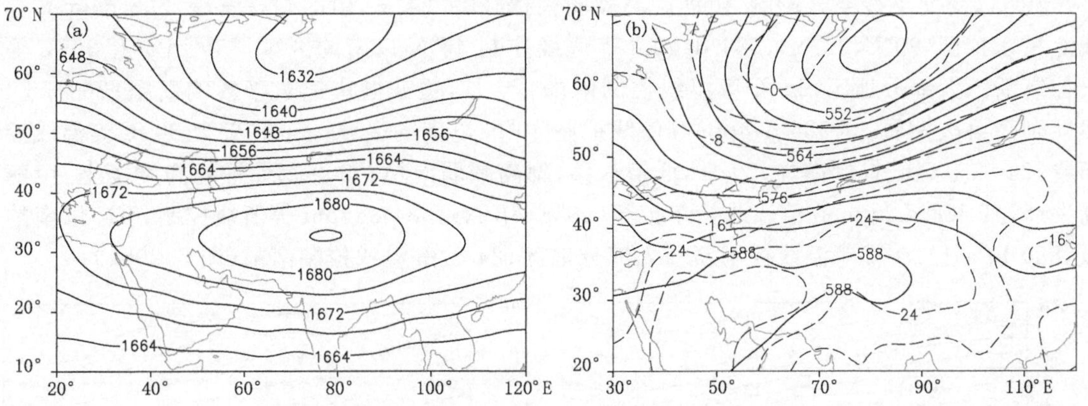


图 5.206　(a)100 hPa 平均高度场(单位:dagpm),(b)500 hPa 平均高度场(实线,单位:dagpm)和 850 hPa 平均温度场(虚线,单位:℃)

## 5.3.78　2012 年 8 月中旬至 8 月下旬中等强度高温天气过程

【高温实况】2012 年 8 月 17—29 日,新疆出现一次中等强度高温天气过程,此次高温天气过程共持续 13 d。新疆 67 个国家级气象站的日最高气温≥35 ℃,其中 29 站的日最高气温≥37 ℃,5 站≥40 ℃,3 站≥45 ℃(图 5.207a)。此次中等强度高温天气过程中,以 8 月 22 日的高温范围最大,当日新疆 48 个国家级气象站的日最高气温≥35 ℃,其中 18 站的日最高气温≥37 ℃,4 站≥40 ℃。本次中等强度高温天气过程中,日最高气温极值出现在吐鲁番东坎站(8 月 24 日),为 43 ℃(图 5.207b)。

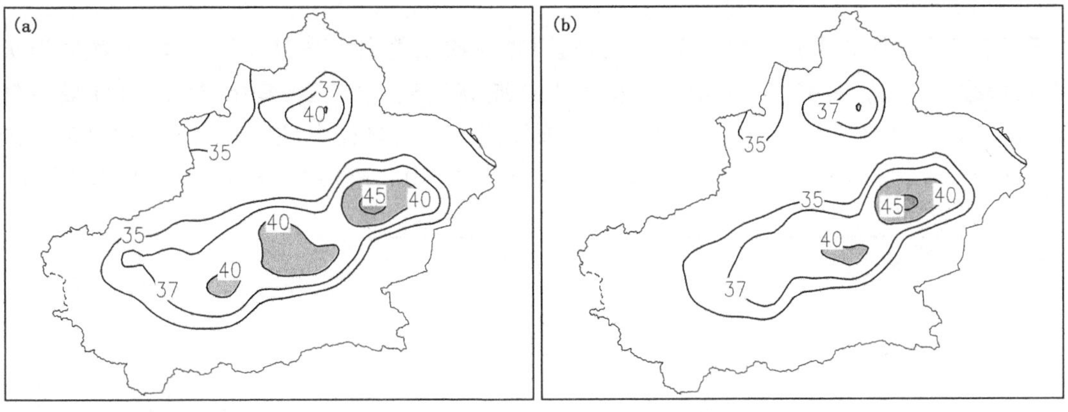


图 5.207　(a)2012 年 8 月 17—29 日过程最高气温极值分布(单位:℃),(b)过程最强高温日(8 月 22 日)最高气温分布(单位:℃)

【天气形势】100 hPa 上,8 月 17 日,南亚高压呈带状分布,中心强度为 1688 dagpm;18—22 日,南亚高压中心发展,略西退至(60°E,30°N),中心强度维持为 1688 dagpm,23—28 日,南亚高压再次发展为带状分布,东部的中心发展,位于(85°E,30°N),中心强度减弱为 1684 dagpm。100 hPa 平均高度场上,南亚高压中心位于(75°E,35°N),中心强度为 1684 dagpm(图 5.208a)。500 hPa 上,8 月 17 日,伊朗副高发展,在(50°E～100°E,25°N～50°N)形成 588 dagpm 闭合中心;

17—19日，受北支冷空气影响，伊朗副高减弱南掉；20—24日，伊朗副高发展，588 dagpm等值线北抬东扩至(90°E,38°N)，584 dagpm等值线控制45°N以南的区域，850 hPa上20 ℃等温线控制新疆大部分地区，24 ℃等温线控制南疆；25日，短波槽快速东移影响新疆；26—28日，伊朗副高再次发展，其584 dagpm等值线控制40°N以南的区域，850 hPa上20 ℃等温线控制新疆，24 ℃等温线控制南疆；29日，低槽东移，副高减弱南掉。500 hPa平均高度场上，伊朗副高发展，其588 dagpm等值线北抬东扩至(90°E,38°N)，584 dagpm等值线控制40°N以南的区域，850 hPa上20 ℃等温线控制新疆大部分地区，24 ℃等温线控制南疆(图5.208b)。

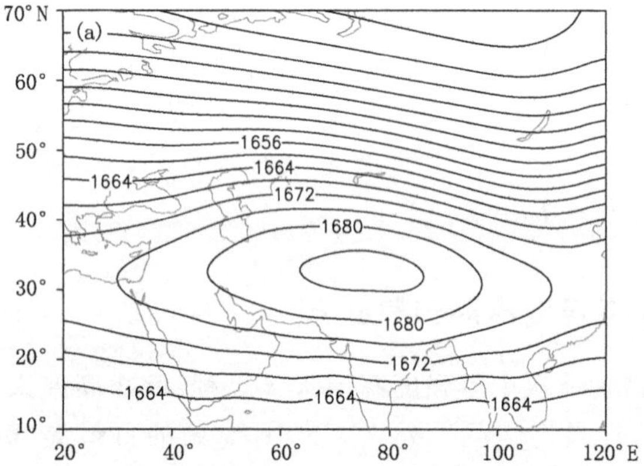


图5.208　(a)100 hPa平均高度场(单位：dagpm)，(b)500 hPa平均高度场(实线，单位：dagpm)和850 hPa平均温度场(虚线，单位：℃)

## 5.3.79　2013年6月下旬中等强度高温天气过程

【高温实况】2013年6月22—28日，新疆出现一次中等强度高温天气过程，此次高温天气过程共持续7 d。新疆45个国家级气象站的日最高气温≥35 ℃，其中24站的日最高气温≥37 ℃，6站≥40 ℃(图5.209a)。此次中等强度高温天气过程中，以6月26日的高温范围最大，当日新疆40个国家级气象站的日最高气温≥35 ℃，其中23站的日最高气温≥37 ℃，4站

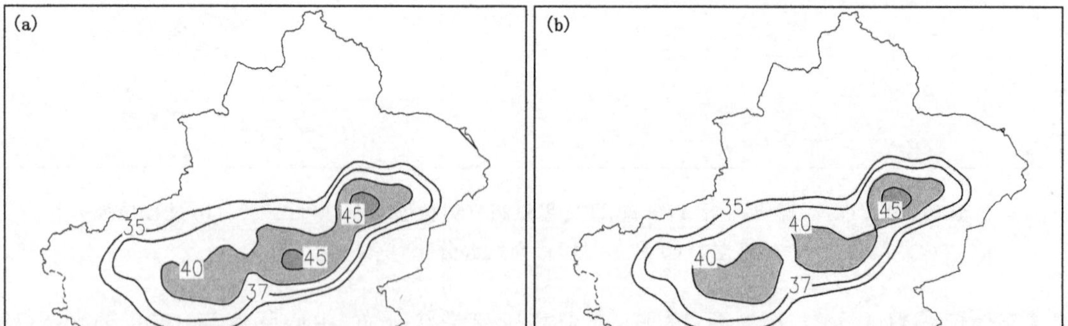


图5.209　(a)2013年6月22—28日过程最高气温极值分布(单位：℃)，(b)过程最强高温日(6月26日)最高气温分布(单位：℃)

≥40 ℃。本次中等强度高温天气过程中，日最高气温极值出现在吐鲁番站（6 月 26 日），为 43.2 ℃（图 5.209b）。

【天气形势】100 hPa 上，6 月 22—26 日，南亚高压呈带状分布，高压中心强度为 1684 dagpm；27—28 日，南亚高压呈双体型。100 hPa 平均高度场上，南亚高压呈带状分布，中心强度为 1684 dagpm（图 5.210a）。500 hPa 上，6 月 22—23 日，伊朗副高发展，其 588 dagpm 等值线北抬东扩至（70°E，35°N），584 dagpm 等值线控制 42°N 以南的区域；24—25 日，巴尔喀什湖至贝加尔湖地区受高压脊控制，850 hPa 上 24 ℃等温线控制新疆大部分地区；26—27 日，受北支冷空气影响，高压减弱南掉。500 hPa 平均高度场上，伊朗副高发展，其 588 dagpm 等值线北抬东扩至（70°E，32°N），584 dagpm 等值线控制 38°N 以南的区域，850 hPa 上 20 ℃等温线控制新疆大部分地区，24 ℃等温线控制南疆（图 5.210b）。

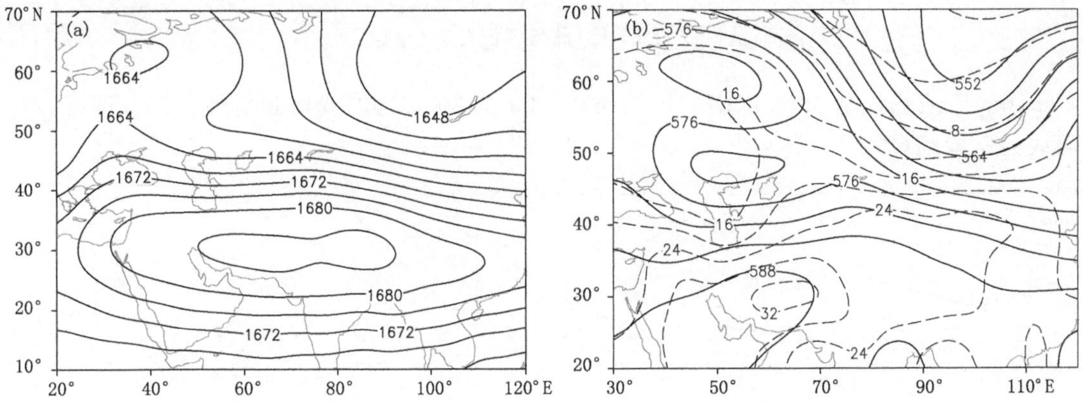


图 5.210　(a)100 hPa 平均高度场（单位：dagpm），(b)500 hPa 平均高度场（实线，单位：dagpm）和 850 hPa 平均温度场（虚线，单位：℃）

## 5.3.80　2013 年 7 月中旬至 7 月下旬中等强度高温天气过程

【高温实况】2013 年 7 月 13—22 日，新疆出现一次中等强度高温天气过程，此次高温天气过程共持续 10 d。新疆 44 个国家级气象站的日最高气温≥35 ℃，其中 22 站的日最高气温≥37 ℃，5 站≥40 ℃（图 5.211a）。此次中等强度高温天气过程中，以 7 月 21 日的高温范围最大，当日新疆 25 个国家级气象站的日最高气温≥35 ℃，其中 13 站的日最高气温≥37 ℃，3 站≥40 ℃。本次中等强度高温天气过程中，日最高气温极值出现在吐鲁番站（7 月 15 日），为 44.2 ℃（图 5.211b）。

【天气形势】100 hPa 上，7 月 13—17 日，南亚高压呈带状分布，高压中心强度为 1688 dagpm；18—22 日，南亚高压的中心发展，中心位于（40°E，30°N），中心强度为 1692 dagpm。100 hPa 平均高度场上，南亚高压呈带状分布，中心强度为 1688 dagpm（图 5.212a）。500 hPa 上，7 月 13—15 日，伊朗副高发展，其中心强度为 592 dagpm，584 dagpm 等值线控制 40°N 以南的区域，850 hPa 上 24 ℃等温线控制新疆大部分地区，28℃等温线控制南疆；16—17 日，受北支冷空气影响，伊朗副高略有减弱；18—22 日，伊朗副高再次发展，850 hPa 上 20 ℃等温线控制新疆，24 ℃等温线控制南疆。500 hPa 平均高度场上，伊朗副高发展，高压中心强度为 592 dagpm，

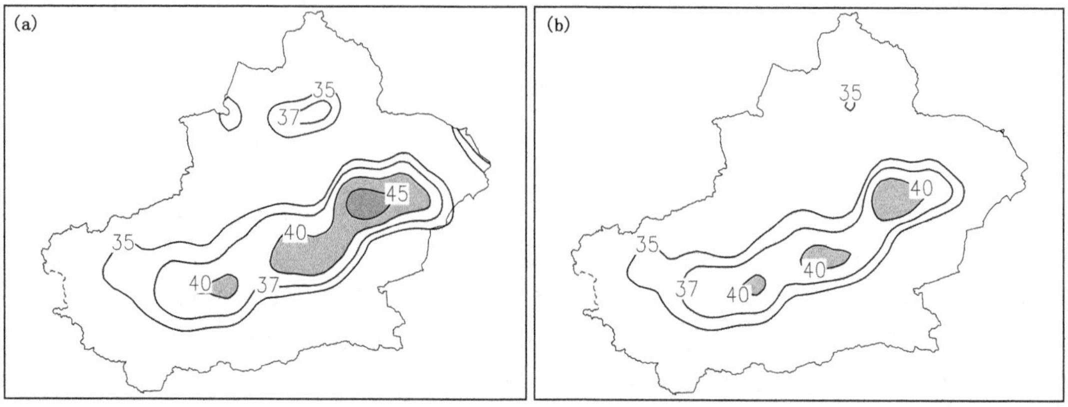


图 5.211　(a)2013 年 7 月 13—22 日过程最高气温极值分布(单位:℃),(b)过程最强高温日(7 月 21 日)最高气温分布(单位:℃)

584 dagpm 等值线控制 38°N 以南的区域,850 hPa 上 20 ℃等温线控制新疆大部分地区,24 ℃等温线控制南疆(图 5.212b)。

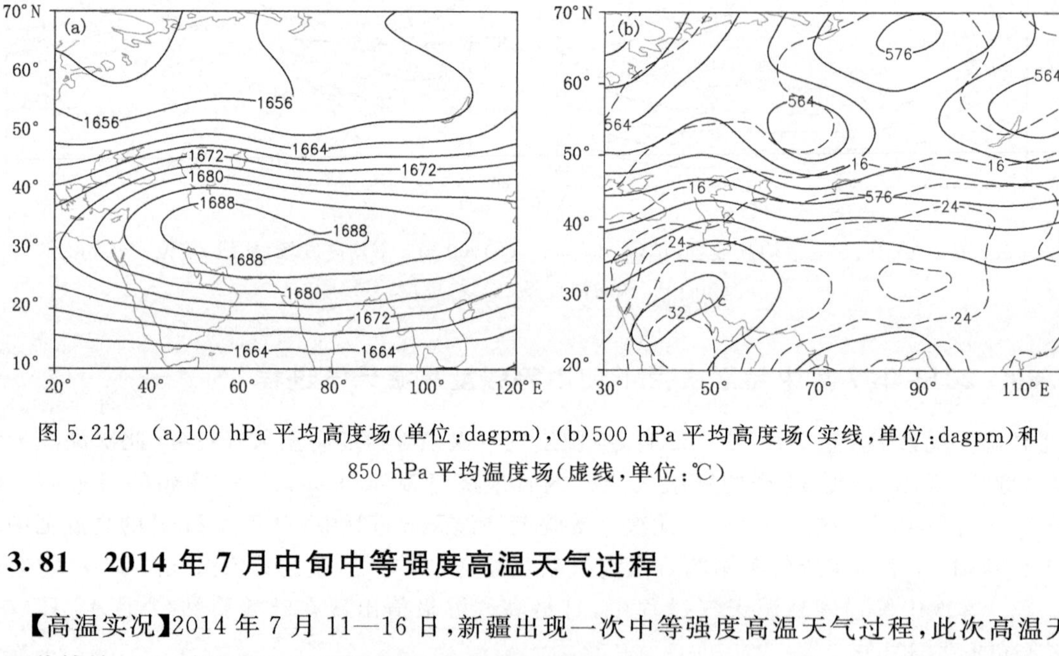


图 5.212　(a)100 hPa 平均高度场(单位:dagpm),(b)500 hPa 平均高度场(实线,单位:dagpm)和850 hPa 平均温度场(虚线,单位:℃)

## 5.3.81　2014 年 7 月中旬中等强度高温天气过程

【高温实况】2014 年 7 月 11—16 日,新疆出现一次中等强度高温天气过程,此次高温天气过程共持续 6 d。新疆 78 个国家级气象站的日最高气温≥35 ℃,其中 52 站的日最高气温≥37 ℃,11 站≥40 ℃,2 站≥45 ℃(图 5.213a)。此次中等强度高温天气过程中,以 7 月 15 日的高温范围最大,当日新疆 46 个国家级气象站的日最高气温≥35 ℃,其中 29 站的日最高气温≥37 ℃,9 站≥40 ℃。本次中等强度高温天气过程中,日最高气温极值出现在托克逊站(7 月 14 日),为 45.3 ℃(图 5.213b)。

【天气形势】100 hPa 上,7 月 11—14 日,南亚高压中心位于(85°E,30°N),高压中心强度为 1688 dagpm;15—16 日,南亚高压呈带状分布,中心强度为 1688 dagpm。100 hPa 平均高度场上,南亚高压的中心位于(80°E,30°N),中心强度为 1688 dagpm(图 5.214a)。500 hPa 上,7 月

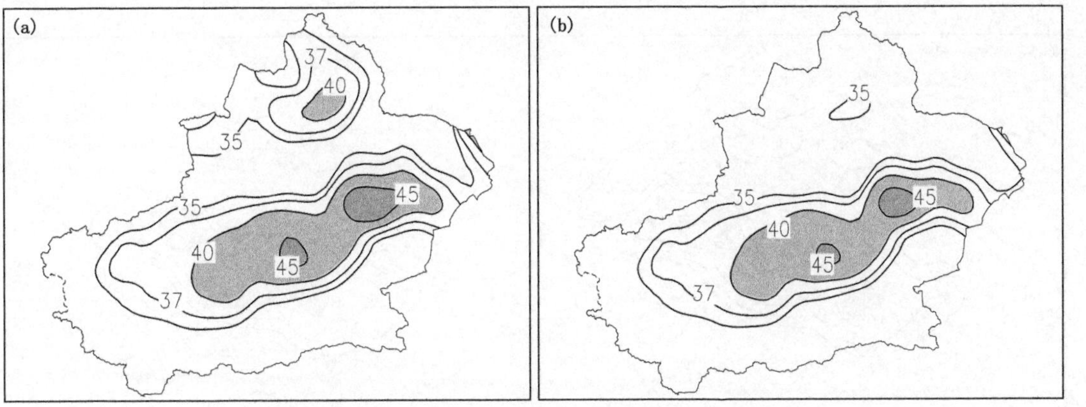


图 5.213　(a)2014 年 7 月 11—16 日过程最高气温极值分布(单位:℃),(b)过程最强高温日(7 月 15 日)最高气温分布(单位:℃)

11—15 日,伊朗副高发展,其 588 dagpm 等值线北抬东扩至(90°E,30°N),584 dagpm 等值线控制 40°N 以南的区域,850 hPa 上 24 ℃等温线控制新疆大部分地区,28℃等温线控制南疆;16 日,低槽东移,高压减弱南掉。500 hPa 平均高度场上,伊朗副高发展,584 dagpm 等值线控制 38°N 以南的区域,巴尔喀什湖至贝加尔湖一带为平均脊区,850 hPa 上 20 ℃等温线控制新疆,24 ℃等温线控制南疆(图 5.214b)。

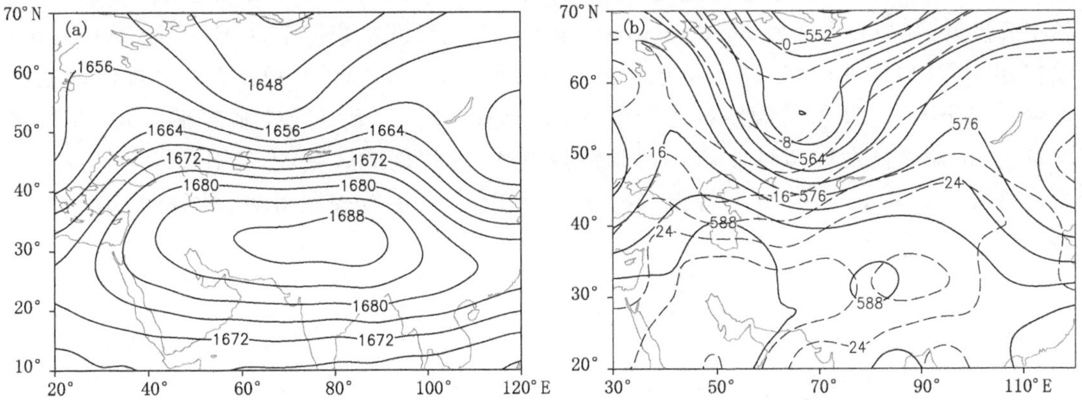


图 5.214　(a)100 hPa 平均高度场(单位:dagpm),(b)500 hPa 平均高度场(实线,单位:dagpm)和850 hPa 平均温度场(虚线,单位:℃)

## 5.3.82　2016 年 7 月中旬中等强度高温天气过程

【高温实况】2016 年 7 月 11—19 日,新疆出现一次中等强度高温天气过程,此次高温天气过程共持续 9 d。新疆 69 个国家级气象站的日最高气温≥35 ℃,其中 36 站的日最高气温≥37 ℃,9 站≥40 ℃,3 站≥45 ℃(图 5.215a)。此次中等强度高温天气过程中,以 7 月 14 日的高温范围最大,当日新疆 59 个国家级气象站的日最高气温≥35 ℃,其中 30 站的日最高气温≥37 ℃,7 站≥40 ℃,1 站≥45 ℃。本次中等强度高温天气过程中,日最高气温极值出现在吐鲁番东坎站(7 月 18 日),为 46 ℃(图 5.215b)。

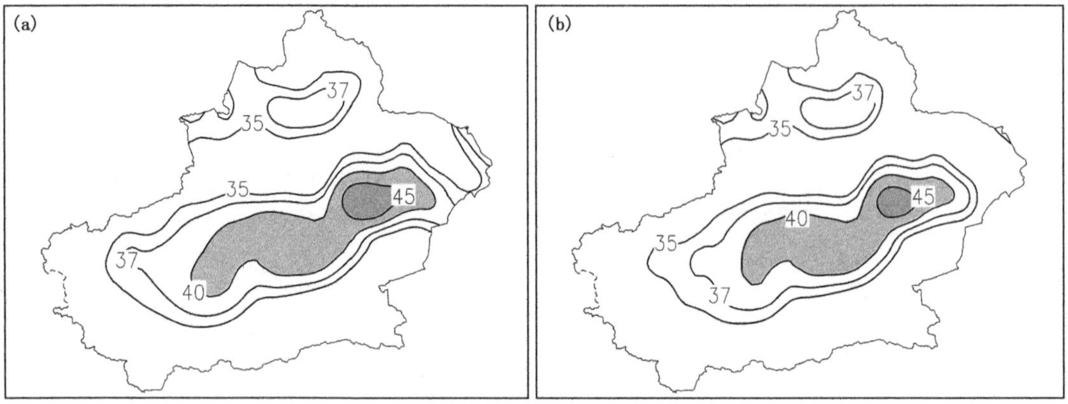


图 5.215　(a)2016 年 7 月 11—19 日过程最高气温极值分布(单位:℃),(b)过程最强高温日(7 月 14 日)最高气温分布(单位:℃)

【天气形势】100 hPa 上,7 月 11 日,南亚高压呈带状分布,中心强度为 1692 dagpm;12—13 日,南亚高压的中心发展,位于(80°E,35°N),中心强度增强为 1696 dagpm;14—17 日,南亚高压呈带状分布,其西部的中心发展,位于(40°E,35°N),中心强度维持为 1696 dagpm;18—19 日,南亚高压呈双体型,东部中心发展,位于(90°E,32°N)。100 hPa 平均高度场上,南亚高压的中心位于(80°E,30°N),中心强度为 1688 dagpm(图 5.216a)。500 hPa 上,7 月 11—15 日,伊朗副高发展,其中心强度为 592 dagpm,592 dagpm 等值线北抬东扩至 90°E,35°N,584 dagpm 等值线控制 45°N 以南的区域;16 日,受北支冷空气影响,高压减弱南掉;17—19 日伊朗副高再次发展,850 hPa 上 24 ℃等温线控制新疆大部分地区,28 ℃等温线控制南疆。500 hPa 平均高度场上,伊朗副高发展,584 dagpm 等值线控制 40°N 以南的区域,巴尔喀什湖至贝加尔湖一带为平均脊区,850 hPa 上 20 ℃等温线控制新疆,24 ℃等温线控制南疆(图 5.216b)。

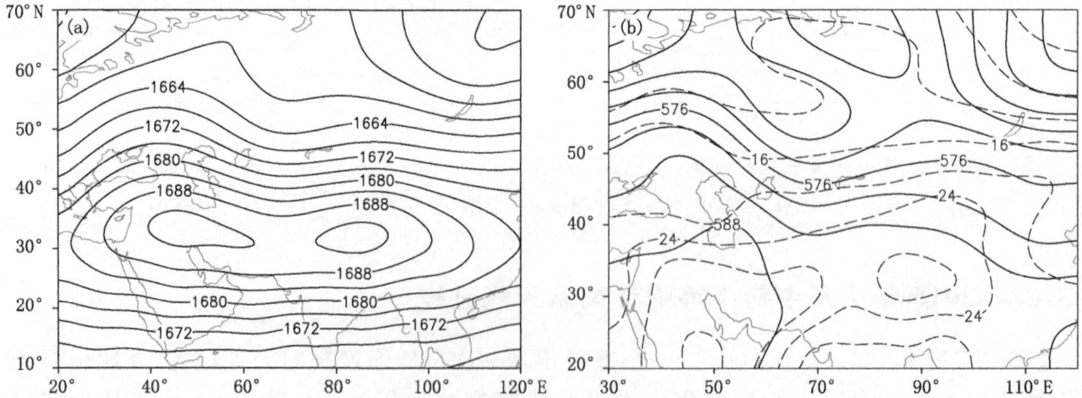


图 5.216　(a)100 hPa 平均高度场(单位:dagpm),(b)500 hPa 平均高度场(实线,单位:dagpm)和 850 hPa 平均温度场(虚线,单位:℃)

## 5.3.83　2016 年 7 月下旬至 8 月上旬中等强度高温天气过程

【高温实况】2016 年 7 月 25 日至 8 月 1 日，新疆出现一次中等强度高温天气过程，此次高温天气过程共持续 8 d。新疆 69 个国家级气象站的日最高气温≥35 ℃，其中 51 站的日最高气温≥37 ℃，3 站≥40 ℃，3 站≥45 ℃(图 5.217a)。此次中等强度高温天气过程中，以 7 月 27 日的高温范围最大，当日新疆 67 个国家级气象站的日最高气温≥35 ℃，其中 43 站的日最高气温≥37 ℃，9 站≥40 ℃，3 站≥45 ℃。本次中等强度高温天气过程中，日最高气温极值出现在吐鲁番站(7 月 28 日)，为 46.8 ℃(图 5.217b)。

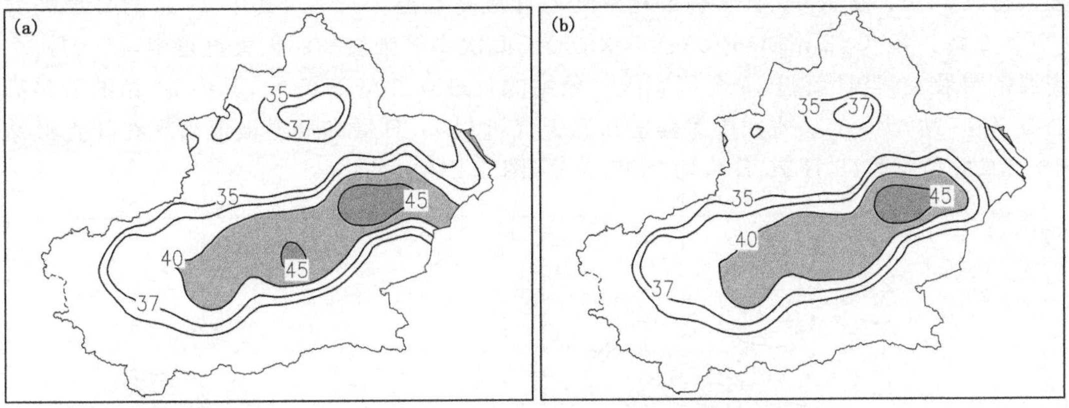


图 5.217　(a)2016 年 7 月 25 日至 8 月 1 日过程最高气温极值分布(单位：℃)，(b)过程最强高温日(7 月 27 日)最高气温分布(单位：℃)

【天气形势】100 hPa 上，7 月 25—28 日，南亚高压呈带状分布，中心强度为 1688 dagpm；7 月 30 日至 8 月 1 日，南亚高压的东部中心由(90°E，35°N)向东北方向移至(100°E，45°N)，中心强度增强至 1692 dagpm。100 hPa 平均高度场上，南亚高压呈带状分布，中心强度为 1688 dagpm(图 5.218a)。500 hPa 上，7 月 25—29 日，伊朗副高发展，588 dagpm 等值线控制 40°N 以南的区域；850 hPa 上 24 ℃等温线控制新疆大部分地区，28 ℃等温线控制南疆；30—31 日，

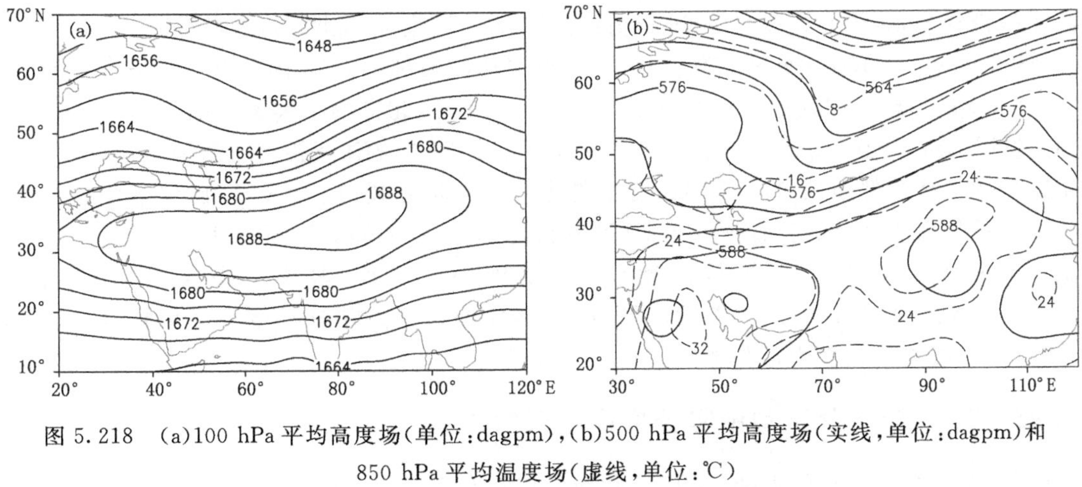


图 5.218　(a)100 hPa 平均高度场(单位：dagpm)，(b)500 hPa 平均高度场(实线，单位：dagpm)和 850 hPa 平均温度场(虚线，单位：℃)

西太副高发展,588 dagpm 等值线西伸北抬至(90°E,50°N),850 hPa 上 24℃等温线控制新疆大部分地区,28 ℃等温线控制南疆,32 ℃等温线控制新疆东部地区;8 月 1 日,低槽东移影响新疆。500 hPa 平均高度场上,584 dagpm 等值线控制 40°N 以南的区域,巴尔喀什湖至贝加尔湖一带为平均脊区,850 hPa 上 24 ℃等温线控制新疆大部分地区,28 ℃等温线控制南疆东部及新疆东部地区(图 5.218b)。

### 5.3.84　2017 年 6 月中旬至 6 月下旬中等强度高温天气过程

【高温实况】2017 年 6 月 13—22 日,新疆出现一次中等强度高温天气过程,此次高温天气过程共持续 10 d。新疆 64 个国家级气象站的日最高气温≥35 ℃,其中 31 站的日最高气温≥37 ℃,6 站≥40 ℃,2 站≥45 ℃(图 5.219a)。此次中等强度高温天气过程中,以 6 月 17 日的高温范围最大,当日新疆 45 个国家级气象站的日最高气温≥35 ℃,其中 21 站的日最高气温≥37 ℃,5 站≥40 ℃。本次中等强度高温天气过程中,日最高气温极值出现在托克逊站(6 月 15 日)、吐鲁番站(6 月 16 日),均为 45.3 ℃(图 5.219b)。

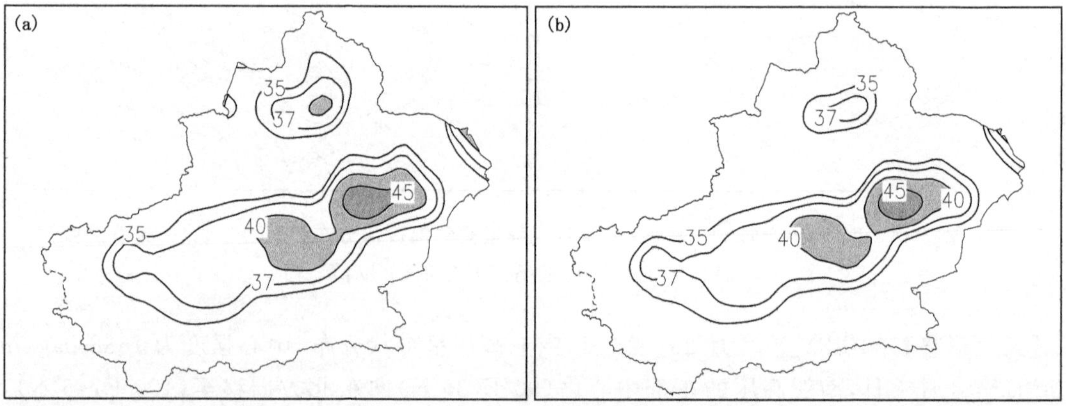


图 5.219　(a)2017 年 6 月 13—22 日过程最高气温极值分布(单位:℃),(b)过程最强高温日(6 月 17 日)最高气温分布(单位:℃)

【天气形势】100 hPa 上,6 月 13—14 日,南亚高压的中心位于(90°E,25°N);15—20 日,南亚高压呈带状分布,中心强度为 1676 dagpm;21—22 日,南亚高压维持带状分布,中心强度增强为 1680 dagpm。100 hPa 平均高度场上,南亚高压的西部中心位于(90°E,25°N),中心强度为 1680 dagpm(图 5.220a)。500 hPa 上,6 月 12—13 日,北支槽东移影响新疆;14—16 日,伊朗副高发展,584 dagpm 等值线北抬至 40°N,850 hPa 上 24 ℃等温线控制新疆大部分地区,28 ℃等温线控制新疆东部地区;17—18 日,北支弱冷空气影响北疆;19—22 日,巴尔喀什湖至贝加尔湖地区受强高压脊控制。脊顶伸至 70°N 附近,并顺时针旋转,850 hPa 上 24 ℃等温线控制新疆大部分地区。500 hPa 平均高度场上,伊朗副高发展,其中心强度为 592 dagpm,584 dagpm 等值线控制 40°N 以南的区域,巴尔喀什湖与贝加尔湖一带为平均脊区,850 hPa 上 24 ℃等温线控制新疆大部分地区(图 5.220b)。

### 5.3.85　2017 年 7 月下旬中等强度高温天气过程

【高温实况】2017 年 7 月 26—30 日,新疆出现一次中等强度高温天气过程,此次高温天气

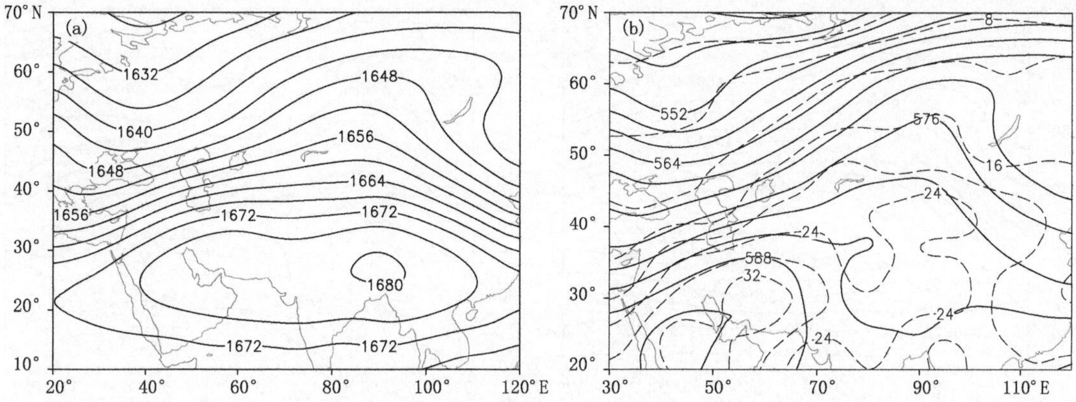


图 5.220　(a)100 hPa 平均高度场(单位:dagpm),(b)500 hPa 平均高度场(实线,单位:dagpm)和 850 hPa 平均温度场(虚线,单位:℃)

过程共持续 5 d。新疆 80 个国家级气象站的日最高气温≥35 ℃,其中 54 站的日最高气温≥37 ℃,25 站≥40 ℃,3 站≥45 ℃(图 5.221a)。此次中等强度高温天气过程中,以 7 月 28 日的高温范围最大,当日新疆 73 个国家级气象站的日最高气温≥35 ℃,其中 46 站的日最高气温≥37 ℃,21 站≥40 ℃,3 站≥45 ℃。本次中等强度高温天气过程中,日最高气温极值出现在吐鲁番站(7 月 29 日),为 47.6 ℃(图 5.221b)。

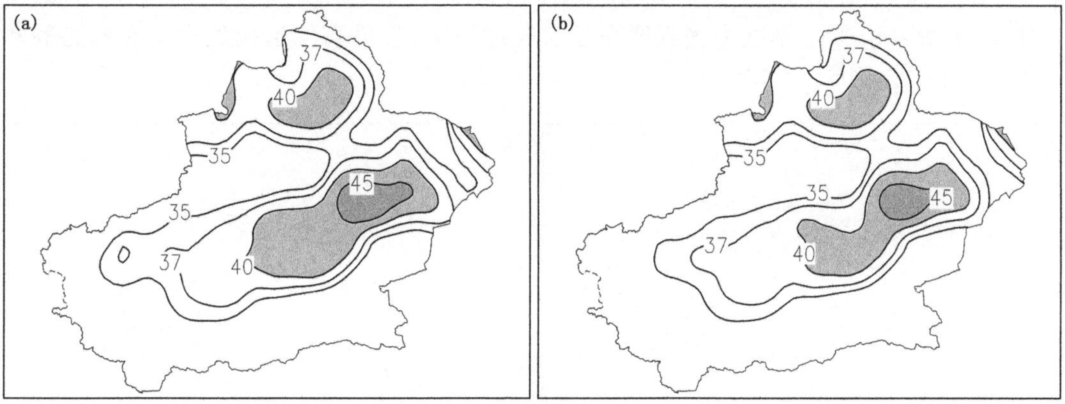


图 5.221　(a)2017 年 7 月 26—30 日过程最高气温极值分布(单位:℃),(b)过程最强高温日(7 月 28 日)最高气温分布(单位:℃)

【天气形势】100 hPa 上,7 月 26—28 日,南亚高压的中心位于(80°E,35°N),中心强度为 1692 dagpm;29—30 日,南亚高压呈带状分布,中心强度为 1688 dagpm。100 hPa 平均高度场上,南亚高压的中心位于(80°E,35°N),中心强度增强至 1692 dagpm(图 5.222a)。500 hPa 上,7 月 26—29 日,伊朗副高强烈发展,588 dagpm 等值线控制 40°N 以南的区域,850 hPa 上 28 ℃等温线控制新疆大部分地区;30 日低槽东移,高压减弱南掉。500 hPa 平均高度场上,伊朗副高发展,其中心强度为 592 dagpm,在(90°E,40°N)附近存在强度为 588 dagpm 的高压中心,584 dagpm 等值线控制 40°N 以南的区域,巴尔喀什湖至贝加尔湖一带为平均脊区,850 hPa 上 24 ℃等温线控制新疆大部分地区,28 ℃等温线控制南疆和新疆东部地区(图 5.222b)。

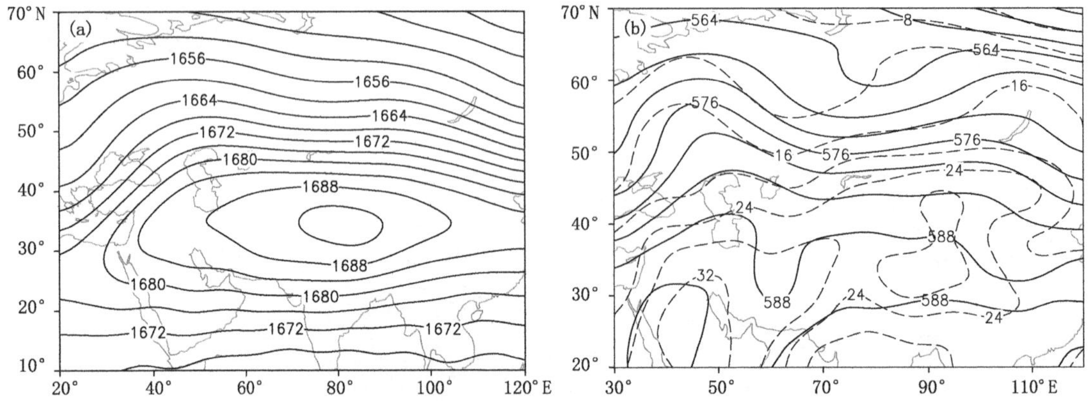


图 5.222　(a)100 hPa 平均高度场(单位:dagpm),(b)500 hPa 平均高度场(实线,单位:dagpm)和 850 hPa 平均温度场(虚线,单位:℃)

## 5.3.86　2018 年 8 月上旬至 8 月中旬中等强度高温天气过程

【高温实况】2018 年 8 月 6—12 日,新疆出现一次中等强度高温天气过程,此次高温天气过程共持续 7 d。新疆 68 个国家级气象站的日最高气温≥35 ℃,其中 38 站的日最高气温≥37 ℃,9 站≥40 ℃,1 站≥45 ℃(图 5.223a)。此次中等强度高温天气过程中,以 8 月 10 日的高温范围最大,当日新疆 56 个国家级气象站的日最高气温≥35 ℃,其中 20 站的日最高气温≥37 ℃,4 站≥40 ℃。本次中等强度高温天气过程中,日最高气温极值出现在托克逊站(8 月 9 日),为 45 ℃(图 5.223b)。

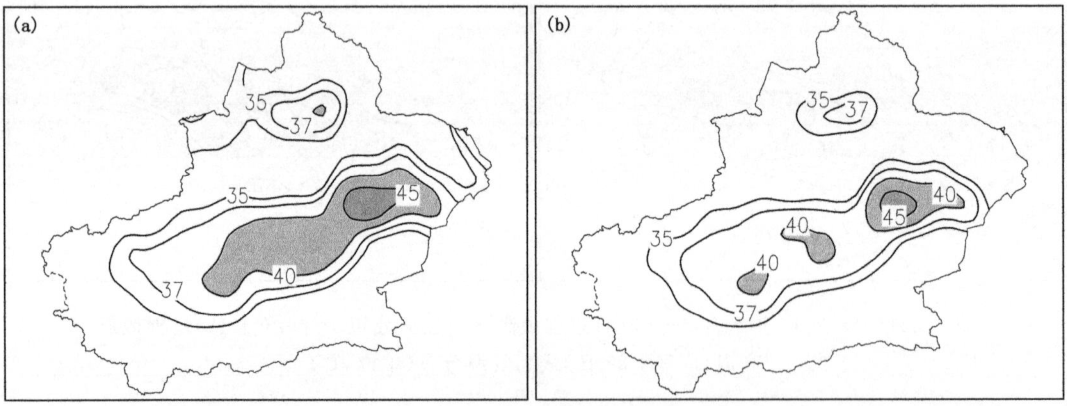


图 5.223　(a)2018 年 8 月 6—12 日过程最高气温极值分布(单位:℃),(b)过程最强高温日(8 月 10 日)最高气温分布(单位:℃)

【天气形势】100 hPa 上,8 月 6 日,南亚高压中心位于(80°E,35°N),中心强度为 1692 dagpm;7—12 日,南亚高压呈带状分布,中心强度为 1688 dagpm。100 hPa 平均高度场上,南亚高压呈带状分布,中心强度为 1688 dagpm(图 5.224a)。500 hPa 上,8 月 6 日,伊朗副高发展,其 588 dagpm 等值线北抬东扩至(100°E,40°N),584 dagpm 等值线控制 45°N 以南的区域,850 hPa 上 24℃等温线控制新疆大部分地区;6 日,受北方冷空气影响,伊朗副高西退南掉;8—11 日,伊朗副高再次发展，其 588 dagpm 等值线北抬东扩至(100°E,40°N)，850 hPa 上 24 ℃等温线控制新疆，28 ℃等温线控制南疆；12 日，低槽东移，高压减弱南掉。500 hPa 平均高度场上，其 588 dagpm 等值线北抬东扩至(70°E,40°N)，584 dagpm 等值线控制 42°N 以南的区域，巴尔喀什湖至贝加尔湖一带为平均脊区，850 hPa 上 24 ℃等温线控制新疆大部分地区，28 ℃等温线控制南疆(图 5.224b)。

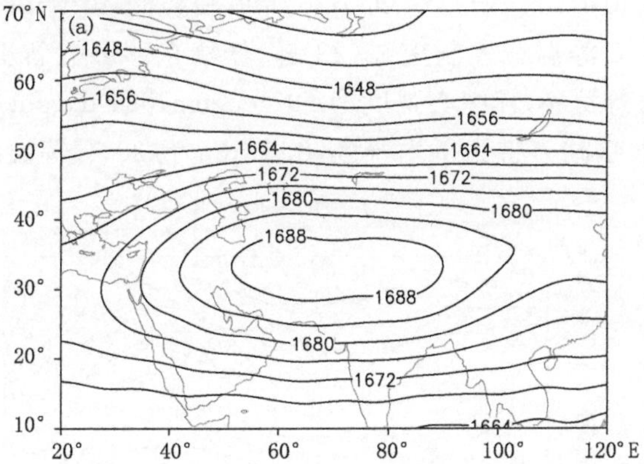


图 5.224　(a)100 hPa 平均高度场(单位：dagpm)，(b)500 hPa 平均高度场(实线，单位：dagpm)和 850 hPa 平均温度场(虚线，单位：℃)

## 5.3.87　2018 年 8 月中旬至 8 月下旬中等强度高温天气过程

【高温实况】2018 年 8 月 16—22 日，新疆出现一次中等强度高温天气过程，此次高温天气过程共持续 7 d。新疆 59 个国家级气象站的日最高气温≥35 ℃，其中 27 站的日最高气温≥37 ℃，4 站≥40 ℃，1 站≥45 ℃(图 5.225a)。此次中等强度高温天气过程中，以 8 月 21 日的高温范围最大，当日新疆 45 个国家级气象站的日最高气温≥35 ℃，其中 22 站的日最高气温≥37 ℃，4 站≥40 ℃。本次中等强度高温天气过程中，日最高气温极值出现在吐鲁番东坎站(7 月 23 日)，为 45 ℃(图 5.225b)。

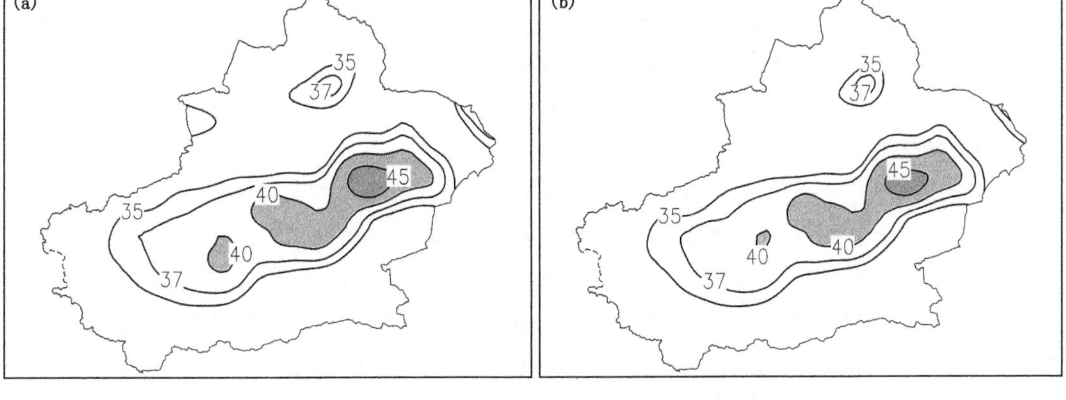


图 5.225　(a)2018 年 8 月 16—22 日过程最高气温极值分布(单位：℃)，(b)过程最强高温日(8 月 21 日)最高气温分布(单位：℃)

【天气形势】100 hPa 上,8 月 16—19 日,南亚高压呈带状分布,中心位于(85°E,35°N),中心强度为 1688 dagpm;20—22 日,高压中心增强为 1692 dagpm。100 hPa 平均高度场上,南亚高压呈带状分布,中心强度为 1688 dagpm(图 5.226a)。500 hPa 上,8 月 16 日,588 dagpm 等值线控制 40°N 以南的区域,850 hPa 上 24 ℃等温线控制新疆大部分地区;17—18 日,受北支冷空气影响,西太副高与伊朗副高分离;19—21 日,伊朗副高再次发展,中心强度为 592 dagpm,其 588 dagpm 等值线北抬东扩至(90°E,35°N),584 dagpm 等值线控制 40°N 以南的区域,850 hPa 上 24 ℃等温线控制新疆,28 ℃等温线控制南疆;22 日,低槽东移影响新疆,高压减弱南掉。500 hPa 平均高度场上,伊朗副高发展,其中心强度为 592 dagpm,584 dagpm 等值线控制 40°N 以南的区域,巴尔喀什湖至贝加尔湖一带为平均脊区,850 hPa 上 20 ℃等温线控制新疆,24 ℃等温线控制南疆(图 5.226b)。

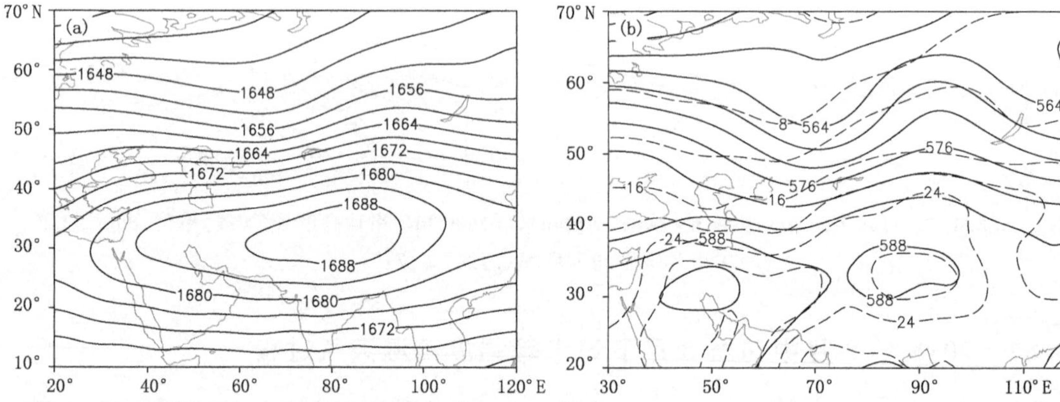


图 5.226　(a)100 hPa 平均高度场(单位:dagpm),(b)500 hPa 平均高度场(实线,单位:dagpm)和 850 hPa 平均温度场(虚线,单位:℃)

## 5.3.88　2020 年 8 月上旬中等强度高温天气过程

【高温实况】2020 年 8 月 2—10 日,新疆出现一次中等强度高温天气过程,此次高温天气过程共持续 9 d。新疆 64 个国家级气象站的日最高气温≥35 ℃,其中 32 站的日最高气温≥37 ℃,10 站≥40 ℃,1 站≥45 ℃(图 5.227a)。此次中等强度高温天气过程中,以 8 月 8 日的高温范围最大,当日新疆 52 个国家级气象站的日最高气温≥35 ℃,其中 29 站的日最高气温≥37 ℃,7 站≥40 ℃,1 站≥45 ℃。本次中等强度高温天气过程中,日最高气温极值出现在托克逊站(8 月 8 日),为 45.1 ℃(图 5.227b)。

【天气形势】100 hPa 上,8 月 2—4 日,南亚高压中心位于(85°E,30°N),中心强度为 1692 dagpm;5—8 日,南亚高压中心西退;9—10 日,南亚高压中心位于(70°E,30°N),中心强度增强至 1696 dagpm。100 hPa 平均高度场上,南亚高压呈带状分布,中心强度为 1692 dagpm(图 5.228a)。8 月 2—3 日;伊朗副高发展,588 dagpm 等值线控制 35°N 以南的区域;4—6 日,西太副高西伸,588 dagpm 等值线西伸至 70°E,伊朗副高略东扩,其 588 dagpm 等值线东扩至 68°E;7—10 日,伊朗副高与西太副高打通,850 hPa 上 24 ℃等温线控制新疆大部分地区。500 hPa 平均高度场上,584 dagpm 等值线控制 38°N 以南的区域,850 hPa 上 24 ℃等温线控制新疆大部分地区(图 5.228b)。

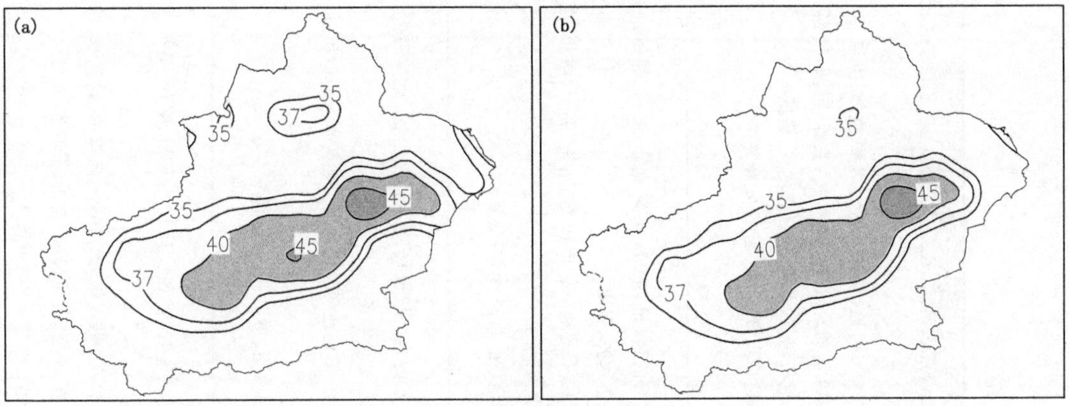


图 5.227　(a)2020 年 8 月 2—10 日过程最高气温极值分布(单位:℃),(b)过程最强高温日(8 月 8 日)最高气温分布(单位:℃)

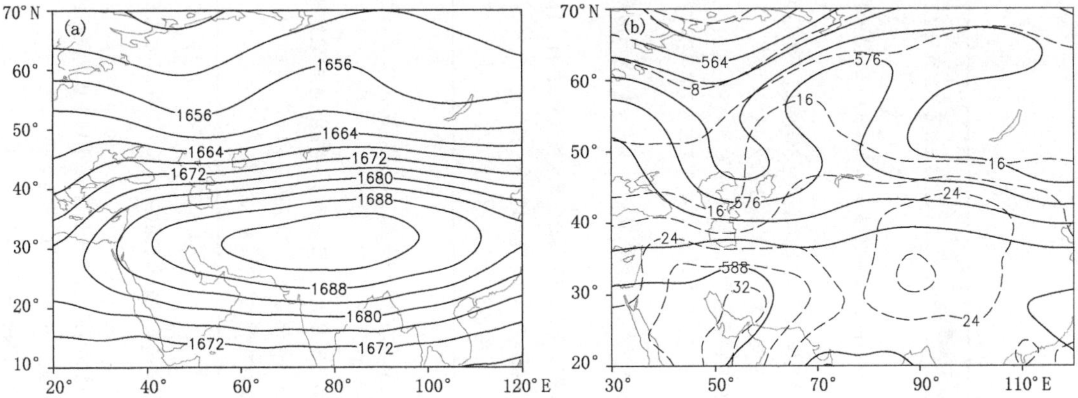


图 5.228　(a)100 hPa 平均高度场(单位:dagpm),(b)500 hPa 平均高度场(实线,单位:dagpm)和 850 hPa 平均温度场(虚线,单位:℃)

## 5.4 弱高温天气过程

| 序号 | 年份 | 开始时间 | 结束时间 | 过程描述 | 影响区域 |
| --- | --- | --- | --- | --- | --- |
| 1 | 1961 | 6月6日 | 6月10日 | 持续时间:5 d<br>过程影响范围:新疆 52 个国家级气象站的日最高气温≥35 ℃,其中 37 站的日最高气温≥37 ℃,5 站≥40 ℃<br>单日最大影响范围:6 月 8 日的高温范围最大,当日新疆 44 个国家级气象站的日最高气温≥35 ℃,其中 20 站的日最高气温≥37 ℃,5 站≥40 ℃<br>过程最高气温极值:6 月 8 日出现在吐鲁番东坎站,为 46.6 ℃ | 35 ℃≤$T$<37 ℃的地(州、市)3 个:博州、克州、伊犁<br>37 ℃≤$T$<40 ℃的地(州、市)9 个:阿克苏、巴州、哈密、和田、喀什、克拉玛依、石河子、乌鲁木齐、塔城<br>$T$≥40 ℃的地(州、市)2 个:昌吉、吐鲁番 |
| 2 | 1961 | 7月21日 | 7月28日 | 持续时间:8 d<br>过程影响范围:新疆 42 个国家级气象站的日最高气温≥35 ℃,其中 19 站的日最高气温≥37 ℃,3 站≥40 ℃<br>单日最大影响范围:7 月 27 日高温范围最大,当日 33 个国家级气象站的日最高气温≥35 ℃,其中 14 站的日最高气温≥37 ℃,3 站≥40 ℃<br>过程最高气温极值:7 月 27 日出现在吐鲁番东坎站,为 43.3 ℃ | 35≤$T$<37 ℃的地(州、市)7 个:阿克苏、巴州、博州、昌吉、塔城、乌鲁木齐、伊犁<br>37 ℃≤$T$<40 ℃的地(州、市)6 个:哈密、和田、喀什、克拉玛依、克州、石河子<br>$T$≥40 ℃的地(州、市)1 个:吐鲁番 |
| 3 | 1963 | 5月31日 | 6月2日 | 持续时间:3 d<br>过程影响范围:新疆 40 个国家级气象站的日最高气温≥35 ℃,其中 12 站日最高气温≥37 ℃,3 站≥40 ℃<br>单日最大影响范围:6 月 1 日的高温范围最大,当日新疆 40 个国家级气象站的日最高气温≥35 ℃,其中 12 站的日最高气温≥37 ℃,3 站≥40 ℃<br>过程最高气温极值:6 月 1 日出现在吐鲁番东坎站,为 43.5 ℃ | 35≤$T$<37 ℃的地(州、市)6 个:昌吉、哈密、克拉玛依、克州、石河子、乌鲁木齐<br>37 ℃≤$T$<40 ℃的地(州、市)4 个:阿克苏、巴州、和田、喀什<br>$T$≥40 ℃的地(州、市)1 个:吐鲁番 |
| 4 | 1963 | 6月23日 | 6月28日 | 持续时间:6 d<br>过程影响范围:新疆 60 个国家级气象站的日最高气温≥35 ℃,其中 25 站的日最高气温≥37 ℃,5 站≥40 ℃<br>单日最大影响范围:6 月 27 日的高温范围最大,当日新疆 43 个国家级气象站的日最高气温≥35 ℃,其中 14 站的日最高气温≥37 ℃,3 站≥40 ℃<br>过程最高气温极值:6 月 26 日出现在吐鲁番东坎站,为 44.3 ℃ | 35 ℃≤$T$<37 ℃的地(州、市)4 个:和田、喀什、乌鲁木齐、伊犁<br>37 ℃≤$T$<40 ℃的地(州、市)10 个:阿克苏、阿勒泰、巴州、博州、昌吉、哈密、克拉玛依、克州、石河子、塔城<br>$T$≥40 ℃的地(州、市)1 个:吐鲁番 |

续表

| 序号 | 年份 | 开始时间 | 结束时间 | 过程描述 | 影响区域 |
|---|---|---|---|---|---|
| 5 | 1964 | 8 月 14 日 | 8 月 17 日 | 持续时间:4 d<br>过程影响范围:新疆 62 个国家级气象站的日最高气温≥35 ℃,其中 37 站的日最高气温≥37 ℃,4 站≥40 ℃<br>单日最大影响范围:8 月 15 日的高温范围最大,当日新疆 53 个国家级气象站的日最高气温≥35 ℃,其中 20 站的日最高气温≥37 ℃,4 站≥40 ℃<br>过程最高气温极值:8 月 15 日出现在吐鲁番东坎站,为 44.5 ℃ | 35 ℃≤$T$<37 ℃的地(州、市)3 个:塔城、伊犁、喀什<br>37 ℃≤$T$<40 ℃的地(州、市)11 个:阿克苏、巴州、博州、昌吉、哈密、和田、喀什、克拉玛依、克州、石河子、乌鲁木齐<br>$T$≥40 ℃的地(州、市)1 个:吐鲁番 |
| 6 | 1965 | 6 月 18 日 | 6 月 23 日 | 持续时间:6 d<br>过程影响范围:新疆 52 个国家级气象站的日最高气温≥35 ℃,其中 27 站的日最高气温≥37 ℃,9 站≥40 ℃<br>单日最大影响范围: 6 月 21 日的高温范围最大,当日新疆 42 个国家级气象站的日最高气温≥35 ℃,其中 25 站的日最高气温≥37 ℃,8 站≥40 ℃<br>过程最高气温极值:6 月 21 日出现在吐鲁番东坎站,为 45 ℃ | 35 ℃≤$T$<37 ℃的地(州、市)5 个:阿克苏、阿勒泰、和田、塔城、伊犁<br>37 ℃≤$T$<40 ℃的地(州、市)6 个:巴州、博州、昌吉、哈密、克拉玛依、乌鲁木齐<br>$T$≥40 ℃的地(州、市)2 个:石河子、吐鲁番 |
| 7 | 1965 | 7 月 11 日 | 7 月 15 日 | 持续时间:5 d<br>过程影响范围:新疆 59 个国家级气象站的日最高气温≥35 ℃,其中 31 站的日最高气温≥37 ℃,6 站≥40 ℃<br>单日最大影响范围:7 月 14 日的高温范围最大,当日新疆 50 个国家级气象站的日最高气温≥35 ℃,其中 13 站的日最高气温≥37 ℃,3 站≥40 ℃<br>过程最高气温极值:7 月 11 日出现在吐鲁番东坎站,为 44.5 ℃ | 35 ℃≤$T$<37 ℃的地(州、市)4 个:克拉玛依、阿勒泰、克州、喀什<br>37 ℃≤$T$<40 ℃的地(州、市)9 个:阿克苏、巴州、昌吉、哈密、和田、石河子、塔城、乌鲁木齐、伊犁<br>$T$≥40 ℃的地(州、市)3 个:克拉玛依、博州、吐鲁番 |
| 8 | 1965 | 8 月 17 日 | 8 月 23 日 | 持续时间:7 d<br>过程影响范围:新疆 69 个国家级气象站的日最高气温≥35 ℃,其中 37 站的日最高气温≥37 ℃,7 站≥40 ℃<br>单日最大影响范围:8 月 21 日的高温范围最大,当日新疆 46 个国家级气象站的日最高气温≥35 ℃,其中 12 站的日最高气温≥37 ℃,3 站≥40 ℃<br>过程最高气温极值:8 月 20 日出现在吐鲁番东坎站,为 45.9 ℃ | 35 ℃≤$T$<37 ℃的地(州、市)4 个:和田、伊犁、克州、喀什<br>37 ℃≤$T$<40 ℃的地(州、市)7 个:阿克苏、阿勒泰、巴州、克拉玛依、石河子、塔城、乌鲁木齐<br>$T$≥40 ℃的地(州、市)3 个:博州、哈密、吐鲁番 |

续表

| 序号 | 年份 | 开始时间 | 结束时间 | 过程描述 | 影响区域 |
|---|---|---|---|---|---|
| 9 | 1966 | 6月23日 | 6月25日 | 持续时间:3 d<br>过程影响范围:新疆31个国家级气象站的日最高气温≥35 ℃,其中12站的日最高气温≥37 ℃,3站≥40 ℃<br>单日最大影响范围:6月24日的高温范围最大,当日新疆28个国家级气象站的日最高气温≥35 ℃,其中12站的日最高气温≥37 ℃,1站≥40 ℃<br>过程最高气温极值:6月23日出现在吐鲁番东坎站,为40.5 ℃ | 35 ℃≤$T$<37 ℃的地(州、市)3个:阿克苏、喀什、克州<br>37 ℃≤$T$<40 ℃的地(州、市)2个:巴州、和田<br>$T$≥40 ℃的地(州、市)1个:吐鲁番 |
| 10 | 1966 | 7月7日 | 7月11日 | 持续时间:5 d<br>过程影响范围:新疆61个国家级气象站的日最高气温≥35 ℃,其中28站的日最高气温≥37 ℃,6站的日最高气温≥40 ℃<br>单日最大影响范围:7月10日的高温范围最大,当日新疆52个国家级气象站的日最高气温≥35 ℃,其中19站的日最高气温≥37 ℃,4站≥40 ℃<br>过程最高气温极值:7月10日出现在吐鲁番东坎站,为45.4 ℃ | 35 ℃≤$T$<37 ℃的地(州、市)3个:乌鲁木齐、伊犁、喀什<br>37 ℃≤$T$<40 ℃的地(州、市)9个:阿克苏、巴州、昌吉、哈密、和田、克拉玛依、克州、石河子、塔城<br>$T$≥40 ℃的地(州、市)2个:博州、吐鲁番 |
| 11 | 1966 | 7月19日 | 7月25日 | 持续时间:7 d<br>过程影响范围:新疆53个国家级气象站的日最高气温≥35 ℃,其中22站的日最高气温≥37 ℃,4站≥40 ℃<br>单日最大影响范围:7月22日的高温范围最大,当日新疆35个国家级气象站的日最高气温≥35 ℃,其中12站的日最高气温≥37 ℃,4站≥40 ℃<br>过程最高气温极值:7月21日出现在吐鲁番东坎站,为45.4 ℃ | 35 ℃≤$T$<37 ℃的地(州、市)3个:塔城、乌鲁木齐、伊犁<br>37 ℃≤$T$<40 ℃的地(州、市)9个:阿克苏、博州、昌吉、哈密、和田、喀什、克拉玛依、克州、石河子<br>$T$≥40 ℃的地(州、市)2个:巴州、吐鲁番 |
| 12 | 1966 | 8月4日 | 8月9日 | 持续时间:6 d<br>过程影响范围:新疆44个国家级气象站的日最高气温≥35 ℃,其中20站的日最高气温≥37 ℃,4站≥40 ℃<br>单日最大影响范围:8月6日的高温范围最大,当日新疆32个国家级气象站的日最高气温≥35 ℃,其中14站的日最高气温≥37 ℃,1站≥40 ℃<br>过程最高气温极值:8月9日出现在吐鲁番东坎站,为42.4 ℃ | 35 ℃≤$T$<37 ℃的地(州、市)4个:博州、昌吉、石河子、伊犁<br>37 ℃≤$T$<40 ℃的地(州、市)6个:阿克苏、巴州、哈密、和田、喀什、克州<br>$T$≥40 ℃的地(州、市)1个:吐鲁番 |

续表

| 序号 | 年份 | 开始时间 | 结束时间 | 过程描述 | 影响区域 |
|---|---|---|---|---|---|
| 13 | 1967 | 8 月 10 日 | 8 月 17 日 | 持续时间:8 d<br>过程影响范围:新疆 65 个国家级气象站的日最高气温≥35 ℃,其中 26 站的日最高气温≥37 ℃,5 站≥40 ℃<br>单日最大影响范围:8 月 15 日的高温范围最大,当日新疆 51 个国家级气象站的日最高气温≥35 ℃,其中 25 站的日最高气温≥37 ℃,5 站≥40 ℃<br>过程最高气温极值:8 月 15 日出现在吐鲁番站,为 44.2 ℃ | 35 ℃≤$T$<37 ℃的地(州、市)6 个:和田、塔城、阿勒泰、伊犁、克州、喀什<br>37 ℃≤$T$<40 ℃的地(州、市)6 个:阿克苏、巴州、博州、克拉玛依、石河子、乌鲁木齐<br>$T$≥40 ℃的地(州、市)3 个:哈密、昌吉、吐鲁番 |
| 14 | 1969 | 6 月 17 日 | 6 月 23 日 | 持续时间:7 d<br>过程影响范围:新疆 52 个国家级气象站的日最高气温≥35 ℃,其中 31 站的日最高气温≥37 ℃,10 站的日最高气温≥40 ℃。<br>单日最大影响范围:6 月 19 日的高温范围最大,当日新疆 46 个国家级气象站的日最高气温≥35 ℃,其中 24 站的日最高气温≥37 ℃,5 站≥40 ℃<br>过程最高气温极值:6 月 19 日出现在吐鲁番站,为 46 ℃ | 35 ℃≤$T$<37 ℃的地(州、市)3 个:阿勒泰、和田、喀什<br>37 ℃≤$T$<40 ℃的地(州、市)5 个:阿克苏、博州、塔城、乌鲁木齐、伊犁<br>$T$≥40 ℃的地(州、市)6 个:巴州、昌吉、哈密、克拉玛依、石河子、吐鲁番 |
| 15 | 1970 | 6 月 10 日 | 6 月 12 日 | 持续时间:3 d<br>过程影响范围:新疆 37 个国家级气象站的日最高气温≥35 ℃,其中 11 站的日最高气温≥37 ℃,3 站≥40 ℃<br>单日最大影响范围:6 月 11 日的高温范围最大,当日新疆 29 个国家级气象站的日最高气温≥35 ℃,其中 10 站的日最高气温≥37 ℃,3 站≥40 ℃<br>过程最高气温极值:6 月 11 日出现在吐鲁番站,为 42.9 ℃ | 35 ℃≤$T$<37 ℃的地(州、市)7 个:阿克苏、昌吉、喀什、克拉玛依、塔城、乌鲁木齐、伊犁<br>37 ℃≤$T$<40 ℃的地(州、市)4 个:巴州、哈密、和田、石河子<br>$T$≥40 ℃的地(州、市)1 个:吐鲁番 |
| 16 | 1970 | 7 月 18 日 | 7 月 21 日 | 持续时间:4 d<br>过程影响范围:新疆 59 个国家级气象站的日最高气温≥35 ℃,其中 29 站的日最高气温≥37 ℃,4 站≥40 ℃<br>单日最大影响范围:7 月 19 日的高温范围最大,当日新疆 49 个国家级气象站的日最高气温≥35 ℃,其中 24 站的日最高气温≥37 ℃,3 站≥40 ℃<br>过程最高气温极值:7 月 19 日出现在托克逊站,为 45.1 ℃ | 35 ℃≤$T$<37 ℃的地(州、市)2 个:乌鲁木齐、伊犁<br>37 ℃≤$T$<40 ℃的地(州、市)10 个:阿克苏、巴州、昌吉、哈密、和田、喀什、克拉玛依、克州、石河子、塔城<br>$T$≥40 ℃的地(州、市)2 个:博州、吐鲁番 |

续表

| 序号 | 年份 | 开始时间 | 结束时间 | 过程描述 | 影响区域 |
| --- | --- | --- | --- | --- | --- |
| 17 | 1971 | 7月13日 | 7月15日 | 持续时间:3 d<br>过程影响范围:新疆29个国家级气象站的日最高气温≥35 ℃,其中13站的日最高气温≥37 ℃,1站≥40 ℃<br>单日最大影响范围:7月14日的高温范围最大,当日新疆27个国家级气象站的日最高气温≥35 ℃,其中13站的日最高气温≥37 ℃,1站≥40 ℃<br>过程最高气温极值:7月15日出现在吐鲁番站,为40.2 ℃ | 35 ℃≤$T$<37 ℃的地(州、市)2个:阿克苏、哈密<br>37 ℃≤$T$<40 ℃的地(州、市)4个:巴州、和田、喀什、克州<br>$T$≥40 ℃的地(州、市)1个:吐鲁番 |
| 18 | 1973 | 6月24日 | 6月27日 | 持续时间:4 d<br>过程影响范围:新疆56个国家级气象站的日最高气温≥35 ℃,其中34站的日最高气温≥37 ℃,4站≥40 ℃<br>单日最大影响范围:6月26日的高温范围最大,当日新疆48个国家级气象站的日最高气温≥35 ℃,其中23站的日最高气温≥37 ℃,3站≥40 ℃<br>过程最高气温极值:6月25日出现在托克逊站,为43.6 ℃ | 35 ℃≤$T$<37 ℃的地(州、市)2个:乌鲁木齐、伊犁<br>37 ℃≤$T$<40 ℃的地(州、市)10个:阿克苏、巴州、昌吉、哈密、和田、喀什、克拉玛依、克州、石河子、塔城<br>$T$≥40 ℃的地(州、市)2个:博州、吐鲁番 |
| 19 | 1973 | 6月30日 | 7月5日 | 持续时间:6 d<br>过程影响范围:新疆37个国家级气象站的日最高气温≥35 ℃,其中24站的日最高气温≥37 ℃,3站≥40 ℃<br>单日最大影响范围:7月1日的高温范围最大,当日新疆36个国家级气象站的日最高气温≥35 ℃,其中23站的日最高气温≥37 ℃,3站≥40 ℃<br>过程最高气温极值:7月1日出现在吐鲁番站,为43 ℃ | 35 ℃≤$T$<37 ℃的地(州、市)1个:哈密<br>37 ℃≤$T$<40 ℃的地(州、市)4个:阿克苏、和田、喀什、克州<br>$T$≥40 ℃的地(州、市)2个:巴州、吐鲁番 |
| 20 | 1973 | 7月23日 | 7月27日 | 持续时间:5 d<br>过程影响范围:新疆47个国家级气象站的日最高气温≥35 ℃,其中19站日最高气温≥37 ℃,3站≥40 ℃<br>单日最大影响范围:7月24日的高温范围最大,当日新疆47个国家级气象站的日最高气温≥35 ℃,其中21站的日最高气温≥37 ℃,3站≥40 ℃<br>过程最高气温极值:7月24日出现在吐鲁番站,为43.1 ℃ | 35 ℃≤$T$<37 ℃的地(州、市)5个:阿克苏、和田、喀什、克州、伊犁<br>37 ℃≤$T$<40 ℃的地(州、市)8个:巴州、博州、昌吉、哈密、克拉玛依、石河子、塔城、乌鲁木齐<br>$T$≥40 ℃的地(州、市)1个:吐鲁番 |

续表

| 序号 | 年份 | 开始时间 | 结束时间 | 过程描述 | 影响区域 |
|---|---|---|---|---|---|
| 21 | 1974 | 6 月 11 日 | 6 月 16 日 | 持续时间:6 d<br>过程影响范围:新疆 47 个国家级气象站的日最高气温≥35 ℃,其中 20 站的日最高气温≥37 ℃,4 站≥40 ℃<br>单日最大影响范围:6 月 14 日的高温范围最大,当日新疆 43 个国家级气象站的日最高气温≥35 ℃,其中 13 站的日最高气温≥37 ℃,4 站≥40 ℃<br>过程最高气温极值:6 月 14 日出现在吐鲁番站,为 44.2 ℃ | 35 ℃≤$T$<37 ℃的地(州、市)2 个:喀什、乌鲁木齐<br>37 ℃≤$T$<40 ℃的地(州、市)9 个:阿克苏、巴州、博州、昌吉、哈密、和田、克拉玛依、石河子、塔城<br>$T$≥40 ℃的地(州、市)1 个:吐鲁番 |
| 22 | 1977 | 7 月 29 日 | 8 月 3 日 | 持续时间:6 d<br>过程影响范围:新疆 40 个国家级气象站的日最高气温≥35 ℃,其中 12 站的日最高气温≥37 ℃,4 站≥40 ℃<br>单日最大影响范围:8 月 1 日的高温范围最大,当日新疆 36 个国家级气象站的日最高气温≥35 ℃,其中 10 站的日最高气温≥37 ℃,4 站≥40 ℃<br>过程最高气温极值:7 月 31 日出现在吐鲁番东坎站,为 43.7 ℃ | 35 ℃≤$T$<37 ℃的地(州、市)6 个:昌吉、和田、喀什、克州、石河子、乌鲁木齐<br>37 ℃≤$T$<40 ℃的地(州、市)3 个:阿克苏、巴州、哈密<br>$T$≥40 ℃的地(州、市)1 个:吐鲁番 |
| 23 | 1978 | 6 月 1 日 | 6 月 4 日 | 持续时间:4 d<br>过程影响范围:新疆 41 个国家级气象站的日最高气温≥35 ℃,其中 13 站的日最高气温≥37 ℃,4 站≥40 ℃<br>单日最大影响范围:6 月 4 日的高温范围最大,当日新疆 29 个国家级气象站的日最高气温≥35 ℃,其中 10 站的日最高气温≥37 ℃,2 站≥40 ℃<br>过程最高气温极值:6 月 3 日出现在吐鲁番东坎站、托克逊站,均为 42.7 ℃ | 35 ℃≤$T$<37 ℃的地(州、市)8 个:阿克苏、博州、昌吉、和田、喀什、克拉玛依、克州、塔城<br>37 ℃≤$T$<40 ℃的地(州、市)3 个:巴州、哈密、石河子<br>$T$≥40 ℃的地(州、市)1 个:吐鲁番 |
| 24 | 1979 | 7 月 7 日 | 7 月 9 日 | 持续时间:3 d<br>过程影响范围:新疆 42 个国家级气象站的日最高气温≥35 ℃,其中 21 站的日最高气温≥37 ℃,4 站≥40 ℃<br>单日最大影响范围:7 月 7 日的高温范围最大,当日新疆 41 个国家级气象站的日最高气温≥35 ℃,其中 13 站的日最高气温≥37 ℃,4 站≥40 ℃<br>过程最高气温极值:7 月 8 日出现在托克逊站,为 43.2 ℃ | 35 ℃≤$T$<37 ℃的地(州、市)5 个:博州、昌吉、克拉玛依、塔城、乌鲁木齐<br>37 ℃≤$T$<40 ℃的地(州、市)7 个:阿克苏、巴州、哈密、和田、喀什、克州、石河子<br>$T$≥40 ℃的地(州、市)1 个:吐鲁番 |

续表

| 序号 | 年份 | 开始时间 | 结束时间 | 过程描述 | 影响区域 |
|---|---|---|---|---|---|
| 25 | 1979 | 7月18日 | 7月21日 | 持续时间:4 d<br>过程影响范围:新疆58个国家级气象站的日最高气温≥35 ℃,其中30站的日最高气温≥37 ℃,3站的日最高气温≥40 ℃<br>单日最大影响范围:7月20日的高温范围最大,当日新疆48个国家级气象站的日最高气温≥35 ℃,其中22站的日最高气温≥37 ℃,3站≥40 ℃<br>过程最高气温极值:7月20日出现在吐鲁番东坎站,为42.5 ℃ | 35 ℃≤$T$<37 ℃的地(州、市)3个:巴州、哈密、伊犁<br>37 ℃≤$T$<40 ℃的地(州、市)10个:阿克苏、博州、昌吉、和田、喀什、克拉玛依、克州、石河子、塔城、乌鲁木齐<br>$T$≥40 ℃的地(州、市)1个:吐鲁番 |
| 26 | 1980 | 6月20日 | 6月25日 | 持续时间:6 d<br>过程影响范围:新疆56个国家级气象站的日最高气温≥35 ℃,其中29站的日最高气温≥37 ℃,5站的日最高气温≥40 ℃<br>单日最大影响范围:6月24日的高温范围最大,当日新疆52个国家级气象站的日最高气温≥35 ℃,其中26站的日最高气温≥37 ℃,5站≥40 ℃<br>过程最高气温极值:6月24日出现在吐鲁番站,为42.8 ℃ | 35 ℃≤$T$<37 ℃的地(州、市)4个:阿克苏、阿勒泰、克州、伊犁<br>37 ℃≤$T$<40 ℃的地(州、市)9个:巴州、昌吉、博州、哈密、和田、喀什、克拉玛依、塔城、乌鲁木齐<br>$T$≥40 ℃的地(州、市)2个:石河子、吐鲁番 |
| 27 | 1981 | 6月22日 | 6月29日 | 持续时间:8 d<br>过程影响范围:新疆58个国家级气象站的日最高气温≥35 ℃,其中22站日最高气温≥37 ℃,4站≥40 ℃<br>单日最大影响范围:6月26日的高温范围最大,当日新疆44个国家级气象站的日最高气温≥35 ℃,其中12站的日最高气温≥37 ℃,3站≥40 ℃<br>过程最高气温极值:6月23日出现在吐鲁番东坎站,为43.2 ℃ | 35 ℃≤$T$<37 ℃的地(州、市)3个:克州、乌鲁木齐、伊犁<br>37 ℃≤$T$<40 ℃的地(州、市)9个:阿克苏、巴州、昌吉、哈密、和田、喀什、克拉玛依、石河子、塔城<br>$T$≥40 ℃的地(州、市)2个:博州、吐鲁番 |
| 28 | 1981 | 7月7日 | 7月11日 | 持续时间:5 d<br>过程影响范围:新疆63个国家级气象站的日最高气温≥35 ℃,其中34站的日最高气温≥37 ℃,6站≥40 ℃<br>单日最大影响范围:7月9日的高温范围最大,当日新疆42个国家级气象站的日最高气温≥35 ℃,其中21站的日最高气温≥37 ℃,5站≥40 ℃<br>过程最高气温极值:7月8日出现在吐鲁番东坎站,为44.8 ℃ | 35 ℃≤$T$<37 ℃的地(州、市)2个:阿勒泰、伊犁<br>37 ℃≤$T$<40 ℃的地(州、市)10个:阿克苏、巴州、博州、和田、喀什、克拉玛依、克州、石河子、塔城、乌鲁木齐<br>$T$≥40 ℃的地(州、市)3个:昌吉、哈密、吐鲁番 |

续表

| 序号 | 年份 | 开始时间 | 结束时间 | 过程描述 | 影响区域 |
|---|---|---|---|---|---|
| 29 | 1981 | 7 月 13 日 | 7 月 16 日 | 持续时间:4 d<br>过程影响范围:新疆 71 个国家级气象站的日最高气温≥35 ℃,其中 49 站的日最高气温≥37 ℃,11 站≥40 ℃<br>单日最大影响范围:7 月 15 日的高温范围最大,当日新疆 57 个国家级气象站的日最高气温≥35 ℃,其中 36 站的日最高气温≥37 ℃,8 站≥40 ℃<br>过程最高气温极值:7 月 14 日出现在托克逊站,为 46.1 ℃ | 35 ℃≤$T$<37 ℃的地(州、市)2 个:阿克苏、伊犁<br>37 ℃≤$T$<40 ℃的地(州、市)5 个:石河子、和田、克拉玛依、塔城、克州<br>$T$≥40 ℃的地(州、市)6 个:巴州、昌吉、喀什、博州、哈密、吐鲁番 |
| 30 | 1981 | 7 月 21 日 | 7 月 26 日 | 持续时间:6 d<br>过程影响范围:新疆 65 个国家级气象站的日最高气温≥35 ℃,其中 31 站的日最高气温≥37 ℃,7 站≥40 ℃<br>单日最大影响范围:7 月 23 日的高温范围最大,当日新疆 64 个国家级气象站的日最高气温≥35 ℃,其中 30 站的日最高气温≥37 ℃,4 站≥40 ℃<br>过程最高气温极值:7 月 23 日出现在吐鲁番东坎站,为 43.6 ℃ | 35 ℃≤$T$<37 ℃的地(州、市)4 个:昌吉、克拉玛依、克州、塔城<br>37 ℃≤$T$<40 ℃的地(州、市)7 个:阿克苏、博州、和田、喀什、石河子、乌鲁木齐、伊犁<br>$T$≥40 ℃的地(州、市)3 个:巴州、哈密、吐鲁番 |
| 31 | 1982 | 5 月 25 日 | 5 月 27 日 | 持续时间:3 d<br>过程影响范围:新疆 33 个国家级气象站的日最高气温≥35 ℃,其中 10 站的日最高气温≥37 ℃,4 站的日最高气温≥40 ℃<br>单日最大影响范围:5 月 26 日的高温范围最大,当日新疆 31 个国家级气象站的日最高气温≥35 ℃,其中 9 站的日最高气温≥37 ℃,4 站≥40 ℃<br>过程最高气温极值:5 月 26 日出现在吐鲁番东坎站,为 42.7 ℃ | 35 ℃≤$T$<37 ℃的地(州、市)4 个:昌吉、和田、喀什、石河子<br>37 ℃≤$T$<40 ℃的地(州、市)3 个:阿克苏、哈密、巴州<br>$T$≥40 ℃的地(州、市)1 个:吐鲁番 |
| 32 | 1982 | 7 月 23 日 | 7 月 25 日 | 持续时间:3 d<br>过程影响范围:新疆 52 个国家级气象站的日最高气温≥35 ℃,其中 18 站的日最高气温≥37 ℃,3 站的日最高气温≥40 ℃<br>单日最大影响范围:7 月 24 日的高温范围最大,当日新疆 44 个国家级气象站的日最高气温≥35 ℃,其中 15 站的日最高气温≥37 ℃,3 站≥40 ℃<br>过程最高气温极值:7 月 23 日出现在吐鲁番东坎站,为 43 ℃ | 35 ℃≤$T$<37 ℃的地(州、市)5 个:阿克苏、喀什、克州、塔城、伊犁<br>37 ℃≤$T$<40 ℃的地(州、市)8 个:巴州、博州、昌吉、哈密、和田、克拉玛依、石河子、乌鲁木齐<br>$T$≥40 ℃的地(州、市)1 个:吐鲁番 |

续表

| 序号 | 年份 | 开始时间 | 结束时间 | 过程描述 | 影响区域 |
| --- | --- | --- | --- | --- | --- |
| 33 | 1983 | 8月4日 | 8月8日 | 持续时间:5 d<br>过程影响范围:新疆65个国家级气象站的日最高气温≥35 ℃,其中36站的日最高气温≥37 ℃,10站的日最高气温≥40 ℃<br>单日最大影响范围:8月7日的高温范围最大,当日新疆39个国家级气象站的日最高气温≥35 ℃,其中19站的日最高气温≥37 ℃,8站≥40 ℃<br>过程最高气温极值:8月7日出现在吐鲁番站、吐鲁番东坎站,均为45.1 ℃ | 35 ℃≤$T$<37 ℃的地(州、市)1个:克拉玛依<br>37 ℃≤$T$<40 ℃的地(州、市)9个:阿克苏、昌吉、和田、喀什、克州、石河子、塔城、乌鲁木齐、伊犁<br>$T$≥40 ℃的地(州、市)4个:巴州、博州、哈密、吐鲁番 |
| 34 | 1984 | 5月31日 | 6月4日 | 持续时间:5 d<br>过程影响范围:新疆46个国家级气象站的日最高气温≥35 ℃,其中29站的日最高气温≥37 ℃,6站≥40 ℃<br>单日最大影响范围:6月1日的高温范围最大,当日新疆37个国家级气象站的日最高气温≥35 ℃,其中23站的日最高气温≥37 ℃,4站≥40 ℃<br>过程最高气温极值:6月1日出现在吐鲁番东坎站,为42.1 ℃ | 35 ℃≤$T$<37 ℃的地(州、市)4个:博州、昌吉、哈密、石河子<br>37 ℃≤$T$<40 ℃的地(州、市)4个:阿克苏、巴州、喀什、克州<br>$T$≥40 ℃的地(州、市)2个:和田、吐鲁番 |
| 35 | 1984 | 6月25日 | 6月28日 | 持续时间:4 d<br>过程影响范围:新疆73个国家级气象站的日最高气温≥35 ℃,其中52站的日最高气温≥37 ℃,10站的日最高气温≥40 ℃<br>单日最大影响范围:6月27日的高温范围最大,当日新疆60个国家级气象站的日最高气温≥35 ℃,其中37站的日最高气温≥37 ℃,5站≥40 ℃<br>过程最高气温极值:6月26日出现在吐鲁番东坎站,为42 ℃ | 35 ℃≤$T$<37 ℃的地(州、市)1个:阿勒泰<br>37 ℃≤$T$<40 ℃的地(州、市)9个:阿克苏、巴州、哈密、和田、克拉玛依、克州、塔城、乌鲁木齐、伊犁<br>$T$≥40 ℃的地(州、市)5个:博州、昌吉、喀什、石河子、吐鲁番 |
| 36 | 1984 | 7月25日 | 7月27日 | 持续时间:3 d<br>过程影响范围:新疆44个国家级气象站的日最高气温≥35 ℃,其中13站的日最高气温≥37 ℃,1站的日最高气温≥40 ℃<br>单日最大影响范围:7月26日的高温范围最大,当日新疆31个国家级气象站的日最高气温≥35 ℃,其中12站的日最高气温≥37 ℃,1站≥40 ℃<br>过程最高气温极值:7月26日出现在吐鲁番东坎站,为40.7 ℃ | 35 ℃≤$T$<37 ℃的地(州、市)5个:博州、昌吉、哈密、石河子、伊犁<br>37 ℃≤$T$<40 ℃的地(州、市)5个:阿克苏、巴州、和田、喀什、克州<br>$T$≥40 ℃的地(州、市)1个:吐鲁番 |

续表

| 序号 | 年份 | 开始时间 | 结束时间 | 过程描述 | 影响区域 |
|---|---|---|---|---|---|
| 37 | 1984 | 8 月 18 日 | 8 月 21 日 | 持续时间:4 d<br>过程影响范围:新疆 48 个国家级气象站的日最高气温≥35 ℃,其中 13 站的日最高气温≥37 ℃,1 站的日最高气温≥40 ℃<br>单日最大影响范围:8 月 19 日的高温范围最大,当日新疆 42 个国家级气象站的日最高气温≥35 ℃,其中 9 站的日最高气温≥37 ℃<br>过程最高气温极值:8 月 20 日出现在吐鲁番东坎站,为 41.8 ℃ | 35 ℃≤$T$<37 ℃的地(州、市)6 个:阿克苏、巴州、哈密、塔城、乌鲁木齐、伊犁<br>37 ℃≤$T$<40 ℃的地(州、市)7 个:博州、昌吉、和田、喀什、克拉玛依、克州、石河子<br>$T$≥40 ℃的地(州、市)1 个:吐鲁番 |
| 38 | 1985 | 7 月 1 日 | 7 月 7 日 | 持续时间:7 d<br>过程影响范围:新疆 60 个国家级气象站的日最高气温≥35 ℃,其中 24 站的日最高气温≥37 ℃,5 站的日最高气温≥40 ℃<br>单日最大影响范围:7 月 4 日的高温范围最大,当日新疆 46 个国家级气象站的日最高气温≥35 ℃,其中 13 站的日最高气温≥37 ℃,3 站≥40 ℃<br>过程最高气温极值:7 月 3 日出现在吐鲁番东坎站,为 44.6 ℃ | 35 ℃≤$T$<37 ℃的地(州、市)5 个:阿克苏、和田、克州、乌鲁木齐、伊犁<br>37 ℃≤$T$<40 ℃的地(州、市)7 个:巴州、昌吉、哈密、喀什、克拉玛依、石河子、塔城<br>$T$≥40 ℃的地(州、市)2 个:博州、吐鲁番 |
| 39 | 1985 | 7 月 15 日 | 7 月 18 日 | 持续时间:4 d<br>过程影响范围:新疆 50 个国家级气象站的日最高气温≥35 ℃,其中 26 站的日最高气温≥37 ℃,5 站的日最高气温≥40 ℃<br>单日最大影响范围:7 月 17 日的高温范围最大,当日新疆 37 个国家级气象站的日最高气温≥35 ℃,其中 20 站的日最高气温≥37 ℃,3 站≥40 ℃<br>过程最高气温极值:7 月 16 日出现在吐鲁番东坎站,为 43.3 ℃ | 35 ℃≤$T$<37 ℃的地(州、市)5 个:博州、昌吉、石河子、塔城、乌鲁木齐<br>37 ℃≤$T$<40 ℃的地(州、市)5 个:阿克苏、哈密、和田、喀什、克州<br>$T$≥40 ℃的地(州、市)2 个:巴州、吐鲁番 |
| 40 | 1985 | 8 月 8 日 | 8 月 14 日 | 持续时间:7 d<br>过程影响范围:新疆 36 个国家级气象站的日最高气温≥35 ℃,其中 11 站日最高气温≥37 ℃,4 站的日最高气温≥40 ℃<br>单日最大影响范围:8 月 9 日的高温范围最大,当日新疆 29 个国家级气象站的日最高气温≥35 ℃,其中 11 站的日最高气温≥37 ℃,4 站≥40 ℃<br>过程最高气温极值:8 月 8 日出现在吐鲁番东坎站,为 43.9 ℃ | 35 ℃≤$T$<37 ℃的地(州、市)8 个:阿克苏、博州、昌吉、和田、喀什、克州、石河子、乌鲁木齐<br>37 ℃≤$T$<40 ℃的地(州、市)2 个:巴州、哈密<br>$T$≥40 ℃的地(州、市)1 个:吐鲁番 |

续表

| 序号 | 年份 | 开始时间 | 结束时间 | 过程描述 | 影响区域 |
|---|---|---|---|---|---|
| 41 | 1986 | 6 月 19 日 | 6 月 23 日 | 持续时间:5 d<br>过程影响范围:新疆 48 个国家级气象站的日最高气温≥35 ℃,其中 23 站日最高气温≥37 ℃,4 站≥40 ℃<br>单日最大影响范围:6 月 21 日的高温范围最大,当日新疆 39 个国家级气象站的日最高气温≥35 ℃,其中 14 站的日最高气温≥37 ℃,3 站≥40 ℃<br>过程最高气温极值:6 月 21 日出现在吐鲁番东坎站,为 42 ℃ | 35 ℃≤$T$<37 ℃的地(州、市)3 个:昌吉、克州、塔城<br>37 ℃≤$T$<40 ℃的地(州、市)7 个:阿克苏、博州、哈密、和田、喀什、克拉玛依、石河子<br>$T$≥40 ℃的地(州、市)2 个:巴州、吐鲁番 |
| 42 | 1986 | 7 月 3 日 | 7 月 5 日 | 持续时间:3 d<br>过程影响范围:新疆 65 个国家级气象站的日最高气温≥35 ℃,其中 38 站的日最高气温≥37 ℃,5 站≥40 ℃<br>单日最大影响范围:7 月 4 日的高温范围最大,当日新疆 53 个国家级气象站的日最高气温≥35 ℃,其中 24 站的日最高气温≥37 ℃,4 站≥40 ℃<br>过程最高气温极值:7 月 3 日出现在吐鲁番站,为 43.8 ℃ | 35 ℃≤$T$<37 ℃的地(州、市)6 个:阿克苏、阿勒泰、和田、伊犁、哈密、克州<br>37 ℃≤$T$<40 ℃的地(州、市)7 个:塔城、喀什、昌吉、石河子、巴州、克拉玛依、乌鲁木齐<br>$T$≥40 ℃的地(州、市)2 个:吐鲁番、博州 |
| 43 | 1987 | 7 月 2 日 | 7 月 7 日 | 持续时间:6 d<br>过程影响范围:新疆 53 个国家级气象站的日最高气温≥35 ℃,其中 19 站的日最高气温≥37 ℃,5 站≥40 ℃<br>单日最大影响范围:7 月 5 日的高温范围最大,当日新疆 50 个国家级气象站的日最高气温≥35 ℃,其中 19 站的日最高气温≥37 ℃,4 站≥40 ℃<br>过程最高气温极值:7 月 5 日出现在吐鲁番东坎站,为 44.8 ℃ | 35 ℃≤$T$<37 ℃的地(州、市)7 个:阿克苏、和田、喀什、克州、塔城、乌鲁木齐、伊犁<br>37 ℃≤$T$<40 ℃的地(州、市)5 个:博州、昌吉、哈密、克拉玛依、石河子<br>$T$≥40 ℃的地(州、市)2 个:巴州、吐鲁番 |
| 44 | 1988 | 6 月 25 日 | 6 月 28 日 | 持续时间:4 d<br>过程影响范围:新疆 35 个国家级气象站的日最高气温≥35 ℃,其中 24 站的日最高气温≥37 ℃,5 站≥40 ℃<br>单日最大影响范围:6 月 27 日的高温范围最大,当日新疆 34 个国家级气象站的日最高气温≥35 ℃,其中 21 站的日最高气温≥37 ℃,5 站≥40 ℃<br>过程最高气温极值:6 月 27 日出现在若羌站,为 42.2 ℃ | 35 ℃≤$T$<37 ℃的地(州、市)1 个:哈密<br>37 ℃≤$T$<40 ℃的地(州、市)4 个:阿克苏、和田、喀什、克州<br>$T$≥40 ℃的地(州、市)2 个:巴州、吐鲁番 |

续表

| 序号 | 年份 | 开始时间 | 结束时间 | 过程描述 | 影响区域 |
| --- | --- | --- | --- | --- | --- |
| 45 | 1988 | 7 月 28 日 | 8 月 1 日 | 持续时间:5 d<br>过程影响范围:新疆 65 个国家级气象站的日最高气温≥35 ℃,其中 38 站的日最高气温≥37 ℃,4 站≥40 ℃<br>单日最大影响范围:7 月 29 日的高温范围最大,当日新疆 60 个国家级气象站的日最高气温≥35 ℃,其中 27 站的日最高气温≥37 ℃,4 站≥40 ℃<br>过程最高气温极值:7 月 31 日出现在吐鲁番东坎站,为 42.4 ℃ | 35 ℃≤$T$<37 ℃的地(州、市)4 个:阿克苏、塔城、乌鲁木齐、伊犁<br>37 ℃≤$T$<40 ℃的地(州、市)9 个:巴州、博州、昌吉、哈密、和田、喀什、克拉玛依、克州、石河子<br>$T$≥40 ℃的地(州、市)1 个:吐鲁番 |
| 46 | 1989 | 7 月 10 日 | 7 月 13 日 | 持续时间:4 d<br>过程影响范围:新疆 50 个国家级气象站的日最高气温≥35 ℃,其中 20 站的日最高气温≥37 ℃,3 站≥40 ℃<br>单日最大影响范围:7 月 12 日的高温范围最大,当日新疆 37 个国家级气象站的日最高气温≥35 ℃,其中 11 站的日最高气温≥37 ℃,3 站≥40 ℃<br>过程最高气温极值:7 月 12 日出现在吐鲁番东坎站,为 43.1 ℃ | 35 ℃≤$T$<37 ℃的地(州、市)4 个:阿克苏、克州、乌鲁木齐、伊犁<br>37 ℃≤$T$<40 ℃的地(州、市)9 个:巴州、博州、昌吉、哈密、和田、喀什、克拉玛依、石河子、塔城<br>$T$≥40 ℃的地(州、市)1 个:吐鲁番 |
| 47 | 1990 | 6 月 29 日 | 7 月 2 日 | 持续时间:4 d<br>过程影响范围:新疆 48 个国家级气象站的日最高气温≥35 ℃,其中 22 站的日最高气温≥37 ℃,4 站≥40 ℃<br>单日最大影响范围: 7 月 1 日的高温范围最大,当日新疆 44 个国家级气象站的日最高气温≥35 ℃,其中 19 站的日最高气温≥37 ℃,4 站≥40 ℃<br>过程最高气温极值:7 月 1 日出现在吐鲁番东坎站,为 43.6 ℃ | 35 ℃≤$T$<37 ℃的地(州、市)5 个:阿克苏、昌吉、哈密、克州、伊犁<br>37 ℃≤$T$<40 ℃的地(州、市)4 个:博州、和田、喀什、乌鲁木齐<br>$T$≥40 ℃的地(州、市)2 个:巴州、吐鲁番 |
| 48 | 1990 | 7 月 6 日 | 7 月 9 日 | 持续时间:4 d<br>过程影响范围:新疆 42 个国家级气象站的日最高气温≥35 ℃,其中 17 站的日最高气温≥37 ℃,3 站≥40 ℃<br>单日最大影响范围:7 月 8 日的高温范围最大,当日新疆 39 个国家级气象站的日最高气温≥35 ℃,其中 12 站的日最高气温≥37 ℃,3 站≥40 ℃<br>过程最高气温极值:7 月 8 日出现在吐鲁番东坎站,为 42.2 ℃ | 35 ℃≤$T$<37 ℃的地(州、市)5 个:博州、昌吉、克拉玛依、石河子、塔城<br>37 ℃≤$T$<40 ℃的地(州、市)6 个:阿克苏、巴州、哈密、和田、喀什、克州<br>$T$≥40 ℃的地(州、市)1 个:吐鲁番 |

续表

| 序号 | 年份 | 开始时间 | 结束时间 | 过程描述 | 影响区域 |
|---|---|---|---|---|---|
| 49 | 1990 | 8 月 7 日 | 8 月 10 日 | 持续时间:4 d<br>单日最大影响范围:新疆 42 个国家级气象站的日最高气温≥35 ℃,其中 28 站的日最高气温≥37 ℃,5 站的日最高气温≥40 ℃<br>单日最大影响范围:8 月 8 日的高温范围最大,当日新疆 47 个国家级气象站的日最高气温≥35 ℃,其中 22 站的日最高气温≥37 ℃,4 站≥40 ℃<br>过程最高气温极值:8 月 8 日出现在吐鲁番东坎站,为 42.9 ℃ | 35 ℃≤$T$<37 ℃的地(州、市)2 个:博州、塔城<br>37 ℃≤$T$<40 ℃的地(州、市)8 个:阿克苏、昌吉、哈密、和田、喀什、克州、石河子、乌鲁木齐<br>$T$≥40 ℃的地(州、市)2 个:巴州、吐鲁番 |
| 50 | 1993 | 7 月 4 日 | 7 月 8 日 | 持续时间:5 d<br>过程影响范围:新疆 41 个国家级气象站的日最高气温≥35 ℃,其中 23 站的日最高气温≥37 ℃,3 站的日最高气温≥40 ℃<br>单日最大影响范围:7 月 6 日的高温范围最大,当日新疆 38 个国家级气象站的日最高气温≥35 ℃,其中 18 站的日最高气温≥37 ℃,2 站≥40 ℃<br>过程最高气温极值:7 月 4 日出现在吐鲁番东坎站,为 42.7 ℃ | 35 ℃≤$T$<37 ℃的地(州、市)4 个:博州、昌吉、克拉玛依、伊犁<br>37 ℃≤$T$<40 ℃的地(州、市)6 个:阿克苏、巴州、哈密、和田、喀什、克州<br>$T$≥40 ℃的地(州、市)1 个:吐鲁番 |
| 51 | 1994 | 6 月 23 日 | 6 月 25 日 | 持续时间:3 d<br>过程影响范围:新疆 54 个国家级气象站的日最高气温≥35 ℃,其中 22 站日最高气温≥37 ℃,3 站≥40 ℃<br>单日最大影响范围:6 月 24 日的高温范围最大,当日新疆 48 个国家级气象站的日最高气温≥35 ℃,其中 20 站的日最高气温≥37 ℃,3 站≥40 ℃<br>过程最高气温极值:6 月 24 日出现在吐鲁番东坎站,为 43.3 ℃ | 35 ℃≤$T$<37 ℃的地(州、市)5 个:克拉玛依、克州、石河子、塔城、乌鲁木齐<br>37 ℃≤$T$<40 ℃的地(州、市)7 个:阿克苏、巴州、博州、昌吉、哈密、和田、喀什<br>$T$≥40 ℃的地(州、市)1 个:吐鲁番 |
| 52 | 1995 | 7 月 16 日 | 7 月 20 日 | 持续时间:5 d<br>过程影响范围:新疆 54 个国家级气象站的日最高气温≥35 ℃,其中 38 站的日最高气温≥37 ℃,7 站的日最高气温≥40 ℃<br>单日最大影响范围:7 月 19 日的高温范围最大,当日新疆 41 个国家级气象站的日最高气温≥35 ℃,其中 35 站的日最高气温≥37 ℃,7 站≥40 ℃<br>过程最高气温极值:7 月 19 日出现在吐鲁番站,为 43.4 ℃ | 35 ℃≤$T$<37 ℃的地(州、市)3 个:石河子、塔城、伊犁<br>37 ℃≤$T$<40 ℃的地(州、市)5 个:博州、哈密、和田、喀什、克拉玛依<br>$T$≥40 ℃的地(州、市)4 个:阿克苏、克州、巴州、吐鲁番 |

续表

| 序号 | 年份 | 开始时间 | 结束时间 | 过程描述 | 影响区域 |
|---|---|---|---|---|---|
| 53 | 1996 | 6 月 9 日 | 6 月 13 日 | 持续时间:5 d<br>过程影响范围:新疆 61 个国家级气象站的日最高气温≥35 ℃,其中 38 站的日最高气温≥37 ℃,6 站≥40 ℃<br>单日最大影响范围:6 月 11 日的高温范围最大,当日新疆 51 个国家级气象站的日最高气温≥35 ℃,其中 25 站的日最高气温≥37 ℃,5 站≥40 ℃<br>过程最高气温极值:6 月 10 日出现在吐鲁番站,为 45.4 ℃ | 35 ℃≤$T$<37 ℃的地(州、市)1 个:乌鲁木齐<br>37 ℃≤$T$<40 ℃的地(州、市)10 个:阿克苏、博州、昌吉、哈密、和田、喀什、克拉玛依、克州、石河子、塔城<br>$T$≥40 ℃的地(州、市)2 个:巴州、吐鲁番 |
| 54 | 1998 | 7 月 15 日 | 7 月 19 日 | 持续时间:5 d<br>过程影响范围:新疆 55 个国家级气象站的日最高气温≥35 ℃,其中 23 站的日最高气温≥37 ℃,5 站的日最高气温≥40 ℃<br>单日最大影响范围:7 月 18 日的高温范围最大,当日新疆 44 个国家级气象站的日最高气温≥35 ℃,其中 19 站的日最高气温≥37 ℃,5 站≥40 ℃<br>过程最高气温极值:7 月 18 日出现在吐鲁番东坎站,为 42.9 ℃ | 35 ℃≤$T$<37 ℃的地(州、市)6 个:阿勒泰、喀什、克州、塔城、乌鲁木齐、伊犁<br>37 ℃≤$T$<40 ℃的地(州、市)7 个:阿克苏、博州、昌吉、哈密、和田、克拉玛依、石河子<br>$T$≥40 ℃的地(州、市)2 个:巴州、吐鲁番 |
| 55 | 1999 | 6 月 16 日 | 6 月 18 日 | 持续时间:3 d<br>过程影响范围:新疆 26 个国家级气象站的日最高气温≥35 ℃,其中 13 站的日最高气温≥37 ℃,1 站的日最高气温≥40 ℃<br>单日最大影响范围:6 月 16 日的高温范围最大,当日新疆 22 个国家级气象站的日最高气温≥35 ℃,其中 9 站的日最高气温≥37 ℃,1 站≥40 ℃<br>过程最高气温极值:6 月 16 日出现在吐鲁番东坎站,为 40.6 ℃ | 35 ℃≤$T$<37 ℃的地(州、市)3 个:阿克苏、昌吉、喀什<br>37 ℃≤$T$<40 ℃的地(州、市)3 个:巴州、哈密、和田<br>$T$≥40 ℃的地(州、市)1 个:吐鲁番 |
| 56 | 1999 | 8 月 6 日 | 8 月 12 日 | 持续时间:7 d<br>过程影响范围:新疆 42 个国家级气象站的日最高气温≥35 ℃,其中 19 站的日最高气温≥37 ℃,3 站≥40 ℃<br>单日最大影响范围:8 月 7 日的高温范围最大,当日新疆 32 个国家级气象站的日最高气温≥35 ℃,其中 12 站的日最高气温≥37 ℃,1 站≥40 ℃<br>过程最高气温极值:8 月 6 日出现在吐鲁番东坎站,为 43.5 ℃ | 35 ℃≤$T$<37 ℃的地(州、市)5 个:博州、哈密、克拉玛依、塔城、伊犁<br>37 ℃≤$T$<40 ℃的地(州、市)5 个:阿克苏、巴州、和田、喀什、克州<br>$T$≥40 ℃的地(州、市)1 个:吐鲁番 |

续表

| 序号 | 年份 | 开始时间 | 结束时间 | 过程描述 | 影响区域 |
|---|---|---|---|---|---|
| 57 | 1999 | 8 月 26 日 | 9 月 1 日 | 持续时间:7 d<br>过程影响范围:新疆 59 个国家级气象站的日最高气温≥35 ℃,其中 26 站的日最高气温≥37 ℃,6 站的日最高气温≥40 ℃<br>单日最大影响范围:8 月 30 日的高温范围最大,当日新疆 33 个国家级气象站的日最高气温≥35 ℃,其中 12 站的日最高气温≥37 ℃,4 站≥40 ℃<br>过程最高气温极值:8 月 27 日出现在吐鲁番东坎站,为 44.8 ℃ | 35 ℃≤$T$<37 ℃的地(州、市)7 个:阿克苏、阿勒泰、和田、喀什、克州、乌鲁木齐、伊犁<br>37 ℃≤$T$<40 ℃的地(州、市)5 个:巴州、昌吉、克拉玛依、石河子、塔城<br>$T$≥40 ℃的地(州、市)3 个:哈密、博州、吐鲁番 |
| 58 | 2000 | 6 月 14 日 | 6 月 21 日 | 持续时间:8 d<br>过程影响范围:新疆 40 个国家级气象站的日最高气温≥35 ℃,其中 12 站的日最高气温≥37 ℃,3 站≥40 ℃<br>单日最大影响范围:6 月 20 日的高温范围最大,当日新疆 29 个国家级气象站的日最高气温≥35 ℃,其中 7 站的日最高气温≥37 ℃,1 站≥40 ℃<br>过程最高气温极值:6 月 17 日出现在吐鲁番东坎站、托克逊站,均为 41.8 ℃ | 35 ℃≤$T$<37 ℃的地(州、市)5 个:阿克苏、博州、昌吉、克州、石河子<br>37 ℃≤$T$<40 ℃的地(州、市)4 个:巴州、哈密、和田、喀什<br>$T$≥40 ℃的地(州、市)1 个:吐鲁番 |
| 59 | 2000 | 6 月 27 日 | 6 月 30 日 | 持续时间:4 d<br>过程影响范围:新疆 58 个国家级气象站的日最高气温≥35 ℃,其中 28 站的日最高气温≥37 ℃,8 站≥40 ℃<br>单日最大影响范围:6 月 28 日的高温范围最大,当日新疆 51 个国家级气象站的日最高气温≥35 ℃,其中 25 站的日最高气温≥37 ℃,8 站≥40 ℃<br>过程最高气温极值:6 月 28 日出现在吐鲁番东坎站,为 43.8 ℃ | 35 ℃≤$T$<37 ℃的地(州、市)6 个:阿克苏、阿勒泰、和田、喀什、克州、伊犁<br>37 ℃≤$T$<40 ℃的地(州、市)6 个:巴州、博州、哈密、克拉玛依、塔城、乌鲁木齐<br>$T$≥40 ℃的地(州、市)3 个:昌吉、石河子、吐鲁番 |
| 60 | 2000 | 8 月 28 日 | 8 月 31 日 | 持续时间:4 d<br>过程影响范围:新疆 33 个国家级气象站的日最高气温≥35 ℃,其中 9 站的日最高气温≥37 ℃,2 站≥40 ℃<br>单日最大影响范围:8 月 30 日的高温范围最大,当日新疆 24 个国家级气象站的日最高气温≥35 ℃,其中 8 站的日最高气温≥37 ℃,2 站≥40 ℃<br>过程最高气温极值:8 月 29 日出现在吐鲁番东坎站,为 41.8 ℃ | 35 ℃≤$T$<37 ℃的地(州、市)10 个:阿克苏、博州、昌吉、哈密、喀什、克拉玛依、克州、石河子、塔城、伊犁<br>37 ℃≤$T$<40 ℃的地(州、市)2 个:巴州、和田<br>$T$≥40 ℃的地(州、市)1 个:吐鲁番 |

续表

| 序号 | 年份 | 开始时间 | 结束时间 | 过程描述 | 影响区域 |
|---|---|---|---|---|---|
| 61 | 2001 | 5 月 31 日 | 6 月 3 日 | 持续时间:4 d<br>过程影响范围:新疆 50 个国家级气象站的日最高气温≥35 ℃,其中 26 站的日最高气温≥37 ℃,4 站的日最高气温≥40 ℃<br>单日最大影响范围:6 月 2 日的高温范围最大,当日新疆 49 个国家级气象站的日最高气温≥35 ℃,其中 22 站的日最高气温≥37 ℃,4 站≥40 ℃<br>过程最高气温极值:6 月 2 日出现在吐鲁番东坎站,为 44.1 ℃ | 35 ℃≤$T$<37 ℃的地(州、市)4 个:阿克苏、阿勒泰、喀什、克州<br>37 ℃≤$T$<40 ℃的地(州、市)9 个:巴州、博州、昌吉、哈密、和田、克拉玛依、石河子、塔城、乌鲁木齐<br>$T$≥40 ℃的地(州、市)1 个:吐鲁番 |
| 62 | 2001 | 6 月 10 日 | 6 月 14 日 | 持续时间:5 d<br>过程影响范围:新疆 55 个国家级气象站的日最高气温≥35 ℃,其中 41 站的日最高气温≥37 ℃,6 站的日最高气温≥40 ℃<br>单日最大影响范围:6 月 12 日的高温范围最大,当日新疆 48 个国家级气象站的日最高气温≥35 ℃,其中 29 站的日最高气温≥37 ℃,6 站≥40 ℃<br>过程最高气温极值:6 月 11 日出现在吐鲁番东坎站,为 43.5 ℃ | 35 ℃≤$T$<37 ℃的地(州、市)1 个:塔城<br>37 ℃≤$T$<40 ℃的地(州、市)8 个:阿克苏、昌吉、哈密、和田、喀什、克州、石河子、乌鲁木齐<br>$T$≥40 ℃的地(州、市)2 个:巴州、吐鲁番 |
| 63 | 2001 | 6 月 19 日 | 6 月 23 日 | 持续时间:5 d<br>过程影响范围:新疆 51 个国家级气象站的日最高气温≥35 ℃,其中 36 站的日最高气温≥37 ℃,17 站≥40 ℃<br>单日最大影响范围:6 月 20 日的高温范围最大,当日新疆 44 个国家级气象站的日最高气温≥35 ℃,其中 28 站的日最高气温≥37 ℃,14 站≥40 ℃<br>过程最高气温极值:6 月 21 日出现在吐鲁番东坎站,为 48.3 ℃ | 35 ℃≤$T$<37 ℃的地(州、市)1 个:伊犁<br>37 ℃≤$T$<40 ℃的地(州、市)4 个:阿克苏、阿勒泰、和田、塔城<br>$T$≥40 ℃的地(州、市)8 个:巴州、博州、昌吉、哈密、克拉玛依、石河子、吐鲁番、乌鲁木齐 |
| 64 | 2001 | 7 月 19 日 | 7 月 24 日 | 持续时间:6 d<br>过程影响范围:新疆 61 个国家级气象站的日最高气温≥35 ℃,其中 33 站的日最高气温≥37 ℃,10 站≥40 ℃<br>单日最大影响范围:7 月 20 日的高温范围最大,当日新疆 54 个国家级气象站的日最高气温≥35 ℃,其中 28 站的日最高气温≥37 ℃,8 站≥40 ℃<br>过程最高气温极值:7 月 20 日出现在吐鲁番东坎站,为 44.1 ℃ | 35 ℃≤$T$<37 ℃的地(州、市)4 个:阿勒泰、克州、乌鲁木齐、伊犁<br>37 ℃≤$T$<40 ℃的地(州、市)7 个:阿克苏、博州、昌吉、喀什、克拉玛依、石河子、塔城<br>$T$≥40 ℃的地(州、市)4 个:巴州、哈密、和田、吐鲁番 |

续表

| 序号 | 年份 | 开始时间 | 结束时间 | 过程描述 | 影响区域 |
|---|---|---|---|---|---|
| 65 | 2003 | 8月16日 | 8月18日 | 持续时间:3 d<br>过程影响范围:新疆59个国家级气象站的日最高气温≥35 ℃,其中25站的日最高气温≥37 ℃,4站的日最高气温≥40 ℃<br>单日最大影响范围:8月17日的高温范围最大,当日新疆58个国家级气象站的日最高气温≥35 ℃,其中23站的日最高气温≥37 ℃,4站≥40 ℃<br>过程最高气温极值:8月17日出现在吐鲁番东坎站,为42.3 ℃ | 35 ℃≤$T$<37 ℃的地(州、市)7个:博州、昌吉、克拉玛依、石河子、塔城、乌鲁木齐、伊犁<br>37 ℃≤$T$<40 ℃的地(州、市)5个:阿克苏、哈密、和田、喀什、克州<br>$T$≥40 ℃的地(州、市)2个:巴州、吐鲁番 |
| 66 | 2004 | 6月30日 | 7月5日 | 持续时间:6 d<br>过程影响范围:新疆63个国家级气象站的日最高气温≥35 ℃,其中31站的日最高气温≥37 ℃,7站≥40 ℃<br>单日最大影响范围:7月4日的高温范围最大,当日新疆57个国家级气象站的日最高气温≥35 ℃,其中27站的日最高气温≥37 ℃,4站≥40 ℃<br>过程最高气温极值:7月5日出现在吐鲁番东坎站,为46.3 ℃ | 35 ℃≤$T$<37 ℃的地(州、市)2个:克州、伊犁<br>37 ℃≤$T$<40 ℃的地(州、市)9个:阿克苏、博州、昌吉、和田、喀什、克拉玛依、石河子、塔城、乌鲁木齐<br>$T$≥40 ℃的地(州、市)3个:巴州、哈密、吐鲁番 |
| 67 | 2004 | 7月22日 | 7月26日 | 持续时间:5 d<br>过程影响范围:新疆31个国家级气象站的日最高气温≥35 ℃,其中11站的日最高气温≥37 ℃,3站≥40 ℃<br>单日最大影响范围:7月25日的高温范围最大,当日新疆27个国家级气象站的日最高气温≥35 ℃,其中7站的日最高气温≥37 ℃,3站≥40 ℃<br>过程最高气温极值:7月25日出现在吐鲁番站,为41 ℃ | 35 ℃≤$T$<37 ℃的地(州、市)3个:阿克苏、喀什、克州<br>37 ℃≤$T$<40 ℃的地(州、市)3个:哈密、巴州、和田<br>$T$≥40 ℃的地(州、市)1个:吐鲁番 |
| 68 | 2004 | 8月14日 | 8月19日 | 持续时间:6 d<br>过程影响范围:新疆51个国家级气象站的日最高气温≥35 ℃,其中18站的日最高气温≥37 ℃,5站的日最高气温≥40 ℃<br>单日最大影响范围:8月15日的高温范围最大,当日新疆42个国家级气象站的日最高气温≥35 ℃,其中8站的日最高气温≥37 ℃<br>过程最高气温极值:8月17日出现在吐鲁番东坎站、托克逊站,均为42 ℃ | 35 ℃≤$T$<37 ℃的地(州、市)7个:阿克苏、阿勒泰、喀什、克州、塔城、乌鲁木齐、伊犁<br>37 ℃≤$T$<40 ℃的地(州、市)6个:博州、昌吉、哈密、和田、克拉玛依、石河子<br>$T$≥40 ℃的地(州、市)2个:巴州、吐鲁番 |

续表

| 序号 | 年份 | 开始时间 | 结束时间 | 过程描述 | 影响区域 |
|---|---|---|---|---|---|
| 69 | 2005 | 9 月 5 日 | 9 月 8 日 | 持续时间:4 d<br>过程影响范围:新疆 44 个国家级气象站的日最高气温≥35 ℃,其中 16 站的日最高气温≥37 ℃,3 站的日最高气温≥40 ℃<br>单日最大影响范围:9 月 7 日的高温范围最大,当日新疆 35 个国家级气象站的日最高气温≥35 ℃,其中 16 站的日最高气温≥37 ℃,3 站≥40 ℃<br>过程最高气温极值:9 月 7 日出现在吐鲁番东坎站,为 41.4 ℃ | 35 ℃≤$T$<37 ℃的地(州、市)7 个:阿克苏、博州、喀什、克拉玛依、克州、石河子、塔城<br>37 ℃≤$T$<40 ℃的地(州、市)5 个:巴州、昌吉、哈密、和田、乌鲁木齐<br>$T$≥40 ℃的地(州、市)1 个:吐鲁番 |
| 70 | 2006 | 7 月 5 日 | 7 月 8 日 | 持续时间:4 d<br>过程影响范围:新疆 55 个国家级气象站的日最高气温≥35 ℃,其中 19 站的日最高气温≥37 ℃,6 站≥40 ℃<br>单日最大影响范围:7 月 6 日的高温范围最大,当日新疆 48 个国家级气象站的日最高气温≥35 ℃,其中 12 站的日最高气温≥37 ℃,5 站≥40 ℃<br>过程最高气温极值:7 月 6 日出现在吐鲁番东坎站,为 43.6 ℃ | 35 ℃≤$T$<37 ℃的地(州、市)6 个:阿克苏、喀什、克拉玛依、克州、乌鲁木齐、伊犁<br>37 ℃≤$T$<40 ℃的地(州、市)5 个:巴州、昌吉、和田、石河子、塔城<br>$T$≥40 ℃的地(州、市)3 个:哈密、博州、吐鲁番 |
| 71 | 2007 | 7 月 29 日 | 8 月 2 日 | 持续时间:5 d<br>过程影响范围:新疆 37 个国家级气象站的日最高气温≥35 ℃,其中 14 站的日最高气温≥37 ℃,4 站的日最高气温≥40 ℃<br>单日最大影响范围:7 月 31 日的高温范围最大,当日新疆 30 个国家级气象站的日最高气温≥35 ℃,其中 9 站的日最高气温≥37 ℃,3 站≥40 ℃<br>过程最高气温极值:8 月 2 日出现在吐鲁番站、托克逊站,均为 42.7 ℃ | 35 ℃≤$T$<37 ℃的地(州、市)5 个:博州、喀什、克拉玛依、克州、塔城<br>37 ℃≤$T$<40 ℃的地(州、市)4 个:阿克苏、巴州、哈密、和田<br>$T$≥40 ℃的地(州、市)1 个:吐鲁番 |
| 72 | 2007 | 8 月 9 日 | 8 月 12 日 | 持续时间:4 d<br>过程影响范围:新疆 73 个国家级气象站的日最高气温≥35 ℃,其中 44 站的日最高气温≥37 ℃,14 站的日最高气温≥40 ℃<br>单日最大影响范围:8 月 11 日的高温范围最大,当日新疆 74 个国家级气象站的日最高气温≥35 ℃,其中 45 站的日最高气温≥37 ℃,12 站≥40 ℃<br>过程最高气温极值:8 月 11 日出现在吐鲁番东坎站,为 46.8 ℃ | 35 ℃≤$T$<37 ℃的地(州、市)1 个:克州<br>37 ℃≤$T$<40 ℃的地(州、市)11 个:阿克苏、阿勒泰、博州、昌吉、哈密、和田、喀什、克拉玛依、石河子、塔城、伊犁<br>$T$≥40 ℃的地(州、市)3 个:巴州、吐鲁番、乌鲁木齐 |

续表

| 序号 | 年份 | 开始时间 | 结束时间 | 过程描述 | 影响区域 |
| --- | --- | --- | --- | --- | --- |
| 73 | 2008 | 5 月 30 日 | 6 月 4 日 | 持续时间:6 d<br>过程影响范围:新疆 61 个国家级气象站的日最高气温≥35 ℃,其中 38 站的日最高气温≥37 ℃,11 站≥40 ℃<br>单日最大影响范围:6 月 1 日的高温范围最大,当日新疆 50 个国家级气象站的日最高气温≥35 ℃,其中 34 站的日最高气温≥37 ℃,9 站≥40 ℃<br>过程最高气温极值:6 月 2 日出现在托克逊站,为 46.2 ℃ | 35 ℃≤$T$<37 ℃的地(州、市)2 个:喀什、伊犁<br>37 ℃≤$T$<40 ℃的地(州、市)7 个:阿克苏、阿勒泰、博州、和田、克拉玛依、塔城、乌鲁木齐<br>$T$≥40 ℃的地(州、市)5 个:巴州、昌吉、哈密、石河子、吐鲁番 |
| 74 | 2008 | 6 月 14 日 | 6 月 17 日 | 持续时间:4 d<br>过程影响范围:新疆 49 个国家级气象站的日最高气温≥35 ℃,其中 14 站日最高气温≥37 ℃,3 站≥40 ℃<br>单日最大影响范围:6 月 15 日的高温范围最大,当日新疆 47 个国家级气象站的日最高气温≥35 ℃,其中 11 站的日最高气温≥37 ℃,3 站≥40 ℃<br>过程最高气温极值:6 月 15 日出现在吐鲁番站,为 41.5 ℃ | 35 ℃≤$T$<37 ℃的地(州、市)7 个:博州、昌吉、克州、石河子、塔城、乌鲁木齐、伊犁<br>37 ℃≤$T$<40 ℃的地(州、市)5 个:阿克苏、巴州、哈密、和田、喀什<br>$T$≥40 ℃的地(州、市)1 个:吐鲁番 |
| 75 | 2008 | 6 月 23 日 | 6 月 30 日 | 持续时间:8 d<br>过程影响范围:新疆 53 个国家级气象站的日最高气温≥35 ℃,其中 29 站日最高气温≥37 ℃,7 站≥40 ℃<br>单日最大影响范围:6 月 26 日的高温范围最大,当日新疆 40 个国家级气象站的日最高气温≥35 ℃,其中 25 站的日最高气温≥37 ℃,6 站≥40 ℃<br>过程最高气温极值:6 月 25 日出现在托克逊站,为 44.5 ℃ | 35 ℃≤$T$<37 ℃的地(州、市)5 个:阿克苏、博州、昌吉、塔城、乌鲁木齐<br>37 ℃≤$T$<40 ℃的地(州、市)5 个:哈密、和田、喀什、克州、石河子<br>$T$≥40 ℃的地(州、市)2 个:巴州、吐鲁番 |
| 76 | 2009 | 7 月 10 日 | 7 月 12 日 | 持续时间:3 d<br>过程影响范围:新疆 44 个国家级气象站的日最高气温≥35 ℃,其中 16 站的日最高气温≥37 ℃,3 站的日最高气温≥40 ℃<br>单日最大影响范围:7 月 12 日的高温范围最大,当日新疆 40 个国家级气象站的日最高气温≥35 ℃,其中 15 站的日最高气温≥37 ℃,3 站≥40 ℃<br>过程最高气温极值:7 月 10 日出现在托克逊,为 43.7 ℃ | 35 ℃≤$T$<37 ℃的地(州、市)7 个:阿克苏、阿勒泰、和田、喀什、克拉玛依、塔城、乌鲁木齐<br>37 ℃≤$T$<40 ℃的地(州、市)5 个:巴州、昌吉、博州、哈密、石河子<br>$T$≥40 ℃的地(州、市)1 个:吐鲁番 |

续表

| 序号 | 年份 | 开始时间 | 结束时间 | 过程描述 | 影响区域 |
|---|---|---|---|---|---|
| 77 | 2009 | 8 月 28 日 | 8 月 30 日 | 持续时间:3 d<br>过程影响范围:新疆 36 个国家级气象站的日最高气温≥35 ℃,其中 10 站的日最高气温≥37 ℃,3 站的日最高气温≥40 ℃<br>单日最大影响范围:8 月 29 日的高温范围最大,当日新疆 34 个国家级气象站的日最高气温≥35 ℃,其中 10 站的日最高气温≥37 ℃,2 站≥40 ℃<br>过程最高气温极值:8 月 29 日出现在吐鲁番东坎站,为 41.9 ℃ | 35 ℃≤$T$<37 ℃的地(州、市)5 个:阿克苏、哈密、克州、石河子、乌鲁木齐<br>37 ℃≤$T$<40 ℃的地(州、市)4 个:昌吉、喀什、巴州、和田<br>$T$≥40 ℃的地(州、市)1 个:吐鲁番 |
| 78 | 2010 | 7 月 8 日 | 7 月 10 日 | 持续时间:3 d<br>过程影响范围:新疆 35 个国家级气象站的日最高气温≥35 ℃,其中 9 站的日最高气温≥37 ℃,3 站≥40 ℃<br>单日最大影响范围:7 月 8 日的高温范围最大,当日新疆 35 个国家级气象站的日最高气温≥35 ℃,其中 7 站的日最高气温≥37 ℃,3 站≥40 ℃<br>过程最高气温极值:7 月 8 日出现在吐鲁番东坎站,为 42.1 ℃ | 35 ℃≤$T$<37 ℃的地(州、市)7 个:昌吉、和田、喀什、克拉玛依、石河子、塔城、乌鲁木齐<br>37 ℃≤$T$<40 ℃的地(州、市)3 个:巴州、哈密、博州<br>$T$≥40 ℃的地(州、市)1 个:吐鲁番 |
| 79 | 2010 | 8 月 3 日 | 8 月 8 日 | 持续时间:6 d<br>过程影响范围:新疆 44 个国家级气象站的日最高气温≥35 ℃,其中 26 站的日最高气温≥37 ℃,3 站≥40 ℃<br>单日最大影响范围:8 月 6 日的高温范围最大,当日新疆 39 个国家级气象站的日最高气温≥35 ℃,其中 22 站的日最高气温≥37 ℃<br>过程最高气温极值:8 月 5 日出现在吐鲁番站,为 41.3 ℃ | 35 ℃≤$T$<37 ℃的地(州、市)2 个:博州、克拉玛依<br>37 ℃≤$T$<40 ℃的地(州、市)6 个:阿克苏、巴州、哈密、和田、喀什、克州<br>$T$≥40 ℃的地(州、市)1 个:吐鲁番 |
| 80 | 2010 | 8 月 17 日 | 8 月 25 日 | 持续时间:9 d<br>过程影响范围:新疆 52 个国家级气象站的日最高气温≥35 ℃,其中 28 站的日最高气温≥37 ℃,6 站的日最高气温≥40 ℃<br>单日最大影响范围:8 月 23 日的高温范围最大,当日新疆 40 个国家级气象站的日最高气温≥35 ℃,其中 23 站的日最高气温≥37 ℃,6 站≥40 ℃<br>过程最高气温极值:8 月 23 日出现在吐鲁番东坎站,为 44.1 ℃ | 35 ℃≤$T$<37 ℃的地(州、市)4 个:和田、喀什、克拉玛依、伊犁<br>37 ℃≤$T$<40 ℃的地(州、市)6 个:阿勒泰、巴州、博州、哈密、石河子、塔城<br>$T$≥40 ℃的地(州、市)3 个:乌鲁木齐、昌吉、吐鲁番 |

续表

| 序号 | 年份 | 开始时间 | 结束时间 | 过程描述 | 影响区域 |
|---|---|---|---|---|---|
| 81 | 2011 | 5 月 16 日 | 5 月 18 日 | 持续时间:3 d<br>过程影响范围:新疆 39 个国家级气象站的日最高气温≥35 ℃,其中 10 站的日最高气温≥37 ℃,4 站≥40 ℃<br>单日最大影响范围:5 月 16 日的高温范围最大,当日新疆 38 个国家级气象站的日最高气温≥35 ℃,其中 6 站的日最高气温≥37 ℃,3 站≥40 ℃<br>过程最高气温极值:5 月 16 日出现在托克逊站,为 43.4 ℃ | 35 ℃≤$T$<37 ℃的地(州、市)6 个:阿克苏、博州、昌吉、哈密、喀什、石河子<br>37 ℃≤$T$<40 ℃的地(州、市)1 个:和田<br>$T$≥40 ℃的地(州、市)2 个:巴州、吐鲁番 |
| 82 | 2011 | 6 月 10 日 | 6 月 14 日 | 持续时间:5 d<br>过程影响范围:新疆 47 个国家级气象站的日最高气温≥35 ℃,其中 15 站的日最高气温≥37 ℃,6 站的日最高气温≥40 ℃<br>单日最大影响范围:6 月 13 日的高温范围最大,当日新疆 34 个国家级气象站的日最高气温≥35 ℃,其中 13 站的日最高气温≥37 ℃,5 站≥40 ℃<br>过程最高气温极值:6 月 13 日出现在吐鲁番站,为 45.5 ℃ | 35 ℃≤$T$<37 ℃的地(州、市)5 个:博州、和田、喀什、石河子、乌鲁木齐<br>37 ℃≤$T$<40 ℃的地(州、市)3 个:阿克苏、昌吉、哈密<br>$T$≥40 ℃的地(州、市)2 个:巴州、吐鲁番 |
| 83 | 2011 | 6 月 21 日 | 6 月 29 日 | 持续时间:9 d<br>过程影响范围:新疆 54 个国家级气象站的日最高气温≥35 ℃,其中 22 站的日最高气温≥37 ℃,6 站≥40 ℃<br>单日最大影响范围:6 月 26 日的高温范围最大,当日新疆 41 个国家级气象站的日最高气温≥35 ℃,其中 18 站的日最高气温≥37 ℃,5 站≥40 ℃<br>过程最高气温极值:6 月 26 日出现在吐鲁番站,为 45.1 ℃ | 35 ℃≤$T$<37 ℃的地(州、市)4 个:阿克苏、喀什、石河子、塔城<br>37 ℃≤$T$<40 ℃的地(州、市)5 个:博州、昌吉、和田、乌鲁木齐、伊犁<br>$T$≥40 ℃的地(州、市)3 个:巴州、哈密、吐鲁番 |
| 84 | 2012 | 6 月 18 日 | 6 月 22 日 | 持续时间:5 d<br>过程影响范围:新疆 42 个国家级气象站的日最高气温≥35 ℃,其中 13 站的日最高气温≥37 ℃,4 站的日最高气温≥40 ℃<br>单日最大影响范围:6 月 21 日的高温范围最大,当日新疆 32 个国家级气象站的日最高气温≥35 ℃,其中 8 站的日最高气温≥37 ℃,3 站≥40 ℃<br>过程最高气温极值:6 月 20 日出现在托克逊站,为 43.3 ℃ | 35 ℃≤$T$<37 ℃的地(州、市)7 个:阿克苏、博州、昌吉、克州、石河子、塔城、伊犁<br>37 ℃≤$T$<40 ℃的地(州、市)4 个:巴州、哈密、和田、喀什<br>$T$≥40 ℃的地(州、市)1 个:吐鲁番 |

续表

| 序号 | 年份 | 开始时间 | 结束时间 | 过程描述 | 影响区域 |
| --- | --- | --- | --- | --- | --- |
| 85 | 2012 | 7 月 1 日 | 7 月 5 日 | 持续时间:5 d<br>过程影响范围:新疆 49 个国家级气象站的日最高气温≥35 ℃,其中 28 站的日最高气温≥37 ℃,6 站的日最高气温≥40 ℃<br>单日最大影响范围:7 月 3 日的高温范围最大,当日新疆 40 个国家级气象站的日最高气温≥35 ℃,其中 22 站的日最高气温≥37 ℃,4 站≥40 ℃<br>过程最高气温极值:7 月 2 日出现在吐鲁番东坎站,为 45.3 ℃ | 35 ℃≤$T$<37 ℃的地(州、市)3 个:石河子、塔城、乌鲁木齐<br>37 ℃≤$T$<40 ℃的地(州、市)6 个:阿克苏、博州、昌吉、和田、喀什、克州<br>$T$≥40 ℃的地(州、市)3 个:巴州、哈密、吐鲁番 |
| 86 | 2012 | 7 月 9 日 | 7 月 13 日 | 持续时间:5 d<br>过程影响范围:新疆 45 个国家级气象站的日最高气温≥35 ℃,其中 16 站的日最高气温≥37 ℃,5 站≥40 ℃<br>单日最大影响范围:7 月 11 日的高温范围最大,当日新疆 34 个国家级气象站的日最高气温≥35 ℃,其中 14 站的日最高气温≥37 ℃,5 站≥40 ℃<br>过程最高气温极值:7 月 11 日出现在吐鲁番东坎站,为 45.9 ℃ | 35 ℃≤$T$<37 ℃的地(州、市)8 个:阿克苏、和田、喀什、克拉玛依、克州、塔城、乌鲁木齐、伊犁<br>37 ℃≤$T$<40 ℃的地(州、市)4 个:巴州、博州、昌吉、石河子<br>$T$≥40 ℃的地(州、市)2 个:哈密、吐鲁番 |
| 87 | 2012 | 7 月 29 日 | 8 月 3 日 | 持续时间:6 d<br>过程影响范围:新疆 46 个国家级气象站的日最高气温≥35 ℃,其中 15 站的日最高气温≥37 ℃,7 站≥40 ℃<br>单日最大影响范围:7 月 31 日的高温范围最大,当日新疆 38 个国家级气象站的日最高气温≥35 ℃,其中 12 站的日最高气温≥37 ℃,3 站≥40 ℃<br>过程最高气温极值:8 月 2 日出现在吐鲁番东坎站,为 44.1 ℃ | 35 ℃≤$T$<37 ℃的地(州、市)8 个:阿克苏、阿勒泰、喀什、克拉玛依、石河子、塔城、乌鲁木齐、伊犁<br>37 ℃≤$T$<40 ℃的地(州、市)3 个:博州、昌吉、和田<br>$T$≥40 ℃的地(州、市)3 个:巴州、哈密、吐鲁番 |
| 88 | 2013 | 6 月 1 日 | 6 月 5 日 | 持续时间:5 d<br>过程影响范围:新疆 31 个国家级气象站的日最高气温≥35 ℃,其中 12 站的日最高气温≥37 ℃,5 站≥40 ℃<br>单日最大影响范围:6 月 2 日的高温范围最大,当日新疆 26 个国家级气象站的日最高气温≥35 ℃,其中 10 站的日最高气温≥37 ℃,3 站≥40 ℃<br>过程最高气温极值:6 月 2 日出现在吐鲁番站,为 42 ℃ | 35 ℃≤$T$<37 ℃的地(州、市)4 个:阿克苏、博州、喀什、克州<br>37 ℃≤$T$<40 ℃的地(州、市)2 个:哈密、和田<br>$T$≥40 ℃的地(州、市)2 个:巴州、吐鲁番 |

续表

| 序号 | 年份 | 开始时间 | 结束时间 | 过程描述 | 影响区域 |
|---|---|---|---|---|---|
| 89 | 2013 | 6月10日 | 6月12日 | 持续时间:3 d<br>过程影响范围:新疆54个国家级气象站的日最高气温≥35 ℃,其中24站的日最高气温≥37 ℃,3站≥40 ℃<br>单日最大影响范围:6月11日的高温范围最大,当日新疆42个国家级气象站的日最高气温≥35 ℃,其中16站的日最高气温≥37 ℃,3站≥40 ℃<br>过程最高气温极值:6月11日出现在托克逊站,为42.4 ℃ | 35 ℃≤$T$<37 ℃的地(州、市)4个:阿克苏、克州、石河子、伊犁<br>37 ℃≤$T$<40 ℃的地(州、市)8个:巴州、博州、昌吉、哈密、和田、喀什、克拉玛依、乌鲁木齐<br>$T$≥40 ℃的地(州、市)1个:吐鲁番 |
| 90 | 2013 | 7月3日 | 7月6日 | 持续时间:4 d<br>过程影响范围:新疆49个国家级气象站的日最高气温≥35 ℃,其中21站的日最高气温≥37 ℃,8站≥40 ℃<br>单日最大影响范围:7月5日的高温范围最大,当日新疆44个国家级气象站的日最高气温≥35 ℃,其中19站的日最高气温≥37 ℃,7站≥40 ℃<br>过程最高气温极值:7月4日出现在吐鲁番东坎站,为45.6 ℃ | 35 ℃≤$T$<37 ℃的地(州、市)4个:克州、石河子、乌鲁木齐、伊犁<br>37 ℃≤$T$<40 ℃的地(州、市)5个:阿克苏、博州、昌吉、和田、喀什<br>$T$≥40 ℃的地(州、市)3个:巴州、哈密、吐鲁番 |
| 91 | 2014 | 5月28日 | 5月31日 | 持续时间:4 d<br>过程影响范围:新疆36个国家级气象站的日最高气温≥35 ℃,其中12站的日最高气温≥37 ℃,3站≥40 ℃<br>单日最大影响范围:5月30日的高温范围最大,当日新疆27个国家级气象站的日最高气温≥35 ℃,其中12站的日最高气温≥37 ℃,3站≥40 ℃<br>过程最高气温极值:5月30日出现在吐鲁番站,为41.2 ℃ | 35 ℃≤$T$<37 ℃的地(州、市)7个:阿克苏、昌吉、和田、喀什、克拉玛依、石河子、塔城<br>37 ℃≤$T$<40 ℃的地(州、市)3个:巴州、博州、哈密<br>$T$≥40 ℃的地(州、市)1个:吐鲁番 |
| 92 | 2014 | 6月13日 | 6月16日 | 持续时间:4 d<br>过程影响范围:新疆64个国家级气象站的日最高气温≥35 ℃,其中36站的日最高气温≥37 ℃,4站≥40 ℃<br>单日最大影响范围:6月15日的高温范围最大,当日新疆62个国家级气象站的日最高气温≥35 ℃,其中36站的日最高气温≥37 ℃,4站≥40 ℃<br>过程最高气温极值:6月15日出现在吐鲁番东坎站,为42.7 ℃ | 35 ℃≤$T$<37 ℃的地(州、市)4个:阿克苏、阿勒泰、乌鲁木齐、伊犁<br>37 ℃≤$T$<40 ℃的地(州、市)9个:博州、昌吉、哈密、和田、喀什、克拉玛依、克州、石河子、塔城<br>$T$≥40 ℃的地(州、市)2个:巴州、吐鲁番 |

续表

| 序号 | 年份 | 开始时间 | 结束时间 | 过程描述 | 影响区域 |
| --- | --- | --- | --- | --- | --- |
| 93 | 2014 | 6 月 28 日 | 7 月 3 日 | 持续时间：6 d<br>过程影响范围：新疆 65 个国家级气象站的日最高气温≥35 ℃，其中 35 站的日最高气温≥37 ℃，6 站≥40 ℃<br>单日最大影响范围：7 月 2 日的高温范围最大，当日新疆 52 个国家级气象站的日最高气温≥35 ℃，其中 23 站的日最高气温≥37 ℃，3 站≥40 ℃<br>过程最高气温极值：6 月 30 日出现在吐鲁番站，为 44 ℃ | 35 ℃≤$T$<37 ℃的地（州、市）3 个：克州、乌鲁木齐、伊犁<br>37 ℃≤$T$<40 ℃的地（州、市）9 个：阿克苏、巴州、昌吉、哈密、和田、喀什、克拉玛依、石河子、塔城<br>$T$≥40 ℃的地（州、市）2 个：博州、吐鲁番 |
| 94 | 2014 | 8 月 23 日 | 8 月 27 日 | 持续时间：5 d<br>过程影响范围：新疆 51 个国家级气象站的日最高气温≥35 ℃，其中 16 站的日最高气温≥37 ℃，4 站≥40 ℃<br>单日最大影响范围：8 月 25 日的高温范围最大，当日新疆 41 个国家级气象站的日最高气温≥35 ℃，其中 11 站的日最高气温≥37 ℃，4 站≥40 ℃<br>过程最高气温极值：8 月 25 日出现在吐鲁番东坎站，为 43 ℃ | 35≤$T$<37 ℃的地（州、市）7 个：阿克苏、阿勒泰、和田、克拉玛依、克州、乌鲁木齐、伊犁<br>37≤$T$<40 ℃的地（州、市）7 个：巴州、博州、昌吉、哈密、喀什、石河子、塔城<br>$T$≥40 ℃的地（州、市）1 个：吐鲁番 |
| 95 | 2015 | 7 月 4 日 | 7 月 6 日 | 持续时间：3 d<br>过程影响范围：新疆 56 个国家级气象站的日最高气温≥35 ℃，其中 33 站的日最高气温≥37 ℃，3 站的日最高气温≥40 ℃<br>单日最大影响范围：7 月 5 日的高温范围最大，当日新疆 43 个国家级气象站的日最高气温≥35 ℃，其中 26 站的日最高气温≥37 ℃，3 站≥40 ℃<br>过程最高气温极值：7 月 5 日出现在若羌站，为 40.3 ℃ | 35≤$T$<37 ℃的地（州、市）2 个：克拉玛依、克州<br>37≤$T$<40 ℃的地（州、市）9 个：阿克苏、博州、昌吉、哈密、和田、喀什、石河子、塔城、乌鲁木齐<br>$T$≥40 ℃的地（州、市）2 个：巴州、吐鲁番 |
| 96 | 2015 | 8 月 19 日 | 8 月 24 日 | 持续时间：6 d<br>过程影响范围：新疆 67 个国家级气象站的日最高气温≥35 ℃，其中 31 站的日最高气温≥37 ℃，5 站的日最高气温≥40 ℃<br>单日最大影响范围：6 月 21 日的高温范围最大，当日新疆 56 个国家级气象站的日最高气温≥35 ℃，其中 25 站的日最高气温≥37 ℃，4 站≥40 ℃<br>过程最高气温极值：8 月 22 日出现在吐鲁番东坎站，为 43 ℃ | 35≤$T$<37 ℃的地（州、市）4 个：阿克苏、和田、喀什、克州<br>37≤$T$<40 ℃的地（州、市）9 个：阿勒泰、巴州、博州、哈密、克拉玛依、石河子、塔城、乌鲁木齐、伊犁<br>$T$≥40 ℃的地（州、市）2 个：昌吉、吐鲁番 |

续表

| 序号 | 年份 | 开始时间 | 结束时间 | 过程描述 | 影响区域 |
|---|---|---|---|---|---|
| 97 | 2017 | 8 月 6 日 | 8 月 11 日 | 持续时间:6 d<br>过程影响范围:新疆 58 个国家级气象站的日最高气温≥35 ℃,其中 27 站的日最高气温≥37 ℃,4 站的日最高气温≥40 ℃<br>单日最大影响范围:8 月 8 日的高温范围最大,当日新疆 46 个国家级气象站的日最高气温≥35 ℃,其中 19 站的日最高气温≥37 ℃,4 站≥40 ℃<br>过程最高气温极值:8 月 11 日出现在吐鲁番站,为 44.8 ℃ | 35≤$T$<37 ℃的地(州、市)4 个:阿克苏、阿勒泰、克州、伊犁<br>37≤$T$<40 ℃的地(州、市)10 个:巴州、博州、昌吉、哈密、和田、喀什、克拉玛依、石河子、塔城、乌鲁木齐<br>$T$≥40 ℃的地(州、市)1 个:吐鲁番 |
| 98 | 2019 | 6 月 29 日 | 7 月 5 日 | 持续时间:7 d<br>过程影响范围:新疆 69 个国家级气象站的日最高气温≥35 ℃,其中 29 站的日最高气温≥37 ℃,7 站的日最高气温≥40 ℃<br>单日最大影响范围:7 月 3 日的高温范围最大,当日新疆 60 个国家级气象站的日最高气温≥35 ℃,其中 24 站的日最高气温≥37 ℃,7 站≥40 ℃<br>过程最高气温极值:7 月 3 日出现在托克逊站,为 47.6 ℃ | 35≤$T$<37 ℃的地(州、市)4 个:阿勒泰、克州、乌鲁木齐、伊犁<br>37≤$T$<40 ℃的地(州、市)9 个:阿克苏、巴州、博州、昌吉、和田、喀什、克拉玛依、石河子、塔城<br>$T$≥40 ℃的地(州、市)2 个:哈密、吐鲁番 |
| 99 | 2020 | 6 月 22 日 | 6 月 24 日 | 持续时间:3 d<br>过程影响范围:新疆 33 个国家级气象站的日最高气温≥35 ℃,其中 19 站的日最高气温≥37 ℃<br>单日最大影响范围:6 月 23 日的高温范围最大,当日新疆 31 个国家级气象站的日最高气温≥35 ℃,其中 18 站的日最高气温≥37 ℃<br>过程最高气温极值:7 月 23 日出现在若羌站,为 39.8 ℃ | 35≤$T$<37 ℃的地(州、市)2 个:哈密、伊犁<br>37≤$T$<40 ℃的地(州、市)5 个:阿克苏、巴州、和田、喀什、吐鲁番<br>$T$≥40 ℃的地(州、市):无 |
| 100 | 2020 | 7 月 24 日 | 7 月 31 日 | 持续时间:8 d<br>过程影响范围:新疆 49 个国家级气象站的日最高气温≥35 ℃,其中 19 站的日最高气温≥37 ℃,5 站≥40 ℃<br>单日最大影响范围:7 月 26 日的高温范围最大,当日新疆 46 个国家级气象站的日最高气温≥35 ℃,其中 14 站的日最高气温≥37 ℃,4 站≥40 ℃<br>过程最高气温极值: 7 月 26 日出现在托克逊站,为 44.7 ℃ | 35≤$T$<37 ℃的地(州、市)7 个:阿克苏、博州、克拉玛依、克州、石河子、塔城、乌鲁木齐<br>37≤$T$<40 ℃的地(州、市)5 个:昌吉、哈密、和田、喀什、伊犁<br>$T$≥40 ℃的地(州、市)2 个:巴州、吐鲁番 |

续表

| 序号 | 年份 | 开始时间 | 结束时间 | 过程描述 | 影响区域 |
|---|---|---|---|---|---|
| 101 | 2020 | 8 月 16 日 | 8 月 19 日 | 持续时间:4 d<br>过程影响范围:新疆 33 个国家级气象站的日最高气温≥35 ℃,其中 14 站的日最高气温≥37 ℃,2 站≥40 ℃<br>单日最大影响范围:8 月 18 日的高温范围最大,当日新疆 30 个国家级气象站的日最高气温≥35 ℃,其中 11 站的日最高气温≥37 ℃,2 站≥40 ℃<br>过程最高气温极值:8 月 18 日出现在吐鲁番,为 41.6 ℃ | 35≤$T$<37 ℃的地(州、市)3 个:博州、喀什、石河子<br>37≤$T$<40 ℃的地(州、市)5 个:巴州、昌吉、哈密、和田、乌鲁木齐<br>$T$≥40 ℃的地(州、市)1 个:吐鲁番 |
| 102 | 2020 | 8 月 23 日 | 8 月 26 日 | 持续时间:4 d<br>过程影响范围:新疆 60 个国家级气象站的日最高气温≥35 ℃,其中 31 站的日最高气温≥37 ℃,5 站≥40 ℃<br>单日最大影响范围:8 月 25 日的高温范围最大,当日新疆 57 个国家级气象站的日最高气温≥35 ℃,其中 31 站的日最高气温≥37 ℃,5 站≥40 ℃<br>过程最高气温极值:8 月 25 日出现在吐鲁番东坎站,为 43.4 ℃ | 35≤$T$<37 ℃的地(州、市)4 个:博州、克州、塔城、伊犁<br>37≤$T$<40 ℃的地(州、市)7 个:阿克苏、昌吉、哈密、和田、喀什、石河子、乌鲁木齐<br>$T$≥40 ℃的地(州、市)2 个:巴州、吐鲁番 |